Also in the Variorum Collected Studies Series:

GUY BEAUJOUAN
Science médiévale d'Espagne et d'alentour

GUY BEAUJOUAN
Par raison de nombres

ROBERT FOX
The Culture of Science in France, 1770–1900

R.W. HOME
Electricity and Experimental Physics in Eighteenth-Century Europe

JOHN M. RIDDLE
Quid pro quo: Studies in the History of Drugs

BRUCE S. EASTWOOD
Astronomy and Optics from Pliny to Descartes

ALLEN G. DEBUS
Chemistry, Alchemy and the New Philosophy, 1550–1700

GERARD L'E. TURNER
Scientific Instruments and Experimental Philosophy, 1550–1850

CHARLES B. SCHMITT
Reappraisals in Renaissance Thought

CHARLES B. SCHMITT
Studies in Renaissance Philosophy and Science

WILLIAM A. WALLACE
Galileo, the Jesuits and the Medieval Aristotle

BERNARD R. GOLDSTEIN
Theory and Observation in Ancient and Medieval Astronomy

DAVID C. LINDBERG
Studies in the History of Medieval Optics

DAVID A. KING
Islamic Astronomical Instruments

FRANZ ROSENTHAL
Science and Medicine in Islam

PAUL KUNITZSCH
The Arabs and the Stars

Optique et mathématiques

Roshdi Rashed

Optique et mathématiques

Recherches sur l'histoire de la pensée scientifique en arabe

VARIORUM

Published by VARIORUM

Ashgate Publishing Limited
Gower House, Croft Road,
Aldershot, Hampshire GU11 3HR
Great Britain

Ashgate Publishing Company
Old Post Road
Brookfield, Vermont 05036
U S A

ISBN 0-86078-330-8

A CIP catalogue record for this book is available from the British Library and the US Library of Congress.

Printed in Great Britain by Bookcraft (Bath) Ltd.

COLLECTED STUDIES SERIES CS388

TABLE DES MATIÈRES

Ce volume est composé de xii + 340 pages

NOTE DE L'ÉDITEUR

Les articles dans ce volume, comme dans tous les autres de la Série Recueils d'Études, n'ont pas reçu une nouvelle pagination suivie. En vue d'éviter une confusion possible et de faciliter la consultation lorsqu'il est fait référence ailleurs à ces mêmes études, on a maintenu la pagination originelle partout où c'était faisable.

Tous les articles ont été pourvus d'un numéro en chiffres romains dans l'ordre de leur parution, conformément au Sommaire. Ce numéro se répète sur chaque page et se retrouve aux titres de l'Index.

PRÉFACE

Le choix des études ici réunies obéit au principe qui anime le livre : si nous avons dû en exclure quelques-unes, c'est pour assurer à chacun des groupes l'unité d'un domaine et la permanence d'un thème. La première section, qui à elle seule représente presque la moitié du volume, traite de l'histoire de l'optique, et porte essentiellement sur une question : les nouveaux rapports entre les mathématiques et la physique dans l'œuvre de celui qui fut l'initiateur de la première réforme en optique, Ibn al-Haytham [965-1040]. Interrogation historique et épistémologique, cette question en engage bien d'autres : sur la nature du savoir produit, sur le rôle et le sens de l'expérimentation, et sur la nature de la preuve. Mais ce choix d'associer l'analyse épistémologique à la restitution historique ne s'est pas imposé à nous comme un *a priori* méthodologique ; c'était la voie la plus sûre pour éviter les écueils qui guettent l'historien des sciences anciennes et classiques : réduire ou moderniser, ou encore, de manière tout éclectique, réduire et moderniser, selon le cas. Eclairée par ce choix, l'interrogation sur les rapports entre mathématiques et physique nous a mené sans détour au cœur de l'œuvre optique d'Ibn al-Haytham, comme en témoignent les études II et IV. L'étude V nous permet d'écouter Ibn al-Haytham lui-même, l'exposé de son projet et de certains résultats obtenus. On y trouve la traduction et l'analyse de son *Discours de la Lumière*, où il résume à très grands traits son volumineux *Livre de l'Optique*.

Mais, une réforme s'apprécie aussi à sa portée historique, aux effets qu'elle a eus sur les successeurs. L'étude III traite de l'arc-en-ciel : là où Ibn al-Haytham a échoué, ses successeurs arabes et latins ont réussi, et ceci grâce à son optique.

Ibn al-Haytham a également écrit sur les miroirs ardents, la sphère ardente, le dioptre sphérique, et même sur la lentille sphérique. C'est pour situer ces écrits dans la nouvelle optique que nous nous sommes trouvé sur la trace d'une œuvre optique dont on ne soupçonnait pas même l'existence : le traité d'un savant connu d'Ibn al-Haytham et cité par lui, antérieur d'une génération, Ibn Sahl. Les travaux d'Ibn Sahl nous ont permis de lever le voile sur ce qui était auparavant dans l'ombre : le contexte optique d'Ibn al-Haytham, qui ne se réduit plus désormais à la seule figure de Ptolémée, comme c'était jusqu'ici le cas. L'étude VI analyse ce traité d'Ibn Sahl, qui non seulement autorise un regard plus historique sur l'œuvre d'Ibn al-Haytham, mais ranime des résultats obtenus par celui-ci qui, faute d'être situés, étaient restés inertes. Il s'agit notamment des résultats en dioptrique. Il nous a donc fallu reprendre l'histoire de la dioptrique, établir et traduire les principaux textes d'Ibn Sahl, d'Ibn al-Haytham et d'al-Fārisī. C'est à cela qu'est consacré notre livre : *Géométrie et Dioptrique au Xe siècle : Ibn Sahl, al-Qūhī et Ibn al-Haytham*, Les Belles Lettres, 1992, où se trouvent développés bien des points traités dans cette partie.

Ce groupe d'études sur l'optique est encadré de pages consacrées à une réflexion sur le phénomène de la transmission du savoir optique du grec en arabe, et sur les rapports entre cette transmission et la recherche (I et VII).

Le second groupe d'études portent sur l'histoire des mathématiques. Les effets de l'intégration des mathématiques héritées dans les nouvelles mathématiques : tel est le fil conducteur qui les unit. Ces nouvelles mathématiques ont fait elles-mêmes l'objet de deux autres livres : *Entre Arithmétique et Algèbre : Recherches sur l'Histoire des Mathématiques Arabes*, Les Belles Lettres, Paris, 1984 ; et *L'Œuvre algébrique de Sharaf al-Dīn al-Ṭūsī : Algèbre et Géométrie au XIIe siècle*, 2 vol., Les Belles Lettres, Paris, 1986.

Nous avons voulu cette fois jeter quelques coups de sonde dans l'ampleur des écrits mathématiques, pour comprendre comment les parties les plus avancées de l'héritage grec et de l'héritage indien ont été reçues et intégrées dans les nouvelles mathématiques. Ce n'est pas seulement d'une nouvelle interprétation des écrits déjà connus qu'il s'agit, mais bien de l'analyse d'œuvres jusqu'ici inconnues, ou, tout au moins, jamais établies jusqu'à présent. Ainsi, on commence par définir les régions de ces nouvelles mathématiques, en reprenant le problème de la périodisation des mathématiques anciennes et classiques (VIII). Vient ensuite (étude IX) l'examen de l'intégration de certains travaux d'Archimède sur la mesure des surfaces et des volumes courbes. On montre comment ces écrits sont à la source d'une tradition néo-archimédienne arabe, qui comprenait des mathématiciens aussi prestigieux que Thābit ibn Qurra ou Ibn al-Haytham. L'étude X traite de Diophante et de ses *Arithmétiques* ; on ne s'y intéresse qu'à la restitution du sens des *Arithmétiques*, maintenant complétés par quatre livres de la version arabe, tous perdus en grec. On passe ensuite au livre IX des *Eléments* d'Euclide, pour examiner comment la théorie euclidienne des nombres a fourni, sur le même terrain, de nouveaux thèmes de recherche aux mathématiciens arabes (étude XI). L'étude XII, enfin, revient à l'Inde : on montre comment certaines méthodes d'interpolation quadratique, conçues par les mathématiciens indiens, ont été intégrées dans un vaste chapitre qui ouvrait le chemin du calcul aux différences finies. Autant de situations qui révèlent la complexité du phénomène de la transmission, que l'on a tenté de penser dans l'étude introductive à ce livre, non seulement pour l'optique, mais aussi pour les mathématiques.

Mais, l'histoire de la pensée scientifique ne peut faire l'économie de l'histoire de cette philosophie qui entoure la science : philosophie des philosophes, certes, mais aussi philosophie des savants. Sur la première, la recherche historique est très faible ; sur la seconde, elle est inexistante. Les trois dernières études de ce livre reflètent les travaux engagés par nous sur ce thème depuis deux décennies. XIII et XIV s'occupent de cette philosophie mathématique des mathématiciens, nécessaire pour écrire l'histoire des mathématiques aussi bien que l'histoire de la philosophie. La dernière étude - XV - est consacrée à la philosophie mathématique des philosophes : al-Fārābī et Avicenne.

On trouvera à la fin du livre un bref *corrigenda et addenda*. Quant à la translitération de l'arabe, nous l'avons laissée en l'état, sans tenter de l'unifier, puisqu'il n'y a aucun risque de confusion.

Enfin, je tiens à remercier les directeurs des revues ainsi que les éditeurs qui ont bien voulu donner la permission de reproduire les différentes études qui composent ce livre : le Directeur de *History of Science* (Étude I) ; Springer Verlag (Étude II) ; les Presses Universitaires de France (Étude III et V) ; la Librairie J. Vrin (Étude IV) ; The University of Chicago Press (Étude VI) ; la Documentation Française (Étude VII) ; le Directeur de la *Revue de synthèse* (Étude VIII) ; le Directeur d'*Apeiron* (Étude IX) ; l'*Encyclopaedia Universalis* (Étude X) ; The Academic Press (Étude XI) ; Cambridge University Press (Étude XII) ; l'Istituto della Enciclopedia Italiana (Étude XIII) ; les Éditions du CNRS (Étude XIV) ; les Belles Lettres (Étude XV).

Roshdi RASHED

Centre National de la Recherche Scientifique, Paris
mars 1992

I

PROBLEMS OF THE TRANSMISSION OF GREEK SCIENTIFIC THOUGHT INTO ARABIC: EXAMPLES FROM MATHEMATICS AND OPTICS

Historians of science have frequently stressed the significance of the transmission of the Greek and especially Hellenistic heritage into Arabic for the history of scientific thought, until the eighteenth century at least. They have not waited until now to appreciate the importance of this phenomenon for Arabic, Hellenistic and Latin sciences. The emergence of Arabic science itself is incomprehensible unless one refers to the reception of its Greek heritage; nor can one hope to reach a full understanding of the achievements of Greek science itself without the substantial part that has survived only in Arabic, as for example, Apollonius and Diophantus. The same holds for the history of the relationship between Greek and Latin science whose understanding requires the examination of Greek texts translated into Arabic and then into Latin.

Given these conditions, one might therefore expect to encounter an abundance of detailed works on a question whose importance for the history of ancient and classical science is undisputed. But this is not the case. Infrequent as they are, such investigations consider the problem from only one angle, that of translation; moreover, most of them share a vision of transmission that may well distort analysis: a vision that is all-inclusive, passive and scholarly. *All-inclusive*, in so far as transmission, of both philosophy and science, confined to translation is considered all in one piece; and consequently, the transmission of Greek science and philosophy is viewed *en bloc*. *Passive*, since it is based on the affirmation of what one might call the law of the three estates that governs both the logical and the historical sequence of translation, assimilation and creative production in Arabic.[1] Lastly, *scholarly*, in so far as scientific and philosophical knowledge can circulate only via translated books.

Now against an all-inclusive vision of history, we have upheld a differential approach, which respects the cleavages not only between science and philosophy, but also between the sciences themselves. We oppose the image of transmission as passive reception with one of conversion, reactivation, and even occasionally the renewal of one or more disciplines.[2] On this point let us recall two elementary facts known to all: first, the transfer of knowledge does not occur on either the geographical or the cultural level: it is essentially linguistic. Is it necessary to recall that this knowledge was mainly developed on the spot, i.e. in the centres, regions and peoples of ancient Hellenism who, after Islam, changed their language and the majority their religion? To forget this fact is to overlook another: transmitted science was not only scholarly; the administrative texts translated in the eighth century included metrology and geodesy and the inherited craft techniques included geometry, hydrostatics, optics, and agronomy. However, the history of these indispensable vehicles for the transmission of science remains to be written.

It would be useless to pretend here and now to remedy the inadequacy of research. I shall confine myself to one theme: the relationship between translation and research, since all questions refer to this one. How can one reflect on the identity of translators, the works they translated, and why they translated, without returning to the state and organization of research when they were translated? Similarly, it is impossible to question translation methods if contemporary scientific disciplines and linguistic studies are ignored. This approach may perhaps avoid two pitfalls: an exposé where an author lavishes methodological advice or rather didactic recipes, all the easier since he has not put them into practice himself; or yet again the danger of an exposé on the archaeology of a fragment, where the transfer of words is assimilated with those of concepts.

Without going into too much detail, I shall therefore start by pinpointing some aspects of translation, before taking up the points just raised, on the basis of two examples taken from mathematics and optics.

Let us go back to Baghdad in the early ninth century and note that the translation movement is no longer in its early stages, but is entering a second phase which will bring it to its zenith. From the first period only a few vestiges[3] have survived, occasionally a title; for instance, from Ibn al-Nadīm we know about the existence of an ancient translation of Theon's *Introduction* to the *Almagest*. However, these scattered references do not enable us to draw a faithful picture of the translating activity, they merely indicate individual initiatives. In the course of the second period, of incomparable importance — and the subject of this paper — translation has become a part of a much wider activity that may be designated by the evocative title "the institutionalization of science".

I

This progressive movement started by spreading to newly created disciplines directly linked to the new society, its organization and its ideology: the science of language, jurisprudence, theology, history, hermeneutics, etc. In the middle of the eighth century new questions arose in the field of linguistics, hermeneutics, theology, jurisprudence; the number of scholars and writings in these fields increased considerably, specialization became more pronounced and one witnesses the emergence of rival schools marked by an increasingly defined professionalization.[4] However, the Hellenistic scientific legacy, particularly in the mathematical sciences, was affected by this movement only in Baghdad and in the ninth century. A closer examination would show that interest in the Greek legacy was partly linked to this research activity in Islamic disciplines. Oft-repeated anecdotes about the specialists in these disciplines, such as the linguist al-Khalīl, are a good illustration.[5] From now on it is understandable why the movement did not reach the legacy of Hellenistic science before the ninth century; and also why the translating enterprise in Baghdad involved several disciplines at the same time — medicine, as well as geometry and astronomy — and was not confined, as has been written, to medicine and astrology, i.e. disciplines that present a practical interest. The error of perspective that results from such a limitation cannot be sufficiently emphasized.

But why did the institutionalization of the Hellenistic scientific legacy get under way at that time and in that place? Two reasons must be considered, the first of which is common knowledge: the existence of a social need. All studies on the transfer from Greek to Arabic relate facts and anecdotes that show that caliphs and patrons founded libraries and observatories and graciously encouraged translation and research. But what is never said is that not only individuals but also groups are to be found in the new institutions, one might even call them 'teams', sometimes rival and competing. These groups and the social positions created for translation and research were to be a means of integrating Hellenistic science into the 'scientific city' as it was developed and expanded. As a reminder, let us recall that the renowned House of Wisdom in Baghdad included astronomers such as Yaḥyā ibn Manṣūr, translators such as al-Ḥajjāj ibn Maṭar — the translator of Euclid and Ptolemy — and mathematicians such as al-Khwārizmī. Another group also connected with the House of Wisdom, the Banū Mūsa, three brothers and scientists, included the translator of Apollonius, Hilāl ibn Hilāl al-Ḥimṣī and the translator and eminent mathematician Thābit ibn Qurra as well. Lastly, it is also known that scientists gathered around Ḥunaīn and al-Kindī, among others. This organization of translation clarifies one of its most striking aspects at that time: its large-scale appearance. In fact, in the space of a few decades, Euclid's *Elements* were translated three times, Ptolemy's *Almagest* twice and also other books of Euclid and Ptolemy; and Apollonius's *Conics*. Over the century several of Archimedes's treatises were translated, seven books of Diophantus's *Arithmetica*, and among others, the works of Hero of Alexandria and Pappus.

Though on a large-scale, the work of translating was neither systematic, nor organized according to an increasing order of difficulty, nor even according to the historical sequence of Greek authors. One might as well say the translating venture was not dictated by a preconceived programme. Nevertheless, it would be a mistake to assume that the translations were made haphazardly, i.e. depending on the random discovery of texts. Several accounts by contemporary translators bear witness that it was, on the contrary, a deliberate undertaking: the text to be translated was selected and then the manuscripts of the text were tracked down.[6] All these aspects, the large-scale, unsystematic translations which were nevertheless deliberately organized, are connected with the second reason which explains why the institutionalization of the Greek heritage developed in Baghdad and in the early ninth century. Insufficiently stressed though obvious, the second reason is the deep-seated connection between translating and research: the latter, depending on the circumstances, preceded translation itself or was contemporary with it, or yet again was more-or-less indirectly set in motion by the translation of another text in a neighbouring domain.

The aim of the translation of scientific texts at that time was not to write the history of science but make available in Arabic, texts necessary for the training of researchers or even the advance of research. For instance, the translation of Archimedes's work was to facilitate studies on the measurement of areas and volumes, certainly not as a contribution towards the writing of the history of this chapter, nor for commentaries on Archimedes. If we call attention to this point it is because it influenced the choice of the text to be translated and governed the method and style of the translation. In other words, the underlying order behind the choice of works for translation and the succession of translations makes sense only in reference to contemporary research activity.

At the same time light is shed on the fourth characteristic of scientific translation: it was often the work of first-class researchers such as Ḥunaīn, Thābit ibn Qurra, and Qusṭā ibn Lūqā, who, as we already know, were also scientists fully conversant with Greek. Though it is true that the bulk of scientific work was translated directly from Greek without recourse to Syriac, it was however the work of scientists equally concerned with meaning, to such an extent that its literal aspect might conceal interpretations and even corrections of the text.

But in order to grasp the characteristics just pointed out at work, it would be preferable to support our argument with meaningful examples. I shall therefore select two examples, one from mathematics, the other from optics.

II

To start with, let us take the translation of the seven books of Diophantus's *Arithmetica*, four of which are still lost in Greek. Before examining the Arabic translation, two introductory remarks are necessary.[7]

The first concerns Diophantus's alleged aim in the preface to the first book of *Arithmetica*, and the nature of his contribution. The author intended to construct an arithmetical theory, ἀριθμητικὴ θεωρία. The constituent elements of this theory are numbers — considered according to the Euclidean concept, i.e. as pluralities of units, μονάδων πλῆθος, and fractional parts, like the fractions of magnitudes. These elements of theory are not only present 'in person', but as species of numbers. Diophantus mentions three species: the linear number, the plane number and lastly, the solid number. The other species are engendered from these three by composition, and each of their powers is necessarily a multiple of 2 or 3. One will look in vain for the fifth or seventh power in the statement of Greek or Arabic problems of the *Arithmetica*. Light is thus shed on the composition of the *Arithmetica*: it concerns combining species with each other under certain conditions, and with the aid of the operations of elementary arithmetic. For instance, one seeks two cubes whose sum is a square; a given square is divided into the sum of two squares. In each case, to solve these problems amounts to trying to proceed "until there remains one species on either side". In the course of his solutions, Diophantus applied the substitution, the elimination, and the transfer of species, in short, using algebraic techniques. The *Arithmetica* is not however, as is understood, a work on algebra, but is really a treatise on arithmetic.

Our second introductory remark leads us back to the early ninth century when al-Khwārizmī conceived algebra as an independent discipline and devoted his famous book to the subject. This book does in fact conclude a set of problems of indeterminate analysis of the first degree. Like all the other chapters in this work, the problems are set forth and dealt with using new concepts and the new terminology of algebra. Al-Khwārizmī's successors, notably Abū Kāmil, pursued the chapter of indeterminate analysis as an integral part of algebra though ignorant of Diophantus's *Arithmetica*.

However, it was precisely during this momentous period of research on indeterminate analysis — or according to modern terminology, rational Diophantine analysis — that Diophantus's *Arithmetica* was translated. The new title given by the translator to Diophantus's book, *The art of algebra*, belonged neither to the Greek lexicon nor to the conception of Hellenistic mathematicians. Taking place right in the heart of active research on algebra, this translation later contributed to the pursuit of the works of the tenth century algebraists, such as Abū al-Wafā' al-Būzjānī and especially al-Karajī. It is therefore a striking example of a translation prompted by an already well-advanced research. This situation will explain moreover the lexical and stylistic traits of the Arabic text.

In fact, though literal, the translation surprises the reader by its algebraic appearance: the translator deliberately drew on the algebraic vocabulary of al-Khwārizmī and his successors to seek out terms that designate not only entities on which Diophantus was working but also operations that are applied to them. For instance, the Greek πλευρά, usually translated by *ḍil'* in Arabic, 'side', is often translated here by *jiḏr*, 'root', which belongs to the algebraic vocabulary alone. Similarly, ἄλογος ἀριθμός is rendered by the algebraic term *al-shay'*, and again δύναμις, κύβος express *māl* and *ka'b*. A single word *al-jabr* replaces the entire Greek expression "to add the species subtracted from either side of both members"; ... similarly, "to subtract the same from the same" is simply translated as *al-muqābala*. Such lexical choices are clearly the manifestation of an interpretation of Diophantus's *Arithmetica* through the eyes of al-Khwārizmī's algebra. Of course, Diophantus is not seen in the history of Arabic mathematics merely as al-Khwārizmī's predecessor, but his mathematical investigations will be purely and simply integrated into a chapter of algebra as *fī al-'Istiqrā'*, i.e. indeterminate analysis.

As we are fortunate enough to know about the translator, which is not always the case, let us pause for a moment: Qusṭā ibn Lūqā, famous as a physician, philosopher and scientist, was also a mathematician conversant with contemporary algebra. He was the author of several opuscules on geometry and catoptrics, and his name was also linked to an algebraic procedure of false positions. Lastly, this scientist had completely mastered the three learned languages of the day — Greek, Syriac and Arabic. As a result of these talents, he was invited to Baghdad, where he is to be found before 866 connected with the various groups mentioned earlier — the Banū Mūsā, al-Kindī. At the request of the future caliph al-Musta'īn (862–6), he translated several Greek works and composed others for state officials, vizirs, tax directors and other patrons, notably Yaḥyā al-Munajjim, the private founder of a small-scale replica of the House of Wisdom.[8]

III

The second example, unlike the first, does not belong to the domain of pure mathematics, but illustrates a very ancient attempt to apply mathematics. Its alleged purpose is to construct a technical device for producing a phenomenon that does not exist in nature; furthermore, the technical device was intended to fulfil a practical need. This particularly interesting scientific and epistemological situation is illustrated by the writings of Alexandrian and Byzantine mathematicians on burning mirrors. First of all, note that the major part of these writings have survived in Arabic. That investigations in this field were continued by Byzantines in the sixth century and the Arabs in the ninth century, as we shall see, was due to entirely different kinds of reasons. Presumably an effective weapon, burning mirrors were, according to Diocles, a means of illuminating temples during celebrations as well as an instrument for measuring the time of day. The legend of Archimedes and the exceptional interest that the great mathematicians — Euclid, Archimedes, Apollonius — showed in the study of burning mirrors conferred on it an aura of special prestige from the sixth century onwards. It is common knowledge that during the siege of Syracuse, as the legend relates, Archimedes set fire to Marcellus's flotilla with the aid of such mirrors. Now it was this legend that incited mathematicians to inquire into the possibility of setting fire in this way. Hopes of effectiveness, associated with legends and prestige, enveloped the theory of burning mirrors and attracted scientists.

Let us now return to the ninth century and note the existence of a call for research on burning mirrors and, simultaneously or almost so, the translation of the major part of known Greek texts and intensive research on the subject. In a letter, Qusṭā ibn Lūqā echoed this social need: "You must know as well — God holds you in high esteem — that people are interested in using burning mirrors. Kings and caliphs have searched for it, but only managed to set fire at a distance of thirty cubits. They only managed to set alight at this distance. If someone devised a mirror that set fire at a hundred cubits, would you then call him a prophet?"[9] Ibn Lūqā's proposal was fulfilled by al-Kindī whose work on burning mirrors — to which we shall return — was composed in honour of the caliph al-Mustaʿīn.

As for the translations, what has survived in Arabic is a compilation of Diocles's lost Greek treatise, a treatise by Anthemius of Tralles of which part of the Greek text is lost, and works by Didymus and a certain Dtrūms, as yet unidentified — both these texts are also lost in Greek.[10] Consequently, except for the Bobbio fragment, Arab scientists had access to the entire Greek literature on the subject known to us. Nor could these collected works, any more than their translations, be the result of chance alone; on the contrary, they apparently expressed a determination to amass all the available works on a theme that preoccupied scientists. Everything does in fact indicate that the Greek texts on burning mirrors were tracked down, then translated into Arabic at the opportune moment when ninth century scientists were engaged in research in this field. The advance of these scientists over their forebears is the clearest proof of the link between research and translation. To corroborate our affirmation, we shall compare the Arabic translation of Anthemius of Tralles's text with al-Kindī's application of it in his treatise on burning mirrors.

The fragment on burning mirrors from Anthemius's *On remarkable mechanical devices* had been translated into Arabic. The translation[11] was literal, expressed in a word-for-word manner of which al-Kindī spoke so highly at that time.[12] An occasional clumsy turn of phrase reveals the Greek behind the Arabic. Moreover, when the translator did not understand a term, he left it unaltered in the text. For instance, the term ἀμβολεύς, which also balked modern translators from Louis Dupuy in the eighteenth century to C. Belger and Thomas Heath, was rendered by the ninth century translator as *al-*

Ambūlūs. Nine centuries later Dupuy opted for a similar solution by translating it as *embole*.

In this fragment Anthemius begins by asking the following question: How to ensure that a solar ray always falls on a given point, whatever the hour and season? This problem led Anthemius to the study of the ellipsoidal mirror where he showed that he was conversant with the bifocal property of the ellipse and the properties of the tangent.

But as Anthemius observed, the use of this type of mirror does not explain how Archimedes managed to set fire to the Roman flotilla. He then wrote: "However, since no blot must blemish the name of Archimedes, of whom there is unanimity in relating that he set fire to the enemy vessels using the sun's rays, one must reasonably suppose that, according to this fact, the problem can be solved."[13] At this point Anthemius affirmed that "the task of setting alight requires no fewer than twenty-four reflectors". He constructed a system of seven hexagonal mirrors consisting of a central mirror with six adjacent mirrors, the common side being used as a hinge. The system is apparently arranged so that parallel rays falling on the centre of each of the seven mirrors are reflected to a given point. Anthemius then declared, but without proof, that to obtain a more effective burning, four or five seven-mirror systems may be employed. The fragment ends with a study of the parabolic mirror.

After quoting Anthemius's text, al-Kindī immediately continued: "This is what Anthemius said; now Anthemius would never have accepted any mathematical statement without proof and especially not in the art of geometry, nor did he impose something without proof. He explained how to construct a mirror from which twenty-four rays are reflected to a single point without showing how to establish the point where the rays unite at a given distance from the middle of the mirror's surface".[14]

Al-Kindī was not content with this openly critical attitude towards his predecessor, but suggested taking up afresh the problem of the convergence of reflected rays to a single point and the distance of this point, while respecting the requirements of geometrical proof. So he opened up a new path and went far beyond Anthemius in his study of burning mirrors.

His treatise opens with the study of a system consisting of two plane mirrors placed on the surfaces of a dihedral. With the results obtained, he shows how to construct a cone-shaped burning mirror before turning to examine concave spherical mirrors. Note that the last analyses are missing from Anthemius's fragment, but on the other hand al-Kindī did not resume Anthemius's study on the ellipsoidal mirror. Whatever the case, in Part Three of his tract al-Kindī went back to a problem posed by Anthemius on the construction of a system of twenty-five hexagonal mirrors permitting the reflection of solar rays falling on a single point in the centre of each mirror, and endeavoured to remedy the defects of Anthemius's text. On examination, al-Kindī's demonstration turns out to be correct for six mirrors around the central mirror; but he affirmed, likewise without proof, that the result remains true for the other systems, which is not quite accurate. He next attempted to go further by proposing to construct a more elaborate mirror than that of Anthemius or, in his own terms: "We want to construct a mirror on which as many rays as one wants are reflected to a single point of the perpendicular raised from its centre, much more elaborate than the one constructed by Anthemius." The project was conceived as follows: from a twenty-four-sided regular polygon, al-Kindī constructed a regular twenty-four-sided pyramid so that the solar rays falling on the side of the base of each surface taken as a mirror are reflected to the same axis-point of the pyramid. He defined this point by considering two symmetrical surfaces in relation to the axis.

Al-Kindī concluded his treatise with a resumption of Anthemius's study on the construction of a mirror of a given diameter that reflects rays on a given point. The procedure involves applying the construction of a parabola with points and tangents whose focus and directrix are known. Al-Kindī's demonstration is undoubtedly much clearer and more methodical than that of his predecessor, but it cannot be said he made an original contribution to the subject.

IV

The two examples just analysed — Diophantus's *Arithmetica* and burning mirrors — illustrate two forms taken by the dialectic between translation and research. In the case of Diophantus, we have seen that translation was not only stimulated by current trends in research but came to integrate Diophantus into a trend that was not his own. In the example of burning mirrors, translation and research were contemporary with each other and, moreover, scientists tackled translated works in a deliberately critical frame of mind and with the avowed intention of surpassing them. But these are not the only forms this dialectic was to take, so we shall briefly recall two other examples.

At the same time, translations occasionally stimulated the extension of translated knowledge, i.e. the elaboration of a new theory. For instance, Thābit ibn Qurra, translator of Nichomachus of Gerasa's *Introductio arithmetica*, noted that the latter mentioned amicable numbers without constructing their theory, which is also lacking in Euclid's *Elements*. Ibn Qurra therefore set to work on this problem and conceived the first theory of amicable numbers.

The second example we shall mention concerns the translation of masterly treatises, e.g. Euclid's *Elements* and Apollonius's *Conics*. In this case, the translations were in great demand among translators themselves, their colleagues, contemporaries and patrons, who wished to develop research not only in the same field but in others as well. For instance, knowledge of the *Elements* certainly enriched the geometrical research of the colleagues of the first translator — al-Ḥajjāj — but also proved fruitful for the works of his colleague in the House of Wisdom, al-Khwārizmī; the latter was inspired by the Euclidean concept of an apodictic approach and proto-geometrical proofs that would be essential for the construction of the new science: algebra.

The above examples sufficiently illustrate, I think, that in order to understand the transmission of Greek science into Arabic, it is necessary to start with the dialectic translation–research. Its complexity forces us to reject two attitudes: the first, increasingly challenged today, is what we designated by the triplet reception-assimilation-creation as three successive stages in Arabic scientific and philosophical thought. The second, though underlying the most contradictory of theses, is just as erroneous. Frequently, not only supporters of the thesis of passive reception but those who affirm the appropriation of the Greek heritage by their Arabic successors, consider the philosophical and scientific translations as a simple entity. Both of them merely incorporate both activities — scientific translation and philosophical translation — into a single perspective, and so favour analogies at the cost of differences. Now, even if we confine ourselves to the sciences alone, such a position is untenable: it suffices to mention the differences between the translation of medical works and those of the exact sciences. And we have just seen that, when we limit ourselves to the latter, the dialectic between translation and research appears in multiple forms that only a differential approach can exhaust.

ACKNOWLEDGEMENTS

This paper was given as a lecture in a series on "Difficult choices in the history of science and medicine", arranged by Dr Alistair Crombie at the *Maison Française*.

REFERENCES

1. Still maintained today by some authors, this opinion does not stand up to the slightest reflection. Contributions as constructive and creative as those of al-Khwārizmī in algebra, for example, are to be found in the early ninth century, i.e., at the height of the period of so-called reception and assimilation. A deeper knowledge of the texts and the history of science shows that these contributions often took place at the same time as transmission. Let us once again recall writings by the Banū Mūsā and Thābit ibn Qurra in the ninth century.
2. We have maintained this viewpoint in a public discussion following Roger Arnaldez's lecture on "L'Histoire de la pensée grecque vue par les Arabes", in *Bulletin de la Société française de Philosophie*, 72e année (1978), 150–7. Some of the ideas contained in the present article were also presented at a symposium on the transmission of Greek into Arabic organized by Georges Saliba at Columbia University in 1982.

3. Ancient bibliographers such as Ibn al-Nadīm recalled an "ancient translation" — *naql qadīm* — of some scientific works. For instance, Ibn al-Nadīm spoke of an ancient translation of the *Almagest*, as well as an ancient translation of Theon's *Introductio*. *Cf. Al-Fihrist*, ed. by Reḍā-Tejaddud (Tehran, 1971), 327–8.
4. It is enough to recall here the schools of grammarians and linguistics in the second century of the Hegira (that of al-Baṣra and al-Kūfa notably), their rise and the social status of their members not only at the court at Baghdad but among the leading citizens. The same applies to jurists, historians, etc.
5. This linguist of the second century of the Hegira was the founder both of Arabic prosody and of lexicography. He was also a musical theorist and an arithmetician. He made use of combinatorial analysis in order to solve the problem of the composition of an Arabic dictionary, while at the same time he was concerned with research in arithmetic.
6. A famous example in this respect is Ḥunaīn ibn Isḥāq's search for Galen's *On demonstration*. *Cf.* Diophante, *Les Arithmétiques*, ed. and transl. by R. Rashed, iii (Paris, 1984), pp. xxiv–xxv, note 44.
7. *Op. cit.* (ref. 6).
8. *Ibid.*, pp. xx–xxii.
9. K. Samir (ed.), *Une correspondance islamo-chrétienne entre Ibn al-Munaggim Ḥunayn ibn Isḥāq et Qusṭā ibn Lūqā* (Patrologia Orientalis, xl, fasc. 4, n. 185; Turnhout, 1981), 156.
10. *Dioclès, Anthémius de Tralles, Didyme et alter: Sur les miroirs ardents*, ed. by R. Rashed (Les Belles Lettres, Paris, in press).
11. *Ibid.*
12. Diophante, *Les arithmétiques*, iii (ref. 6), pp. xxviii–xxix.
13. *Dioclès, Anthémius de Tralles*, ed. by Rashed (ref. 10).
14. *L'Optique d'al-Kindī*, ed. by R. Rashed and H. Hugonnard-Roche, J. Jolivet, and H. Sinaceur (Les Belles Lettres, Paris, in press).

II

Optique Géométrique et Doctrine Optique chez Ibn Al-Haytham

Dans l'histoire de l'optique, Al-Haytham occupe une place particulièrement importante. Encore faut-il remarquer que c'est seulement après les traductions de son œuvre principale — Opticae Thesaurus Alhazeni — et à quelques siècles d'intervalle, que se situe le gros de son influence[1]. La nouveauté de sa méthode, l'originalité attribuée à ses idées, ont soulevé autour de l'auteur et de son œuvre les jugements les plus contradictoires. Créateur de la physique «au sens moderne», pour les uns[2], conservateur consciencieux et parfois ingénieux du musée de la science grecque, pour les autres[3]: les contradictions qui apparaissent dans le débat des historiens ne tiennent pas seulement à la conception de l'histoire des sciences des uns et des autres, mais renvoient pour une part au moins au statut particulier d'une optique, où la nouveauté du projet n'exclut pas la présence de notions traditionnelles: seul le statut d'un tel savoir nous occupera dans les pages suivantes.

[1] *Cf.* l'édition de Risner: *Opticae thesaurus alhazeni arabis libri septem nunc primum editi. Ejusdem liber de crepusculis et nubium ascensionibus. Item Vitellionis* — Thuringo — Poloni, libri X. *Omnes instaurati et aucti adjectis etiam in Alhazenum commentariis* a Federico Risner. Basel 1572. Dans nos renvois ultérieurs à cette œuvre, nous en résumerons le titre en *OTA*.

Pour l'histoire de la réception et de la traduction de l'œuvre d'Alhazen en Occident à partir du XIIIe siècle, voir:

1. G. Sarton: *The Tradition of the Optics of Ibn al-Haïtham*, «Isis» XXIX, 1938, pp. 403—406.

2. D. Lindberg: *Alhazen's Theory of Vision and its Reception in the West*, «Isis» LVIII, part 3 in 193, 1968, pp. 321—341.

[2] Moustapha Nazif, dans un ouvrage fondamental sur Al-Haytham: *Al-Hassan ibn al-Haytham buḥūthuhu wa-kuchūfuhu al-baṣariyya* — 2 vols, Le Caire 1942—1943 (le premier en date et le plus étendu des ouvrages sur l'*Optique* d'Al-Haytham à partir des manuscrits retrouvés de l'auteur).

Plus récemment M. M. Schramm dans un article intitulé: *Zur Entwicklung der physiologischen Optik in der arabischen Literatur*, in „Sudhoffs arch. f. Gesch. d. Med. u. d. Natur." n° 43 (1959) pp. 289—316, déclare à propos d'Al-Haytham: «Ce qui voit le jour c'est une chose principalement neuve, la physique non pas au sens antique mais dans le sens moderne» p. 295; thèse à laquelle il reviendra dans son bel ouvrage: *Ibn Al-Haythams Weg zur Physik*, Wiesbaden 1963.

[3] Thèse très courante, présente de Montucla à Tannery et Duhem en passant par Lalande, Delambre ... et récemment encore défendue dans le compte-rendu du livre de M. Schramm — «Isis», Décembre 1964 vol. 55.4 n° 182, pp. 463—5 — par G. J. Toomer qui y revient pour critiquer la thèse de M. Schramm.

Le projet d'AL-HAYTHAM est manifestement nouveau. Après avoir dénoncé la «multiplicité des doctrines optiques», la «faiblesse des arguments» et l'«obscurité des idées», il entend — et l'exprime clairement — se séparer des optiques de son temps.[4] Or, il ne s'agit pas seulement d'amender les optiques des philosophes ou de corriger celles des géomètres, mais bien de s'attaquer au but et à la preuve. Dans son *Discours de la lumière*[5], AL-HAYTHAM dit que l'étude de la lumière, du rayon et de la transparence doit se composer nécessairement à la fois des sciences physiques et des sciences mathématiques. Les mêmes instruments, poursuit-il dans le *Livre de l'Optique*[6], doivent servir à l'étude de la vision, et cette intention sera sans cesse confirmée dans d'autres œuvres comme le *Discours de la lumière de la lune* et le *Discours de la figure du Cosmos*[7].

Contre les géomètres, AL-HAYTHAM pense que l'on peut pour l'étude de l'optique, combiner géométrie et «physique», donc conférer une signification physique à ce qui fut géométriquement établi ou encore géométriser des significations physiques, reçues par tradition ou récemment élaborées. Mais à l'opposé des philosophes, il estime que pour rendre l'argument convaincant, il faut d'une *manière systématique* introduire la certitude de la démonstration géométrique dans l'étude du phénomène physique de la propagation lumineuse et rapporter ainsi les notions utilisées au plan d'une situation expérimentale. La preuve du physicien ne saurait être, dans les perspectives d'un tel projet, élément d'une doctrine ou argument d'une polémique, opposé aux autres dans le seul but de les amender afin de rendre compte avec plus de cohérence des données de l'ob-

---

[4] *Cf.* l'*Optique Livre I* — Nos références à l'*Optique* renvoient au manuscrit n° 2448 d'AYA SOFIA que nous avons revu à l'aide des manuscrits d'AL-FĀTIH n°s 3212—3215—3216 — Ahmed III 3339 — 1899.

AL-HAYTHAM après avoir exposé les doctrines des philosophes, les opinions des géomètres, et en avoir relevé les contradictions, formule ses doutes et déclare: «Nous avons voulu nous intéresser à cette notion (la modalité de la vision) dans la mesure de nos possibilités, résumer le soin que nous en avons pris, la considérer, nous consacrer sérieusement à la recherche de sa vérité et renouveler l'étude de ses principes et préliminaires. Notre investigation commencera par une étude inductive des choses, l'examen des états des choses visibles, le discernement des propriétés des particuliers. L'induction nous permettra d'atteindre ce qui caractérise l'œil en état de vision et ce qui est général, inaltérable, évident, incontestable au sens. Puis nous poursuivrons plus loin notre recherche et nos déductions, progressivement et avec ordre, en critiquant les préliminaires et avec vigilance quant aux conclusions. Nous nous donnerons pour but dans tout ce que nous induirons et examinerons, l'usage de la justice et non la poursuite de nos goûts, nous attachant à travers tout ce que nous élirons ou critiquerons à la recherche de la vérité et non au penchant pour les opinions. Peut-être cette voie nous conduira-t-elle au vrai ... et parviendrons-nous à la certitude par la critique et la vigilance, à la vérité qui fait disparaître la controverse et tranche les matières en litige.» P. 3r et 3v.

[5] *Discours de la lumière* — *cf.*, notre traduction française in «Revue d'Histoire des Sciences,» t. XXI, 1968.

[6] *Cf. L'Optique*, p. 2r—v.

[7] *De la lumière de la lune* (Fī Ḍaw' al-Qamar, éd. Hayderabad 1938—39, pp. 3 et 4). AL-HAYTHAM, il est vrai, ne formule pas clairement cette méthode, mais l'explicite suffisaimment.

V. de même pour l'*Arc-en-ciel et le halo chez Al-Haytham*, AL-FĀRISĪ, Commentaire sur l'Optique d'AL-HAYTHAM: *Tanqīḥ al-manāẓir li-dhauī 'l abṣār wa'l baṣā'ir*, 2 vols. Hayderabad 1928—1930, vol. II, p. 259.

servation immédiate: elle doit valoir ici, tant par les déductions logiques du géomètre que par les vérifications de l'expérimentateur. Et si quelques-unes des données de ce projet avaient pu apparaître avant AL-HAYTHAM, il reste que c'est dans son œuvre que, pour la première fois, il est révélé avec autant de clarté et de manière aussi systématique.

La question du statut se précise davantage: l'historien fait-il tort à l'optique d'AL-HAYTHAM, soit quand il y découvre l'origine d'une physique «au sens moderne», soit quand il la renvoie à l'optique des géomètres? Ce qui revient en somme à se demander quel est le sens et quelles sont les limites du traitement mathématique de représentations et de problèmes qui restent, pour une grande part, traditionnels.

Considérons un exemple pour illustrer l'exécution du projet d'AL-HAYTHAM: celui de la propagation rectiligne de la lumière. L'auteur veut ici à partir d'une distinction, traditionnelle — quoi qu'on en dise — de la lumière, en substantielle et accidentelle, établir le principe de la propagation rectiligne: il s'agit de comprendre comment il soumet ces notions informes à un traitement géométrique. En premier lieu, on peut voir qu'il renonce dès le départ à vouloir définir la nature de la lumière ou du rayon lumineux et qu'il s'en tient à l'énumération des traits communs à la propagation, traits qui pour lui sont empiriques et qu'il entend soumettre directement au traitement géométrique. Penchant positiviste avant la lettre, pourrait-on dire; le fait est qu'AL-HAYTHAM, après avoir rappelé la définition du philosophe — la lumière est une forme substantielle — celle du géomètre — la lumière est une chaleur de feu[8] — passe aux conditions de la propagation sans opter en faveur de l'une ou de l'autre et sans en présenter de troisième. Dans son *Livre de l'Optique* aussi bien que dans le *Discours de la lumière*, il dénombre ainsi les conditions suivantes:

1) La lumière émise par un corps lumineux par lui-même — lumière substantielle — et la lumière émise par un corps éclairé — lumière accidentelle — se propagent sur les corps qui les entourent.
2) Elle peut pénétrer dans les corps (ou milieux) transparents: l'eau, l'air, le cristal, et leurs homologues.
3) Les corps opaques peuvent êtres éclairés puis à leur tour émettre de la lumière.
4) Les corps transparents ont de même que les corps opaques une «puissance réceptrice» de lumière, mais les corps transparents ont, en outre, une «puissance transmettrice» de lumière.
5) La lumière existe indépendamment de et extérieurement à la vision; elle a la propriété de se propager en ligne droite dans le milieu transparent et dans toutes les directions. Ces droites virtuelles forment avec la lumière «le rayon».
6) Ces lignes peuvent être parallèles ou se croiser: dans l'un et l'autre cas, les lumières ne se mélangent pas.

---

[8] *Cf. Discours de la lumière*, traduction *op. cit.*, p. 207.

Après avoir vérifié la propagation rectiligne de la lumière substantielle[9] au moyen d'expériences multiples — pour la plupart variantes de l'expérience de la chambre obscure — AL-HAYTHAM se propose de la démontrer pour la lumière accidentelle. Il commence par distinguer celle-ci de la lumière réfléchie, pour considérer ensuite plusieurs cas: la lumière de la lune, celle de l'aurore. Mais ici comme pour la lumière substantielle, il veut donner une démonstration générale qui dépende des conditions énumérées et d'une autre condition, laquelle postule que la vision se fait au moyen de la lumière émise par l'objet lumineux ou éclairé qui vient frapper l'œil. Démonstration significative qui intéresse le problème posé ci-dessus on voudra bien pour cette raison excuser une certaine longueur[10].

AL-HAYTHAM veut démontrer que la lumière accidentelle émise par un corps opaque éclairé se propage sur toute droite pouvant être menée à partir de tout point de ce corps. Il propose ainsi de considérer les deux chambres closes P et Q où Q ne laisse passer la lumière qu'à travers une ouverture.

L'expérimentateur doit alors tailler un cube de bois muni de deux passages cylindriques et un cône droit dont le sommet est aigu et la base d'un diamètre égal à celui du passage cylindrique[11]. Il place le cube dans l'ouverture de la chambre Q, puis marque par le cône à travers le passage perpendiculaire le point G sur AB. Après avoir retiré le cône, il fixe le point le plus éloigné de G sur AB, vu à travers le même passage, et trace ensuite un cercle de centre G et de diamètre EF. Si la lumière émise par AB se propage suivant des trajectoires rectilignes, l'expérimentateur lorsqu'il bouche le passage perpendiculaire et regarde par le passage oblique ne doit voir que le cercle. Autrement dit, si la propagation est rectiligne, le point le plus éloigné de T sera le point E et T, O, E seront sur la même droite. Si l'œil se tourne vers le cercle de centre R, on ne voit que le cercle de centre G et de rayon GE: On sait par définition que $\frac{SM}{MG} = \frac{NK}{KM}$

$$\frac{NK+KM}{KM} = \frac{SM+MG}{MG} \quad \text{ou encore} \quad \frac{NM}{KM} = \frac{SG}{MG}$$

---

[9] *L'Optique Livre I*, p. 9r sqq.

Cf. Le commentaire sur l'Optique d'AL-HAYTHAM, de KAMĀL AL-DĪN AL-FĀRISĪ: *Tanqīḥ al manāẓir li-dhauī'l abṣār wa'l baṣā'ir*, 2 vols, Hayderabad 1928—1930 vol. 1, p. 20 sqq.

[10] *L'Optique* p. 22v sqq. et AL-FĀRISĪ, *op. cit.* Vol. I p. 33 sqq.

Cf. aussi la traduction de quelques textes du commentaire d'AL-FĀRISĪ, WIEDEMANN: *Zu Ibn Al-Haithams Optik* in „Archiv für die Geschichte der Naturwissenschaften und der Technik" n° 3 (1910).

[11] On trace au milieu du cube sur des faces parallèles des lignes parallèles entre elles et parallèles aux arêtes du cube. On marque ensuite sur chacune de ces lignes deux points R et S à une distance de deux doigts de l'arête perpendiculaire. Chacun des points R et S sera le centre d'un cercle dont le rayon ne doit pas dépasser un doigt. Sur l'autre face on fixe de la même manière M N. La droite MN sera divisée au point K de telle sorte que NK/KM égale SM/MG — la longueur de l'arête du cube à la distance entre les deux murs — K et M seraient au centre de deux cercles d'un rayon qui ne doit pas dépasser un doigt. A partir des points S et R on creuse deux passages cylindriques, l'un perpendiculaire SM dont le diamètre est celui d'un cercle de centre S l'autre étant RK oblique et de la même manière.

AL-HAYTHAM précise en outre que la largeur et la longueur du cube ne doivent pas dépasser «une coudée» la hauteur étant selon l'épaisseur du mur.

mais

$$NM = RS \quad \text{d'où} \quad \frac{RS}{KM} = \frac{SG}{MG}$$

mais $KM \| RS$ donc R, K, G sont sur la même droite. Or si le point J est au milieu de RK et $IJ \|$ à la surface GE

$$\frac{IM}{IG} = \frac{JK}{JG} \quad \text{mais} \quad \frac{IM}{IG} = \frac{ML}{GE}$$

$ML = KO$, rayons de cercles égaux

$$\frac{IM}{IG} = \frac{KO}{GE} \quad \frac{JK}{JG} = \frac{KO}{GE}$$

et les points J, O, E sont sur la même droite.

Si l'on prolonge la droite EOJ elle passera par T sur le cercle de centre R et T, O, E seront sur la même droite.

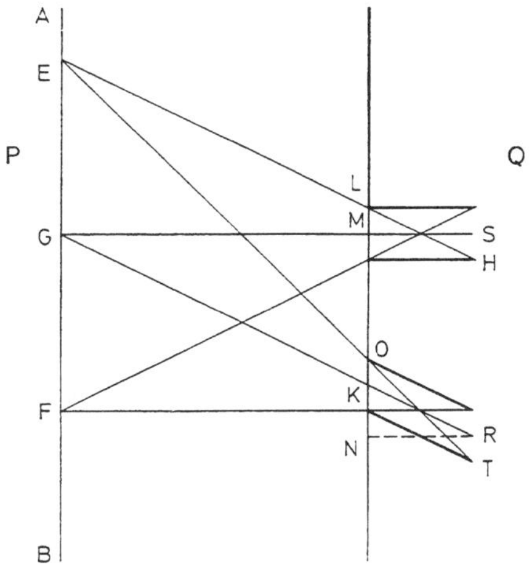

Fig. 1

Donc si la propagation est rectiligne, le point le plus éloigné que pourra voir l'expérimentateur en dirigeant son œil vers le cercle de centre R, sera le point E, et le seul cercle qu'il verra, sera le cercle de centre G et de rayon GE.

Al-Haytham n'entend pas s'arrêter là. Il veut effectuer une série de vérifications expérimentales de ce qu'il vient de démontrer. A partir de la chambre Q et après avoir bouché le passage oblique, l'expérimentateur reçoit sur un écran à travers l'autre passage, la lumière renvoyée par le corps opaque à l'aurore, avant le lever du soleil: il constate que la tache lumineuse — dont l'intensité dépend de la luminosité du corps opaque — a la même forme que ce corps. S'il regarde à nouveau à partir d'un point quelconque de la tache et à travers le passage, il ne verra que le corps opaque. Par contre, s'il retire le corps opaque et prend la précaution de supprimer la lumière de la circonférence du passage, la lumière disparaîtra; s'il répète à plusieurs reprises l'expérience — retirant et replaçant le corps — il obtiendra chaque fois les mêmes résultats. Maintenant, il peut à un point quelconque de la distance entre le passage et le corps opaque, interposer un écran blanc et pur, éclairé, la lumière apparaîtra sur l'autre écran placé à l'intérieur de *Q*. L'expérimentateur obtiendra les mêmes résultats, si, toutes les conditions étant par ailleurs égales, il change de passage et se sert du passage oblique; et il en sera de même quand il utilisera les différentes lumières accidentelles. Ceci montre que la lumière accidentelle se propage de tout point du corps éclairé suivant des trajectoires rectilignes[12], ou pour reprendre les propres termes de l'auteur:

> «Ces considérations font apparaître avec évidence qu'à partir des lumières accidentelles qui sont dans les corps opaques, des lumières se propagent dans toutes les directions et que la propagation de la lumière se fait seulement suivant des trajectoires rectilignes. Il apparaît aussi que la lumière qui se propage à partir d'une lumière accidentelle est plus faible qu'elle, et qu'elle est d'autant plus faible qu'elle est plus éloignée de la source dont elle émane. Appelons ces lumières issues de lumières accidentelles des lumières secondes. Je dirai que ces lumières secondes ne sont pas émises par des lumières accidentelles selon la réflexion, — comme elles se réfléchiraient à partir des corps polis-mais émanent des corps opaques de la manière dont les lumières premières et substantielles sont émises par des corps lumineux en eux-mêmes: si on considérait parmi les corps opaques, des corps polis ou ayant des parties polies, et qu'une lumière les éclairât, on constaterait que cette lumière se réfléchit, mais qu'avec elle une lumière seconde est émise de la manière même dont la lumière est émise par les corps lumineux en eux-mêmes[13].»

Ainsi, à partir d'une distinction — notion d'une philosophie naïve de l'expérience — de la lumière en substantielle et accidentelle, le traitement mathématique rapporte ces notions au plan d'une situation expérimentale. Mais dans les limites de cette tentative, la distinction a perdu le caractère antagoniste qui la définit à l'heure doctrinaire, si bien que la lumière accidentelle n'est autre ici qu'une lumière seconde qui émane et se propage à partir d'un corps opaque de la même manière que la lumière première émise par un corps lumineux en lui-même. Peut-on penser alors, comme le suggèrent M. Nazif[14] et M. Schramm[15] que l'opposition est abolie et que la persistance des termes «substantielle» et «accidentelle» n'est

---

[12] *L'Optique*, p. 29.

[13] *L'Optique*, p. 29.

[14] *Cf.* Nazif, *op. cit.* p. 87: «La division en lumières substantielles et lumières accidentelles n'ajoute selon Al-Haytham aucune différence à l'essence de l'une ou de l'autre; elle est seulement une voie qui permet d'expliciter la différence qui sépare les caractéristiques des corps transparents de celles des corps opaques.»

[15] *Cf.* Schramm, *op. cit.* 272, Al-Haythams Weg.: „Ein Mißverständnis war in diesem Zusammenhang durch den Terminus ʿaraḍī (accidentel) ausgeschlossen der eben nur auf die Lichtquelle bezogen ist. ... der selbst-leuchtende Körper kann aus sich heraus, ohne dauernd von außen angeregt zu werden, die Form des Lichtes dem Medium aufprägen, der akzidentell leuchtende Körper dagegen vermag dies nur in Abhängigkeit von einer Lichtquelle die auf ihn einwirkt."

nullement significative? Ou simplement selon M. Ronchi[16] relever «l'influence discrète des anciens modes de raisonnement et spécialement celui de la théorie atomistique»? Il semble bien que l'une et l'autre de ces réponses, en omettant de marquer avec rigueur le domaine de sa validité, fasse tort à l'optique d'Al-Haytham.

Car s'il est vrai qu'Al-Haytham s'exprime encore dans un langage traditionnel, les exigences du type nouveau de la preuve font que les termes de l'opposition n'ont plus — ne peuvent plus avoir — le même sens. La question toutefois reste posée: pourquoi garder le même langage, celui d'un autre savoir dont les ambiguïtés sémantiques ne peuvent que constituer un obstacle, si l'on veut faire table rase de tout résidu doctrinaire? En conservant les mêmes termes, ne veut-on pas réintroduire par contrebande et à d'autres fins les éléments d'une doctrine pourtant réformée? N'a-t-on pas enfin démontré que les deux lumières sont émises de la même manière, se propagent suivant des trajectoires rectilignes, se réfléchissent et se réfractent selon les mêmes règles, diminuent en intensité en raison de la distance du corps lumineux?

En fait, dans l'étude de la propagation, la seule différence qui subsiste entre les deux lumières est, après avoir ignoré la nature physique de la lumière et dans les limites d'une preuve géométrique et expérimentale, une différence de milieu plus ou moins opaque. La lumière des corps lumineux par eux-mêmes — le soleil, le feu, les astres ... — se propage à partir de ces corps et dans toutes les directions suivant toute droite pouvant être menée de tout point de ce corps dans un milieu transparent, ou comme il l'exprime lui-même, ... «en une émission sphérique dans toutes les directions»[17]. Si la lumière rencontre un corps opaque, après avoir reçu la lumière, ce corps deviendra lui-même source d'émission de lumière qui, à son tour, se propagera suivant des trajectoires rectilignes menées de tout point de ce corps. Mais cette lumière accidentelle ne doit guère être confondue avec la lumière réfléchie qui, elle, a des trajectoires fixées par la loi de la réflexion[18]. Tout indique que dans les limites de ce raisonnement, la distinction ne garde pas grand'chose de l'opposition «forma substantialis» — «forma accidentalis», dans la mesure où ici la différence porte sur les milieux et point sur les lumières. *

Peut-on en déduire que d'une manière générale Al-Haytham utilise les deux termes pour désigner la même notion et qu'il y a donc redondance dans le discours de l'optique? Beaucoup s'opposent à cette conclusion, présente d'ailleurs sous une forme ou une autre chez ceux qui veulent voir en lui le précurseur d'une physique; en réalité, lui-même, non seulement tient à sa distinction, mais présente une notion supplémentaire pour l'étayer: la fixation. Par fixation, il entend — comme font les philosophes — la présence dans le corps dense d'une

---

[16] *Cf.* Ronchi: *Histoire de la lumière*, ed. A. Colin, p. 42. *Cf.* aussi E. Wiedemann, qui dans sa traduction de certains textes de Al-Fārisī — son article se compose pour l'essentiel de traductions du commentaire d'Al-Fārisī — donne pour «forme» Abbild, donc reprend les anciennes eidola. *Cf.* p. 42 et 43.

[17] *L'Optique*, p. 33.

[18] *De la lumière de la lune*, p. 17.

puissance qui reçoit et fixe la forme — *cf.* le *Discours de la lumière*[19] — mais il se sert de cette notion dans l'étude de la propagation, surtout dans la mesure où il aura recours à elle lorsqu'il sera question de la couleur.

Autrement dit, la distinction entre lumière substantielle et accidentelle, après avoir perdu de sa force la retrouve, dans une certaine mesure, pour étayer une autre opposition: celle de la lumière et de la couleur, dans les limites où seule la lumière accidentelle accompagnera la couleur et se mélangera avec elle, si bien que l'œil en définitive recevra un mélange des formes de la lumière et des couleurs.

Pour AL-HAYTHAM la couleur «existe, elle est une forme dans le corps coloré et non pas un objet interposé entre l'œil et la lumière (p. 37)». Et ce n'est qu'après avoir ainsi postulé l'indépendance de la lumière et de la couleur qu'il rend compte d'un ensemble de données observables: les couleurs ne sont perçues qu'en présence de la lumière et cette perception est parfois diffuse. Mais en géomètre et expérimentateur, il veut soumettre l'étude de la couleur aux mêmes règles que celles de la lumière. De la même manière, il va essayer de montrer que lumière et couleur,

> «... sont émises ensemble et pénètrent dans l'air et dans les corps transparents suivant toute trajectoire rectiligne se propageant à travers ces corps. De même, la forme de la couleur se propage à partir de tout point de la surface du corps coloré, éclairé, suivant toute ligne droite pouvant être menée à partir de ce point. En effet, pour tout corps coloré, éclairé par quelque lumière que ce soit, à partir de tout point de sa surface, la forme de la lumière et la forme de la couleur qui sont en lui se propagent suivant toute ligne droite pouvant être menée de ce point dans l'air et dans les corps transparents contigus et opposés au point, et se projettent sur tout corps opposé à lui. Cette propagation se fait toujours dans toutes les directions et elle se projette sur les corps opposés, s'ils sont éclairés et si les corps contigus sont transparents, contigus par leur transparence, que l'œil soit présent ou absent.»[20]

Faut-il en déduire que les couleurs accompagent toute lumière, fût-elle substantielle ou accidentelle — ou seulement la lumière accidentelle comme le texte semble l'indiquer? Si l'on revient aux couleurs pour observer de plus près les conditions de la perception des objets relativement à leur couleur, en faisant abstraction de tout critère de grandeur, volume, poids, ... on constate que les couleurs apparaissent:

> «... dans les corps s'ils sont éclairés par la lumière, soit ces couleurs mêmes qui leur appartiennent, soit les couleurs d'autres corps se réfléchissant sur leur surface, soit de corps interposés entre eux et l'œil ou entre eux et l'objet lumineux qui les éclaire, soit encore composées de ces trois espèces[21].»

Mais pour les conditions de leur apparition à l'œil:

---

[19] «A la fixité de la lumière dans les corps physiques, il n'est pas d'autre cause que l'opacité, contraire de la transparence» — Quand un corps est extrêmement transparent «la lumière y pénètre seulement et ne s'y fixe pas».

[20] *L'Optique*, p. 39r.

[21] *De la lumière de la lune*, p. 40.

«... si les couleurs elles-mêmes sont fortes, si les lumières qui les éclairent sont fortes, si elles sont en présence de corps aux couleurs pâles et modérément éclairées; si les corps aux couleurs éclatantes — «pourpre rouge, pourpre violet, jaune» et gris souris — sont éclairés par la lumière du soleil et se trouvent à proximité d'un mur blanc ou d'un corps d'une blancheur très pure, si le mur est éclairé par une lumière modérée — lui-même étant dans l'ombre — les formes des couleurs éclairées apparaîtront sur le mur ou sur les corps blancs voisins, avec la lumière seconde émise par le soleil qui les éclaire[22].»

Donc pour que la couleur, propre au corps ou composée d'espèces différentes, apparaisse sous l'action de la lumière[23], il faut qu'il y ait deux corps, que l'un et l'autre reçoivent et fixent les formes, mais que le dernier soit en outre un corps — écran, rôle qui reviendra à l'œil dans la théorie de la vision, si bien que le rapport entre eux est celui d'une différence d'intensité qualitative. Les couleurs sont les unes aux autres dans le même rapport, dans la mesure où aux couleurs fortes du premier corps correspondent les couleurs faibles du corps-écran. A cette différence s'ajoute le rapport de proportionnalité entre lumières et couleurs: différence et proportionnalité sont ainsi les conditions de l'apparition de l'objet, voire de sa perception comme objet éclairé et coloré.

On peut remarquer déjà qu'il ne s'agit pas de toute lumière: les couleurs accompagnent généralement la lumière accidentelle. Dans un paragraphe aussi ambigu que bref, AL-HAYTHAM dit:

«Nous constatons aussi que les couleurs qui se trouvent dans les corps opaques éclairés par une lumière accidentelle accompagnent les lumières émises par ces corps. Ainsi, la forme de la couleur est toujours sur la forme de la lumière; pour les corps lumineux par eux-mêmes, on voit que leurs lumières sont semblables à leurs formes qui tiennent lieu de couleurs: ainsi la forme de la lumière du soleil, tenant lieu de couleur, est semblable à la forme du soleil; de même la lumière du feu a une forme semblable à celle du feu[24].»

Si par «forme»[25], AL-HAYTHAM n'entend rien d'autre que «eidos», on peut déduire des citations précédentes que la lumière substantielle ne s'altère pas et ne se mélange pas à proprement parler avec les formes des couleurs. Or, l'on sait par les quatre conditions de leur perception que l'apparition des formes des couleurs exige que le corps reçoive et fixe les formes avant de rencontrer un corps-écran avec lequel il est dans un certain rapport. Et si l'apparition des formes

[22] *L'Optique*, p. 34 — v. aussi p. 72v et *OTA* p. 18. «Quare vero non appareant omnes formae omnium corporum vel colorum super omnia corpora opposita, sed quaedam appareant, quaedam non, non est, nisi *quando color fuerit fortis et lux quae est in corpore fuerit fortis et lux quae est in corpore super quod apparet forma coloris, debilis* ... (souligné par nous).

[23] Pour les conditions de leur apparition à l'œil, AL-HAYTHAM dit: «Il est apparu par induction que si les couleurs fortes sont dans des lieux obscurs (in locis obscuris) et si la lumière qui les éclaire est faible (debilis, yassir) ces couleurs apparaissent obscures, indiscernables à la vision. Mais si elles sont dans des lieux éclairés (in locis illuminatis) et que la lumière qui les éclaire est forte, ces couleurs apparaissent et sont discernables à la vision.»

Cf. OTA, p. 18 et *Optique*, p. 34.

[24] *L'Optique*, p. 34.

[25] V. NAZIF, *op. cit.* p. 103 et SCHRAMM, *op. cit.* p. 204.

des couleurs — quelle que soit la supposition qui préside à la mise en rapport de la lumière et de la couleur[26] — n'est possible que par l'action de la lumière, elles apparaissent avec la lumière accidentelle, si bien que:

«... les couleurs perçues par l'œil sont perçues mélangées avec les formes des lumières qui sont en elles, mélangées avec toutes les formes des couleurs qui se projettent sur elles à partir des couleurs des corps opposés. Et si le corps transparent interposé entre elles et l'œil comporte quelque densité, sa couleur se mélangera de même avec elles. L'œil ne peut donc percevoir de couleur singulière, sans mélange de formes[27].»

Par conséquent, si les formes des couleurs ne peuvent apparaître que sous l'action de la lumière, il reste que c'est ce mélange de lumières et de couleurs qui apparaît finalement sur le corps-écran, donc sur l'œil. La lumière substantielle ne subit aucun mélange et c'est seulement la lumière seconde qui est affectée. Les formes des couleurs, en effet, ne se mélangent qu'avec les formes de cette lumière déjà reçue et fixée par un corps coloré, puis «réémise» pour ainsi dire comme un élément de ce mélange. Tout se passe comme si la lumière substantielle, sans mélange lorsqu'elle se projette sur un corps, l'animait de telle sorte qu'il renvoie ce mélange de lumières qui est support des couleurs.

Tout indique donc qu'AL-HAYTHAM, après avoir éliminé en fait la distinction entre lumière des corps lumineux par eux-mêmes et lumière accidentelle, dans l'étude de la propagation de la lumière, la retrouvait dans son étude de la couleur pour récupérer ainsi ce qui semblait perdu. Après avoir modifié le sens de cette distinction, il revient à ses termes pour en revendiquer la persistance et redonner vie au sens de l'opposition dans l'étude de la couleur.

Seule une compréhension réelle de ce double mouvement peut défendre contre la tentation de voir la distinction comme partout présente ou nulle part active et qui en conséquence renvoie l'œuvre d'AL-HAYTHAM à l'optique des Anciens ou décerne à l'auteur le titre de précurseur. Mais encore faut-il en saisir les raisons

---

[26] *L'Optique*, p. 36. Ici AL-HAYTHAM expose sans ambages ses doutes: «Il est probable que l'air et les corps transparents reçoivent les formes des couleurs comme ils reçoivent celles des lumières, soit que la lumière les accompagne, soit qu'elle ne les accompagne pas. Ainsi les couleurs sont émises à partir de tous les corps colorés et se propagent dans l'air et tous les corps transparents dans toutes les directions de la même manière que la lumière. Elles ont les mêmes propriétés que les lumières, se propageant et s'étendant toujours dans l'air et les corps transparents, qu'elles soient accompagnées ou non par la lumière, mais n'apparaissent à la vue que celles qui sont accompagnées de lumières, car la vue ne perçoit rien qui ne soit éclairé. Il est probable aussi que les couleurs n'émettent pas ces formes et ne se propagent dans l'air ni ne sont reçues par l'air que lorsque la lumière les éclaire. Mais ce qui ne fait pas de doute et n'admet aucune incertitude, c'est que la forme de la couleur et la forme de la lumière sont émises ensemble, à partir des corps colorés éclairés et se propagent dans les corps transparents qui sont en contact avec eux et ceux qui leur sont opposés.»

[27] *L'Optique*, p. 76r et *OTA*, p. 19: «Et declaratum est modo quod colores quos comprehendit visus ex rebus visis, non comprehendit nisi admixtos cum formis lucis quae sunt in eis et admixtos cum omnibus formis orientibus super ipsos ex coloribus corporum oppositorum. Et si in corpore diaphano quod est medium inter ipsos et visum fuerit aliqua spissitudo, admiscebitur color eius etiam cum eis et visus non comprehendit illum colorem singularem ...»

si l'on veut éviter l'interprétation éclectique de certains historiens qui, mêlant les deux attitudes, morcellent le texte et empruntent l'une ou l'autre selon le cas. AL-HAYTHAM, comme on l'a vu, veut traiter au moyen de la géométrie, directement — sans passer par une théorie explicative — les faits et les notions: les corps transparents, les corps opaques, les lumières, sont des faits; celles-ci se propagent suivant des trajectoires rectilignes, se décomposent en faisceaux, sont des notions. L'étude de l'ensemble des phénomènes lumineux à partir de la propagation de la lumière — tout en ignorant sa nature physique — est possible dans une première approximation: l'optique géométrique. Mais dans les limites de cette étude *locale* de l'ensemble des phénomène lumineux, la distinction entre lumière substantielle et accidentelle perd son sens doctrinaire, non pas globalement mais seulement localement. Les termes sont toutefois conservés pour les besoins de l'argumentation car ils deviennent indispensables là où les hypothèses sur la nature de la lumière font défaut, c'est-à-dire quand il s'agit de la couleur et qu'il faut dépasser la limitation logique du point de vue local requis par la première approche. Mais avec des normes nouvelles, le retour aux termes traditionnels veut garder le type, récemment élaboré, de la preuve — géométrique et expérimentale. La doctrine récente des couleurs postule que leur étude soit fidèle aux exigences de cette preuve. Si extérieures et si programmatiques soient-elles, ces exigences, inefficaces pour le problème des rapports entre les lumières et les couleurs, auront été toutefois novatrices en d'autres domaines parfois non prévus initialement: les couleurs ne sont pas seulement, comme la lumière, objet de géométrie, mais servent à préparer par la «géométrisation» — ou articulation de la géométrie et de la physiologie de l'œil — une réforme dans la théorie de la vision.

Or il est d'une importance particulière de suivre ces problèmes là où AL-HAYTHAM tente d'expliquer certains aspects de la propagation.

Après avoir établi la loi de la réflexion et l'avoir vérifiée par la construction d'un dispositif expérimental complexe[28], AL-HAYTHAM entreprend d'en expliquer le phénomène. Il s'agit tout d'abord de rappeler rapidement la formulation du problème de la réflexion tout en la distingant des contributions anciennes, notamment celles d'EUCLIDE et de PTOLÉMÉE.

Chacun sait qu'EUCLIDE[29] a démontré l'égalité de l'angle d'incidence et de l'angle de réflexion et que PTOLÉMÉE[30] révéla que le rayon incident et le rayon réfléchi sont dans un même plan perpendiculaire au miroir. AL-HAYTHAM, pour sa part, reprend le problème dans une perspective nouvelle. Ayant éliminé l'hypothèse d'un cône de rayons rectilignes émis par l'œil, il croit pouvoir démontrer par la déduction géométrique et la construction de situations expérimentales que la lumière accidentelle et celle des corps lumineux par eux-mêmes sont réfléchies selon les mêmes règles: celles qui régissent aussi la réflexion des couleurs:

---

[28] *Cf. l'Optique*, p. 323 et AL-FĀRISĪ, *op. cit.* p. 339 sqq. vol. I.

[29] *Cf.* EUCLIDE: *l'Optique prop. XIX* et la *Catoptrique prop. I* du pseudo-Euclide dans *Euclide, l'optique et la catoptrique*, trad. par VER EECKE, Paris 1959.

[30] *Cf.* PTOLÉMÉE: *l'Optique* dans la version latine d'après l'arabe de l'Emir Eugène de Sicile, éd. critique et exégétique par A. LEJEUNE, Louvain 1956 pp. 89 et 90.

V. aussi A. LEJEUNE: *Recherches sur la catoptrique grecque* pp. 33—34.

«Toute lumière se réfléchit sur une surface polie: de tout point de la surface polie, la lumière se réfléchit suivant une droite qui forme un plan commun avec la droite suivant laquelle la lumière s'est propagée jusqu'au point et avec la normale menée au plan tangent à la surface polie en ce même point. La droite suivant laquelle la lumière se réfléchit se situe par rapport à la normale de la même manière que la droite suivant laquelle la lumière s'est propagée jusqu'au point de réflexion. Je veux dire que toute droite suivant laquelle la lumière se réfléchit sur une surface polie forme avec la normale menée de ce point un angle égal à l'angle formé par la ligne de propagation de la lumière jusqu'au point et la normale. Les trois droites sont dans un même plan, perpendiculaire au plan tangent à la surface polie au point de réflexion et formant des angles droits. Et si la ligne de propagation de la lumière jusqu'à la surface polie est normale au plan tangent à la surface polie en son point de rencontre avec elle, la lumière se réfléchit en retour suivant cette même droite.[31]»

Il est évident que, bien plus que la surface atteinte par la lumière, c'est le plan formé par le rayon d'incidence, le rayon réfléchi et la normale à la surface au point de leur rencontre, qui est ici l'élément le plus important, si bien que l'on peut appliquer la loi aux courbes en général: les rayons réfléchis sont dans le plan d'incidence et les angles d'incidence et de réflexion sont égaux. Mais si la loi de la réflexion est ainsi établie dans sa généralité, AL-HAYTHAM s'efforce ensuite de déterminer le plan tangent pour les miroirs sphériques, cylindriques, coniques aigus, coniques obtus et les positions respectives de l'image pour chaque cas. On peut noter enfin qu'il conçoit la lumière réfléchie dans le même sens que les autres en ce qui concerne la diminution de son intensité proportionnellement à la distance de la surface réfléchissante.

Cependant par-delà toute représentation géométrique du phénomène de la réflexion et abstraction faite de la formulation générale d'une règle régissant ce phénomène, AL-HAYTHAM veut déterminer les raisons pour lesquelles la lumière suit des trajectoires données dans son mouvement de réflexion et ainsi établir une séquence causale d'un certain genre. Mais comme il n'attribue à cette explication que la valeur toute relative d'un problème local — nous y reviendrons — le géomètre s'allie au doctrinaire et la séquence causale sera teintée, fortement, du finalisme d'une physique traditionnelle. Quoi qu'il en soit, AL-HAYTHAM va utiliser dans sa recherche, outre certains principes déjà élaborés, une «analogie»: nous savons en effet que la lumière, non seulement existe indépendamment de la vision mais encore elle se meut avec une très grande rapidité; il est donc possible pour expliquer sa réflexion de revenir à un cas particulier et «analogue», celui du mouvement des corps graves.

Qu' AL-HAYTHAM reconnaisse là une analogie, se justifie par son emploi du terme «naẓīr» (similaire, correspondant, semblable, ...) dans un passage qui, reproduit in extenso par AL-FĀRISĪ, fut intitulé par cet auteur «tamthīl» (analogie): «Pour la réflexion de la lumière par certains corps à l'exclusion d'autres, dit en substance Al-Haytham, il y a une similitude avec les corps naturels: si, en effet, des corps graves, tombant d'une certaine hauteur, rencontrent à leur

[31] *L'Optique*, p. 323.

point de chute un corps solide — comme le rocher ou le fer — ils se réfléchissent immédiatement et rebondissent par un mouvement fort; mais s'ils rencontrent un corps mou — comme le sable ou la poussière — ils s' y attachent et ne rebondissent point; si toutefois ils rencontrent un corps de quelque solidité — comme le plâtre ou le bois — ils rebondissent faiblement. De la même manière, une pierre lancée dans une certaine direction et qui rencontre un corps solide, avant que son mouvement ne soit aboli, se réfléchit en rebondissant; si son mouvement est fort, elle rebondit avec une force intense; mais si elle rencontre un corps mou — comme la laine ou le coton — elle s' y attache ou tombe vers le bas; si toutefois elle rencontre un corps de quelque solidité, elle rebondit faiblement. Il apparaît donc que les corps solides opposent une forte résistance aux corps mobiles qui, alors, rebondissent; de la même manière, les corps polis opposent une forte résistance aux lumières qui, alors, sont réfléchies.» (*Cf. l'Optique* 352v et AL-FĀRISĪ: vol. I p. 375.)

AL-HAYTHAM se pose la question suivante: pourquoi les lumières sont-elles réfléchies par des surfaces compactes, lisses et polies, dans un plan et suivant des trajectoires déterminées?[32] Il sait toutefois que la réflexion a lieu sur tout corps, fût-il lisse et compact ou raboteux et rude. Mais dans ce dernier cas, si certaines parties réfléchissent la lumière, ailleurs les aspérités la laissent passer et, en définitive, à cause de l'irrégularité des parties réfléchissantes, la lumière réfléchie est dispersée et n'apparaît pas à la vision[33]. Le caractère général de cette explication ne doit pas cependant tromper sur sa portée. AL-HAYTHAM essaie, en fait, *de fonder son analogie pour expliquer seulement la réflexion de la lumière sur les surfaces lisses et compactes*, à savoir, dans le seul cas d'un système catoptrique. Ainsi, aux surfaces lisses et compactes corresponde par analogie dans le schéma du mouvement l'obstacle solide, à la réflexion la notion de force de répulsion ou de résistance — *repulsio, prohibitio*[34], et enfin aux trajets de la lumière, les trajectoires du mobile. Au lieu de la complexité rencontrée au départ — la réflexion sur toute surface — c'est ici seulement celle plus limitée réellement — la réflexion sur la seule surface lisse et compacte — que l'on veut expliquer: «Expliquer» non pas pour comprendre le fonctionnement idéal, mais pour saisir un mouvement à court terme: l'explication est donc limitée aussi logiquement. Mais avant de poursuivre cette recherche qui va porter sur le sens et les limites de l' «analogie», quelques réflexions s'imposent qui concernent le mouvement du mobile.

A partir de la division traditionnelle du mouvement en naturel et violent, AL-HAYTHAM veut, pour construire son schéma explicatif, trouver ce qui est commun à l'un et à l'autre relativement au mouvement réfléchi résultant d'un choc.

[32] *OTA*, p. 112: «Quare autem fiat reflexio lucis secundum lineam eiusdem situs cum linea, per quam accedit ad speculum ipsa lux, est ...».

Cf. le ms original p. 353r: Pourquoi les lumières se réfléchissent dans le plan perpendiculaire au plan tangent au miroir et seulement dans ce plan et pourquoi la réflexion se fait suivant la droite qui, avec la droite d'incidence et la perpendiculaire menée du point de réflexion, forment des angles égaux.

AL-HAYTHAM pose cette question après avoir répondu au paragraphe précédent à la question suivante: «Amplius quare ex politis corporibus, non ex asperi fiat reflexio, est ...» *OTA*, p. 112.

[33] *Cf. L'Optique*, p. 351v et p. 112.

[34] *OTA*, p. 113.

«Si dans son mouvement un mobile rencontre un obstacle qui l'empêche, et que la force du mouvement soit restée en lui à sa rencontre avec l'obstacle, il retournera dans sa direction de départ. La force du mouvement réfléchi sera proportionnelle à la force du mouvement incident et à la force de la résistance. La distance parcourue par le mouvement réfléchi par rapport à l'obstacle sera proportionnelle à la distance parcourue par le mouvement incident par rapport à l'obstacle, proportionnelle à la trajectoire du mouvement incident par rapport à l'obstacle. Le deuxième mouvement est acquis par le mobile à partir de la même résistance. Cette propriété se retrouve dans tous les corps graves, soit dans leur mouvement naturel vers le bas, soit dans leur mouvement accidentel[35].»

Pour vérifier ces principes, AL-HAYTHAM prend une petite balle solide, en fer, parfaitement polie et d'un poids déterminé: le Mithqāl[36]. Si on la laisse tomber sur une surface plane en fer, à partir d'une hauteur au moins égale à vingt coudées[37], on doit pouvoir démontrer que le mobile animé d'un mouvement naturel, subissant un choc, rebondit dans la direction de l'incidence avant de retomber par la suite. Pour le mouvement violent, on lance la même balle, fortement, sur une surface plane en fer, verticale, à deux reprises: une première fois suivant la normale à la surface et une deuxième fois avec une force égale et à partir de la même distance, obliquement. Dans le premier cas, la balle revient sur la normale avant de retomber dans le deuxième, elle revient sur une trajectoire située entre la normale menée à partir:

«du point de rencontre sur l'obstacle et se prolongeant à l'intérieur de l'obstacle, la normale menée perpendiculairement à la première dans le même plan qu'elle, et la droite sur laquelle s'est effectué le premier mouvement[38].»

Mais avant de suivre les raisons données par AL-HAYTHAM, récapitulons d'une manière exacte la description du mouvement de la balle et de ses trajectoires. C'est ici, par ailleurs, qu'il développe sa conception du *parallélogramme des mouvements*[39] souvent lue par ses historiens, *parallélogramme des vitesses;* aspect d'un

[35] *L'Optique*, p. 353.

[36] Poids équivalent à environ 4,68 gr.

[37] Une coudée mesurait 60 ou 70 cm. selon les époques.

[38] *L'Optique*, p. 354v.

[39] Il est question du parallélogramme des mouvements aussi bien dans la «*Mechanica*» du pseudo-ARISTOTE que dans la *Mécanique* de HÉRON D'ALEXANDRIE (*cf.* texte arabe et trad. par CARRA DE VAUX dans le Journal Asiatique, mai-juin, juillet-août, novembre-décembre 1896). Ici et là, il s'agit de montrer que si un point est animé de deux mouvements dans un rapport constant à chaque instant, le mouvement résultant est une droite qui n'est autre que la diagonale d'un parallélogramme. Ainsi HÉRON D'ALEXANDRIE montre «qu'un point qui se meut d'un mouvement régulier décrit des lignes inégales, le mouvement du point sur la ligne ab est composé du mouvement ab sur les droites *ac, bd* et du mouvement de a sur la droite *ab*». *cf. op. cit.* p. 429 et *traduction* pp. 471—72. Le pseudo-ARISTOTE et HÉRON D'ALEXANDRIE ayant

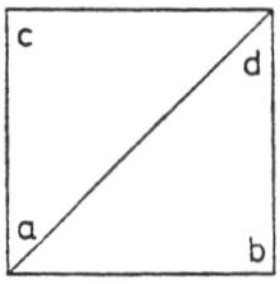

Fig. 3

débat où la lecture se fait par anticipation : les yeux fixés sur une mécanique formée, on modifie un terme pour glisser un concept et on se retrouve finalement sur un tout autre terrain. Nous y reviendrons.

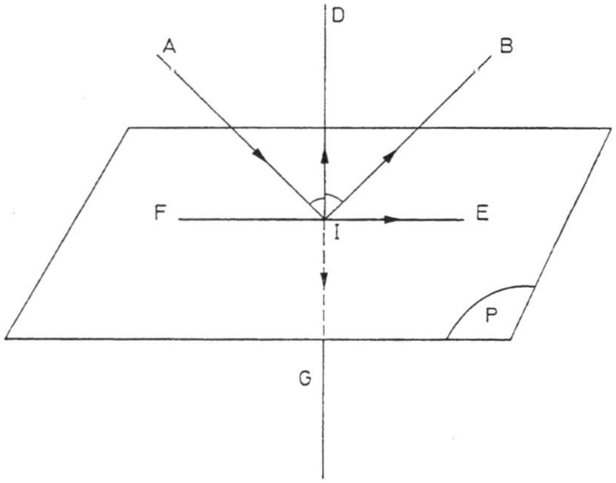

Fig. 2

Soit l'obstacle, plan P; la balle ayant subi un mouvement violent sur la trajectoire AI rencontre au point I l'obstacle (surface solide) qui l'empêche de poursuivre son chemin dans la même direction. De I on mène la perpendiculaire au plan P que l'on prolonge en IG. Dans le plan AID on mène la perpendiculaire IF à ID que l'on prolonge en IE. Le mouvement de la balle en I est formé de deux composantes, l'une dans la direction de IG et l'autre dans la direction de IE. Par suite de la résistance et de la répulsion, la composante suivant IE

démontré la composition de deux mouvements en un mouvement résultant, on peut se demander si le schéma d'Al-Haytham n'est pas celui de Héron amélioré, voire élaboré ? Mais une différence importante interdit une telle assimilation. Pour Al-Haytham, il ne s'agit pas seulement de composer la résultante, mais surtout — et pour les besoins de son optique — de *faire apparaître* les composantes du mouvement : l'une suivant la direction de la normale, l'autre suivant la perpendiculaire à cette normale dans le plan d'incidence au point d'impact. Pour son explication, il *décompose* le mouvement selon ces directions et introduit ainsi la démarche réciproque en énonçant que le mouvement n'est pas seulement objet de composition mais aussi de décomposition.

D'autre part en appliquant le schéma au mouvement d'un projectile lancé contre un corps solide — mouvement dont il admet qu'il est rectiligne, sans préciser s'il est uniforme et sans indiquer si ses composantes sont entre elles dans un rapport constant, comme font le pseudo-Aristote et Héron — il introduit une «généralisation» qui ne sera d'ailleurs justifiée qu'avec l'application de cette décomposition en dynamique non pas aux mouvements mais aux vitesses. Il nous semble que c'est ce dernier trait qui a induit nombre d'historiens en erreur en les amenant à lire la notion de vitesse là où Al-Haytham écrit mouvement.

En bref, tout indique qu'Al-Haytham, pour les besoins de l'*Optique* et non en vue d'une théorie du mouvement a proposé le schéma du mouvement de manière différente en faisant apparaître les composantes selon des directions qui sont désormais objet à la fois de composition et de décomposition.

est *remplacée* par la composante suivant ID. Si la résistance est à la limite, ce *mouvement acquis* suivant ID est identique au mouvement suivant IG, tandis que le mouvement suivant IE ne subit aucun changement. La résultante est formée de deux composantes, l'une suivant IE, l'autre suivant ID égale à la composante dans la direction de IG. Par conséquent, la balle animée, par suite d'un choc, du mouvement AI, suit la droite IB de telle sorte que l'angle $\widehat{AIB} = \widehat{DIB}$[40].

Considérons maintenant les différents cas du mouvement et les notions dont se sert AL-HAYṮHAM pour expliquer les trajectoires suivies par le mouvement réfléchi. D'une manière générale, un mobile animé par un mouvement naturel ou violent, rebondit s'il rencontre à son point de chute un corps solide: le fer ou ses homologues. Les autres substances lui résistent en raison de leur «solidité» et inversement par suite de leur mollesse[41] ou «infi'āl» selon l'expression d'AL-HAYṮHAM. Par ce dernier terme on sait que la tradition de la philosophie aristotélicienne arabe — qui constitue pour une part au moins l'arsenal des notions physiques et des éléments doctrinaux d'AL-HAYṮHAM — entendait la catégorie *πάσχειν*. Le mobile par son action *ποιεῖν* agit sur la surface solide qui, en raison de sa plus ou moins grande solidité, est plus ou moins «passive». L'on discutera encore longtemps avant de savoir si la notion «susceptible de passion» est recouverte complètement par celle d' «al-infi'āl». Il reste qu'elle retient une image énergétique — de transport d'énergie — entre le moteur et le mû et intervient principalement pour déterminer la force de répulsion. Le corps solide contrairement à la surface molle est caractérisé par l'absence d'al-infi'āl dont la présence et la rapidité sont le propre de la deuxième; la répulsion est inversement mais qualitativement proportionnelle à al-infi'āl donc directement à la solidité de la surface.

Pour le mouvement naturel, après avoir constaté que le mouvement réfléchi de la balle est d'autant plus fort qu'elle est lancée à partir d'une distance plus grande, AL-HAYṮHAM conclut: «le mouvement réfléchi dépend du mouvement acquis par sa chute et non pas du mouvement naturel dû au poids». Dans le cas du mouvement violent, fût-il normal ou oblique, outre la force de répulsion ou de résistance, le mouvement réfléchi dépend de la force du mouvement incident. Aussi dans ce mouvement le mobile rebondit car:

> «... il acquiert par la résistance un mouvement dans la direction du retour. Il est démontré que le mouvement a lieu effectivement à cause de la résistance car il est proportionnel à la résistance et d'autant plus fort qu'elle est plus forte. La force de résistance, elle, est proportionnelle à la force du premier mouvement et proportionnelle à l'absence de passion dans l'obstacle[42].»

---

[40] «Si corpus sphaericum ab aliqua altitudine descendere permittamus perpendiculariter super politum corpus videbimus ipsum super perpendicularem reflecti, per quam descenderat» ... *cf. L'Optique*, p. 353 sqq. et *OTA*, pp. 112—113.

[41] *L'Optique*, p. 359v.

[42] *L'Optique*, p. 354r et v et *OTA* p. 112: «Quod autem ex prohibitione corporis politi accidat luci motus reflexionis, palam: quia cum fortior fuerit repulsio vel prohibitio, fortior erit lucis reflexio ...».

Dans le cas du mouvement sur la normale, la trajectoire du mouvement et la force de répulsion s'opposent; la résistance est à l'extrême (à la limite):

«... car si le mobile poursuivait son premier mouvement, il le poursuivrait suivant la normale prolongée à l'intérieur de l'obstacle. En effet, le mouvement produit par la résistance n'a lieu que suivant la normale car la résistance étant sur la normale, il ne peut y avoir de mouvement ailleurs que sur elle. Il n'y a donc pas de résistance hors de la normale et c'est pourquoi le mobile ainsi défini revient suivant cette même normale[43].»

Le mobile rebondit donc à cause de la force de résistance et de la force d'incidence de telle sorte que les distances parcourues par le mobile à l'incidence et à la réflexion sont proportionnelles. Dans le cas du mouvement sur la normale, tout le mouvement est sur la normale et il n'y a guère de mouvement sur la tangente au point d'impact. Pour le mouvement oblique[44], l'opposition n'existe pas et «le mouvement incident est composé du mouvement dans la direction de la normale à l'intérieur de l'obstacle et du mouvement dans la direction de la normale à la première qui est elle-même prolongée dans le plan où se trouve le mouvement incident». Si donc le mouvement incident est composé de ces deux mouvements, le mouvement acquis par la résistance est composé du mouvement dans la direction de la normale à l'extérieur de l'obstacle et du mouvement dans la direction de la deuxième normale[45].

Afin de construire son schéma du mouvement — pour expliquer la réflexion — AL-HAYTHAM met donc en rapport les notions de mouvement — sa force et sa composition — force de répulsion, de résistance, répulsion à la limite, «al-infi'āl» dont les règles peuvent être résumées brièvement: le mobile animé par un mouvement violent rejoint l'obstacle sans que ce mouvement incident soit complètement aboli; au moment du choc, le mouvement est supprimé et le mobile acquiert un nouveau mouvement qui dépend de la force de répulsion et du mouvement incident pourtant supprimé: si l'on rappelle que la répulsion est en raison directe de la force du mouvement incident et de la solidité de l'obstacle, à savoir l'absence de «passion», il reste à déterminer si cette contradiction manifeste tient à une certaine contingence et si elle peut, par conséquent, être éliminée, grâce à l'introduction d'une notion supplémentaire sans que le schéma même de l'explication en soit modifié.

Rappelons d'autre part qu'AL-HAYTHAM croit être en mesure de montrer l'égalité des angles formés par les mouvements réfléchi et incident à l'aide de ces notions, égalité qu'il affirme en outre avoir vérifiée par l'expérience. Bien qu'il fasse abstraction — ou plus précisément procède à une *élimination* — de certaines conditions réelles du mouvement: le frottement de la balle contre la

[43] *L'Optique*, p. 354v et *OTA* p. 112: «Cum descendit corpus ponderosum super perpendicularem repulsio corporis politi, et motus descendentis ponderosi directe sibi sunt oppositi, nec est ibi motus, nisi perpendicularis, et prohibito fit per perpendicularem quare repellitur corpus secundum perpendicularem. Unde perpendiculariter regreditur».

[44] «Cum vero descenderit corpus, super lineam declinatam, cadit quidem linea descensus inter perpendicularem superficiei politi, per ipsum politum transeuntem, et lineam superficiei eius orthogonalem super hanc perpendicularem ...»

Cf. OTA, p. 112—13 et l'*Optique*, pp. 354v, 355r.

[45] *L'Optique*, pp. 354v, 355r.

surface, la balle comme système matériel, cette vérification n'en paraît pas moins impraticable dans les conditions qu'il donne. L'on a démontré par ailleurs que le mouvement après le choc est, par suite de la résistance — si elle est à la limite — formé de la même composante tangentielle et d'une autre normale égale, mais dont la direction est opposée à celle du mouvement au moment du choc. C'est ici qu'une interprétation séduisante est proposée[46] qui, par l'introduction de l'élasticité, veut éliminer la contradiction et confirmer que l'égalité des angles peut être prouvée à partir du même schéma adapté. En effet, si nous prenons le schéma d'AL-HAYTHAM dans les conditions les plus simples: la balle est un point matériel, absence de frottement, il faut que le choc soit parfaitement élastique et l' énergie de vibration négligeable pour que la somme des énergies cinétiques des deux corps soit égale avant et après le choc, que la balle rebondisse de telle sorte que le vecteur–vitesse avant le choc soit égal au vecteur–vitesse après le choc et que les deux vecteurs soient également inclinés sur le plan tangent en I, si bien que le sinus de l'angle d'incidence $\sin i = V_t/V_0$ et le sinus de l'angle de réflexion $\sin r = V_t/V_1$ soient égaux.[47] Ainsi l'introduction de l'élasticité paraît suffisante et l'analyse d'AL-HAYTHAM serait correcte lorsqu'il considère que le mouvement incident s'annule, que la force propulsant le mobile s'annule également et qu'elle est remplacée par une force de sens contraire exercée par le solide sur le projectile. Mais si l'introduction de l'élasticité est suffisante, pour affirmer qu'AL–HAYTHAM s'en soit effectivement servi, il faudrait supposer qu'il ait eu connaissance de la conservation de l'énergie et de l'énergie cinétique. Or l'on ne pressent guère ces notions dans la démarche d'AL–HAYTHAM, ni cette autre notion nécessaire à la définition des premières: la vitesse. Là où il aborde des questions relatives à la composition et à la décomposition, AL–HAYTHAM parle de mouvement et point de vitesse, dans la mesure où ce sont les positions du mobile qui l'intéressent et non aussi ses vitesses. En fait une composition de la vitesse est difficilement concevable en l'absence de l'intervention explicite et raisonnée de la variable temps, telle que les positions du mobile soient des fonctions continues du temps. Mais cette construction, comme chacun sait — et le XVIIe siècle le démontrera — n'est possible qu'en raison d'un appareil mathématique que la géométrie utilisée alors n'était guère en mesure de fournir. En bref, une définition de la vitesse ne saurait aller sans une modification des cadres mêmes de la conception du

[46] *Cf.* A. I. SABRA: *Explanation of optical reflection and refraction,* IBN AL-HAYTHAM, DESCARTES, NEWTON dans «Actes du dixième congrès international d'histoire des sciences (1962)» Paris, 1964, I, pp. 551—4. "If elasticity were introduced, it would be possible to answer by saying that the incident movement is, in fact, imported to the reflecting body which, being elastic, would re-transfer it to the sphere, thus causing it to return in accordance with (a new movement [which] is acquired from the force of repulsion itself).

V. aussi le bel ouvrage de l'auteur: *Theories of light,* ed. Oldbourne Book Co. Ltd. 1967, p. 76.

[47] Dans le cas où un point matériel frappe la surface en I, la force de contact est dirigée — à tout instant du choc — dans la direction ID. Il en est de même pour le vecteur-percussion $\varphi = \int_{r_0}^{r_1} F dt$. Le point matériel rebondit de telle sorte que la différence des vitesses V_1 et V_0 — V_1 sur IB après le choc et V_0 sur AI avant le choc — soit un vecteur parallèle à ID. V_0 V_1 et ID sont dans un même plan et la composante de V_t — parallèle au plan tangent en I — reste constante.

mouvement: mais alors la contradiction qui fait problème perd toute raison de persister.

Il convient de préciser ici les limites de la contribution d'AL-HAYTHAM. Celles de son schéma explicatif ne relèvent pas seulement de la contradiction incriminée: même si on la supprimait, ceci ne suffirait pas à sauver le schéma et à le revendiquer comme celui du choc. Supposons toutefois que la contradiction n'existe pas et qu'AL-HAYTHAM ait donné toutes les règles syntactiques nécessaires au schéma du mouvement, il n'en serait pas moins dans l'impossibilité réelle de proposer les règles permettant d'attribuer à chaque notion d'une théorie du mouvement un sens précis pouvant être retrouvé chaque fois qu'on veut l'utiliser. Ceci tient pour une part à l'indétermination des notions utilisées, mais bien plus au fait que le discours ici ne concerne pas une théorie du mouvement et se limite aux éléments nécessaires à l'explication du mouvement réfléchi — qui déjà changent, et doublement pour la réfraction. Cet aspect partiel de nature logique, est essentiel: comme tel, il exige pour la réforme du schéma, que soient radicalement transformés, et sa position, et son sens.

Quoi qu'il en soit, utilisant ce schéma pour rendre compte de la réflexion de la lumière, il ne semble pas qu'AL-HAYTHAM fasse l'effort d'une révision ou d'une adaptation particulière. Au contraire, une garantie supplémentaire est présentée: la lumière n'est pas arrêtée dans son mouvement très rapide par le milieu, de la même manière qu'un obstacle empêche un mobile de poursuivre sa route; dans l'un ou l'autre cas du mouvement local, la résistance du milieu est une résistance de l'obstacle comme surface, résistance à la limite, pour autant que l'influence de la pesanteur n'intervient pas et ainsi la lumière:

> «... n'a pas en elle de force qui la meuve dans une direction particulière, sa propriété étant de se mouvoir suivant des trajectoires rectilignes dans toutes les directions possibles à condition qu'elles se propagent dans des corps transparents. Si la lumière se réfléchit avec ce qu'elle a reçu de force acquise et qu'elle se propage suivant la trajectoire exigée par la réflexion, elle se propage suivant cette trajectoire sans être détournée par aucune force, car il n'est pas de sa propriété d'exiger une direction particulière[48].»

Ainsi le mouvement réfléchi sera très fort si «le mouvement de la lumière est très fort et si la surface réfléchissante lui résiste à la limite»[49].

Peut-on affirmer dès lors que l' «analogie» considérée a la même signification, donc le même statut que d'autres évoquées antérieurement? Qu'elle prolonge selon un mode certes plus élaboré l'analogie de la catoptrique de HÉRON D'ALEXANDRIE ou celle de l'*Optique* de PTOLÉMÉE? Ou bien faut-il plutôt y voir l'inauguration d'une autre tradition qui se transmet jusqu'à KÉPLER puis passe — avec changement de références et de titre — chez DESCARTES? La question préjuge du statut même de l'*Optique* d'AL-HAYTHAM.

Une réponse précise a le devoir en premier lieu de distinguer parmi les métaphores. Car si on consacre avec raison la notion d'analogie à la seule *analogie assurée* d'un isomorphisme de structure entre deux phénomènes — éventuellement

---

[48] *L'Optique*, p. 355v—356r.

[49] *L'Optique*, p. 345r.

le mouvement du choc et la réflexion de la lumière — analogie assurée d'un statut mathématique, toute autre ne saurait l'être qu'à titre métaphorique. C'est à travers cette distinction que le problème apparaît. En effet, on admet sans peine que les métaphores ne se valent pas: si chez HÉRON D'ALEXANDRIE la métaphore signifie *désignation d'une ressemblance*, chez PTOLÉMÉE, elle n'est autre que *l'évocation d'un rapprochement*. A partir d'AL-HAYTHAM, puis chez KÉPLER, elle est *rapprochement provoqué* pour autant qu'on y revient systématiquement et que l'on n'épargne pas — et délibérément — le souci de la fonder. AL-HAYTHAM ne se contente pas d'insister sur un rapprochement pour l'oublier ensuite — comme fait HÉRON D'ALEXANDRIE dans sa Catoptrique — quand il s'agit d'expliquer la réflexion. Mais il reste vrai que HÉRON rapproche la réflexion du rayon visuel et le mouvement du projectile ayant subi un choc contre un solide. La propriété des corps denses, dit HÉRON — et il prend pour exemple un mur — est de faire rebondir un projectile lancé contre l'un d'eux avec violence. Par contre un corps mou — la laine et ses homologues — le tient au repos. De la même manière, un rayon visuel se réfléchit sur une surface polie alors qu'il est arrêté par une surface rugueuse. D'autres substances telles l'eau, la glace, ... ne réfléchissent le rayon visuel que partiellement: les parties solides le réfléchissent mais les parties rares le laissent passer[50]. Le rapprochement s'arrête là et les notions utilisées — force de projection, ... — pour le mouvement du projectile, ne sont pas reprises pour expliquer l'égalité des angles d'incidence et de réflexion[51]. Mais c'est à partir du principe «que la nature ne fait rien en vain» qu'il montre que le rayon visuel se propage avec une très grande vitesse et que sa trajectoire est le chemin le plus court. Or ce chemin est la droite brisée qui forme avec la surface polie deux angles égaux parmi tous ceux qu'on peut mener «d'un point à un autre en les faisant se briser sur la même surface sous des angles divers[52]».

PTOLÉMÉE étudie plus minutieusement le rapprochement entre le dit mouvement et la réflexion. Mais les notions nécessaires pour le justifier de même que l'idée de composition du mouvement en conséquence du choc oblique sont absentes. En cette absence persiste l'imprécision d'une métaphore. Le rapprochement bénéficie toutefois d'une discussion plus serrée dans la mesure où PTOLÉMÉE y évoque l'égalité des angles formés par le rebondissement d'un projectile lancé contre une surface et par la réflexion de la lumière. La réflexion est donc régie par la même règle que le mouvement. Si le projectile est lancé suivant la normale à la surface il ne peut guère poursuivre son mouvement dans la même direction et se réfléchit. Mais si dans cette trajectoire, le projectile rencontre un obstacle tangent, il est à peine freiné et se meut dans la même voie, sans se réfléchir — de même que le manche d'un arc ne détourne pas les flèches. C'est conformément à ce mouvement, conclut PTOLÉMÉE, qu'il faut comprendre le mouvement de

---

[50] *Cf.* HÉRON D'ALEXANDRIE: *Mechanik und Katoptrik*, éd. et trad. allemande de L. NIX et W. SCHMITT, Leipzig 1900 pp. 322 sqq.

[51] H. D'ALEXANDRIE: *op. cit.* p. 324 sqq.

[52] *Cf.* DAMIANOS: *Schrift über Optik*, mit Auszügen aus Geminos. ed. grecque et allemande de R. SCHONE, Berlin 1897, p. 20. *Cf.* aussi RONCHI: *Histoire de la lumière* p. 22, HEATH: *Greek mathematics*, vol. II, p. 384 sqq. et A. LEJEUNE: *Recherches ... op. cit.* p. 48.

toute chose. Si donc les rayons visuels tombent sur la normale à la surface, ils sont réfléchis suivant la même droite et s'ils suivent la tangente, ils continuent leur trajet sans être arrêtés ni déviés. Le rayon oblique occupe une position intermédiaire, sa trajectoire est la transition naturelle entre les trajectoires des deux cas précédents ou «extrêmes» — d'où l'égalité des angles[53].

AL-HAYTHAM, lui, ne fait pas allusion à une ressemblance générale et lointaine entre mouvement du choc et réflexion de la lumière. Il fait appel à la composition du mouvement pour expliquer la réflexion — et l'égalité des angles — en sorte que les ressemblances puissent être *systématiquement recensées* et ensuite fondées par les notions d'une «théorie» du mouvement du choc. La présence des éléments d'une théorie — même fausse — permet dès lors ce qui auparavant était interdit: la métaphore peut devenir le *noyau* de l'explication de la réflexion — et aussi de la réfraction — dans la mesure où chaque proposition explicative de l'une ou de l'autre peut être réduite à une ou plusieurs notions au moyen de la métaphore. Si donc l'aspect systématique est lié à la composition du mouvement, c'est pour autant que l'on veut élaborer les notions requises pour la fonder.

Chez KÉPLER et dans une certaine mesure chez DESCARTES — compte tenu de la différence des doctrines — le même type de situation se présente. Dans ses opuscules philosophiques — remarques sur DESCARTES sur l'art. 32 — LEIBNIZ[54] attribue à KÉPLER la paternité de la décomposition du mouvement pour l'explication de la réflexion, à DESCARTES le droit de succession et à GALILÉE enfin — gradation significative — la priorité de son utilisation en mécanique. Sans insister sur la nécessité de savoir si oui ou non il y eut paternité, il est vrai que KÉPLER après avoir exposé dans son *ad Vitellionem Paralipomena* — prop. XVIII — les notions qui fondent la métaphore[55], dit dans la prop. XIX pour expliquer

---

[53] PTOLÉMÉE: *L'Optique* op. cit. pp. 98—99. «Hinc ergo de facili apparet proportio equalitatis angulorum que fit ex reverberatione, et quod sit secundum naturalem cursum, quoniam res que emittuntur, vix prohibentur a rebus tangentibus illas tantum, sed prohibentur multum a rebus resistentibus penes lineam motionis. Et ideo, cum aliquid prohibuerit has res contraria et forti obstantia, secat lineam longiorem et adversatur ei, illi videlicet que protenditur ad principium, quemadmodum parietes prohibent speras que cadunt super eas ad rectos angulos; illa vero nullatenus prohibent, quemadmodum manubia arcuum non prohibent sagittas. Intelligendum est etiam iuxta hunc modum de uniuersis rebus que moventur, et cognoscendum est quod ita fiunt» (p. 98).

[54] KÉPLER fut le premier à se servir de la composition des mouvements pour expliquer l'égalité de l'angle d'incidence et de l'angle de réflexion dans son *Ad Vitellionem Paralipomena* où il décompose le mouvement oblique en deux mouvements, l'un perpendiculaire et l'autre parallèle. Il fut suivi par DESCARTES aussi bien ici que dans sa *Dioptrique*. Mais c'est GALILÉE qui a montré le premier l'usage fécond que l'on peut faire de la composition des mouvements en physique et en mécanique.

[55] KÉPLER attribue en effet à la lumière une espèce du mouvement — «émanation» ou «projection»— qui va de sa source vers un lieu lointain. Il dit dans la proposition 1: «Lucis effluxus vel eiaculatio competit a sua origine in locum distantem» (p. 20). Dans la proposition V, il est dit que ce mouvement de la lumière «... non est in tempore, sed in momento» (p. 21). Dans la proposition XVIII enfin, Képler rappelle cette espèce du mouvement qui n'est autre que «pulsus». Mais il déclare que «Pulsus est actio, et inter contraria; sed cum actione est mutua passio: ergo et in pulsu. Percussui vero, quo lux ferit superficiem ex una plaga contrarius est repercussus in partem alteram. Virtus enim, et quae mobile appulit, et quae ab apposito repellit,

la réflexion: «Lorsqu'une chose se meut obliquement vers une surface, le mouvement est composé d'un mouvement perpendiculaire et d'un mouvement parallèle à la surface. Mais la surface est opposée seulement à cette partie qui lui est perpendiculaire, non à celle qui lui est parallèle. C'est pourquoi elle n'empêche (impedit) pas la partie qui lui est parallèle[56].»

Avec DESCARTES[57], la métaphore dépend d'un même type de situation; pour expliquer l'égalité des angles, elle est utilisée dans la composition du mouvement d'un projectile. Encore faut-il remarquer que déjà elle change de références et de titre: il y a changement de références dans la mesure où la doctrine nécessaire pour la fonder appartient à une philosophie qui, comme chacun sait, fait appel

---

eadem est, quia in puncto inflictus consideratur» (p. 25). Or Képler avait montré auparavant les éléments qui permettent le mouvement physique et celui de la lumière: «Quod enim est in motu physico durities confligentium quae consistit in permanentia superficierum, hoc est in luce nuda superficies, seu terminatio vel figuratio corporum. Eo ipso enim, quod corpora physica terminata et ipsa sunt, dura intelliguntur» (p. 25).

Finalement, se demandant pourquoi la réflexion a lieu, et dans le mouvement physique, et dans la lumière, Képler en trouve la raison dans la violence du mouvement — motus violentia. Ainsi lorsque: «vis movens non omnis a conflictu aboleri potest; superabit itaque motus terminum suae linae, superficiem scilicet. At non potest in directum: obsistit enim illic corpus corpori: hic superficies superficiei: illic in solidum, hic ex parte, ut audiemus. Relinquitur igitur, ut in oppositum. Concinnius ista fortasse sic» (p. 25).

Cf. KÉPLER: *ad Vitellionem paralipomena*, dans l'éd. complète de l'œuvre de KÉPLER de M. CASPAR et F. HAMMER, Munich 1941, vol. II.

Même chose pour la réfraction (*cf.* proposition XX) — on le verra plus loin chez AL-HAYTHAM —. On pourrait résumer ainsi l'argument de KÉPLER: soit BC la surface rencontrée par la balle, le mouvement de la balle est composé de la composante perpendiculaire à la surface IB et de la composante parallèle à la surface BH. La

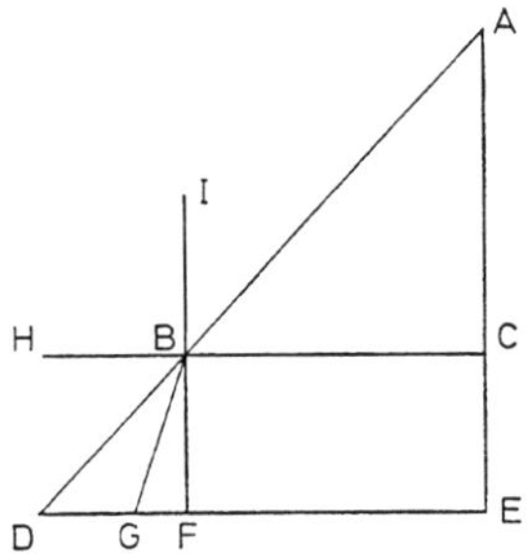

Fig. 4

balle sera d'abord arrêtée par la résistance du milieu perpendiculairement à sa surface, pour être arrêtée par la suite parallèlement à la surface. Mais dans le cas de la lumière, pour autant qu'elle est arrêtée par la surface, elle est arrêtée dans la direction parallèle à cette surface. Ainsi quand elle pénètre dans un milieu dense comme l'eau et le cristal à partir d'un milieu rare — par exemple l'air — elle se réfracte en se rapprochant de la perpendiculaire.

Cf. op. cit. p. 26.

[56] KÉPLER, *op. cit.* p. 25.

[57] DESCARTES: *L Dioptrique* (et particulièrement le discours second).

en vue de l'explication aux seuls principes mécaniques — grandeur, forme et mouvement des derniers corpuscules — donc aux grandeurs extensives. Dans ces limites, la lumière n'est pas autre chose qu'une pression exercée sur un milieu, elle est une propriété mécanique du milieu transmetteur dont la propagation est instantanée. Pour éviter une difficulté apparente, au mouvement de la balle — solide quoi qu'on en dise — correspond une inclination de la lumière à se mouvoir qui, en définitive, doit suivre les mêmes lois. Changement de titre, dans la mesure où c'est seulement depuis DESCARTES qu'elle revendique l'épithète de «mécanique».

Pour situer la contribution d'AL-HAYTHAM, nous avons suivi son utilisation «analogique» du schéma du mouvement pour en marquer les limites. Faute d'une telle démarche, on risquait d'en suggérer la généralité et c'est pourquoi il est important de considérer ensuite l'application du schéma à l'explication de la réfraction; on ne pourra éviter ici de se demander si l'on est toujours devant ce même schéma dont tout indique qu'il n'est le même qu'en apparence.

Or il éclate franchement en deux parties, l'une pour l'explication du passage de la lumière dans un milieu rare et l'autre dans le cas inverse. Mais avant l'intervention du schéma puis son éclatement dans la réfraction, rappelons que — outre les résultats connus depuis PTOLÉMÉE, mais redécouverts par AL-HAYTHAM dans le cadre nouveau de son optique — l'auteur formule explicitement que le rayon incident, le rayon réfracté et la normale au point d'incidence sont situés dans un même plan — *cf. D.L.* et le livre VII de l'*Optique*. Il retient enfin pour cause de la réfraction la différence entre les vitesses du mouvement de la lumière dans les deux milieux. Ainsi, dit-il:

> «... si la lumière se réfracte quand elle rencontre un corps transparent dont la transparence est différente de celle du corps où elle se trouve, c'est parce que la pénétration de la lumière dans les corps transparents a lieu selon un mouvement dont la rapidité est extrême. Nous avons montré cette propriété dans notre deuxième livre. Les lumières se propagent dans les corps transparents selon un mouvement dont la rapidité est telle qu'il n'apparaît pas au sens. Cependant leur mouvement est dans les corps subtils — je veux dire très transparents — plus rapide que dans les corps denses — je veux dire moins transparents. En effet, si en un corps transparent une lumière se propage, elle sera quelque peu empêchée par le corps transparent et proportionnellement à la densité qui est en lui; car, en tout corps physique, il y a nécessairement une certaine densité et si la pureté de la transparence n'a dans la représentation aucune limite — à savoir l'idée de transparence — elle a dans le corps physique une limite qu'elle ne peut dépasser. Ainsi les corps physiques transparents ne sont jamais dénués d'une certaine densité. Les lumières qui traversent les corps transparents, pénètrent en eux proportionnellement à leur transparence et sont empêchées par eux proportionnellement à la densité qui est en eux. Par conséquent, si la lumière se propage dans un corps transparent puis rencontre un autre corps de transparence plus dense, ce corps plus dense empêchera la lumière plus fortement que ne le faisait le premier corps[58].»

[58] *L'Optique*, p. 623r et *OTA* p. 240: «Quare autem refringatur lux, quando occurit corpori diaphano diversae diaphanitatis, causa haec est: quia transitus lucis per

Le schéma du mouvement intervient pour expliquer la réfraction, comme précédemment pour la réflexion, avec cette différence — on comprendra aisément pourquoi — qu'ici, au lieu d'un obstacle solide, on a une surface mince fixée sur une grande ouverture. L'expérience consiste comme auparavant à lancer la balle solide à deux reprises contre la surface, à partir de la même distance et avec la même force: la première fois suivant la normale à la surface, une deuxième fois suivant une ligne oblique. Si pour le premier mouvement, constate AL-HAYTHAM, la balle traverse la surface en demeurant sur la normale, pour le deuxième, elle glisse sur cette surface et poursuit son trajet dans une autre direction[59]. Ce dernier mouvement résulte de deux composantes comme on l'a vu dans le cas de la réflexion.

A partir de cette constatation, générale en apparence, examinons de plus près les notions élaborées par AL-HAYTHAM pour expliquer les trajets de la lumière réfractée. Deux nouvelles notions sont introduites et péniblement articulées aux
* notions présentes, non sans difficulté ni sans contradiction. La première est la différence des vitesses en raison de la densité du milieu, la deuxième celle de *la voie la plus aisée:*

> «Le mouvement suivant la normale est le plus aisé et le plus fort et, parmi les mouvements obliques, les plus proches de la normale sont les plus aisés[59].»

L'exemple de la réflexion montrait en effet une résistance maximale sur la normale; pour la réfraction, la résistance sur la normale est au contraire minimale. AL-HAYTHAM affirme ainsi:

> «Si la lumière rencontre un corps transparent de transparence plus dense que celle du corps où elle se trouve, ce corps l'empêchera de pénétrer en lui suivant la direction de son mouvement. Mais la résistance n'est pas extrêmement forte et elle ne retourne pas dans la direction de son mouvement si le mouvement de la lumière suit la normale, elle pénètre en suivant la même trajectoire à cause de la force du mouvement sur la normale. Mais si le mouvement suit une ligne oblique elle ne peut pénétrer suivant la même trajectoire à cause de la faiblesse de son mouvement. Il en résulte qu'elle tend vers la voie de pénétra-

---

corpora diaphana fit per motum velocissimum, ut declaravimus in tractatu secundo. Luces ergo, quae extenduntur per corpora diaphana, extenduntur motu veloci, qui non patet sensui propter suam velocitatem. Praeterea motus earum in subtilibus corporibus, scilicet in illis, quae valde sunt diaphana, velocior est motu earum in iis, quae sunt grossiora illis, scilicet quae minus sunt diaphana. Omne enim corpus diaphanum, cum lux transit in ipsum resistit luci aliquantulum, secundum quod habet de grossitie. Nam in omni corpore naturali necesse est, ut sit aliqua grossities; nam corpus parvae diaphanitatis non habet finem in imaginatione, quae est imaginatio lucidae diaphanitatis, et omnia corpora naturalia perveniunt ad finem, quem non possunt transire. Corpora ergo naturalia diaphana non possunt evadere aliquam grossitiem. Luces ergo cum transeunt per corpora diaphana, transeunt secundum diaphanitatem, quae est in eis, et sic impediunt lucem secundum grossitiem quae est in eis. Cum ergo lux transiverit per corpus diaphanum et occurit alii corpori grossiori primo, tunc corpus grossius resistit luci vehementius, quam primum resistabat».

[59] *L'Optique*, p. 624r et *OTA* p. 241: «Quod motus super perpendicularem est fortior et facilior: et quod de obliquis motibus ille, qui vicinior est perpendiculari est facilior remotiore».

tion la plus aisée; or le mouvement le plus aisé est celui qui suit la normale et le plus proche de la normale est plus aisé que les autres[60].»

Dans le cas du passage de la lumière d'un milieu moins dense à un milieu plus dense, l'incidence perpendiculaire, étant la voie la plus aisée, ne pose à Al-Haytham aucun problème. Mais pour l'incidence oblique la question reste entière: pourquoi la lumière ne suit-elle pas toujours le même chemin et se rapproche-t-elle de la normale seulement quand elle se réfracte? L'argumentation d'Al-Haytham consiste à rappeler que le mouvement n'a pas été complètement aboli à la surface du milieu réfringent et qu'il en est de même pour ses deux composantes. Ainsi:

«Il est nécessaire que la lumière tende vers la voie la plus aisée tout en conservant son mouvement composé. Or la voie la plus aisée où persiste le mouvement est la voie la plus proche de la normale. C'est ainsi que la lumière qui se propage dans un corps transparent et rencontre un corps transparent plus dense se réfracte suivant une ligne plus proche que la ligne de son mouvement de la normale menée du point où elle rencontre le corps dense[61].»

Avec le passage inverse de la lumière — d'un milieu dense à un milieu rare — la chose se complique: tout se passe alors comme si Al-Haytham ne considérait plus la notion de chemin le plus aisé pour s'en tenir à la différence des vitesses ou rapidité du mouvement dans chacun des deux milieux. Pourquoi dans ce cas la lumière se réfracte-t-elle dans le milieu le plus dense en passant de l'autre côté de la normale et en s'en écartant? Le principe de la répulsion établi auparavant indique que le milieu résiste à la propagation de la lumière dans la mesure où chaque milieu n'est pas d'une rareté absolument pure. Il reste toujours une certaine densité mais qui, plus grande dans le milieu plus dense, résiste à la propagation de la lumière plus fortement qu'en milieu plus rare. C'est pourquoi, dit Al-Haytham, le mouvement de la lumière est plus rapide en milieu rare qu'en milieu dense. Le mouvement d'une pierre est plus rapide et plus aisé dans l'air que dans l'eau, car la résistance de l'eau est plus grande. Pour le mouvement de l'incidence normale on a une autre variété de vitesse. Mais si l'incidence vient frapper obliquement le dioptre, le mouvement est formé de deux composantes: radiale et tangentielle. Si la lumière passe d'un milieu rare dans un milieu dense, la résistance à la composante tangentielle sera plus grande que la résistance à la composante radiale. Mais on peut inverser les termes de la situation dans le cas où la lumière pénètre dans le milieu le plus rare: la résistance à la composante tangentielle

[60] *L'Optique*, p. 264r et *OTA* p. 241: «Lux ergo, si occurit corpori diaphano grossiori illo corpore, in quo existit, tunc impedietur ab eo, ita quod non transibit in partem, ad quam movebatur, sed quia non fortiter resistit, non redibit in partem, ad quam movebatur. Si ergo motus lucis transiverit super perpendicularem, transibit recte propter fortitudinem motus super perpendicularem; et si motus eius fuerit super lineam obliquam, tunc non poterit transire propter debilitatem motus ...».

[61] *L'Optique*, p. 624r et *OTA* p. 241: «necesse est, ut lux declinet ad partem faciliorem parte, ad quam prius movebatur, remanente in ipso motu composito; sed pars facilior parte, ad quam movebatur remanente motu in ipso, est illa pars quae est vicinor perpendiculari. Unde lux quae extenditur in corpore diaphano, si occurit corpori diaphano grossiori corpore, in quo existit, refringetur per lineam propinquiorem perpendiculari, exeunti a puncto, in quo occurit corpori grossiori, quae extenditur in corpore grossiore per aliam lineam quam sit linea, per quam movebatur».

diminue, la composante tangentielle devient plus grande et la réfraction se fait en s'écartant de la normale. On peut alors se demander pourquoi c'est seulement la composante tangentielle qui croît. S'agit-il là d'une reprise implicite de l'hypothèse de la voie la plus aisée suivant la normale, impliquant que seule la tangentielle est objet de variation ? Rien dans le texte d'AL-HAYTHAM ne permet de justifier une telle conclusion et, en premier lieu, le simple fait qu'il n'en dit rien lui-même. Fait en soi significatif puisqu'il indique que le principe de la voie la plus aisée n'est pas aussi général qu'on a pu le croire — et on peut sans éxagérer, affirmer qu'on se retrouve en définitive devant deux schémas explicatifs, selon que la lumière pénètre dans le milieu le plus dense ou dans le milieu le plus rare.

Le schéma du mouvement adapté à la réfraction ne va ni sans difficulté, ni sans contradiction, par rapport à l'usage que l'on en avait fait dans l'explication de la réflexion: non seulement la paroi mince est de trop, mais on a vu aussi que si la résistance est extrême sur la normale, pour la réflexion, elle est minimale sur la normale, pour la réfraction. Les difficultés rencontrées ont amené un physicien commentateur d'AL-HAYTHAM du XIVème siècle à émettre des doutes sur la valeur explicative du schéma et même à en refuser l'hypothèse de base: l' «analogie» entre mouvement d'un projectile après un choc et mouvement de la lumière. Il propose que le mouvement de la lumière soit analogue

> «... au mouvement des sons et non au mouvement des corps; s'il en est ainsi la résistance qu'il mentionne ne peut y être représentée[62]»

indication qui, on le comprend sans peine, ne sera pas développée plus longuement.

Pour restituer historiquement quelques parties de l'Optique d'AL-HAYTHAM, il nous a paru nécessaire de marquer les limites d'une «analogie» — toujours en vigueur aux XVIème et XVIIème siècles — entre schéma du mouvement du choc et schéma de la lumière — dans chacune de ses applications, réflexion et réfraction, selon le milieu d'incidence. Cette tâche nous a astreint, pour neutraliser les goûts de l'historien, à revenir à un autre plan, celui de l'analyse épistémologique, permettant de dégager les traits caractéristiques d'un savoir. Dégagés par la restitution d'un passé donc au cours même du travail de l'historien, comme traits épistémologiques, ils en deviennent à la fois et en même temps le support. Mais chaque utilisation de l'analogie — et ceci est significatif — présente une limitation interne de nature logique. Chaque schéma se proposant de fournir une explication de l'ensemble du phénomène de la propagation à partir d'un point de vue local, non seulement est incompatible avec un autre, mais aussi avec tout autre ultérieurement fondé. La confrontation des deux schémas de la réflexion et de la réfraction a fait apparaître cette contradiction et quel que soit le domaine que l'on considère — théorie du mouvement ou de la lumière — on retrouve chaque fois le schéma de la réflexion avec une armature conceptuelle différente et un sens modifié. Les constructions proposées pour expliquer réflexion et réfraction sont en définitive bien loin de tendre vers une organisation unitaire quelconque et nous renvoient sans cesse à la méthode et au but d'AL HAYTHAM. Tout se passe comme si l'auteur voulait, dans les limites d'une articulation pour

[62] *Cf.* AL-FĀRISĪ: *op. cit.* Vol. 1 p. 374 — vol. 2 p. 336.

le moins difficile entre une géométrie et une interprétation naïve de l'expérience, mettre en place des constructions pour expliquer le fonctionnement de complexités beaucoup plus limitées — réellement et logiquement — que celles initialement considérées. Si la propagation est schématisée, une fois comme réflexion sur des surfaces polies ou compactes, elle l'est deux fois comme réfraction, sans que soient assurées en aucune manière les règles du passage d'un schéma à l'autre. Connaître dans ces conditions, ce n'est pas reconstruire ou dévoiler le fonctionnement idéal, mais c'est articuler une géométrie à des notions informes — qu'on croit empiriques — pour saisir le sens à court terme d'un mouvement. Le caractère partiel de l'explication est essentiel et le corps du savoir est formé de la mosaïque des schémas dispersés d'une *science en attente*. Par «science en attente» nous indiquons ce savoir qui, contrairement à un savoir spéculatif, ne croit plus à la seule vertu d'une «systématisation» des dénominations ou prétendus concepts, sans penser pour autant, à la manière des géomètres — ou des calculateurs du XIVème siècle — qu'une physique n'est pas plus une géométrie ou une arithmétique qu'elle n'est une logique.

Mais si le doctrinaire collabore avec le géomètre, c'est au prix d'un changement non seulement des notions mais aussi du style, du type de rationalité. Le doctrinaire doit accepter que les couleurs soient objet d'un traitement géométrique, plus encore, que couleur et lumière soient étayées d'une structure géométrique dans la mesure où, à partir d'un objet éclairé, lumière et couleur se propagent de chaque point en suivant une trajectoire rectiligne — punctiforme — dont l'ensemble forme le «rayon» — lisons faisceau — et, enfin, que les deux lumières — substantielle et accidentelle-soient soumises aux mêmes règles de propagation.

Doctrinaire et géomètre doivent ensemble imaginer un œil qui satisfasse aux résultats obtenus et, si l'œil ici n'est pas encore appareil optique, au moins est-il déjà — et désormais — sans âme et reçoit-il la lumière. Pour collaborer, chacun doit se réformer et admettre systématiquement la nécessité d'un type de démonstration à la fois géométrique et expérimental: il faut en somme que l'un et l'autre acceptent de rapporter au moyen de la géométrie les notions d'une doctrine au plan d'une situation expérimentale. Cette nouvelle optique se distingue à la fois de celle du géomètre et de celle du doctrinaire, sans toutefois se présenter comme une synthèse éclectique des vues de l'un et des moyens de l'autre.

Là apparaît une question particulièrement importante: la survivance du langage traditionnel. La langue d'Al-Haytham n'est elle pas en effet celle de la philosophie aristotélicienne arabe? Une telle survivance, il est vrai, ne dissimule pas la transformation des normes comme on a pu s'en apercevoir. Il reste que ce langage n'apparaît pas pour autant comme le dernier vestige d'une langue morte et présente faute d'une épuration stylistique. La langue pense — faut-il le rappeler — et la survivance des termes est aussi celle des significations. Le changement des normes n'est donc ici ni complet ni radical — indication qui d'ailleurs pèche par sa généralité. Pour une réponse plus précise, il faut revenir au domaine où apparaît cette survivance, où elle est encore active. La distinction de la lumière en substantielle et accidentelle a montré, en fait, que la survivance diminue lorsqu'Al-Haytham traite du principe de la propagation rectiligne — établi dans sa généralité — définit le concept de rayon, postule l'indépendance des rayons d'un faisceau, exprime sous une forme pour ainsi dire définitive la loi de la réflexion et s'approche dans une certaine mesure de la loi de la réfraction. La langue traditionnelle fait sans doute partie de ces développements, mais sa présence est inerte: elle est composée de termes muets qui ne pensent plus et attendent leur réanimation, réanimation qui s'avère nécessaire avec l'introduction d'hypothèses sur la nature physique de la lumière, le problème de la couleur et les notions de schéma explicatif. Si donc sur le plan de l'optique géométrique cette persistance ne dissimule pas la modification des normes, il reste qu'elle entrave la tâche sérieusement et inutilement: il suffit de rappeler l'effort difficile et a posteriori superflu pour démontrer que lumière accidentelle et lumière substantielle suivent les mêmes règles de propagation. Sur le plan de l'optique physique, s'il est vrai que cette présence ne cache pas l'introduction de normes nouvelles, elle exprime cependant sans cesse que l'on est encore prisonnier de représentations et de questions traditionnelles, si bien que les normes introduites s'intègrent mal et restent pour une grande part extérieures. Mais, même dans ce dernier cas, les représentations traditionnelles sont adaptées et dans une certaine mesure réformées sans toutefois changer de nature: le mouvement se compose et se décompose, les couleurs sont objet de géométrie et la lumière cherche le chemin le plus aisé pour se réfracter ...

Au sein d'une même discipline, d'une même œuvre, on peut donc relever un double mouvement: de l'idéologie de l'optique à l'optique géométrique et de l'optique géométrique à une idéologie réformée. L'hétérogénéité du discours, la survivance du langage traditionnel indiquent que ce va-et-vient est diffus et non contrôlé. Mais si on le retrouve ici et là, c'est parce qu'il est dans la totalité de l'œuvre. Cet aspect diffus est à l'origine des jugements contradictoires portés par les historiens, mais il est responsable aussi, pour une part au moins, d'une certaine indifférence de longue durée. Les successeurs arabes d'AL-HAYTHAM — à quelques rares exceptions près comme AL-FĀRISĪ — lui rendent le plus grand hommage, mais cela ne les empêche pas de poursuivre leurs travaux dans la tradition de l'optique euclidienne ou ptoléméenne — ainsi le grand mathématicien AL-ṬŪSĪ[63] et mieux encore, l'allusion de l'encyclopédiste célèbre IBN KHALDOUN[64] qui, après avoir rappelé dans ses Prolégomènes la définition de l'optique à la manière des géomètres, cite AL-HAYTHAM comme le plus illustre des savants de l'optique! Ce n'est qu'avec le XVIème siècle européen que la science en attente sera activée.

Cette étude a été rédigée dans le cadre de l'Institut d'Histoire des Sciences et des Techniques, sous la direction de Monsieur GEORGES CANGUILHEM.

[63] AL-ṬŪSĪ: *Taḥrīr al-manāẓir li-Uqlīdis* dans «Revue de l'Institut des Manuscrits» ed. Demerdash, Le Caire vol. 9 1963 pp. 243—90 et *Fī in'ikās al-shu'ā'āt wa in'iṭāfihā* dans H. J. WINTER et W. ARAFAT: *A statement of optical reflection and refraction attributed to Naṣīr al-Dīn Al-Ṭūsī.*

[64] IBN KHALDOUN: *Prolégomènes*, (arabe)Le Caire, 6ème section, chapitre 15 p. 487.

III

Le modèle de la sphère transparente et l'explication de l'arc-en-ciel : Ibn al-Haytham, al-Fārisī*

I

Dans l'histoire de l'optique — et particulièrement l'optique météorologique — l'étude de l'arc-en-ciel occupe une place importante. Peut-on dès lors récrire l'histoire des explications de ce phénomène comme une « expression localisée » — respective à chaque étape contemporaine — du progrès de la science des phénomènes lumineux ? Une fois rédigée (1), cette histoire n'indiquerait-elle pas, pour chaque étape, la portée et les limites d'une connaissance optique ? Il suffit pour s'en convaincre de confronter, parmi d'autres, les textes des *Météorologiques* d'Aristote, *Le halo et l'arc-en-ciel* d'al-Fārisī, le *De iride et radialibus impressionibus* de Théodoric, *Les Météores* de Descartes et la *IXe proposition* du *livre I, part. II* de l'*Optique* de Newton. Encore ne faudrait-il pas confondre expression localisée et histoire indicielle afin de ne point perdre toute particularité du problème en le considérant comme le reflet direct de telle optique ou telle autre. La réserve est d'autant plus valable là où l'arc-en-ciel fut étudié indépendamment comme dans une partie des *Météorologiques* ou *Météores*. Le caractère exceptionnel des textes consacrés à l'arc-en-ciel et au halo dans les *Météorologiques* d'Aristote n'a certes pas plus que ceux du *De Anima* ou du *De Sensu* valeur d'indicateur de l'optique aristotélicienne. Ailleurs, l'échec d'Ibn al-Haytham — qui avait cependant fourni tous les moyens nécessaires pour réussir au moins à expliquer la figure de l'arc — est encore moins la meilleure marque de son

* Cette étude est dédiée à Jean Tanguy.

(1) Cf. C. B. Boyer, *The rainbow from myth to mathematics*, N. Y., 1959, ainsi que l'abondante bibliographie de cet ouvrage. Voir aussi les textes choisis par G. Hellmann, *Meteorologische optik*, Berlin, 1902.

optique. Pourquoi donc l'expression localisée n'a-t-elle point ici valeur d'indice ?

Une réponse immédiate nous renvoie au statut privilégié du problème : soumise prématurément à un traitement géométrique, cette géométrisation s'est dressée comme obstacle pendant longtemps. Pour l'entreprendre, Aristote s'était référé à l'hypothèse — guère encore précise — de la réflexion et l'arc-en-ciel bénéficia ainsi, dans l'ensemble de l'œuvre optique du philosophe, d'un statut privilégié. Mais c'est précisément cette hypothèse, fixée pour ainsi dire par la géométrie, qui jouera encore comme obstacle chez un savant de l'importance d'Ibn al-Haytham. Quoi qu'il en soit, c'est ce statut qui nous occupera dans les pages suivantes, pour les cas particuliers d'Ibn al-Haytham et d'al-Fārisī (1).

Bien que Descartes déclare « venir à des connaissances que ceux dont nous avons les écrits n'ont point eues » (2) et que Newton (3) mette subtilement en doute cette priorité revendiquée par Descartes pour l'attribuer à Antoine de Dominis dans son *De radiis visus et lucis*, on sait déjà depuis le XIVe siècle que l'arc-en-ciel apparaît à un observateur bien placé lorsque les rayons du Soleil se réfractent dans les gouttelettes d'eau provenant de la condensation des nuages et que nous avons alors deux arcs de cercle : le premier, intérieur, produit par deux réfractions et une réflexion entre ces deux, et le second, extérieur, formé de deux réfractions et deux réflexions. Chaque arc est formé de bandes concentriques offrant

(1) Kamāl al-Dīn AL-FĀRISĪ, mort en 1320, est l'élève de l'astronome et mathématicien célèbre Quṭb al-Dīn al-Shīrāzī qui lui conseilla — comme il le déclare lui-même au début de son *Tanqīḥ al-Manāẓir* — l'étude du *Livre de l'Optique* d'Ibn al-Haytham. AL-SHĪRĀZĪ, lui-même, citait Ibn al-Haytham dans son *Nihāyat-'l-idrāk fī dirāyat 'l-aflāk* — dont le fonds arabe de la Bibliothèque Nationale possède deux manuscrits : 2517 et 2518 — bien qu'il affirme n'avoir guère pu jusque-là voir ce livre (p. 9 v).

Le *Tanqīḥ al-Manāẓir* contient, parmi d'autres, l'essai d'Ibn AL-HAYTHAM sur la sphère ardente — *Taḥrīr maqāla fī'l kura'l muḥriqa*. On peut y lire aussi son propre essai sur *Le halo et l'arc-en-ciel*. Il n'existe pas encore d'édition critique de ce livre. La seule édition du texte est celle de Ḥayderabad, en deux volumes, 1928-1929. Voir pour ces essais E. WIEDEMANN, Über die Brechung des Lichtes in Kugeln nach Ibn al-Haitam und Kamāl al-Dīn al-Fārisī, in *Sitzungsberichte der physikalisch-medizinischen Societät in Erlangen*, XLII, 1910, pp. 15-57, et, du même auteur : Théorie des Regenbogens von Ibn al-Haitam, in *ibid.*, XLVI, 1914 ; enfin, toujours de cet auteur, Zur Optik von Kamāl al-Dīn, in *Archiv für die Geschichte der Naturwissenschaften und der Technik*, 3, 1910-
* 1911, pp. 161-177, où de larges extraits sont traduits.

Nous avons utilisé l'édition de Ḥayderabad en la vérifiant et la corrigeant à l'aide du manuscrit de la Bibliothèque de Leyde : Or. 201, Leiden.

(2) DESCARTES, *Œuvres*, éd. Adam-Tannery, vol. VI, p. 325.

(3) NEWTON, *Traité d'optique*, pp. 190-191.

une variété de couleurs — plus tard on aurait dit toutes les couleurs du spectre — le rouge à l'extérieur et le violet à l'intérieur pour le premier arc et inversement pour le deuxième. Les couleurs de celui-ci sont plus pâles que celles du premier. Entre les deux arcs, il y a une région plus obscure que partout ailleurs. Cette connaissance, qui n'est ni épurée, ni corrigée, n'est pas — pour l'optique géométrique — aussi claire que l'exposé cartésien. Il est vrai que personne au XIVe siècle n'a « pris la plume et calculé par le menu tous les rayons qui tombent sur les divers points d'une goutte d'eau pour savoir sous quels angles après deux réfractions et une ou deux réflexions, ils peuvent venir à nos yeux » (1). Cependant, bien que la loi des sinus ne fût guère encore formulée, les résultats obtenus à cette époque sont dans l'ensemble corrects tandis que la méthode adoptée n'est pas différente de celle que Descartes utilisera plus tard. Nous pensons ici à ces deux savants du XIVe siècle, différents *

(1) DESCARTES, *op. cit.*, pp. 335-336. Remarquons toutefois qu'une différence importante sépare al-Fārisī et Théodoric sur ce point. Les résultats de Théodoric sont essentiellement qualitatifs tandis qu'al-Fārisī, profitant des travaux d'Ibn al-Haytham sur la réfraction dans la sphère ardente, essaya d'aller plus loin à deux égards :

a) D'une part, utilisant les techniques des astronomes pour la construction de leurs tables, il construisit à son tour une table de réfraction — air, verre — pour les angles d'incidence $n5°$ avec $1 < n < 17$. Wiedemann reproduit et explicite cette table ; voir WIEDEMANN, *Über die Brechung des Lichtes nach Ibn al-Haytham und Kamāl al-Dīn al-Fārisī*, p. 33. Une discussion de cette table et de ses rapports avec celles de Ptolémée est parfaitement menée par SCHRAMM, Steps towards the idea of function : a comparison between eastern and western science of the middle-ages, in *History of Science*, vol. 4, 1965, pp. 81 sqq. La conclusion de Schramm est significative : *

« By Kamāl al-Dīn's skill in using the methods of numerical tabulation, a basis for the quantitative analysis of the phenomenon was created while at the very same time Western scholars like Theodoric of Freiberg had to confine themselves to qualitative considerations, not yet having mastered such methods. The new element present in Descartes' famous treatment of the subject was precisely the introduction of numerical tabulation as a means of quantitative analysis ; but his ideas on the subject of the angle of return for which the density of rays reaches a maximum were still of a rather vague and dubious kind », p. 85.

Il reste néanmoins qu'al-Fārisī n'utilise pas cette tabulation numérique d'une manière systématique dans l'étude de l'arc-en-ciel. Il ne se sert pas de ses résultats mais distingue seulement entre les deux groupes de rayons d'incidence — inférieure ou supérieure à 50°. C'est en ce sens que la formule citée de Descartes est valable.

b) D'autre part, al-Fārisī obtient des résultats importants au cours de sa discussion du problème du halo quant à la réfraction dans deux sphères transparentes. Ces résultats sont exposés et discutés par Nazīf avec la rigueur connue de cet auteur. Voir M. NAZĪF, Kamāl al-Dīn al-Fārisī et certaines de ses recherches sur la science de la lumière (en arabe), in *La société égyptienne d'histoire des sciences*, n° 2, déc. 1958, pp. 63-100.

Nous renvoyons pour ces deux points aux références citées.

à tous égards, séparés par les continents et la culture : l'Allemand Theodoric (1) et le Persan al-Fārisī. Ils présentent, en outre, l'avantage d'être contemporains et d'appartenir au xive siècle, ce qui nous permet raisonnablement — et fort heureusement — de neutraliser la question des influences (2). Le seul trait qui leur soit commun

(1) Theodoricus TEUTONICUS, De iride et radialibus impressionibus, ed. J. Würschmidt, in *Beiträge zur Geschichte der Philosophie des Mittelalters*, XII (5, 6), 1914, ainsi que le choix de textes de HELLMANN, *op. cit.*

(2) En effet, Théodoric a composé le *De iride*... entre 1304 et 1311. Voir pour cet auteur : E. KREBS, Meister Dietrich (Theodoricus Teutonicus de Vriberg), sein Leben, seine Werke, seine Wissenschaft, in *Beiträge zur Geschichte der Philosophie des Mittelalters*, Bd V, Heft 5-6, pp. 105 sqq., et DUHEM, *Le système du monde*, vol. 3, pp. 383 sqq.

Krebs dit au sujet des rapports entre Théodoric et Ibn al-Haytham : « Hingegen scheint es sehr warscheinlich zu sein, dass Dietrich das grosse Werke des arabischen Vaters der modernen Optik aus führlich benutz, dem auf Alhacens Optik bezogen, lassen sich Dietrichs Sätze verifizieren, wenn man die Ziffern als die Bezeichnung der Bücher nimmt », *op. cit.*, p. 40.

Dans sa préface à son édition critique du *De iride et radialibus impressionibus*, J. WÜRSCHMIDT écrit que l'œuvre-source « auf das sich Dietrich nach seiner eigenen Angage bei der Behandlung dieses Problems (l'arc-en-ciel) sützt, die Optik Ibn al-Haitams (Alhacens) ist ».

V. J. WÜRSCHMIDT, Dietrich von Freiberg, über den Regenbogen und die durch Strahlen Erzengten Eindrücke, in *Beiträge zur Geschichte der Philosophie des Mittelalters*, Bd XII, Heft 5-6, p. 1, Münster, 1914.

Pour al-Fārisī, on sait qu'il a — selon l'opinion de Wiedemann — terminé son *Tanqīḥ al-Manāẓir* entre 1302 et 1311, donc à une époque contemporaine de Théodoric ; voir WIEDEMANN, Zu Ibn al-Haitams Optik, in *Archiv für die Geschichte der Naturwissenschaften und der Technik*, n° 3 (1912), pp. 3 et 4, où il conclut : « Wir können also
* jedenfalls die definitive Redaktion des Werkes zwischen 1302 und 1311 legen », p. 4.

Mais si cette thèse convient mieux à notre propos, il en existe une autre qu'il ne nous est guère possible d'ignorer, mieux soutenue et plus convaincante. Wiedemann propose, en effet, deux arguments principaux :

a) Le livre fut composé du vivant d'al-Shīrāzī, donc avant 1311.

b) Al-Fārisī y fait référence à une éclipse de Lune que Wiedemann situe en 1302.

Cette thèse sera utilisée plus tard par des historiens comme Würschmidt (*op. cit.*, p. 2).

A ces arguments, Nazīf répond :

« Dans ses recherches sur l'arc-en-ciel contenues en appendice au *Tanqīḥ*, AL-FĀRISĪ emprunte au *Commentaire du Canon* d'AL-SHĪRĀZĪ son opinion sur la manière dont naissent les couleurs : le passage qui contient les propos d'al-Shīrāzī indique clairement que le *Commentaire du Canon* n'était pas terminé. Ce qui reviendrait à dire qu'AL-FĀRISĪ avait terminé le *Tanqīḥ* avant qu'AL-SHĪRĀZĪ ait achevé le *Commentaire du Canon*. Quant à l'éclipse de la Lune sur laquelle s'appuie Wiedemann, si l'on accepte qu'elle se soit produite en 1304 [Wiedemann dit en 1302], le fait reste qu'elle n'est évoquée ni dans le corps du livre du *Tanqīḥ*, ni en conclusion, ni en appendice mais qu'elle apparaît seulement dans le *Commentaire* d'AL-FĀRISĪ de l'un des trois traités d'Ibn AL-HAYTHAM ajoutés par al-Fārisī en appendice à son livre ; il s'agit du *Traité des ombres* et l'on peut penser que ces traités furent ajoutés au livre après son édition ou que l'évocation de l'éclipse fut introduite par la suite.

« Pour le moins qu'on puisse supposer, je ne crois pas me tromper en disant qu'alest d'avoir adhéré l'un et l'autre à l'optique d'Ibn al-Haytham dont ils ont tous deux accepté la réforme.

Nous avons caractérisé ailleurs (1) la réforme d'Ibn al-Haytham comme ayant introduit de nouvelles normes — mathématiques et expérimentales — pour traiter une problématique traditionnelle où se trouvent unies lumière et vision. Jusqu'alors la lumière n'était essentiellement que l'instrument de l'œil et, réciproquement, voir c'était éclairer. Pour construire une théorie de la lumière, il fallait commencer par une théorie de la vision, mais pour établir une théorie de la vision, il était nécessaire de revenir d'abord à la propagation lumineuse, si bien que chaque tâche renvoyait immédiatement à l'autre, chaque théorie empruntant la langue de l'autre. L'optique d'Aristote, de même que celles d'Euclide et de Ptolémée, ne séparait point et, pour introduire de nouvelles normes, une

Fārisī avait terminé les recherches sur lesquelles il devait fonder sa théorie de l'arc-en-ciel — sans pour autant généraliser ce jugement en l'étendant à l'ensemble du livre du *Tanqīḥ*, avec son corps, sa conclusion, ses appendices et excursus — avant qu'al-Shīrāzī ait achevé son *Commentaire du Canon*. Ainsi, je n'émets pas ce qui est probable mais plutôt ce qui est certain en disant qu'al-Fārisī avait terminé ses recherches sur l'arc-en-ciel comprises en appendice au livre du *Tanqīḥ* au moins quelque dix ans avant que Théodoric ait composé son traité entre les années 1304 et 1311. » p. 95.

Mais Nazīf ne s'arrête pas là et confirme une fois de plus la possibilité de l'influence d'al-Fārisī sur Théodoric qu'il justifie à partir de l'histoire des contacts à cette époque (voir Nazīf, *op. cit.*, p. 94). Or bien que nous admettions la priorité d'al-Fārisī, nous ne croyons pas comme Nazīf à une influence de celui-ci sur Théodoric — au moins au stade actuel de notre connaissance — pour les raisons suivantes :

a) On n'a retrouvé jusqu'aujourd'hui aucune trace latine de l'œuvre d'al-Fārisī ;

b) Théodoric ne cite pas al-Fārisī, ce qui en soi est peu important en raison de la pauvreté des références aux auteurs dans la littérature médiévale européenne ; il reste cependant que l'on ne trouve guère de référence au *Tanqīh*, pas plus qu'à l'essai d'al-Fārisī sur l'arc-en-ciel dans la littérature optique de l'Occident médiéval ;

c) Plus importants encore sont l'examen de deux textes et l'utilisation des résultats précieux d'Ibn al-Haytham dans son *Essai sur la sphère ardente* qui favorisent à bien des égards l'étude optique d'al-Fārisī. Un jugement raisonné est donné à ce propos par celui qui a lu de plus près les textes optiques de Théodoric ; J. Würschmidt écrit, en effet : « Ein Vergleich dieses Werkes (il s'agit du travail d'al-Fārisī) mit dem Meister Dietrich ergibt, dass dieser sicher den Kommentar des Kamāl al-Dīn nicht gekannt hat ; Kamāl al-Dīn hat von allem eine Reihe von Fehlern, die sich bei Dietrich und ebenso bei früheren arabischen Gelehrten finden, vermieden und besondern das Wesen des für die später von Descartes aufgestellte Regenbogentheorie so wichtigen « Umkehrstrahles » klar erkannt. »

Il nous semble donc que la priorité d'al-Fārisī n'implique aucunement qu'il ait influencé Théodoric, mais que l'un et l'autre, disciples de l'optique d'Ibn al-Haytham et ayant puisé aux mêmes sources pour l'essentiel, ont pu parvenir simultanément à l'idée du modèle de la sphère transparente pour l'explication de l'arc-en-ciel.

(1) Voir notre étude, Optique géométrique et doctrine optique chez Ibn al-Haytham, in *Archiv for the History of Exact science*, n° 4, vol. 6, 1970.

meilleure séparation s'imposait à Ibn al-Haytham. Mais cette introduction étant fondée sur une analogie entre le mouvement du choc et la propagation lumineuse, la science qui en résulta demeurait en attente d'une apodicticité véritable. Aussi limitative fût-elle, l'analogie permit cependant de rapporter les notions d'une doctrine physique — au sens aristotélicien du terme — au plan d'une situation expérimentale.

C'est à la suite de cette réforme que deux « alhazéniens », pour ainsi dire, ont utilisé la même méthode pour expliquer l'arc-en-ciel en sorte que C. Boyer a pu écrire :

« Il est peut-être significatif que les commentaires grecs, latins ou arabes des œuvres *philosophiques* d'Aristote n'aient guère fait de grands progrès pour débrouiller les mystères de l'arc-en-ciel, tandis que les commentaires du traité *géométrique* d'Alhazen conduisaient au succès à propos de cet intraitable phénomène ; mais ce fut probablement la nouvelle approche expérimentale, plutôt que les mathématiques elles-mêmes, qui justifia ce succès » (1).

Depuis longtemps pour Theodoric et récemment pour al-Fārisī — c'est-à-dire depuis les traductions de Wiedemann — on sait que l'une et l'autre ont eu recours à un objet fabriqué (2) pour expliquer

(1) C. Boyer, *op. cit.*, p. 127.

(2) Après E. Wiedemann et Sarton, on a toujours associé le nom d'al-Fārisī à celui de son maître al-Shīrāzī. En rappelant que l'élève a emprunté au maître l'idée de l'explication de l'arc-en-ciel, C. Boyer écrit : « Hence the dicovery of the theory presumably should be ascribed to the latter (al-Shīrāzī), its elaboration the the former (al-Fārisī) », voir C. Boyer, *The Rainbow...*, p. 125. On trouve la même idée chez Crombie, *Grosseteste and experimental science*, p. 234, n. 1 ; et, depuis, dans la plupart des études. L'opinion est cependant inadmissible.

En effet, le texte sur l'arc-en-ciel attribué à al-Shīrāzī se trouve en une page de la fin du livre cité plus haut, dans le manuscrit 2517 du fonds arabe de la Bibliothèque Nationale. Rédigé avant 1518, ce manuscrit est incomplet. En outre, le texte qui concerne l'arc-en-ciel lui est étranger : d'une part, il vient après quelques pages d'alchimie sans rapport avec l'objet du livre et rédigées en une écriture différente de celle de l'ensemble du manuscrit. D'autre part, la page relative à l'arc-en-ciel est rédigée en une écriture encore différente des deux premières. Nazīf a déjà suggéré après examen de ce manuscrit et d'un autre du même livre, se trouvant à la Bibliothèque Nationale du Caire, que cette page pourrait être ajoutée. Voir Nazīf, *op. cit.* — et nous avons pu le vérifier pour le manuscrit 7797 de la Bibliothèque Nationale du Caire, rédigé en 1340 à Mossoul.

Nous avons comparé ce manuscrit à un autre du même livre se trouvant à la Bibliothèque Nationale, fonds arabe 2518. Ce manuscrit est complet, l'écriture en est belle et de date récente : 1785. Or il ne contient pas le passage sur l'arc-en-ciel, ce qui confirme, nous semble-t-il, que ce passage n'existait pas dans le livre de Shīrāzī. De plus, si on examine la théorie de l'arc-en-ciel contenue dans ce texte, on s'aperçoit qu'il s'agit en fait de la réflexion de la lumière sur les gouttelettes d'eau dispersées dans l'atmol'arc-en-ciel : une sphère massive en verre remplie d'eau. Expliquer c'est, pour l'un comme pour l'autre, exploiter d'une manière systématique une analogie entre ladite sphère et la goutte d'eau, c'est construire un ensemble de correspondances analogiques entre les deux objets et, par conséquent, réduire systématiquement, au moyen de la géométrie, la propagation de la lumière dans un objet naturel à sa propagation dans un objet fabriqué. Que ce mode d'explication apparaisse *à la suite* de la réforme d'Ibn al-Haytham et — pour al-Fārisī au moins — contre la théorie de l'arc-en-ciel de celui-là, est un fait d'histoire. Mais que ce mode d'explication — que d'aucuns appelleraient aujourd'hui « modèle » — n'eût été possible en optique que par suite de cette réforme est une question de possibilité logique. Notre problème, celui du statut et des limites de ces tentatives, se précise : le fait historique dépend-il de la possibilité logique ? Sa compréhension exige-t-elle que l'historien se double de l'épistémologue dans sa propre tâche de restitution historique ? *

Ces questions sont d'autant plus importantes qu'Ibn al-Haytham lui-même, après avoir énoncé son intention d'appliquer sa réforme à l'étude de l'arc-en-ciel, reste proche d'une tradition qu'il critique pourtant sur des points essentiels. Plus déroutant encore, il n'a même pas, à l'exemple de ses « commentateurs », utilisé les instruments qu'il avait cependant créés pour une meilleure explication du phénomène. Son étude n'a d'ailleurs jamais cessé d'étonner et de décevoir les historiens de l'optique. Ainsi, après avoir relevé les grandes lignes de l'optique d'Ibn al-Haytham, C. Boyer écrit :

> « L'étape semblait tout à fait prête pour un très grand avancement dans l'histoire de l'arc-en-ciel. Mais quelle déception brutale ! C'est presque comme si Ibn al-Haytham avait un voile sur les yeux ! » (1).

A. Sayili (2) n'hésite pas, non sans exagération, à faire de ce voile une fixation qui aurait lié Ibn al-Haytham pour le soumettre, au même titre qu'Avicenne, à l'autorité de celui que les philosophes

sphère, conception traditionnelle qui ne correspond pas à l'idée d'al-Fārisī. Une étude philologique des termes optiques d'al-Fārisī montre aisément une différence essentielle. Ainsi, pour ne citer qu'un exemple, al-Shīrāzī, à la suite des géomètres — comme al-Ṭūsī — plutôt que d'Ibn al-Haytham, parle encore de rayon visuel.

(1) C. Boyer, *op. cit.*, p. 80.

(2) A. Sayili, The aristotelian Explanation of the Rainbow, in *Isis*, XXX, 1939, pp. 65-83.

arabes appelaient le premier maître. Il est vrai que les textes des *Météorologiques* relatifs à l'arc-en-ciel et au halo avaient pu par leur caractère exceptionnel — ou combinaison rudimentaire de physique et géométrie — apparaître à Ibn al-Haytham comme une partie de son projet. On comprend dès lors que l'auteur ait pu être tenté de s'engager — sans examen supplémentaire, excepté celui de la géométrie imparfaite d'Aristote — sur la même pente pour expliquer l'arc-en-ciel : ce qui peut donner à croire qu'Ibn al-Haytham connaissait ces textes sous leurs formes originelles comme on le laisse souvent entendre. Or cette connaissance n'est nullement certaine. La traduction arabe connue (1) des *Météorologiques* omet les démonstrations géométriques. Elles sont absentes, de même, chez les aristotéliciens arabes comme dans les *Météorologiques d'Al-Shifā'* d'Avicenne (2). Ibn al-Haytham sait cependant que, pour expliquer l'arc, Aristote s'était servi de la réflexion de la lumière solaire sur le nuage. Quoi qu'il en soit, exposé dans la traduction arabe sous forme d'une doctrine, tout indique qu'Ibn al-Haytham a entrepris le traitement géométrique. Arrêtons-nous d'abord à son explication de l'arc.

II

Ibn al-Haytham aborde l'examen de l'arc-en-ciel dans la ferme intention de lui appliquer le projet qui avait fait ses preuves

(1) Il s'agit de la traduction d'Ibn al-Biṭrīq au début du IXe siècle. Voir l'édition de A. R. Badawi, Le Caire, 1961, et l'édition de C. Petraitis, sous le titre de : *The arabic version of Aristotle's Meteorology,* Beyrouth, 1967.

(2) Avicenne, Les métaux et la météorologie, in *Al-Shifā' V,* ed. Madkour *et al.,* Le Caire, 1965.

Remarquons toutefois qu'on peut trouver une démonstration géométrique dans les commentaires plus tardifs des *Météorologiques* d'Ibn Roshd (Averroès). Faut-il en déduire qu'il existe peut-être une autre traduction encore ignorée des *Météorologiques* ? Cette possibilité ne provient pas en tout cas des textes d'Averroès : il présente, en effet, d'une part, la démonstration géométrique comme une suite de travaux de géométrie et non comme contenue dans le texte du philosophe. Il écrit ainsi : « Quant à la position où doivent se trouver le nuage, le Soleil et l'observateur, nous la décrirons ici suivant la postulation. Nous dirons ainsi que ce qui apparaît dans la *science de l'optique* c'est que la position où la vision est possible est... », p. 168. Et, d'autre part, cette démonstration est différente de celle qui fut donnée par Aristote dans les *Météorologiques* dans l'état où nous les connaissons actuellement. Enfin, le commentaire d'Averroès révèle une connaissance de l'optique géométrique incomparablement plus étendue et plus précise que celle d'Aristote. Voir Ibn Roshd, *Rasā'īl,* Ḥayderabad, 1947, pp. 65 sqq.

dans d'autres recherches optiques (1) : la composition des mathématiques et de la physique. Il ne tarde pas à déclarer :

« On rencontre toujours ces deux effets (le halo et l'arc-en-ciel) dans l'air dense et ils sont formés d'une figure nécessaire au même ordre ; le halo a toujours la figure d'un cercle tant qu'il n'est pas affecté par un accident qui le modifie et l'arc-en-ciel a toujours la figure d'une portion de cercle. Comme leur objet est l'air, il est nécessaire qu'on les considère d'un point de vue physique et comme leur figure est circulaire, il est nécessaire aussi qu'on les considère d'un point de vue mathématique. C'est pourquoi l'étude qui permet de rechercher la vérité de ces deux effets se compose de la physique et des mathématiques. Nous en traiterons donc dans un exposé qui en recherche la vérité selon les exigences tant des questions physiques que des principes mathématiques et en tenant compte de ce qui est conforme à leur réalité » (2).

On sait déjà, par ailleurs, que cette physique propose, pour expliquer la figure de l'arc, que la lumière se réfléchisse sur le nuage avant de parvenir à l'œil et confirme, dans une représentation du cosmos, que les parties de celui-ci qui entourent les éléments — air ou eau, par exemple — ont une forme sphérique. L'air humide et dense évolue donc dans l'atmosphère d'une surface sphérique à une autre de la même forme et cet élément ne peut avoir de forme que sphérique, le centre de cette sphère étant celui de l'univers. Le chemin de la composition des mathématiques et de la physique est déjà tracé : l'étude de l'arc peut être considérée comme celle de la lumière sur une portion de sphère réfléchissante. Encore faut-il s'assurer que l'air humide et dense peut être assimilé à une surface réfléchissante. Ibn al-Haytham écrit :

« On ne peut rien voir de la couleur d'un objet vu sur des surfaces qui ne sont pas unies et si on peut en voir quelque chose, c'est extrêmement atténué et faible. Il est donc nécessaire que le corps humide où le rayon peut se réfléchir et où la couleur de l'objet vu peut apparaître soit de surface lisse et composée de parties lisses qui ne soient pas extrêmement petites ; plus la surface est unie et plus les parties qui la composent sont grandes, plus ce qui apparaît sur elle est de vision nette et de couleur évidente ; mais moins la surface est lisse et plus les parties qui la composent sont petites, plus ce qui apparaît sur elle est brouillé et de couleur atténuée. Ainsi les deux effets que nous avons évoqués ne se trouvent que

(1) Différentes études révèlent ainsi la constance de ce projet ; voir par exemple notre traduction du *Discours de la lumière*, in *Revue d'Histoire des Sciences*, t. XXI, nº 3, juillet-sept. 1968, p. 205.

(2) *Tanqīḥ*..., vol. II, p. 259.

dans l'air humide, si celui-ci a une figure qui permet au rayon de se réfléchir et à la couleur de l'objet vu d'apparaître, je veux dire, si sa surface la plus proche — ou celles qui la suivent — est unie. Plus l'air affecté est uni, plus les deux effets sont de couleur nette. Et, parce que l'effet circulaire n'apparaît que sur une surface particulière ou sur des surfaces composées, de composition particulière, il nous reste à montrer quelle figure parmi celles des surfaces peut réfléchir le rayon sous une forme circulaire » (1).

Après s'être assuré de l'assimilation de l'air humide et dense à une surface réfléchissante, Ibn al-Haytham peut maintenant exploiter les conclusions relatives à la réflexion sur les surfaces sphériques concaves (2) de son *Livre de l'optique* (3). Il cherche la condition pour qu'un rayon émanant d'une source lumineuse — un corps céleste par exemple, et réfléchi sur cette surface, en dehors de l'axe — passe par l'œil à la suite de sa réflexion. Supposons, en effet, que A soit cette source lumineuse (cf. figure I), C le centre du cercle produit par l'intersection de la sphère et d'un plan quelconque passant par AC. Soit A′ le centre de l'œil. Prolongeons ACA′ en S sur la surface de la sphère. Quelle est la condition pour qu'un rayon émis de A et réfléchi en I passe par A′ ?

Dans son *Livre de l'optique* (4), Ibn al-Haytham montre qu'il faut que $AS/SA' > AC/CA'$. Si maintenant nous considérons le système de révolution autour de AC, la réflexion se fera de la même manière des points de la circonférence du cercle décrit par I, de centre T et de rayon IT — la normale menée de I en T. Ibn al-Haytham pense qu'un observateur placé en A′ doit percevoir ces points sous forme d'un arc de cercle.

(1) *Tanqīḥ*, p. 263.

(2) Ibn al-Haytham pense que c'est la partie concave qui est réfléchissante. Il écrit, en effet :

« Les espèces de concavités dans lesquelles on peut imaginer les cercles et les portions de cercle varient. Mais la plus régulière, celle qui ressemble le plus à la réalité des parties de l'univers, la plus apte à communiquer sa forme à ce corps (à savoir, l'air humide) est la forme sphérique, si telle est la forme de l'air, de l'eau et des parties de l'univers qui entourent l'air. Et, parce que la vapeur évolue, de même, d'une surface sphérique à une autre surface sphérique suivant la même position dans toutes les directions, il est nécessaire qu'elle soit sphérique et que le centre de sa sphère soit celui de l'univers, que chacune de ses portions ait cette figure ou une figure proche. Or, le plus vraisemblable est que la concavité de l'air humide cité soit une concavité sphérique. » Voir *Tanqīḥ*, p. 264.

* (3) Voir *Kitāb al-Manāẓir*, 5e partie. MS : 3215 Fātīḥ Istamboul, pp. 267 sqq. MS : 2448 Aya Sofia Istamboul, pp. 465 v sqq.

(4) Voir *Kitāb al Manāẓir*, *op. cit.*

La condition pour qu'apparaisse l'arc-en-ciel est que l'œil soit sur l'axe mené du centre de la source lumineuse au centre de la sphère ou portion de sphère de l'air dense et humide :

« C'est seulement quand cette position se réalise, écrit-il, que l'effet peut apparaître, mais ceci n'est guère possible dans toutes les autres positions » (1).

D'une manière toute géométrique, Ibn al-Haytham essaie ensuite, en combinant les positions du point S et celles du point T,

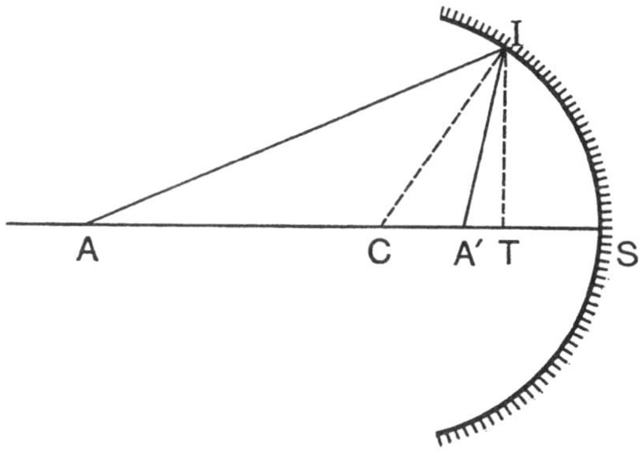

FIG. 1

de recenser toutes les positions possibles suivant lesquelles l'apparition de l'arc diffère en grandeur. S peut être à l'horizon, au-dessus ou au-dessous, T peut être avant A′, en A′, entre A′ et S. Si S est à l'horizon, l'arc est un demi-cercle, quelle que soit la position de T ; si S est au-dessus de l'horizon et T entre A′ et S, l'arc est plus grand qu'un demi-cercle ; si T est en A′, l'arc est un demi-cercle ; si T est avant A′, il est plus petit qu'un demi-cercle. Ces rapports sont inversés si S est au-dessous de l'horizon (2).

Un observateur placé en A′ percevra donc la figure d'un arc plus ou moins grand suivant les positions de S et de T ; mais il verra aussi les couleurs de la source lumineuse puisque, pour Ibn al-Haytham, les couleurs se réfléchissent comme les lumières, en même temps qu'elles et suivant la même loi. Selon la doctrine du *Livre de l'optique*, ces couleurs apparaissent, en outre, mélangées à celles du corps réfléchissant. Si, par ailleurs, ce corps n'est pas

(1) *Tanqīḥ*, p. 265.
(2) *Tanqīḥ*, pp. 266-267.

d'une extrême transparence, ni parfaitement lisse, comme l'air dense et humide, alors :

« La vision ne s'en assure pas et l'objet n'apparaît point d'une manière certaine. Il est nécessaire que dans ce nuage la couleur de la source lumineuse n'apparaisse pas à l'extrême, par suite de la coloration du nuage et du mélange des deux couleurs ; parce qu'il n'est pas d'une extrême transparence, ni parfaitement lisse, la vision ne s'en assure pas. L'effet qui apparaît n'est autre que la couleur de la source lumineuse, et sa luminosité est faible... Et parce que le corps lumineux a une étendue, il est nécessaire que la position de la réflexion en ait une » (1).

Quand un observateur bien placé perçoit dans ce cas la lumière atténuée, Ibn al-Haytham sait bien que c'est à cause de la réflexion, mais quand les couleurs reçues diffèrent de celles de la source lumineuse, la raison en est, croit-il, dans la nature même de l'air humide et dense.

De ce résumé rapide de la théorie de l'arc-en-ciel chez Ibn al-Haytham, retenons pour l'instant deux points :

— Une supposition qui fonde l'ensemble de la tentative : l'auteur admet, comme la tradition aristotélicienne avant lui, la possibilité d'une étude directe du phénomène, à savoir que tous les éléments constituants de celui-ci sont directement accessibles à l'examen optique.

— Une constatation non moins importante qui concerne la nature même de la preuve : à aucun moment, dans l'essai sur l'arc, il n'a tenté, comme il l'a toujours fait, de construire une situation expérimentale pour vérifier les hypothèses géométriques. On ne s'étonnera pas qu'une étude directe de l'arc ne se prête point, dans la situation théorique et instrumentale que l'on sait, à ce type de preuve pourtant exigé par Ibn al-Haytham.

III

Sans abandonner le projet d'Ibn al-Haytham mais au contraire en le prenant entièrement en charge, al-Fārisī voulut en sauver la réalisation dans l'étude de l'arc-en-ciel. Pour l'arracher à la tradition, malgré le poids d'Ibn al-Haytham, al-Fārisī commença par soumettre la tentative de son prédécesseur à une critique sévère dont on peut dégager, pour l'essentiel, le besoin d'une meil-

(1) *Op. cit.*

leure physique qui, composée cette fois avec la géométrie, devait permettre l'accomplissement du projet formulé et manqué par Ibn al-Haytham. Pour trouver une telle physique, il ne fait cependant que revenir à la tradition philosophique : son maître est, lui-même, élève du mathématicien et commentateur d'Avicenne (1), Naṣīr al-Dīn al-Ṭūsī. C'est, en effet, à la physique d'*Al Shifā'*, qu'al-Fārisī s'adressa.

Avicenne avait déjà, pour sa part, renouvelé la doctrine physique de l'arc-en-ciel. Aristotélicien, il est vrai, il ne conserve toutefois de la théorie du Philosophe que l'idée des gouttelettes d'eau dispersées dans l'atmosphère au moment où les nuages se résolvent en pluie, à l'origine d'un arc reproduit par la réflexion sur la totalité de ces gouttes. Mais une fois ceci exprimé, il rejette un point qui lui paraît obscur chez le « premier maître » : l'intervention de l'air « dense et humide » dans la formation de l'arc. Il écrit à cet effet :

« J'ai répété successivement cette expérience plusieurs fois et il m'est apparu que le nuage clair ne convient aucunement comme miroir où se produise cette image (khayāl) mais que la réflexion se fait pour la vision à partir d'un air humide où sont dispersées des gouttelettes d'eau transparentes et pures comme une pluie légère (rash), non pas qu'elles ternissent et éliminent la transparence, mais parce que s'il ne se trouve guère derrière elles d'objet coloré, elles ne sont pas un miroir. Il en va comme pour un cristal qui, s'il est masqué d'un côté, devient un miroir de l'autre et s'il n'est pas masqué et qu'on laisse derrière lui un vide transparent illimité n'est pas un miroir. Il est donc nécessaire qu'il y ait dans la plupart des cas un objet non transparent derrière l'air humide : une montagne ou un nuage sombre afin que l'effet se dessine, réfléchi à partir des gouttelettes d'eau transparentes, dispersées et présentes dans l'atmosphère mais non pas vapeurs claires, car si elles étaient des vapeurs claires, elles ne conviendraient pas à ceci (c'est-à-dire comme miroir) » (2).

(1) Nous pensons à son commentaire d'*Al-ishārāt wa'l tanbīhāt*, Le Caire, 1957.

(2) *Al-Shifā'*, *op. cit.*, p. 51. Dans la tradition de la philosophie arabe, on a insisté sur la réflexion de la lumière sur le nuage, passant ainsi sous silence — comme dans le texte des *Météorologiques* là où il s'agit de la démonstration géométrique — ce qui vient d'être souligné, à savoir les rapports entre l'arc et la réflexion de la lumière sur les gouttelettes d'eau dispersées dans l'atmosphère de même que l'assimilation de chaque gouttelette à un miroir, petit et invisible. Les Frères de la Pureté écrivaient dans leur *Encyclopédie* :

« Quant à la production de cet arc, elle est le rayonnement du Soleil sur les parties de ces vapeurs humides suspendues dans l'air et la réflexion de ses rayons à partir d'elles en direction du Soleil », éd. de Beyrouth, 1957, vol. II, pp. 77-78. Voir aussi Al-Qārafī, dans la trad. de Wiedemann, Arabische Studien über den Regenbogen, in *Geschichte der Naturwissenschaften und der Technik*, t. IV, 1912-1913, pp. 453-460.

Retenant l'amendement d'Avicenne, al-Fārisī, en adepte de la nouvelle optique, l'utilisera toutefois dans un tout autre contexte et à des fins différentes. Il en fera un moyen de médiatiser l'étude de l'arc qui lui permettra d'abandonner toute prétention à un traitement direct. Au lieu de considérer alors, comme Avicenne, la totalité des gouttes d'eau dispersées dans l'atmosphère, dans une première approche, il brisera cette totalité pour ne prendre qu'une seule goutte : moment essentiel d'une analogie entre la goutte d'eau et la sphère transparente remplie d'eau qui, désormais, peut devenir efficace.

Après avoir énoncé cette analogie, al-Fārisī a l'idée d'éliminer la réflexion au profit de deux réfractions entre lesquelles ont lieu une ou plusieurs réflexions. L'étude de la double réfraction implique nécessairement que l'on connaisse les trajets de la lumière à l'intérieur de la sphère — entre les deux réfractions — d'une part, et que l'on détermine à nouveau comment ils se propagent à leur émergence de celle-ci, d'autre part. Pour les deux recherches, al-Fārisī bénéficiera des résultats obtenus par Ibn al-Haytham dans son *Essai sur la sphère ardente* (1). Ce dernier, en effet, avait déjà montré, pour la première recherche, les trajets suivant lesquels la lumière se propage entre les deux réfractions, en fonction des rapports d'accroissement des angles d'incidence et des rapports d'accroissement des angles de déviation. Il considère aussi des rayons incidents parallèles et parallèles à l'axe OO′. Ces rayons rencontrent la sphère en des points qui s'éloignent de O′ sur la portion de sphère opposée et ceci jusqu'à l'angle d'incidence 50° : cas air-verre (2). Pour un angle d'incidence supérieur à 50°, les points de la deuxième réfraction se rapprochent successivement de O′ (voir fig. 2 *a*).

Pour la propagation des rayons à la sortie de la sphère, Ibn al-Haytham avait, de même, déjà fait apparaître l'aberration sphérique. Il démontrait, en effet, la proposition suivante : soit un rayon parallèle à OO′ qui se réfracte une seconde fois en un point G et rencontre le prolongement de OO′ en T — voir fig. 2 *a*. Il est impossible qu'un autre rayon parallèle au premier rencontre après sa deuxième réfraction le prolongement de OO′ en T, sauf

(1) Publié dans le *Tanqīḥ*, vol. II, pp. 285 sqq.

(2) Remarquons ici qu'Ibn al-Haytham pense, relativement au rayon d'incidence 90°, que le deuxième point de réfraction se trouve du même côté de l'axe que le point de la première réfraction. Or dans le cas air-verre qu'il considère, ceci n'est pas vérifié. Par contre, dans le cas air-eau étudié par al-Fārisī, ceci est aisément vérifiable en sorte que, reprenant les résultats d'Ibn al-Haytham, al-Fārisī ne rencontre pas la même difficulté.

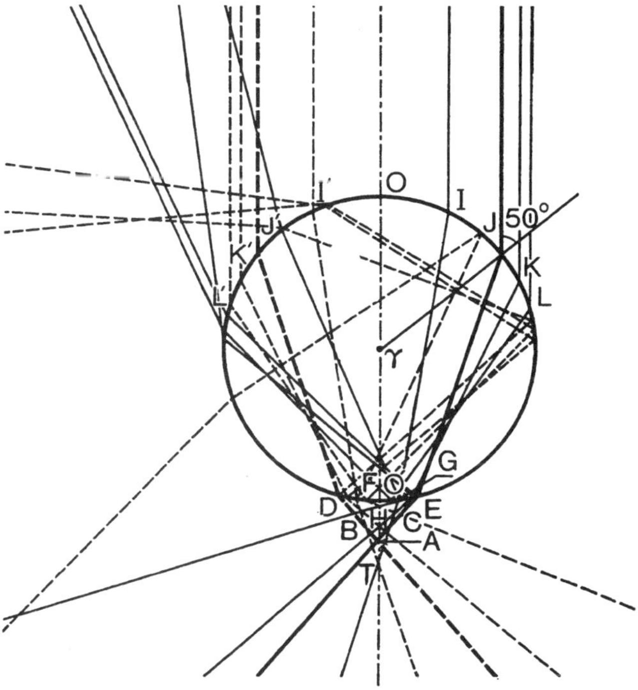

Fig. 2 *a*. — Cas air-verre

Le tracé de la figure 2 *b* (voir p. 126) donné par al-Fārisī est approximatif dans la mesure où il ne respecte pas les conditions de réfraction démontrées par Ibn al-Haytham et reprises par al-Fārisī lui-même. En particulier, pour que l'angle 50° donne le rayon limite du cône central qu'il a défini, il faut considérer un faisceau de rayons parallèles tombant sur la sphère. On obtient alors le tracé de la figure 2 *a*.

Ceci n'enlève rien à la validité du texte, car al-Fārisī considère que le point S est éloigné et utilise en fait un faisceau de rayons parallèles.

On sait, en outre, que cet angle dépend de l'indice de réfraction : s'il est de 49° 7 dans le cas air-verre considéré d'abord par Ibn al-Haytham, il est de 59° dans le cas air-eau. Cependant, al-Fārisī, pour sa part, considéra que la réfraction est approximativement équivalente pour le verre et pour l'eau.

si ce rayon se réfracte en un point de la circonférence décrite par G sur la sphère. Si ce deuxième rayon se réfracte en un point E plus distant de O′ que le point G, il passera à la sortie de la sphère par un point moins distant de T sur le prolongement OO′ (1). En possession

(1) A partir de valeurs données par Ptolémée pour le passage de la lumière de l'air au verre et de sa règle énonçant que $D = i - r$ est une fonction croissante de i et varie moins vite que i (nous avons donné cette règle avec les autres énoncées par Ibn al-Haytham en montrant que pour $n > 1$, elle ne pose aucune difficulté. Voir notre introduction au *Discours de la lumière, op. cit.*, pp. 202-205), Ibn al-Haytham établit

de ces résultats, al-Fārisī va essayer de montrer comment, à la suite de la double réfraction dans la sphère, suivant que l'on considère des rayons proches ou éloignés de l'axe, on pourra obtenir une ou plusieurs images d'un objet lumineux et des formes différentes telles que celles de l'arc ou de l'anneau — dans le cas d'un objet circulaire (1).

Toujours est-il qu'avant d'aborder une description plus détaillée de la double réfraction dans la sphère, de mieux préciser la superposition des images et d'examiner la formation de l'image dans les différents cônes de rayons réfractés, al-Fārisī semble conscient d'une difficulté qui tient à l'ensemble de sa tentative. Il sait que pour une sphère ou une fiole en verre remplie d'air, il y a quatre réfractions et pas seulement deux :

« Si le rayon pénètre dans la fiole, dit-il, et parvient jusqu'à l'air, il se réfracte, puis s'il parvient à la fiole, il se réfracte une deuxième fois et connaît en définitive quatre réfractions ; or, la réfraction affaiblit le rayon et si elle se répète plusieurs fois, l'effet de ce rayon diminue » (2).

Mais comme la goutte d'eau ne possède pas d'enveloppe de verre, pour que l'explication fournie soit valable aussi bien pour elle que pour la sphère, il faut tenir compte avec exactitude de cette enveloppe. Autrement dit, pour être en mesure de garantir la correspondance analogique entre les deux, il faut s'assurer que les règles de la propagation sont exactement les mêmes pour l'une et pour l'autre. Afin d'y parvenir, al-Fārisī a recours à une approximation fournie par l'étude de la réfraction et justifiée par le fait que les indices des deux milieux sont assez voisins pour permettre, en définitive, de négliger l'enveloppe de verre :

« Comme la transparence du verre pur et celle de l'eau sont très semblables, le rayon qui pénètre dans la fiole ne se réfracte pas de manière dont on doive tenir compte » (3).

qu'il faut pour que deux rayons se coupent à l'intérieur de la sphère — c'est-à-dire que les points de la deuxième réfraction se rapprochent du pôle O′ au lieu de s'en éloigner — que $D' - D > \frac{1}{2}(i' - i)$. Il est vrai que ceci est valable pour le passage de l'air au verre, mais on peut démontrer facilement que cette relation est indépendante de *n*.

Cette relation lui permet de démontrer — par une démonstration géométrique simple — que l'angle à partir duquel se produit cette intersection est 50° pour le cas où $n = 3/2$ (air-verre). Ceci peut être vérifié au moyen de la relation $\frac{dD}{di} = 1 - \frac{\cos i}{n \cos r}$ qui donne dans le cas air-verre $i \simeq 49° 71$.

(1) Sur la sphère ardente, in *Tanqīḥ*, vol. II, pp. 293 sqq.

(2) *Op. cit.*, p. 302.

(3) *Op. cit.*

Cette difficulté éliminée, il peut alors admettre que l'analogie est assurée d'un statut géométrique et ne plus examiner pour l'explication de l'arc-en-ciel que la propagation dans la sphère en verre remplie d'eau.

Al-Fārisī considère le cercle de centre γ et les rayons qui forment avec lui des angles d'incidence de 10°, 20°, ..., 90°. Il divise ces rayons en deux groupes dont les cinq premiers forment des angles d'incidence inférieurs à 50° et les quatre autres (voir fig. 2 *b*). Il divise l'arc DE en deux parties égales par O′ et prend F et G équidistants de O′. Nous avons vu avec Ibn al-Haytham que pour l'angle d'incidence de 50° — cas air-verre — les rayons réfractés une première fois se réfractent une seconde fois dans la sphère en les points les plus éloignés de O′ — soit D et E. Les rayons d'angle d'incidence supérieur à 50° sont réfractés en des points plus proches de O′ — c'est-à-dire que les points de la deuxième réfraction se rapprochent du pôle O′ au lieu de s'en éloigner. Soit SJ le rayon d'angle d'incidence de 50° et SJ′ son symétrique par rapport à l'axe OO′. Ces deux rayons se réfractent suivant JE et J′D et se rencontrent après la deuxième réfraction au point A extérieur à la sphère et sur l'axe. Selon la deuxième proposition, ce point est unique. Tous les rayons d'incidence inférieurs à 50° seront après la première réfraction à l'intérieur du tronc de cône engendré par JE et J′D — « cône central », dit al-Fārisī. Après la deuxième réfraction, ces mêmes rayons seront à l'intérieur du cône engendré par EA et DA — « cône ardent ». Les rayons appartenant à la deuxième partie — incidence supérieure à 50° — se réfractent, d'une part, entre JE et LG et symétriquement, d'autre part, entre J′D et L′F qui engendrent les deux cônes extérieurs — « cônes creux », selon al-Fārisī. Ces rayons se réfractent une seconde fois entre GB et EA, d'une part, et entre FC et DA, d'autre part, qui engendrent les cônes extérieurs réfractés — « creux opposés ». Ces rayons se coupent sur l'axe aux points H et A (1).

Il s'agit désormais, pour al-Fārisī, de faire apparaître à partir d'un même objet placé devant la sphère dans certaines conditions — indiquées ci-dessous — plusieurs images possibles. Il pourra ensuite varier leurs positions respectives, puis les amener à s'éloigner l'une de l'autre ou à se superposer les unes aux autres, suivant le cas. On verra donc qu'al-Fārisī cherche en fait à se placer en

(1) *Op. cit.*, pp. 303 sqq.

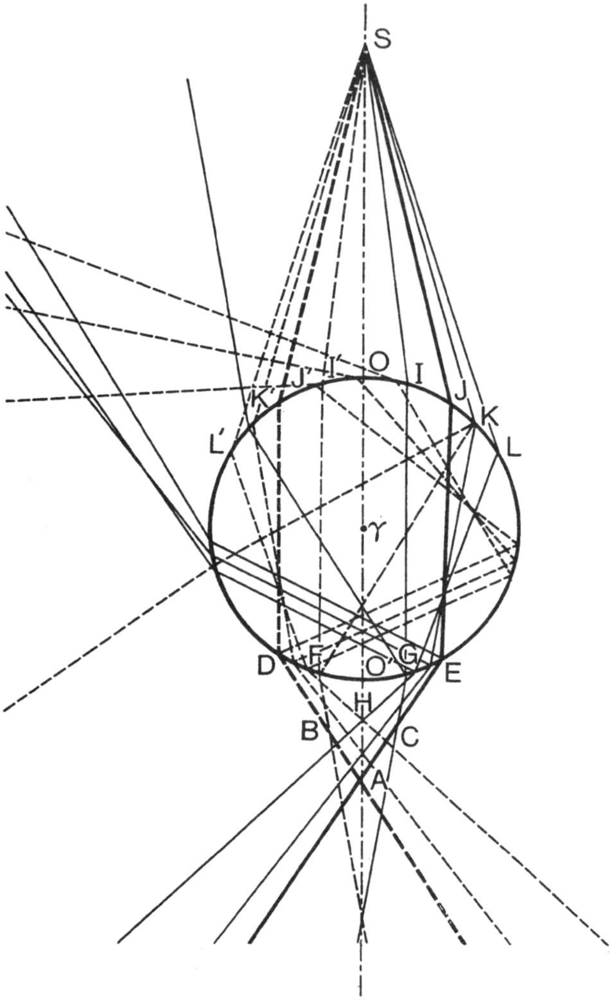

Fig. 2 *b*

dehors de ce que nous appelons aujourd'hui les conditions d'approximation de Gauss pour faire apparaître cette multiplicité d'images. Tâche difficile entre toutes qui expliquera, par ailleurs, nombre d'hésitations et d'ambiguïtés de son texte. Il considère ainsi une source lumineuse S (voir fig. 2 *b*) et un objet situé du même côté de la sphère que O′ et déduit la position de l'image formée par réfraction. L'utilisation du principe du retour inverse lui permet de déduire parmi d'autres cas :

— Si l'objet — une droite, par exemple — est placé sur l'axe et très près de la sphère en FGH, de telle sorte qu'il ne touche ni FH, ni EH, l'œil placé en S percevra une image droite, unique, formée dans le cône central. Il semble qu'il entende cette fois par « cône central » le « cône ardent » qui prolonge celui-ci.

— Si ce même objet est placé en FHBD, l'œil percevra une image plus grande et droite, formée à la fois dans le cône central et dans le cône extérieur droit, renversée.

— S'il se trouve ensuite en GHCE, l'image se formera à la fois dans le cône central plus grande et droite et dans le cône extérieur gauche, renversée.

— Si enfin cet objet est en ABHC, l'image se formera dans le cône central plus grande et droite et dans toutes les directions des cônes extérieurs, mais renversée. Si on considère une révolution de la figure autour de OO′, l'image d'une droite sera un cercle dans le cône central entouré d'un anneau dans le cône extérieur.

Pour juger de la réalisation physique de ces résultats, al-Fārisī construit immédiatement une situation expérimentale que l'on peut, en gros, résumer ainsi : on prend une première fois un petit cercle, centré sur OO′ et divisé en deux parties, rouge à droite de l'axe et noire à sa gauche. On place le cercle très près de O′, en sorte que sa circonférence ne touche ni FH, ni GH. On obtiendra une image droite plus grande que nature dans le cône central dont la partie droite est rouge et la partie gauche noire. Puis al-Fārisī déplace ce cercle sur l'axe en l'éloignant de la sphère et observe l'agrandissement de l'image et la formation d'anneaux autour du cercle suivant la position de celui-ci par rapport aux cônes de rayons réfractés :

Quand le cercle touche FH et GH, il se forme autour de l'image du cercle un anneau dont la partie droite est rouge et la partie gauche noire.

Si on déplace à nouveau le cercle, la largeur de l'anneau augmente et la circonférence du cercle-image diminue jusqu'au moment où le centre du cercle dépasse le point H : on observe alors un deuxième anneau autour du premier tel que sa partie droite est noire et sa partie gauche rouge. Si on poursuit le déplacement, l'image du cercle se confond avec les anneaux.

Il reprend la même expérience une deuxième fois mais avec deux cercles de même centre sur l'axe OO′. Un des cercles est grand et rouge, l'autre petit et noir. Il observe alors la formation et la multiplication de l'image par rapport aux mêmes cônes de rayons réfractés et constate ainsi que pour un objet placé au voisinage du point A, on a six images : trois noires et trois rouges (1).

Si nous comprenons aisément l'importance d'une description aussi détaillée pour montrer — et concrétiser — les trajets des rayons à l'intérieur de la sphère et à leur sortie de celle-ci, les raisons pour lesquelles al-Fārisī tente une tâche aussi difficile que déterminer la position de l'image dans le cas de la réfraction dans la sphère nous échappent de prime abord. Cet effort ne nous semblerait toutefois point superflu s'il était pour al-Fārisī un élément essentiel à son explication de l'arc — c'est-à-dire de la figure géométrique de l'arc-en-ciel. Mais il n'en est rien et tout indique, par contre, que, pour l'heure superflue, la tâche s'avérera par la suite nécessaire à al-Fārisī pour « résoudre » le problème de la couleur.

Avant de comprendre la tâche d'al-Fārisī, il nous faut d'abord considérer la reprise de son modèle, compliqué de nouvelles précisions. On a donc vu qu'al-Fārisī examine la propagation des rayons à l'intérieur de la sphère entre deux réfractions et qu'il traite les différents cas de réflexion (2). L'idée confirmée par l'auteur tout au long de son étude est que les rayons réfractés dans la sphère après une ou plusieurs réflexions à l'intérieur de celle-ci ne sont

(1) *Tanqīḥ...*, pp. 309-310.

(2) L'idée d'al-Fārisī est qu'un faisceau de rayons parallèles tombant sur la goutte d'eau se transforme, après un certain nombre de réflexions dans la sphère, en un faisceau divergent — ce qui peut être vérifié aisément — qu'il appelle « cône ». Al-Fārisī s'attache à montrer que les rayons réfractés après une réflexion sortent de la sphère sous forme d'un « cône » en direction de la source lumineuse. L'angle que chacun d'eux forme avec l'axe OO′ — c'est-à-dire l'angle de déviation — est d'autant plus grand que le rayon incident est plus éloigné de OO′ — et ceci, jusqu'à une certaine valeur à partir de laquelle l'angle de déviation diminue, ce qui entraîne une intersection des rayons sur les bords du cône.

Dans le cas de deux réflexions, al-Fārisī constate que les rayons sortent de la sphère dans une direction opposée à celle de la source et que leur divergence est plus grande. Cependant, à partir d'une certaine valeur d'incidence, les rayons finissent par se recouper également comme dans le premier cas. Il constate même que la distance entre les rayons qui proviennent du cône central et ceux qui proviennent du cône extérieur est plus importante que dans le cas d'une seule réflexion.

A partir de ces considérations, al-Fārisī explique que la lumière est plus forte sur les bords des faisceaux des rayons provenant du cône extérieur, réfractés après une ou deux réflexions. Il montre par ailleurs que, après deux réflexions, les rayons qui sortent de la sphère se recoupent suivant un ordre inversé par rapport au cas d'une seule réflexion — ce qui lui permettra, par la suite, d'expliquer l'inversion de l'ordre des couleurs dans le deuxième arc par la réfraction après deux réflexions.

pas renvoyés indifféremment dans toutes les directions mais qu'il y a accumulation des rayons dans certaines régions de l'espace. Cette accumulation, et le texte d'al-Farisī ne laisse subsister aucun doute à ce sujet, est dans le voisinage de la direction d'émergence du rayon qui correspondra au maximum de déviation. De plus, al-Fārisī admet que les intensités lumineuses s'additionnent et qu'il doit en résulter un plus grand éclairement. Ce sont ces idées qu'al-Fārisī exprime dans le langage compliqué des « cônes » de rayons réfractés après avoir subi une ou deux réflexions à l'intérieur de la sphère et un plus grand éclairement aux bords de ces « cônes ». Pour le cas d'une réflexion entre deux réfractions, il distingue deux faisceaux de rayons provenant des cônes extérieurs et du cône central (voir fig. 2). Pour celui de deux réflexions, il obtient ensuite également deux groupes de rayons plus divergents que dans le cas précédent et qui donnent également une ou deux images. Selon que l'œil reçoit les rayons (1) provenant du cône central ou qu'il est placé dans la région où les rayons issus du cône central et du cône extérieur se recoupent, il verra une seule image dans une seule position ou deux images dans deux positions. Si enfin l'œil est placé dans la région où les faisceaux issus d'une réflexion et deux réflexions entre deux réfractions se recoupent, il verra quatre images dans quatre positions. Il écrit :

« Si l'on sait que le premier réfracté se réfléchit d'abord dans la sphère même, qu'il se produit ensuite le réfracté après une réflexion, puis en deuxième lieu le réfracté après deux réflexions, on saura qu'il se réfléchira une troisième fois, qu'il se produira ensuite le réfracté après trois réflexions puis en quatrième lieu le réfracté après quatre réflexions. On peut expérimenter (i'tibār) ceci bien que ce soit difficile. Mais pour ce qui vient après, on ne le connaît point » (2).

Pour mettre à l'épreuve le modèle complété, al-Fārisī relance une pratique expérimentale que l'on retrouvera plus tard, et indépendamment, chez Descartes. Il construit une chambre noire avec une ouverture et, à l'intérieur de celle-ci, place une sphère transparente, éclairée par les rayons du Soleil. Il masque la moitié de la sphère d'un corps blanc, dense, et observe la face qui se trouve du côté de la sphère. Il voit alors un arc dont le centre est sur l'axe mené du centre de la sphère au Soleil : cet arc est formé

(1) *Tanqīḥ...*, p. 310.
(2) *Tanqīḥ...*, p. 320.

par les rayons lumineux qui ont subi une réfraction, une réflexion et une dernière réfraction. L'intérieur en est plus brillant que l'extérieur, car il contient des rayons issus à la fois du cône central et du cône extérieur.

Devant la sphère, il place ensuite un autre corps blanc moins dense que le premier et observe également la face qui se trouve tournée vers la sphère. Il y verra cette fois un anneau complet comprenant toujours les couleurs de l'arc-en-ciel. Cet anneau est formé par les mêmes rayons, réfractés une deuxième fois après avoir été réfléchis dans la sphère. Il notera alors la variation de l'intensité des couleurs suivant la position de l'écran (1). Poursuivant sa tâche, il reprendra la chambre noire pour considérer cette fois le cas de deux réflexions entre deux réfractions. Par *tâtonnement*, dit-il, il s'efforcera de placer l'œil sur le trajet des rayons et constatera que : si l'œil est au bord du cône formé par les rayons, il percevra une seule image rouge noirâtre, s'il est déplacé légèrement vers l'axe, l'image deviendra plus forte et de couleur jaune clair. Elle se sépare ensuite en deux parties qui s'éloignent l'une de l'autre petit à petit. La plus proche du bord devient moins intense tandis que la partie centrale encore présente est plus faible. Elle devient de plus en plus petite puis disparaît (2).

Il compare ensuite les deux expériences et observe dans le cas des rayons deux fois réfléchis avant de subir une deuxième réfraction le même phénomène — arc et anneau — que dans le cas des rayons réfléchis une seule fois avant d'être réfractés mais, dans le cas de l'arc extérieur, les lumières sont atténuées et les couleurs plus pâles. Al-Fārisī conclut :

« L'expérimentateur trouvera l'image du Soleil très lumineuse dans le cône ardent et sans couleur. Dans le cas des rayons réfractés après avoir été réfléchis une fois, il observera cette image légèrement colorée et dans celui des rayons réfractés après deux réflexions, il la trouvera encore plus colorée et d'une couleur verdâtre. Il en est ainsi pour toutes les images fortes, ce qui confirme nos dires sur la réflexion et la réfraction et la manière dont leurs couleurs apparaissent moins vives et dont la luminosité diminue » (3).

Expérience importante à la fois par sa portée et par sa signification. Encore faut-il remarquer que pour l'interpréter, al-Fārisī

(1) *Tanqīḥ...*, p. 318.
(2) *Op. cit.*
(3) *Tanqīḥ...*, pp. 319-320.

ne recourt pas systématiquement, semble-t-il, aux considérations, qu'il a longuement développées dans son ouvrage, sur la possibilité de former plusieurs images par rapport aux différents cônes de rayons réfractés. Il note seulement que le centre de la figure est plus brillant parce qu'il contient l'ensemble des rayons de deux cônes et que ceux du cône central sont, en outre, moins déviés. La question de la formation de l'image n'intervient ici comme plus tard que lorsqu'il s'agit de la couleur. Les deux images mentionnées plus haut ne sont citées que pour la différence de leurs couleurs.

IV

Le transfert des notions physiques de l'arc-en-ciel — éléments d'une doctrine essentiellement avicennienne — au plan d'une situation expérimentale, possibilité nouvelle jusque-là interdite, a permis l'accomplissement d'une étape importante dans l'étude du phénomène. Il s'agit en fait d'une restitution, contre Ibn al-Haytham, de son propre style de l'optique.

Mais le succès d'une telle restitution soulève une question importante : a-t-elle pour origine la seule compréhension du rôle de la réfraction dans la formation de l'arc ou se réfère-t-elle à une source plus lointaine et moins immédiate ? La question semble importante, car il n'est pas rare, en effet, depuis l'ouvrage fondamental de Crombie (1), que les historiens de l'arc-en-ciel insistent sur le rôle de la réfraction (2). Or, si la découverte de la réfraction a sans doute permis d'ébranler la première géométrisation aristotélicienne, on ne peut dire pour autant qu'elle ait rendu possible l'élimination de l'obstacle tenace créé par cette géométrisation. Et si l'on peut admettre que la mise en valeur du rôle de la réfraction a pu favoriser la tentative d'un Grosseteste, il reste qu'elle a sûrement interdit la possibilité de comprendre la différence qui sépare celle-ci de la démarche d'un al-Fārisī ou d'un Théodoric.

Une réponse plus précise nous ramène à notre point de départ : le projet d'Ibn al-Haytham. Adopté par al-Fārisī, il exigeait, comme on l'a vu, pour l'arc et pour tout autre phénomène de pro-

(1) Crombie, *Grosseteste and Experimental science.*

(2) Voir par exemple Bruce S. Eastwood, Robert Grosseteste's Theory of the Rainbow, in *Archives internationales d'histoire des sciences*, 1966, n° 77, pp. 313-322.

pagation lumineuse, une composition systématique de la géométrie et de la physique. Les déductions du géomètre — insistons encore — doivent représenter des significations physiques ; ces dernières, en revanche, se soumettront partout et toujours au traitement géométrique. Or, pour une réalisation minimale de ce projet, à savoir, sa traduction dans la langue de l'activité constructive et schématisante, il fallait pouvoir ramener *effectivement*, au moyen de la géométrie, les notions informes d'une physique au plan d'une situation *volontairement* construite. On peut alors mettre ces notions à l'épreuve pour juger dans quelle mesure elles sont susceptibles, sinon d'expliquer le fonctionnement du phénomène qu'elles sont censées décrire, au moins de saisir d'un point de vue local l'ensemble dudit phénomène. Cette situation peut seule autoriser une évaluation de la composition géométrie-physique, c'est-à-dire tant des équivalents physiques des déductions géométriques que des formulations géométriques des notions physiques. L'exemple d'Ibn al-Haytham montre bien que pour nombre de phénomènes autres que celui de l'arc, on a ici une condition minimale à une réalisation de son projet.

La restitution du style de l'optique haythamienne se précise et peut, en définitive, se résumer en la question suivante : peut-on à la fois se réclamer du projet d'Ibn al-Haytham et étudier directement et complètement le phénomène de l'arc-en-ciel ? Comment, par ailleurs, introduire dans cette étude une preuve qui vaille à la fois par les déductions du géomètre et par les « vérifications » ou « évaluations » de l'expérimentateur ? Bref, de quelle manière peut-on avec une connaissance élémentaire et une pratique rudimentaire expérimenter un phénomène atmosphérique ?

Une étude directe du phénomène ne saurait répondre à la condition minimale de la composition géométrie-physique. Evoquer l'expérience c'est, dans ce cas, tout au plus au titre d'une *Gedankenexperiment*. L'échec d'Ibn al-Haytham est attribuable, croyons-nous, moins au choix de la réflexion qu'au fait d'avoir cédé à la tentation d'une étude directe du phénomène. Mais cette tentation est précisément à l'origine de ce que nous avons appelé l'obstacle de la première géométrisation : y ont cédé, non seulement ceux qui, comme Ibn al-Haytham, avaient choisi la réflexion mais d'autres encore qui, comme Grosseteste, avaient opté pour la réfraction. Le cas de Grosseteste est, à cet égard, particulièrement significatif, même si sa connaissance de la réfraction reste moins fine que celle d'Ibn al-Haytham. Ayant choisi la réfraction dans son *De iride*... il a, en outre, utilisé la sphère ; mais l'ambition d'une étude directe l'a conduit à assimiler le nuage à une énorme sphère et l'objet fabriqué a perdu par là-même toutes les propriétés pour lesquelles il sera plus tard recherché par al-Fārisī : sa maniabilité et son accessibilité.

Se réclamer de la nouvelle optique, c'était donc accepter les normes de la composition de la géométrie et de la physique, mais tenir aux nouvelles normes orientait nécessairement vers l'abandon de l'étude directe, pour une réalisation effective dans le cas d'un phénomène compliqué et peu accessible à la vérification expérimentale. Cet abandon requérait, à son tour, la découverte d'un autre phénomène mieux dominé par la connaissance optique du moment et plus accessible à ladite vérification : il impliquait donc l'usage nécessaire d'un type particulier d'analogie avec un objet pouvant satisfaire aux critères de domination. Le plus souvent, pour l'étude d'un objet naturel proposé, le choix se porte ainsi sur un objet fabriqué et bénéficie en quelque sorte de l'objectivité d'une technique millénaire. La fiole sphérique en verre remplie d'eau ne fut donc pas un moyen d'introduire la réfraction : elle servit à réaliser la démarche décrite ; quant à la réfraction, elle a seulement suivi.

Une condition de la construction du modèle était, comme on l'a vu, la neutralisation de certains aspects du phénomène de l'arc-en-ciel — la couleur, par exemple — pour se limiter strictement au plan où la réforme s'était produite : l'optique géométrique telle qu'elle était conçue depuis Ibn al-Haytham. Beaucoup mieux qu'auparavant, al-Fārisī fut en mesure d'expliquer l'ensemble du phénomène de l'arc à partir de la seule figure. Examiner cette limitation logique revient à se demander si le modèle peut avoir la même valeur heuristique ailleurs qu'au plan de la réforme. C'est cette valeur qu'al-Fārisī a essayé d'obtenir sur un terrain autre que celui des origines du modèle. L'un des résultats qualitatifs de l'expérience de la chambre noire est que réfraction et réflexion atténuent la lumière et font apparaître les couleurs. Expliquer ce fait — production de variations de couleurs principalement entre les deux arcs — commandait un retour, pour intégrer dans un deuxième moment ce que l'on a cherché dans un premier à isoler. Al-Fārisī retrouve ainsi la question très difficile de la couleur, difficulté ressentie depuis des siècles, à tel point qu'Avicenne n'hésitait pas à avancer :

« Dans l'ensemble, nos amis les péripatéticiens n'ont rien apporté que j'aie pu comprendre, au sujet de ces couleurs et de ces chapitres et j'espère qu'un autre pourra y comprendre quelque chose que je puisse comprendre » (1).

Il est vrai que les doctrines de la couleur rencontrées çà et là dans les livres des savants et philosophes arabes sont, pour l'essentiel, des variantes de la conception aristotélicienne. On sait que les textes du *De anima* et des *Météorologiques* étaient à la disposition des savants dans des traductions arabes (2). On sait aussi que le commentaire d'Alexandre d'Aphrodise était traduit (3). Les philosophes de la 2e moitié du IXe siècle comme al-Kindī (4) et plus tard les « Frères de la Pureté » (5) ou Avicenne, lui-même, ont repris et commenté avec de légères variantes la doctrine aristotélicienne. Al-Fārisī, dans cette tradition, reprend un commentaire d'un texte d'Avicenne par al-Shīrāzī (6). Incessamment, toutefois, des divergences vont apparaître au sujet des couleurs de l'arc-en-ciel dont les plus importantes concernent moins le nombre des couleurs que la position même du problème de la couleur (7) traité par le modèle. Tout se passe comme si ce modèle, utile à l'explication de la figure de l'arc, aurait dû pouvoir aussi expliquer la couleur. En sorte qu'après avoir exposé ladite doctrine, al-Fārisī semble

(1) AVICENNE, *op. cit.*, p. 55.

(2) Voir l'édition A. R. Badawi de la traduction du *De anima* par Isḥāq BEN-ḤUNAIN, Le Caire, 1954.

(3) Voir H. GÄTZE, *Die arabische Übersetzung der Schrift des Alexander von Aphrodisias über die Farbe*, Göttingen, 1967.

(4) Pour AL-KINDĪ, voir par exemple : « De la cause de la couleur azurée que l'on voit dans l'atmosphère en direction du ciel et que l'on croit être sa couleur », in *Rasāʾil al-Kindī 'l-falsafiyya*, éd. Abū-Rīda, Le Caire, 1953, vol. II, pp. 103 sqq.

(5) Voir les Frères de la Pureté, *op. cit.*

(6) Il s'agit du *Commentaire* d'AL-SHĪRĀZĪ sur le *Canon* d'AVICENNE. Voir *Tanqīḥ*..., pp. 331 sqq.

(7) Déjà la traduction arabe des *Météorologiques* s'éloignait sur ce point du texte aristotélicien. Le texte arabe dit : « Trois ou quatre couleurs seront unies dans l'arc », tandis qu'on peut lire dans le texte d'Aristote : « Chacun d'eux a alors trois couleurs », 372 *a*. Nous savons qu'il existe une traduction latine du texte arabe.

Il nous semble donc qu'il ne faut pas accorder au fait qu'al-Fārisī — pas plus que Théodoric — ne retient guère le nombre de trois couleurs une signification aussi grande que celle qu'y attache Crombie pour Théodoric — d'autant plus que Théodoric, s'il n'avait pas travaillé sur la traduction latine du texte arabe des *Météorologiques*, avait, lui-même, ses sources arabes — avicenniennes — très hésitantes sur ce point. Voir CROMBIE, *op. cit.*, pp. 241 sqq. et THÉODORIC, *De iride*..., p. 60.

l'oublier pour n'en garder que l'inspiration générale qu'il adaptera à son modèle. L'inspiration consiste, rappelons-le, à considérer les couleurs comme produites par un mélange de lumière et d'obscurité, de blanc et de noir, que le rouge, par exemple, contient plus de lumière et moins d'obscurité, plus de blanc et moins de noir que le vert et *a fortiori* que le violet. Mais quand al-Fārisī revient à l'étude de l'arc, le problème se particularise : ce ne sont pas les couleurs en général qu'il veut expliquer, mais seulement celles qui sont formées sur un écran devant la sphère par suite de la combinaison des réflexions et des réfractions. Déjà, au cours de l'expérience de la chambre noire, il avait pu constater que la production et la multiplicité des couleurs sont fonction à la fois des positions des images et de leurs intensités lumineuses. Les couleurs de l'arc sont, par conséquent, fonction de la combinaison de la réflexion et de la réfraction. Il écrit ainsi :

« Les couleurs de l'arc sont différentes, rapprochées, entre le bleu, le vert, le jaune et le rouge noirâtre et proviennent de l'image d'une source lumineuse forte parvenant à l'œil par réflexion et réfraction ou une composition des deux » (1).

En variant ainsi les positions respectives des images dans les différents cônes formés par les rayons réfractés, il déclare percevoir les différentes couleurs au fur et à mesure que les deux images sont superposées : le bleu lumineux est produit par le rapprochement sans superposition de deux images d'une même source lumineuse, tandis que le jaune lumineux est donné par la superposition des deux images ; le rouge noirâtre apparaît au bord du faisceau de rayons (2).

Ayant constaté que les couleurs de l'arc-en-ciel sont liées à une combinaison de la réflexion et de la réfraction, al-Fārisī prend deux images au lieu d'une afin d'expliquer cet effet. C'est ainsi qu'il a cherché à identifier les différentes images d'un même objet lumineux par rapport aux divers cônes de rayons réfractés. Dans ce but il a essayé maintes fois de varier leurs positions respectives : leurs grandeurs et leurs possibilités d'intersection. Mais concilier les résultats obtenus au cours de cette étude et ceux donnés par les recherches sur la couleur devait amener à modifier la position

(1) *Tanqīḥ...*, p. 337.

(2) Voir *Tanqīḥ...*, p. 338 et pour le texte d'al-Fārisī sur les couleurs, voir la traduction de Wiedemann sous le titre : *Zur Optik von Kamāl al-Dīn, op. cit*

du problème : il s'agissait dès lors d'accorder une doctrine traditionnelle de la couleur à des résultats concernant la superposition des images. Ce n'est donc plus le mélange de lumière et d'obscurité qui produit la couleur : c'est désormais le rapprochement et la superposition de deux ou plusieurs images — ou « formes » — de la lumière (1) sur un fond d'obscurité qui expliquent la formation et la diversité des couleurs :

« Si l'on rapproche deux images de lumière séparées par de l'obscurité et sur le point de s'unir, un bleu lumineux apparaîtra entre elles comme on peut le constater à l'origine de la mèche, par suite du mélange entre l'obscurité et ce qui entoure les deux images de leurs lumières et se produit au voisinage de leurs cônes. Si elles sont éloignées et que l'œil ne les distingue pas, ce qui en est perceptible est seulement le bleu et si elles se rejoignent, il se produira une image lumineuse intense, plus puissante que chacune d'elles séparée » (2).

Ou encore :

« Puis elles se rapprochent (les deux images ou formes de la lumière) jusqu'au point où se produit le bleu lumineux puis, après leur union, le jaune lumineux, comme au centre de la mèche. A la fin, au bord du cône, là où si l'œil le dépasse, il sort du cône, une luminosité noirâtre qui est le rouge aboutissant à l'obscurité (comme au plus haut de la mèche). C'est ainsi que les couleurs sont perceptibles dans cet ordre dans l'arc qui se produit sur le corps blanc quand on expérimente la réfraction après une réflexion » (3).

Si suggestive soit-elle, constatons que cette tentative pour étendre le modèle par-delà son terrain d'origine en s'efforçant de lier de manière tout intuitive la formation des couleurs et la réfraction, ne possède, en définitive, aucune valeur heuristique mais recouvre, au contraire, les fonctions d'un savoir doctrinaire. Elle est au plus un moyen d'amender des vues doctrinaires de la couleur et aspire seulement à rendre compte des données d'une expérience immédiate et réaliste de celle-ci. Le retour d'une optique géométrique de l'arc-en-ciel à une doctrine physique a, certes, permis un renouvellement de la dernière dans les limites où il a rendu

(1) Nous avons traduit le concept « ṣūra » par « image ». Justifié en optique géométrique, le mot doit retrouver son sens aristotélicien quand il s'agit de la couleur et il faut alors lire « forme » au lieu d' « image ». Toutefois, nous avons utilisé couramment « image » pour ne pas obscurcir l'exposé.

Sur ce concept, voir notre étude : *Optique géométrique et doctrine optique, op. cit.*

(2) *Tanqīḥ...*, p. 337.

(3) *Tanqīḥ...*, p. 338.

possible de poser le problème de la couleur en termes de position des images et de leurs intensités lumineuses. Mais il faut bien remarquer aussi qu'il a marqué d'une certaine ambiguïté l'optique géométrique en imposant au problème de l'arc une tâche difficile et en quelque sorte sans nécessité absolue, celle de déterminer, comme al-Fārisī l'a tenté, toutes les positions possibles des multiples images obtenues en considérant les rayons qui s'écartent fortement de l'axe.

V

Après avoir tenté ce nouveau départ — étendre le modèle au-delà de son domaine de validité — sans y réussir véritablement, al-Fārisī pense finalement pouvoir expliquer l'observation de l'arc-en-ciel. Il montre que lorsque la sphère s'éloigne sur la perpendiculaire à l'axe menée de l'œil au centre du Soleil (voir fig. 3) on peut faire apparaître suivant la position de la sphère l'image du Soleil par simple réflexion entre deux réfractions ou par deux réflexions entre deux réfractions. Autrement dit, suivant l'angle que font les rayons du Soleil avec la sphère, l'observateur bien placé percevra soit les rayons réfractés après une réflexion, soit les rayons réfractés après deux réflexions. On a alors successivement les couleurs du premier arc puis celles du deuxième. Si au lieu d'une goutte d'eau on prend toutes les gouttes sur un même cercle — dans les conditions précédentes, donc en faisant tourner la figure autour de l'axe BAC — on aura les deux arcs-en-ciel.

Mais voyons ce qu'en dit al-Fārisī dans un texte important :

« Supposons, écrit-il, que B centre de l'œil soit entre A centre du Soleil et C centre d'une sphère polie transparente. ABC est une droite. Menons de C la perpendiculaire CD et supposons que la sphère s'éloigne de la droite ABC de telle sorte que son centre reste sur la perpendiculaire. Si son centre s'éloigne de ABC, le cône de rayons réfractés après une réflexion s'inclinera sur le Soleil tandis que celui-ci, proportionnellement à l'éloignement de la sphère de ABC, continuera à se rapprocher du bord du cône dans la direction du mouvement de la sphère et apparaîtra en deux images, sur deux positions de la sphère... A mesure que la sphère s'éloigne, les deux images se rapprochent jusqu'au moment où elles deviennent tangentes ; c'est alors que la lumière devient plus forte et produit un bleu tirant sur le violet, s'il s'y mêle de l'obscurité ou du vert ; puis si elles s'interpénètrent, la lumière s'intensifie encore et produit un jaune lumineux ; ensuite, l'image mélangée diminue et devient d'un rouge de plus en plus sombre jusqu'au moment où elle disparaît quand le Soleil est à l'extérieur du cône de rayons réfractés après une réflexion.

Si la sphère continue à s'éloigner de la droite ABC, le cône des rayons réfractés après deux réflexions se rapprochera de plus en plus du Soleil jusqu'au moment où celui-ci se trouvera à l'intérieur de ce cône et alors réapparaîtra dans un ordre inversé ce qui avait disparu au début, en

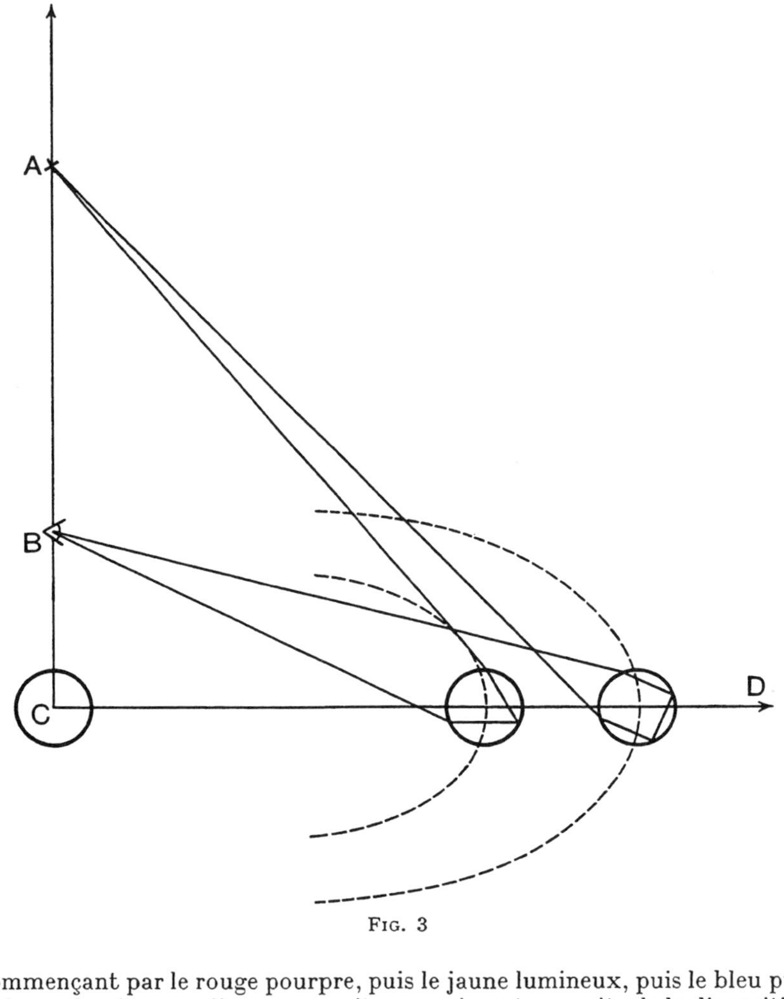

Fig. 3

commençant par le rouge pourpre, puis le jaune lumineux, puis le bleu pur, puis une lumière que l'on ne perçoit pas vraiment par suite de la disparition de l'une des images ou de leur séparation, s'éloignant l'une de l'autre. S'il y a dans l'air beaucoup de gouttes d'eau accumulées, celles ordonnées sur un cercle — dont chacune donne une des images citées selon sa largeur — produisent l'image de deux arcs comme on peut le voir : le petit est rouge sur sa circonférence extérieure, puis jaune, puis bleu. Il en est de même pour l'arc supérieur dans un ordre inversé, masquant ce qui se trouve derrière lui par les couleurs et les lumières qui apparaissent en lui. L'air entre les deux arcs est plus sombre que ce qui est au-dessus et au-dessous d'eux, car les parties entre les deux arcs sont soustraites à la lumière du Soleil » (1).

Nous venons de voir ainsi la réussite et les limites de la méthode du modèle. Conçue et réalisée pour intégrer l'étude d'un phénomène aussi compliqué que l'arc-en-ciel dans la nouvelle optique, la construction du modèle de la sphère fut non seulement sollicitée par cette optique, mais celle-ci fut, bien plus, la condition de son avènement. Une meilleure séparation de la vision et de la propagation lumineuse s'imposait comme une condition nécessaire à l'éclatement de la totalité de « la pluie légère » *(rash)* dans l'atmosphère, car la propagation dans une seule goutte n'eût guère pu être conçue alors que les conditions de la vision étaient celles de la propagation. Mais cette meilleure séparation a servi, d'autre part, à rendre possible l'abandon de l'étude directe et complète. La nouvelle optique a permis, enfin, par le changement du concept de « rayon », la formulation du principe de la propagation rectiligne, l'élaboration de la loi de la réflexion dans toute sa généralité, les multiples et importantes règles de la réfraction (2), d'assurer d'un statut géométrique les correspondances analogiques de la propagation dans un objet fabriqué et dans un objet naturel. Que la nouvelle optique ait donc sollicité la méthode du modèle pour certains phénomènes peu accessibles et difficilement maniables, c'est dans la mesure où elle en était la condition de possibilité. Que la méthode ait découlé de la réforme, c'est dans la mesure où elle lui servait de moyen pour intégrer les phénomènes de l'arc. Bien plus, les limites de la méthode sont celles mêmes de la nouvelle optique, comme on l'a vu pour la couleur. Postérieure à l'optique d'Ibn al-Haytham, la méthode des modèles était donc à la fois logiquement et historiquement déterminée.

Cette détermination — ou surdétermination si l'on veut — ne se manifeste pas seulement à propos du style de l'optique. On la

(1) *Tanqīḥ...*, pp. 340-342. D'une manière plus précise, al-Fārisī utilise, comme il le fait habituellement, le principe du retour inverse : il forme ainsi, d'une manière fictive, les cônes de rayons réfractés après une ou deux réflexions, en plaçant dans un premier temps la source lumineuse à la place de l'œil. Dans un deuxième temps, il renversera la situation pour considérer ensuite le déplacement du Soleil par rapport à ces cônes de rayons, l'œil étant revenu à sa place initiale.

(2) Voir *Discours de la lumière, op. cit.*

retrouve aussi dans les caractères de l'exposé optique. Le premier n'étonnera ni par ses changements, ni par ses limites : à côté d'une optique écrite par un géomètre physicien, au terme d'un mouvement qui mène d'une doctrine optique de l'arc-en-ciel à une optique * géométrique de l'arc, persistera comme une nécessité et point comme un vestige — par suite des limites propres à la réforme — une rédaction beaucoup plus traditionnelle : celle du physicien redevenu philosophe après sa séparation d'avec le géomètre, et à l'heure de son retour de l'optique géométrique vers une doctrine physique renouvelée ; pour s'en convaincre, il suffit de revoir attentivement le texte d'al-Fārisī cité plus haut.

Quant au style de l'exposé optique, on voit apparaître avec la science en attente un nouveau « genre littéraire ». Nous ne nous trouvons plus en présence de l'habituel « commentaire » puisque commenter n'est plus un retour aux sources pour une interprétation meilleure et plus conforme. Commenter, c'est ici reprendre pour comprendre, afin de renouveler et non plus invoquer, pour interpréter. Quand al-Fārisī « commente » l'essai d'Ibn al-Haytham sur l'arc-en-ciel, c'est tout simplement pour écarter l'ensemble de sa théorie afin d'en sauver les normes. Il n'en va pas autrement quand il « commente » son livre de l'*Optique* : il ne nous donne point un *Commentaire de l'optique* — *Sharḥ al-Manāẓir* — mais une *Révision de l'optique* — *Tanqīḥ al-Manāẓir* — où al-Fārisī récuse des théories — celle de l'analogie entre mouvement du choc et propagation lumineuse — en développe d'autres, l'exemple de la *camera obscura*, si bien qu'un commentaire, c'est désormais un amalgame de résumés, critiques, développements initialement absents, genre hybride entre le commentaire traditionnel du philosophe et le rappel historique et critique du savant, courant à partir du XVIIe siècle. Mais quand dans un même livre on quitte le plan de la réforme pour l'optique physique, ce genre disparaît au profit du commentaire traditionnel. Tout se passe comme si la science en attente inaugurait non seulement un style théorique, mais aussi un type nouveau d'exposé scientifique : c'est en ces termes qu'il faut comprendre al-Fārisī, commentateur d'Ibn al-Haytham.

IV

LUMIÈRE ET VISION : L'APPLICATION DES MATHÉMATIQUES DANS L'OPTIQUE D'IBN AL-HAYTHAM

Si l'on s'interroge sur les rapports entre mathématiques et physique dans une œuvre scientifique, fût-elle du moyen âge ou de la renaissance, l'on se place d'emblée sur un terrain qui, bien que familier aux philosophes, reste toujours difficile à parcourir. Il s'agit bien sans doute du traditionnel problème de l'application des mathématiques à une théorie de la lumière, du mouvement, du levier,... mais si l'on ne précise pas davantage ce que l'on entend par théorie, la tentation est grande, et somme toute naturelle, d'adopter une position étrangère aux œuvres traitées. On leur impose alors une problématique dont rien n'indique *a priori* la présence et que résume parfaitement l'expression célèbre de Kant : "Dans toute théorie particulière de la nature, il n'y a de scientifique au sens propre du mot, que la quantité des mathématiques qu'elle contient". Et déjà l'on attribue au moyen âge et à la renaissance un projet dont l'élaboration exigera tout le développement ultérieur des "mathématiques appliquées" au sens où l'entendront un d'Alembert ou un Condorcet. Les oppositions "aristotélicien-archimédien" et "aristotélicien-galiléen", forgées par des historiens et des philosophes estimés pour situer certaines œuvres scientifiques et décrire deux types de rationalité, ne font souvent que dissimuler ce transfert de problématique, en fournissant une réponse à une question non encore posée.

Dans cet exposé, on évitera ce transfert pour analyser de manière précise les rapports des mathématiques et de la physique tels qu'Ibn al-Haytham les a lui-même conçus. Quand on procède cependant à leur examen, deux questions au moins se posent : comment Ibn al-Haytham a-t-il réalisé la jonction des mathématiques et de la physique ? Comment l'a-t-il pensée et interprétée ?

Même si les deux questions sont liées, elle peuvent recevoir des réponses qui ne sont ni nécessairement contemporaines, ni forcément du même âge. D'ailleurs l'interprétation que donne le savant de ses propres réalisations peut être oblique et souvent décalée : cet écart est un instrument précieux pour l'historien. C'est en fait seulement la réponse à la première question, comment s'effectue la liaison des mathématiques et de la physique, qui permet de saisir le statut de la tâche proprement scientifique du savant ; répondre à la deuxième question, c'est-à-dire comprendre comment l'auteur explique lui-même son œuvre, ne peut rendre compte que du point de vue du savant devenu philosophe et parfois aussi historien de sa propre tâche. Distinction particulièrement importante dans une œuvre novatrice comme celle d'Ibn al-Haytham, car rien n'impose qu'une réforme scientifique s'accompagne de la philosophie qu'elle mérite, de même que rien n'exige qu'un savant soit le meilleur historien de sa propre œuvre. Les aléas philosophiques, historiques, sociologiques, bref idéologiques, dont dépend l'interprétation, sont trop nombreux pour lui permettre de correspondre immédiatement à la réalisation scientifique. Dans cet exposé, nous distinguerons les deux tâches, mais bien plus, nous subordonnerons l'interprétation d'Ibn al-Haytham à ses constructions, leur attribuant ainsi valeur non pas de démonstration mais seulement d'indice.

Que l'œuvre scientifique d'Ibn al-Haytham soit novatrice, les historiens s'accordent à l'admettre. Si l'on assiste en effet à une réforme de l'optique, bien plus importante s'avère la réforme, au sens fort, de la théorie de la preuve en physique. Mais l'auteur lui-même ne fournit guère d'explications, parfois même n'en fournit aucune : ainsi pour la preuve expérimentale qu'il est cependant le premier à systématiser. Quelques textes d'allure programmatique, d'autres abstraitement historiques, faute de noms et de détails, et critiques pour l'ensemble, font la somme de sa tâche interprétative.

Des textes programmatiques, on retient, pour l'essentiel, trois textes placés au début de ses œuvres respectives : *l'Optique, Du halo et de l'arc-en-ciel, Le Discours de la Lumière.* Le mot d'ordre est "composer sciences mathématiques et sciences physiques" pour étudier la vision, le halo et l'arc, et les phénomènes lumineux en général. A partir de ces textes et à l'aide de leur confrontation avec l'œuvre d'Ibn al-Haytham, certains historiens dégagent la thèse que l'on peut résumer de la manière suivante : la composition des mathématiques et de la physique est une synthèse des deux doctrines qui se partageaient l'optique avant Ibn al-Haytham, celle des géomètres Euclide et Ptolémée, et celle des philosophes aristotéliciens. Mais une synthèse, quel que soit le sens attribué à ce terme, une synthèse de deux doctrines reste une doctrine. Les seuls critères de la composition sont la cohérence interne de la doctrine produite et son pouvoir de rendre compte des données immédiates de l'expérience. La "synthèse", dans ces conditions, se fait par amendements successifs pour mieux épuiser les données d'une expérience particulière dans un exposé toujours plus cohérent. La difficulté est donc : si synthèse il y eut, comment a-t-elle pu produire parfois une doctrine et parfois une science ? Comment a-t-elle pu, au moins à un certain niveau, réformer les critères de la connaissance et introduire les normes d'une preuve mathématique et expérimentale ? C'est là, semble-t-il, que réside la véritable question.

Plus encore, si synthèse il y avait eu, sans se présenter pour autant comme une juxtaposition, elle eût sans doute gardé les traits communs aux doctrines originelles, dans la mesure surtout où ce qui est commun concerne le statut même de la connaissance. Or pour Aristote l'optique fait partie des mathématiques au même titre que l'astronomie, l'harmonique, la mécanique, c'est-à-dire les sciences qui forment "la partie la plus physique des mathématiques". Bien que dans ces sciences, comme dit Aristote, "la connaissance du fait relève des observateurs empiriques, et celle du pourquoi des mathématiciens", elles demeurent partie des mathématiques ; pour les philosophes arabes comme al-Fārābī dans la "classification des sciences" et Avicenne dans "les parties des sciences théoriques", l'optique reste une partie des mathématiques. Et si par géomètres Ibn al-Haytham entend Euclide et Ptolémée, on sait que ce dernier a repris dans l'avant-propos de l'*Almageste* la classification aristotélicienne des sciences.

Dans les conditions d'une "synthèse" l'on serait donc en droit d'attendre que l'optique fût restée pour Ibn al-Haytham une partie des mathématiques. Or dans un livre important sur "l'analyse et la synthèse" où il reprend le problème pour l'ensemble des disciplines mathématiques - il parle en effet de "toutes les espèces des sciences mathématiques" - on trouve, outre l'arithmétique et la géométrie, l'astronomie et l'harmonique. On chercherait en vain optique et mécanique. Cette absence dans une étude classificatrice et à vocation systématique ne saurait être l'effet du hasard ou d'un oubli, d'autant plus que ces disciplines sont bien présentes dans la classification de ses prédécesseurs comme al-Fārābī ou de ses contemporains comme Avicenne. De quelque manière que l'on interprète cette omission délibérée, elle interdit d'assimiler le statut de l'optique à celui de l'une ou l'autre partie des mathématiques, parmi lesquelles se trouvent encore l'astronomie et l'harmonique. Le moins que l'on puisse dire est que si synthèse il y eut, elle fut révolutionnaire au point de réformer, et les critères de la connaissance, et le statut de la discipline. Pour examiner ce problème, revenons aux réalisations mêmes d'Ibn al-Haytham.

I

L'exposé méthodologique d'Ibn al-Haytham évolue dans un ordre déterminé qui ne peut laisser le commentateur indifférent. A quelques variantes près, on retrouve chaque fois le même développement : l'auteur énonce d'abord le projet de "composer mathématiques et physique", recense ensuite les doctrines de ses prédécesseurs géomètres et physiciens pour relever leur diversité et souligner leurs contradictions, et présente enfin sa propre méthode. Projet, histoire critique, méthode, tel est le schéma utilisé généralement par Ibn al-Haytham dans ses introductions, à l'exception de son *Traité du halo et de l'arc-en-ciel* qui, précisément, et pour des raisons particulières, se distingue des autres œuvres d'Ibn al-Haytham[1]. Or les variantes de même que les silences d'Ibn al-Haytham peuvent être significatifs à cet égard.

C'est ainsi que la seule différence entre le *Livre de l'Optique* et le *Discours de la Lumière* est l'absence d'un exposé explicite par l'auteur de sa propre méthode. Différence compréhensible dans la mesure où le deuxième se présente comme un résumé non démonstratif, un traité de la science des phénomènes lumineux en général, et non pas comme un développement destiné à fonder une théorie particulière.

Une variante plus importante distingue ces deux ouvrages du *Traité de la lumière de la lune* où Ibn al-Haytham n'annonce pas son projet au début, mais rappelle les anciennes doctrines, pour proposer ensuite la méthode qu'il va suivre. C'est peut-être parce qu'il ne s'agit plus d'un corps physique au sens aristotélicien, mais d'un corps céleste, donc d'une substance simple non composée, qu'Ibn al-Haytham n'éprouve pas le besoin de formuler son projet, dans la mesure où il n'y a pas opposition entre mathématiques et physique. L'absence d'un exposé du projet lorsqu'il s'agit de corps célestes semble confirmer cette interprétation : la composition des mathématiques et de la physique n'intervient qu'au niveau du monde sublunaire. D'où une première détermination du sens de cette composition.

A la lecture des textes d'Ibn al-Haytham, cet exposé préalable n'apparaît nullement comme une clause de style, mais semble montrer que si ce projet permet seul de fonder l'optique, l'histoire n'accomplit pas le projet ; la nouvelle méthode uniquement réformera l'histoire. Ses déclarations du *Livre de l'Optique* illustrent bien cette démarche. Ainsi, après avoir exposé les doctrines des géomètres et les thèses des philosophes-physiciens, il en relève les oppositions et les contradictions, exprime ses doutes et annonce son intention de renouveler l'étude des principes de la modalité de la vision. C'est alors qu'il se propose pour méthode, "l'examen des états des visibles et la distinction des propriétés des [choses] particulières, et nous rassemblerons par induction ce qui est propre à l'œil en état de vision, ce qui dans la qualité de la sensation est constant et ne change pas, évident et non douteux ; nous nous élèverons ensuite dans la recherche et les raisonnements, progressivement et de manière ordonnée, en critiquant les prémisses et en nous préservant de l'erreur dans les résultats"[2].

Dans le *Traité de la lumière de la lune*, c'est de la même manière qu'il expose les doctrines des géomètres et des physiciens pour écrire ensuite :

"Et c'est parce qu'il en est ainsi et que nous ne trouvons pas de propos satisfaisants qui auraient rendu intelligible la qualité véritable de la lumière de ce corps, et comme les âmes s'attachent à connaître les quiddités des choses qui existent et ne se reposent qu'en la certitude qui supprime les opinions, c'est cela qui nous a décidé à la recherche de la qualité de la lumière de ce corps, en l'étudiant de manière exhaustive et en découvrant ce qui en était dissimulé. Nous avons commencé notre étude par l'examen des attributs de l'ensemble des corps lumineux et la considération de leurs états ; c'est donc après avoir rendu intelligible la qualité des corps lumineux et distingué leurs propriétés, que nous avons trouvé... "[3].

Conformément à la méthode énoncée, dans chacun des ouvrages cités, Ibn al-Haytham passe directement à l'énumération des traits communs aux phénomènes étudiés, traits qui pour lui sont empiriques ; ainsi dans son *Livre de l'Optique*, il présente les conditions de la vision comme inductivement élaborées et écrit :

"De l'ensemble de ce que nous avons rappelé, de ce que l'on trouve par induction et expérimentation, et que l'on trouve constant, ne changeant pas et ne diminuant pas, il est apparu que l'œil ne perçoit des visibles que ce qui est avec lui dans le même air, - ou bien cette perception est par réflexion -, si sont réunies les notions que nous avons rappelées : à savoir qu'il y ait entre le visible et l'œil une certaine distance relative à ce visible, qu'il soit en face de l'œil, c'est-à-dire qu'il y ait entre tout point de sa surface perçue par l'œil et tout point de la surface de l'œil une ligne droite virtuelle, qu'il y ait en lui une lumière, soit par son essence, soit par un autre que lui, qu'il soit d'un certain volume, relatif à la puissance de sensation de l'œil, que l'air qui est entre lui et la surface de l'œil ou le corps qui les sépare soit transparent, d'une transparence continue que ne pénètre rien des corps opaques, que le visible soit opaque ou qu'il contienne une certaine opacité, je veux dire qu'il n'y ait pas en lui de transparence ou que sa transparence soit plus dense que celle de l'air qui s'étend entre lui et la surface de l'œil, ou que celle du corps transparent, intermédiaire entre lui et la surface de l'œil. Or l'opaque ne peut qu'être doué de couleur ou de ce qui se comporte comme la couleur de même que le transparent contenant une certaine opacité ; ces notions sont celles sans le rassemblement desquelles en le visible, il ne saurait y avoir de vision"[4].

Quelle que soit la conception qu'Ibn al-Haytham se fait de l'élaboration inductive des traits ainsi recensés, déjà un ensemble de choix est effectué, des hypothèses sont faites. Notamment, la vision s'effectue selon des droites, c'est-à-dire que l'œil perçoit l'objet suivant des droites menées de tout point de l'objet à l'œil. Rien dans les conditions énumérées de la vision ne concerne ni la nature de la lumière, ni le mode de sa propagation. Poursuivons encore l'exposé d'Ibn al-Haytham.

Il examine ensuite la propagation même de la lumière. Ici également, il dénombre les traits communs aux lumières et à leur propagation. Il reprend cet exposé dans le *Discours de la Lumière*. On peut en dégager les traits suivants :

(1) La lumière émise par un corps lumineux par lui-même - lumière substantielle - et la lumière émise par un corps éclairé - lumière accidentelle - se propagent sur les corps qui les entourent.

(2) Elle peut pénétrer dans les corps transparents : l'eau, l'air, le cristal et leurs homologues.

(3) Les corps opaques peuvent être éclairés puis à leur tour émettre de la lumière.

(4) Les corps transparents ont de même que les corps opaques, une "puissance réceptrice" de lumière, mais les corps transparents ont en outre une "puissance transmettrice" de lumière.

(5) La lumière existe indépendamment de, et extérieurement à la vision, elle a la propriété de se propager en ligne droite dans le milieu transparent, dans toutes les directions. Ces droites virtuelles forment avec la lumière le "rayon".

(6) Ces lignes peuvent être parallèles ou se croiser : dans l'un et l'autre cas, les lumières ne se mélangent pas.

Encore une fois, aucune de ces conditions de propagation ne concerne la vision.

Ibn al-Haytham commence par vérifier la propagation de la lumière substantielle à l'aide d'expériences qui sont des variantes de la chambre obscure et d'autres observations sur les ombres, la lumière de la lune... Il propose ensuite la démonstration géométrique et expérimentale de la même propriété pour la lumière accidentelle, et construit à cet effet un dispositif expérimental complexe pour l'époque. Il procède d'une manière analogue pour les lumières réfléchies et réfractées et conclut :

"De l'ensemble de ce que nous avons expliqué et montré par induction et expérimentation, il est apparu que la propagation de toutes les lumières ne se fait que suivant des lignes droites et qu'à partir de la lumière qui est en tout point de tout corps lumineux, fût-elle substantielle ou accidentelle, une lumière se propage suivant toute ligne droite que l'on peut imaginer, menée de ce point dans le corps transparent qui lui est contigu, par une propagation sphérique, je veux dire suivant toute ligne droite pouvant être menée de ce point dans le corps transparent... Il est apparu également que les lumières secondes sont plus faibles que les lumières dont elles émanent et qu'elles s'affaiblissent, à mesure qu'elles s'éloignent de leurs sources"[5].

C'est la première fois qu'est formulé en toute généralité le principe de la propagation rectiligne. Même les prédécesseurs immédiats d'Ibn al-Haytham, al-Kindī, par exemple, ne sont jamais parvenus à une telle généralité. Quelles sont les raisons de cette réussite ?

Le succès d'Ibn al-Haytham tient à son renversement du point de vue traditionnel. Au niveau le plus immédiat ce renversement consiste pour Ibn al-Haytham à affirmer contre les géomètres que la lumière se propage de l'objet à l'œil, et ses critiques des nombreuses variantes du rayon visuel sont là pour le confirmer. Contre les philosophes il ne conserve de l'opposition *forma substantialis - forma accidentalis* que la distinction entre milieux plus ou moins transparents. Certes à ce niveau immédiat, l'on ne peut encore apprécier à sa juste valeur l'importance du renversement du point de vue traditionnel, réalisé par Ibn al-Haytham. Beaucoup plus fondamentale pour la formulation du principe de la propagation rectiligne est la séparation entre les conditions de la vision et les conditions de la propagation, telle qu'Ibn al-Haytham l'a effectuée. Or cette séparation représente déjà une rupture avec l'optique traditionnelle.

En effet, dans toutes les variantes de la doctrine du rayon visuel, voir c'est éclairer, et la constitution d'une doctrine des phénomènes lumineux revient à l'élaboration d'une doctrine de la vision. Chaque doctrine renvoie immédiatement à l'autre et chacune parle la langue de l'autre. Avec Ibn al-Haytham voir et éclairer ont, comme nous l'avons dit, des conditions indépendantes. Il se plaît d'ailleurs souvent, quand il parle du phénomène lumineux, à rappeler la vérité de sa proposition "que l'œil soit absent ou présent". Les deux doctrines désormais ne parleront plus le même langage.

Séparer les conditions de la propagation de celles de la vision a en fait permis à Ibn al-Haytham de définir le concept de faisceau lumineux ; un tel faisceau est composé de rayons lumineux, de droites suivant lesquelles la lumière se propage, rayons indépendants dont la propagation dans une région quelconque mais homogène de l'espace n'est pas modifiée par celle des autres rayons qui traversent la même région. Ce concept a permis à Ibn al-

Haytham d'exposer finalement les phénomènes de la propagation, y compris le phénomène important de la diffusion, en langage géométrique. A ce niveau, le rapport entre géométrie et optique est un isomorphisme de structure, et nullement une synthèse.

Il reste à comprendre ce qui a rendu possible cette séparation et ce nouveau rapport entre mathématique et physique. Pour cela, il faut encore suivre la démarche d'Ibn al-Haytham, lorsqu'il complète au fur et à mesure de la rédaction du *Livre de l'Optique* la doctrine de la lumière et de sa propagation.

Jusque là on sait qu'en optique il s'agit bien d'une physique et nullement d'une géométrie de la vision. On vient juste de voir comment sont nettement distingués ligne géométrique et rayon lumineux et que le phénomène physique est seulement isomorphe à la structure géométrique. Mais qu'est-ce que ce phénomène physique et que supporte cette droite géométrique ?

L'on sait seulement que ces droites sont les supports de quelque chose qui existe indépendamment de et extérieurement à la vision. Ce quelque chose traverse les milieux transparents et éclaire les corps opaques. C'est au cours de la rédaction de son ouvrage que des précisions nécessaires et supplémentaires s'imposeront à Ibn al-Haytham pour rendre compte des règles qui régissent le comportement de ce quelque chose. On voit alors que :

(1) Sans préciser davantage la nature de cette chose indépendante de la vision et extérieure à elle, Ibn al-Haytham souligne fortement sa matérialité, mais n'adopte pas pour autant une thèse atomistique : ce rayon que l'on peut concevoir comme droite et traiter géométriquement comme telle, occupe en fait, dans la nature, un espace : "Nous disons donc que la lumière ne s'étend que dans un corps et qu'un corps, si fin et subtil fût-il, n'existe que doué de largeur. La plus petite des lumières telle qu'on ne saurait en trouver de plus fine n'existe donc que douée de largeur"[6].

(2) Assuré de la matérialité de l'agent lumineux, Ibn al-Haytham peut supposer qu'il se meut dans un temps. Ainsi pour décrire comment la lumière se transmet d'une ouverture à un écran qui lui fait face, il écrit : "[ce qui va] de l'ouverture au corps qui lui fait face n'existe que dans un temps, même si cela est dissimulé au sens"[7].

(3) Ce mouvement rectiligne dans un milieu transparent est réfléchi ou dévié selon certaines règles si le milieu change de transparence, et change de vitesse avec le changement de milieu.

(4) La lumière diminue en intensité, à mesure qu'elle s'éloigne de sa source.

Ces propriétés supplémentaires permettent à Ibn al-Haytham de parfaire une doctrine physique de la lumière, doctrine où la nature de la lumière ou de la plus petite des lumières reste imprécise. Il est vrai cependant que même dans ces limites les principes et les règles de la propagation de la lumière ne sont plus de purs postulats, ils sont le résultat d'une activité naturelle. Non donnés dans une évidence absolue, ils sont relatifs à un autre ordre. Mais, d'autre part, ils sont choisis de telle sorte que l'on s'intéresse à la propagation pour elle-même. Autrement dit, les principes et les règles de la propagation ne réclament plus évidence et vérité absolue ; ils sont relatifs à un autre ordre qui peut cependant être négligé lorsque l'on étudie pour eux-mêmes ces principes et ces règles. D'où la volonté délibérée d'Ibn al-Haytham de ne pas s'engager quant à la nature de la plus petite des lumières.

Désormais l'optique géométrique peut être interprétée en termes d'une optique physique qui assure l'existence et l'indépendance de l'agent lumineux et fonde ses propriétés. Ce support physique auquel l'optique géométrique emprunte son langage se présente déjà sous un double aspect : susceptible d'un traitement géométrique, il peut sans difficulté expliquer les propositions de l'optique géométrique ; suffisamment général, il peut être négligé en une première approximation. A l'heure de l'optique géométrique, on peut se permettre d'ignorer la nature de l'agent, les raisons de son mouvement, sa diminution en intensité en fonction de l'éloignement de la source...

Cette distinction des niveaux a assuré la séparation entre la propagation et la vision. Les principes de la propagation dérivent d'un autre ordre où le sujet de la vision n'a plus de place.

II

Grâce au concept de rayon, comme on vient de le voir, le seul rapport entre mathématiques et optique est un isomorphisme de structure. Mais avec les précisions nécessaires et supplémentaires à la doctrine de la lumière, nous sommes déjà en présence d'un autre type de rapport plus complexe, c'est-à-dire beaucoup moins direct.

Si l'on considère en effet l'ensemble des propriétés de la lumière telles qu'elles sont données au fur et à mesure par Ibn al-Haytham, on constate qu'elles sont pour la plupart de nature mécanique ou plus précisément dynamique. L'agent lumineux se meut dans un temps, par un mouvement rectiligne, dans un milieu transparent, ce mouvement est réfléchi ou dévié selon certaines lois quand le milieu change de transparence. Tout indique donc que lumière et corps grave se meuvent de la même manière à ces différences près que la lumière n'est pas soumise à la pesanteur et que son mouvement est d'une extrême vitesse, ou comme l'écrit Ibn al-Haytham :

"La lumière n'a pas en elle de force qui la meuve dans une direction particulière, sa propriété étant de se mouvoir suivant des trajectoires rectilignes dans toutes les directions possibles, à condition qu'elles s'étendent dans un corps transparent. Si la lumière se réfléchit avec ce qu'elle a reçu de force acquise et qu'elle se propage suivant la trajectoire exigée par la réflexion, elle se propage suivant la trajectoire, sans être détournée par aucune force, car il n'est pas de sa propriété d'exiger une direction particulière"[8].

Ibn al-Haytham veut en somme, tout en tenant compte de ces différences, établir et utiliser l'analogie entre le mouvement du corps grave et le mouvement de la lumière, pour déduire et interpréter physiquement les lois de l'optique géométrique : réflexion, réfraction. C'est pour y parvenir qu'il compose mathématiques et physique. Mais comment procède-t-il et quel est le sens de cette composition ?

A partir de la division traditionnelle du mouvement en naturel et violent, Ibn al-Haytham cherche d'abord à déterminer ce qui est commun aux deux mouvements dans le cas du choc, c'est-à-dire dans le cas où le mouvement naturel est intercepté par un obstacle plan et de matière solide et dans le cas où l'on lance le corps contre un tel obstacle par un mouvement violent. Il écrit alors :

"Si dans son mouvement un mobile rencontre un obstacle qui l'empêche, et que la force du mouvement reste en lui à sa rencontre avec l'obstacle, il retournera dans sa direction de départ. La force du mouvement réfléchi sera proportionnelle à la force du mouvement incident et à la force de la résistance. La distance parcourue par le mobile réfléchi par rapport à l'obstacle est proportionnelle à la trajectoire du mouvement incident par rapport à l'obstacle. Le deuxième mouvement est acquis par le mobile à partir de la même résistance. Cette propriété se trouve dans tous les corps graves, soit dans leur mouvement naturel vers le bas, soit dans leur mouvement accidentel"[9].

Sans insister sur les notions de dynamique utilisées par Ibn al-Haytham et que nous avons étudiées ailleurs[10], rappelons ce qui est nécessaire à notre propos :

(1) Un corps d'un poids déterminé, animé d'un mouvement naturel, à partir d'une distance déterminée, rebondit dans la direction même de l'incidence, par suite d'un choc avec une surface plane de matière solide.

(2) On obtient le même résultat si le corps est animé d'un mouvement violent suivant la normale à la surface.

(3) Si le corps est animé d'un mouvement violent de même force et de distance égale, mais obliquement, le corps ne rebondit plus sur la normale mais suivant une trajectoire située entre la normale menée à partir "du point de rencontre sur l'obstacle et se prolongeant à l'intérieur de l'obstacle, la normale menée perpendiculairement à la première dans le même plan qu'elle, et la droite sur laquelle s'est effectué le premier mouvement"[11].

Autrement dit, si l'obstacle est extrêmement résistant, le corps animé d'un mouvement naturel rebondit sur la normale à la surface et selon une distance égale à celle de la chute, le corps animé d'un mouvement violent extrêmement fort mais sur la normale se comporte de la même manière ; finalement le corps animé d'un mouvement oblique rebondit d'un mouvement résultant de deux composantes : l'une suivant la direction de la normale à la surface, l'autre suivant la perpendiculaire à cette normale dans le plan d'incidence au point d'impact.

Si le projectile subit un mouvement violent sur la trajectoire AI, il rencontre en I l'obstacle qui l'empêche de poursuivre son chemin dans la même direction. Le mouvement du projectile en I est formé de deux composantes : l'une dans le direction de ID' et l'autre dans la direction de IE'. Si la résistance est à la limite, ce mouvement acquis suivant ID est identique au mouvement suivant ID', tandis que le mouvement suivant IE' ne subit aucun changement. La résultante est formée de deux composantes, l'une suivant IE et l'autre suivant ID égale à la composante dans la direction ID'. Par conséquent le projectile suit après le choc la droite IB, telle que : $\angle AID = \angle BID$ (cf. schéma 1, p. 44).

Ibn al-Haytham prétend en outre avoir vérifié ce schéma comme celui de la réfraction par l'expérimentation. Quoiqu'il en soit, on constate que les lois de la réflexion en dérivent directement. C'est d'une manière analogue qu'Ibn al-Haytham veut étudier la réfraction. Au lieu cette fois d'un obstacle solide, on a une surface mince, fixée sur une grande ouverture. L'expérience consiste à lancer une balle solide contre l'obstacle à deux reprises, à partir de la même distance et avec la même force : la première fois suivant la normale à la surface et une deuxième fois obliquement (cf. schéma 2, p. 44).

De la même manière, le mouvement se décompose en deux composantes : l'une radiale, suivant ID_1, l'autre tangentielle, suivant IE'. La première composante est modifiée pour devenir $IE_2 < ID_1$, alors que la deuxième composante ne change pas. La résultante est la direction IE_1, qui devrait donc s'éloigner de la normale. Mais Ibn al-Haytham sait que le rayon réfracté se rapproche au contraire de la normale suivant une direction IA_2.

La difficulté qui sera reprise plus tard apparaît avec Ibn al-Haytham et c'est pour la résoudre qu'il introduit une notion supplémentaire dans le cas de la réfraction : la voie la plus aisée, ou comme il l'écrit, "ce mouvement suivant la normale est le plus aisé et le plus fort et, parmi les mouvements obliques, les plus proches de la normale sont les plus aisés"[12].

Il ne s'agit point de reprendre ici la portée et les limites de ce schéma, mais seulement de rappeler que si l'un ou l'autre de ses éléments a été évoqué avant Ibn al-Haytham, jamais il n'a été provoqué, construit et détaillé aussi systématiquement pour expliquer les lois de l'optique géométrique.

En effet, les lois de la réflexion proviennent directement de ce schéma ; celles de la réfraction en dérivent également, à l'aide de l'intervention des notions d'une physique finalisée : la voie la plus aisée. Il conclut donc pour la réfraction :

"Si la lumière rencontre un corps transparent de transparence plus dense que celle du corps où elle se trouve, ce corps l'empêche de pénétrer en lui suivant la direction de son mouvement. Mais la résistance n'est pas extrêmement forte et la lumière ne retourne pas dans la direction de son mouvement. Si le mouvement de la lumière suit la normale, elle pénètre en suivant la même trajectoire à cause de la force du mouvement sur la normale. Mais si son mouvement suit une ligne oblique, elle ne peut pénétrer suivant la même trajectoire à cause de la faiblesse de son mouvement. Il en résulte qu'elle tend vers une direction de pénétration plus aisée que la direction vers laquelle elle se meut. Or le mouvement le plus aisé est celui qui suit la normale, et le plus proche de la normale est plus aisé que celui qui s'en éloigne"[13].

Il donne des explications encore plus précises dans le cas de l'incidence oblique et écrit :

"Il est nécessaire que la lumière tende vers une direction plus aisée que la direction vers laquelle elle se mouvait, tout en conservant son mouvement composé. Or la direction la plus aisée et où persiste le mouvement est la direction la plus proche de la normale. C'est ainsi que la lumière qui se propage dans un corps transparent et rencontre un corps transparent plus dense se réfracte suivant une droite plus proche que la droite de son mouvement de la normale menée du point où elle rencontre le corps dense"[14].

Comme on vient de le voir, les rapports entre mathématiques et doctrine physique de la lumière ne sont nullement directs. Les mathématiques sont introduites en optique physique par l'entremise des analogies établies entre les schémas du mouvement d'un corps grave et ceux de la réflexion et de la réfraction de la lumière. Autrement dit, les mathématiques sont introduites par l'intermédiaire d'une tierce-discipline elle-même mathématisée ou considérée comme telle. Au sens propre on ne peut dire qu'il y ait application des mathématiques aux hypothèses de la doctrine physique de la lumière ; seules les analogies entre le mouvement de la lumière et le mouvement d'un corps grave permettent d'établir la correspondance entre les hypothèses physiques de la doctrine de la lumière et les principes de cette dynamique ; ainsi peut-on introduire dans l'étude des premières les mathématiques appliquées aux secondes. Cette mathématisation des notions d'une doctrine physique permet leur transfert dans une situation expérimentale. Ici encore il sera difficile de parler de synthèse entre la doctrine des géomètres et la doctrine des physiciens.

III

Nous venons de voir qu'entre mathématiques et physique il y a déjà deux types de rapports. Encore faut-il savoir si l'œuvre d'Ibn al-Haytham en présente d'autres.

Pour répondre à cette question, il est utile de revenir au problème des survivances, et en particulier celle d'un certain langage aristotélicien dans l'optique de l'auteur. On peut constater, il est vrai, qu'à l'heure de la formulation du principe et des lois de la propagation, la distinction entre la lumière substantielle et la lumière accidentelle perd son aspect antagoniste. La lumière accidentelle n'est qu'une lumière seconde qui émane d'un corps opaque et se propage suivant le même principe que la lumière d'un corps lumineux par lui-même, ou lumière substantielle. Moins intense que cette dernière, elle se réfléchit, se réfracte et subit la loi du retour inverse au même titre que la lumière d'une source.

Une question s'impose alors tout naturellement à l'historien : pourquoi Ibn al-Haytham a-t-il conservé les deux termes de substantiel et accidentel ? S'agit-il seulement d'un vestige d'une langue morte ou bien faut-il y voir la persistance discrète d'anciens modes de raisonnement ?

Tout le conflit des interprétations dépend dans une large mesure de la réponse à cette question. La difficulté toutefois demeure entière dans les deux cas : si l'on affirme la présence d'anciens modes de raisonnement, on ne comprend pas pourquoi l'opposition traditionnelle perd son aspect antagoniste quand il s'agit des principes et des lois de l'optique géométrique. Si par contre l'on opte pour l'autre réponse pour soutenir que la distinction est abolie, on ne comprend pas pourquoi l'auteur garde les deux termes. Le fait est qu'Ibn al-Haytham, non seulement les maintient, mais encore avance de nouvelles notions pour les soutenir : forme de la lumière, fixité de la forme dans un corps opaque.

Pour résoudre cette difficulté, il est nécessaire de reprendre l'exposé même d'Ibn al-Haytham pour voir à quel moment et dans quel contexte cet antagonisme reprend des forces, à quel moment donc ses supports sont introduits pour la première fois.

Après avoir établi le principe de la propagation rectiligne, Ibn al-Haytham étudie systématiquement, pour la première fois à notre connaissance, le phénomène de la diffusion de la lumière, la propriété que possèdent les corps opaques éclairés de renvoyer des lumières dans toutes les directions. Il découvre au cours de son étude expérimentale que les corps diffusent la lumière des corps lumineux, mais modifient souvent sa couleur. Les lumières secondes ne sont pas seulement moins intenses que la lumière première, mais leurs couleurs également sont plus faibles que les couleurs de celle-ci.

Si l'on corrige l'erreur historique qui vient d'être ainsi commise pour dire, avec Ibn al-Haytham "les couleurs des corps opaques", on se fait une idée de la difficulté que l'auteur a dû surmonter. En effet, selon lui, les corps opaques ne renvoient pas seulement une lumière seconde moins intense dans toutes les directions, mais ces lumières seules sont accompagnées de couleurs soumises aux mêmes règles que celle-ci.

C'est précisément dans ce contexte que l'on voit apparaître dans l'ouvrage d'Ibn al-Haytham la notion de forme de la lumière. Certes cette notion existait ailleurs avant d'être reprise par ce texte, mais dans les parties précédentes de l'œuvre elle est liée principalement au corps et non à la lumière. Elle réapparaîtra par la suite chaque fois que l'on posera le problème de la couleur et, bien entendu, celui de la vision. Quant à la distinction entre la lumière substantielle et la lumière accidentelle, après avoir perdu de sa force, elle sera réactivée pour étayer une autre opposition, celle de la lumière et de la couleur, dans les limites où seule la lumière seconde s'accompagne de la couleur et se mélange avec elle, si bien qu'un écran ne reçoit, en définitive, qu'un mélange de formes de la lumière et de formes de la couleur.

En effet, pour Ibn al-Haytham, seuls les corps opaques et les corps transparents ayant une certaine opacité sont doués de couleur. Mais que la couleur dépende de l'opacité restreint déjà son domaine aux seuls corps sublunaires. Parmi les corps sublunaires, à la différence des corps célestes qui sont la limite physique de la transparence, même les corps qui sont transparents ont une certaine opacité. En sorte que seuls les corps doués effectivement de couleur renvoient une lumière seconde. Mais si lumière seconde et couleur appartiennent l'une et l'autre à la même classe d'êtres, elles sont d'une certaine manière indépendantes.

Selon la définition d'Ibn al-Haytham, la couleur "existe, elle est une forme dans le corps coloré et non pas un objet interposé entre l'œil et la lumière". Mais en dépit de l'indépendance de la couleur, à la fois par rapport à la lumière seconde et par rapport à la vision, il reste que la couleur n'apparaît que sous l'action de la lumière seconde, en sorte que les couleurs perçues par l'œil, écrit Ibn al-Haytham "sont perçues mélangées avec les formes des lumières qui sont en elles, mélangées avec toutes les formes des couleurs qui se projettent sur elles, à partir des couleurs des corps opposés. Et si le corps transparent interposé entre elles et l'œil comporte quelque densité, sa couleur se mélangera de même avec elles. L'œil ne peut donc percevoir de couleur particulière, sans mélange de formes"[15].

On voit ainsi que si les formes des couleurs ne peuvent apparaître que sous l'action de la lumière, il reste que c'est un mélange de lumières et de couleurs qui apparaît finalement sur le corps-écran ou à l'œil. La lumière substantielle ne subit aucun mélange et c'est seulement la lumière seconde qui est affectée. Les formes des couleurs, en effet, ne se mélangent qu'avec les formes de cette lumière déjà reçue et fixée par un corps coloré, puis pour ainsi dire "réémise" comme un élément de ce mélange. Tout se passe comme si la lumière substantielle, sans mélange lorsqu'elle se projette sur ce corps, l'animait de telle sorte qu'il renvoie ce mélange de lumières qui est support de couleurs.

Il semble donc qu'Ibn al-Haytham, après avoir éliminé la distinction traditionnelle entre la lumière substantielle et la lumière accidentelle, ait retenu ces termes pour les réactiver dans l'étude de la couleur. Cependant, comme pour la lumière, Ibn al-Haytham évite de s'engager sur leur nature physique. Les couleurs ne sont pas seulement soumises au même principe de propagation que la lumière, mais elles le sont également à l'ensemble des lois de l'optique, comme Ibn al-Haytham essaie systématiquement de le montrer. C'est ainsi que les couleurs sont exprimées dans la langue utilisée par la géométrie pour formuler les lois de la lumière.

Il est manifeste que l'on ne peut confondre le rapport mathématiques-physique que l'on vient d'évoquer avec les deux précédents types de rapport. Dans le premier, la définition du concept de rayon, de celui de la propagation, ont permis à la géométrie d'épouser parfaitement les idées de l'optique. Toute articulation de la géométrie avait pour répondant univoque une règle d'interprétation des idées optiques. Dans le deuxième rapport, les analogies ont permis d'introduire localement des règles syntactiques.

Mais cette fois, l'on assiste à une application directe de la géométrie aux notions d'une doctrine de la couleur. Les couleurs des corps opaques peuvent être soumises directement au traitement géométrique. Dans ce cas cependant, le physicien ne doit pas seulement admettre l'existence indépendante de la couleur - elle n'est plus un objet interposé entre l'œil et la lumière - mais aussi la possibilité de son étude géométrique. Cet affrontement quelque peu brutal entre géométrie et couleur, cette application directe, est difficilement assimilable à une synthèse de la doctrine du géomètre et de la doctrine du physicien.

IV

Le rapport mathématiques-physique a donc un sens différent selon le niveau d'analyse où se place explicitement Ibn al-Haytham pour traiter des phénomènes lumineux. Mais quel que soit ce niveau il s'agit bien d'une tentative pour introduire l'analyse mathématique dans l'étude d'un phénomène physique.

Cependant même si au niveau de l'optique géométrique on ignore la nature de la lumière, à aucun moment Ibn al-Haytham n'a prétendu faire une géométrie de la lumière ou de la vision, mais c'est bien une physique qu'il réalisait ; à aucun moment non plus il n'a essayé de suivre, comme ses prédécesseurs un exposé axiomatique de l'optique, à l'exemple de la géométrie. C'est au contraire de faits et de concepts empiriques qu'il pensait partir : corps opaques, corps transparents, lumière sont des faits, le rayon, le faisceau, la propagation sont des concepts.

A l'autre extrême, lorsque le physicien intègre le phénomène difficilement analysable de la couleur pour donner finalement une idéologie renouvelée, il croit soumettre directement des significations physiques à la géométrie. C'est en effet au sens d'une application que l'on peut comprendre le texte du *Discours de la Lumière* qui exprime le plus généralement sa conception du rapport mathématiques-physique[16]. Comme d'ailleurs cette œuvre résume l'ensemble de sa tâche et parce qu'elle est moins orientée vers la théorie de la vision que le *Livre de l'Optique*, elle semble mieux exprimer l'essentiel du projet d'Ibn al-Haytham.

Mais c'est précisément au niveau de la doctrine de la vision que l'on rencontre la liaison mathématiques-physique en un sens particulier, différent des trois significations recensées ; mais de plus, on ne retrouve plus ici la notion d'application que celles-ci ont en commun. Cette fois les mathématiques - la géométrie - quittent le devant de la scène et cèdent la place à l'optique ; le rapport mathématiques-vision n'est plus un rapport mathématiques-physique, mais bien un rapport optique physique-vision, assuré au moyen de quelques figures géométriques.

Pour se constituer, la théorie de la vision doit remplir les exigences de la science des phénomènes lumineux, de l'optique géométrique et de l'optique physique. Ses hypothèses doivent, sinon dériver de la nouvelle optique, tout au moins s'y conformer. Celle-ci doit donc se composer avec une autre partie de la physique - la biologie - et cette composition se fera, comme on va le voir, par l'attribution à l'œil d'une certaine structure géométrique. Comme il s'agit en fait de deux parties de la physique, c'est sur ce terrain, et seulement sur ce terrain, que la composition peut apparaître comme une "synthèse".

Revenons rapidement au commencement, pour comprendre la contribution d'Ibn al-Haytham. La séparation entre les conditions de la propagation et les conditions de la vision a placé d'emblée l'œil parmi les corps-écran. Au même titre que tout écran, l'œil reçoit la lumière et la couleur d'un corps éclairé s'il s'oppose à lui, à une certaine distance, si le milieu qui les sépare est transparent, et enfin si le corps éclairé a un certain volume, dense et éclairé, qui lui permet d'être coloré.

Dans une première analyse à laquelle procède Ibn al-Haytham, on s'aperçoit que les conditions nécessaires de la vision sont en fait les mêmes que celles de l'apparition de l'image d'un objet sur un écran. Or ce progrès manifeste jouera désormais un rôle d'obstacle.

Dans une seconde analyse, ces conditions nécessaires de la vision s'avèrent non suffisantes. L'œil n'est pas encore un appareil optique destiné à former une image de l'objet extérieur : il demeure un écran et doit être un écran particulier. Comme écran, il reçoit lumières et couleurs de l'objet extérieur, cet objet est perçu selon sa position dans l'espace et non inversé, mais en plus l'œil ne perçoit pas seulement les lumières et les couleurs de l'objet éclairé : il voit distinctement l'ordre des parties de cet objet. Autrement dit, un objet éclairé renvoie dans toutes les directions les formes de la lumière et les formes de la couleur, mais contrairement à un simple écran, l'œil perçoit les différentes parties de l'objet et, pour différents objets, distinctement, leurs propres relations dans l'espace.

Tout le problème d'Ibn al-Haytham est de surmonter cette difficulté technique et l'élaboration de sa théorie de la vision se présente ainsi comme la solution théorique d'un problème technique. Il cherche donc à compléter les conditions de la vision par "une ou des conditions par lesquelles se distinguent les couleurs des visibles et s'ordonnent les parties de chacun des visibles lors de la vision, ces conditions devant elles-mêmes concorder avec l'existence [ce qui existe]"[17].

On devine déjà à quel point cette position, aussi rigoureuse qu'elle pût être, détermine la réponse. Sous forme d'hypothèse, Ibn al-Haytham énonce la condition fondamentale : la correspondance biunivoque entre les points de l'objet et les points de la surface de l'œil.

Or s'interroger sur le rapport mathématiques-vision, c'est en particulier examiner les conditions qui ont rendu cette hypothèse possible, c'est aussi considérer comment Ibn al-Haytham en a conçu la réalisation physique. Il est manifeste que la correspondance biunivoque entre l'ensemble des points de l'objet et l'ensemble des points de l'œil - du cristallin - était possible seulement grâce à la nouvelle optique, dans la mesure où Ibn al-Haytham avait déjà démontré qu'à partir de tout point de l'objet, des lumières et des couleurs se propagent suivant des trajectoires rectilignes ; c'est-à-dire dans la mesure où, pour ce qui est de la propagation on refuse non seulement la doctrine du rayon visuel, mais également la langue de la totalité, comme celle des *eidola*.

Mais pour une correspondance qui fût véritablement biunivoque, la réalisation optique de l'hypothèse exigeait par ailleurs une certaine structure anatomique de l'œil. C'est ainsi qu'Ibn al-Haytham a retrouvé l'anatomie de l'œil, telle qu'elle fut donnée dans la tradition galénique. Ce retour à Galien n'est pas celui du médecin, mais se présente comme la démarche du physicien dont le but est d'adapter la structure de l'œil aux conditions de la nouvelle optique, d'une part, ce qui permet d'autre part à Ibn al-Haytham de s'assurer de la réalisation de son hypothèse, mais toujours dans les cadres de l'œil-écran. Il est impossible de reprendre ici les détails de cette adaptation. Notons seulement qu'Ibn al-Haytham suppose que les surfaces des milieux oculaires traversés par les lumières et les couleurs 1) sont sphériques 2) de même centre sous toutes les conditions 3) que ce centre est celui même de l'œil. En particulier, les deux surfaces de la cornée sont sphériques et la surface postérieure de l'humeur cristalline est sphérique, ces surfaces ont toutes le même centre que l'œil, la vision se fait comme dans la tradition galénique, seulement par l'humeur cristalline.

Cette adaptation de la structure anatomique de l'œil a souvent été décrite comme sa géométrisation. Or aussi importante que cette géométrisation est ce à quoi elle répond. Elle a manifestement pour fonction de neutraliser la réfraction et de faire en sorte que l'œil demeure un écran d'un type particulier. Le rayon issu d'un point quelconque de l'objet traverse les milieux oculaires, plus denses que le milieu de l'objet éclairé, puisque la lumière se propage en tout milieu transparent. Si de plus ce rayon est suivant une droite menée de ce point de l'objet au centre de l'œil, il ne se réfracte pas dans ces milieux oculaires, puisqu'il est perpendiculaire aux surfaces sphériques.

L'ensemble des conditions d'Ibn al-Haytham se trouvent d'un coup réalisées. La lumière et la couleur qui se propagent de tout point de l'objet jusqu'à l'œil suivant les normales à la cornée parviennent sur les normales au cristallin sans se réfracter. On a aussi une correspondance biunivoque entre les points de l'objet et les points du cristallin. Mais cette réalisation est au prix d'un sacrifice : il faut faire abstraction d'une propriété essentielle de la lumière : elle se propage de tout point dans toutes les directions. Pourquoi donc privilégier les normales à la cornée ? Ibn al-Haytham répond :

"[...] la nature de l'œil est réceptrice de la lumière des visibles qui lui est renvoyée, et en outre, [...] à cette nature est attribué particulièrement de ne recevoir les formes qui lui sont renvoyées que sur des trajectoires particulières, et non sur toutes les trajectoires... Et ce fait qu'à l'œil sont attribuées particulièrement certaines trajectoires à l'exclusion des autres, a des analogues dans les choses physiques. Les lumières émanent à partir des corps lumineux et s'étendent seulement suivant des trajectoires rectilignes et non suivant des lignes arquées ou courbes, et les corps graves se meuvent vers le bas par le mouvement naturel, suivant des lignes droites et non suivant des lignes courbes, arquées ou obliques ; de même, ils ne se meuvent pas sur toutes les lignes droites qui sont entre eux et la surface de la terre, mais suivant des lignes droites particulières qui sont des perpendiculaires à la surface de la terre et en sont des diamètres. Et les corps célestes se meuvent suivant des lignes circulaires et non pas suivant des lignes droites, ni suivant des lignes d'ordre différent. Et si l'on considère les mouvements naturels, on verra qu'à chacun sont attribuées certaines trajectoires particulières, à l'exclusion des autres. Il n'est donc pas impossible que l'œil ait pour particularité de recevoir des impressions de lumières et de couleurs suivant des trajectoires rectilignes qui se rencontrent en son centre seulement, lesquelles sont des perpendiculaires à sa surface"[18].

Mais comme toutes ces perpendiculaires forment un cône de rayons dont le sommet est le centre de l'œil et la base la surface de l'objet vu, le commentateur peut, comme Ibn al-Haytham lui-même, penser au cône visuel du géomètre. Devant cette ressemblance, Ibn al-Haytham engage l'un des plus longs passages qu'il ait jamais écrit pour critiquer et attaquer la doctrine du rayon visuel dont il ne garde tout compte fait que le sens mathématique, la figure purement géométrique du cône, vidée de toute l'interprétation des Anciens qu'il remplace par la sienne propre.

Si donc il y eut synthèse, celle-ci ne fut point entre des doctrines de la vision, mais bien entre une figure géométrique neutre par rapport au contenu doctrinaire et une partie de la physique, c'est-à-dire l'anatomie galénique de l'œil. Mais l'on vient de voir que tout l'effort d'Ibn al-Haytham consista précisément à concilier les exigences de la nouvelle optique et les contraintes de l'ancienne anatomie dans le but de conserver l'œil-écran. Parmi les modèles géométriques possibles pour réaliser cette conciliation, on compte le cône géométrique. Disponible dans une optique qu'Ibn al-Haytham se proposait justement de réformer, il lui restait toutefois à attribuer à ce modèle sa propre interprétation intromissioniste.

Tout se passe finalement comme si le progrès réalisé par l'introduction de l'œil-écran, devenu obstacle à une théorie de la vision, avait amené Ibn al-Haytham à une concession formelle quand il choisit le modèle du cône géométrique. Mais la composition demeure entre la nouvelle optique et une partie de la physique : la biologie.

Si l'on revient au texte d'Ibn al-Haytham qui engage le plus à comprendre la composition comme une synthèse entre doctrine de la vision du mathématicien et doctrine de la vision du physicien, on s'aperçoit que ce texte de l'auteur, à la fois interprète de son œuvre et historien des doctrines de la vision, pose plus de problèmes qu'il n'en résout. Il écrit en effet :

"Cette notion que nous avons montrée, à savoir le comment de la vision, s'accorde avec l'opinion des plus éclairés parmi les physiciens et avec ce qu'on admet de l'opinion des mathématiciens. On a ainsi montré que ces deux catégories ont raison, et que les deux doctrines sont vraies, en accord mutuel et non contradictoires, encore que chacune ne s'accomplisse que par l'autre, que la sensation ne s'accomplisse point par l'une sans l'autre et que la vision ne vaille que par l'ensemble de ces deux notions"[19].

S'agit-il simplement d'intégrer les prédécesseurs par une récurrence historique rapide ? Le procédé est commun aux historiens de la science, et Ibn al-Haytham se montre ici, en partie au moins, historien. Il reste clair cependant qu'Ibn al-Haytham n'admet pas les deux doctrines telles qu'elles sont : il s'agit de "ce qu'on admet de l'opinion des mathématiciens", et non pas de l'opinion des mathématiciens. La nuance est d'importance et s'accorde d'ailleurs avec les critiques qu'Ibn al-Haytham adresse aux mathématiciens. Plus encore, ce même texte est cité dans le commentaire d'Ibn al-Haytham par le physicien du XIVe siècle Kamāl al-Dīn al-Fārisī, avec une variante importante qui confirme ce que nous venons de souligner. On trouve en effet "... que les deux doctrines sont vraies, non contradictoires si elles sont *rédigées*[20] comme nous l'avons évoqué encore que... "[21] Que la phrase soit d'Ibn al-Haytham ou rajoutée par al-Fārisī, la question ne peut être tranchée tant que n'a pas été trouvé et identifié le manuscrit du *Livre de l'Optique* utilisé par al-Fārisī. Il reste que, dans tous les manuscrits que nous possédons du *Livre de l'Optique* d'Ibn al-Haytham, aussi bien que dans celui qui a été lu par al-Fārisī, on peut affirmer que, si composition il y a eu, ce fut bien entre deux doctrines rectifiées. L'une des deux est celle des mathématiciens, dont la rectification a donné la *nouvelle optique* ; l'autre est celle des physiciens.

Or, l'interprétation que nous venons de donner peut être corroborée par un argument fort : il s'agit du développement interne du *Livre de l'Optique* d'Ibn al-Haytham. Dans le même ouvrage en effet, mais au Livre VII, il va amender ce qu'il venait d'établir au Livre I, pour s'éloigner relativement de l'œil-écran et du cône visuel : ce qui montre la portée et les limites de ses déclarations programmatiques.

En effet, comme on l'a vu, la première doctrine se constituait au prix d'abstraire une propriété essentielle de l'optique d'Ibn al-Haytham : la propagation de la lumière dans toutes les directions à partir de chaque point de l'objet vu. Mais pour que la doctrine de la vision pût tenir compte de cette propriété, il fallait réintroduire ce qu'Ibn al-Haytham avait commencé par éliminer : la réfraction.

C'est précisément ce qu'Ibn al-Haytham a fait. Un point quelconque de l'objet vu sera cette fois le sommet d'un cône de rayons dont la base est la portion de la cornée qui fait face à la pupille. Les rayons du cône se réfractent dans les milieux oculaires, sauf celui qui suit la normale. On a ainsi, selon Ibn al-Haytham, une image au point de rencontre des rayons réfractés avec la normale. Il en va de même pour les autres points de l'objet vu, et on aura finalement une image de l'objet. Deux propositions d'une importance réelle pour toute théorie de la vision se dégagent :

1) la correspondance biunivoque entre les points de l'objet et les points de l'image ;

2) la constitution d'une image étendue dans l'œil même.

Il est clair que l'œil a cessé d'être un corps-écran et devient beaucoup plus un appareil optique où les lumières pénètrent en se réfractant. Si le cône de rayons utilisé dans la première version de la doctrine persiste, il est déjà très loin de toute image traditionnelle, même purement formelle. En effet, si les perpendiculaires menées de tout point de l'objet au centre de l'œil - le cône de rayons - sont toujours le moyen de la vision, c'est dans la mesure où elles sont les supports des points de l'image. L'accent est mis désormais sur la réfraction, et Ibn al-Haytham l'a parfaitement saisi quand il écrit :

"Cette notion, à savoir que l'ensemble de ce que l'œil perçoit est perçu par réfraction, est *une notion qui n'a été trouvée par aucun Ancien et n'a attiré l'attention d'aucun Moderne*[22]. Elle est en fait la manière dont l'œil perçoit l'ensemble des visibles"[23].

V

Isomorphisme de structures, discipline intermédiaire dominée elle-même par les mathématiques ou considérée comme telle, application directe des mathématiques aux notions informes d'une doctrine sont trois types de rapports entre mathématiques et physique que l'on ne peut assimiler à une synthèse entre les doctrines du géomètre et du physicien. L'on ne peut parler en termes de synthèse que sur le terrain de la théorie de la vision et dans le sens que nous avons essayé de préciser : celui d'une conciliation entre la nouvelle optique et l'ancienne anatomie de l'œil, au moyen d'un modèle géométrique emprunté à la tradition, mais neutre par rapport à son ancienne interprétation optique.

Ainsi, bien qu'au premier abord le projet d'Ibn al-Haytham - composer mathématiques et physique pour l'étude des phénomènes lumineux et de la vision - paraisse homogène, il révèle, à une analyse plus précise, une variété de types de réalisations, quatre au moins. Prendre l'un de ces types pour les autres pourrait faire tort à l'optique d'Ibn al-Haytham.

Cette analyse pourrait permettre par ailleurs de différencier les sens de l'expérimentation - *i'tibār*. Si l'on s'accorde en effet à admettre qu'Ibn al-Haytham est le premier qui ait distingué la preuve expérimentale des autres preuves, le premier qui en ait systématisé l'usage, l'on sait aussi qu'il n'a jamais fourni aucune explication sur la nature et les limites de cette preuve.

L'analyse précédente nous permet de reconnaître ces différents sens de l'expérimentation selon le niveau auquel se place l'auteur. En optique géométrique, l'expérience se présente comme un montage plus ou moins complexe destiné à contrôler techniquement des assertions déjà contrôlées sur le plan linguistique, au moyen de la langue de la géométrie ; alors qu'en optique physique l'indétermination sémantique des notions fait que par *expérience* l'on entend rapporter au moyen de la géométrie des notions informes sur le plan d'une situation expérimentale. Dans les deux cas cependant et à la différence de l'observation astronomique, l'expérience n'est pas seulement un moyen de contrôle, mais fournit de plus un plan d'existence à des notions syntactiquement structurées. Ainsi contrairement à l'observation en astronomie, l'expérience est un moyen de réaliser - physiquement - un objet de pensée non réalisable auparavant. En optique, ni le rayon ni sa propagation ni sa diffusion, pour prendre les exemples les plus simples ne pouvaient être physiquement pensés avant leur réalisation expérimentale. Un examen plus précis peut montrer que cette réalisation n'a ni le même sens ni la même extension selon les niveaux d'analyse où se place successivement Ibn al-Haytham.

---

1 Sur ces "raisons", voir R. Rashed, "Le modèle de la sphère transparente et l'explication de l'arc-en-ciel : Ibn al-Haytham - al-Fārisī", in *Revue d'Histoire des Sciences*, 23 (1970), pp.109-140.

2 *Livre de l'Optique* (OP), 3^r-3^v. Les références renvoient au manuscrit n° 2448 de la Bibliothèque d'Aya Sofya (Istanbul). Nous l'avons confronté aux

manuscrits de la Bibliothèque d'al-Fātiḥ (Istanbul), n° 3212 - 3215 - 3216, et de la Bibliothèque d'Ahmet III (Istanbul), n° 3339 et 1899.

[3] *Traité de la Lumière de la Lune, Fī Ḍaw' al-Qamar*, Hayderabad, 1938-1939.

[4] OP, 7^{r}.

[5] OP, 33^{r}.

[6] OP, 349^{r}.

[7] OP, 113^{r}-113^{v}. Voir aussi les pages suivantes.

[8] OP, 355^{v}- 356^{r}.

[9] OP, 352^{v}.

[10] Voir "Optique géométrique et Doctrine Optique chez Ibn al-Haytham", in *Archive for History of Exact Sciences*, vol. 6, n° 4, 1970, pp. 271-298.

Si on examine de plus près les travaux d'Ibn al-Haytham, on constate que sa doctrine du mouvement s'inscrit dans une tradition déjà élaborée par les philosophes de la théologie rationnelle - les mu'tazilites -, et ensuite par les aristotéliciens arabes qui ont subi à cet égard l'influence de Jean Philopon. Il s'agit en particulier du contemporain d'Ibn al-Haytham, Avicenne. Il est hors de notre propos ici d'écrire cette histoire, aussi intéressante et importante puisse-t-elle être.

[11] OP, 354^{r}.

[12] OP, 623^{v}.

[13] OP, 623^{v}.

[14] OP, 623^{v}.

[15] OP, 75^{v}.

[16] *Discours de la Lumière*, p. 205. Voir R. Rashed "le Discours de la Lumière d'Ibn al-Haytham, traduction française critique", in *Revue d'Histoire des Sciences*, 21 (1968), pp. 197-224.

[17] OP, 50^{r}.

[18] OP, 58^{v}.

[19] OP, 63^{r}-63^{v}. Il n'y a aucune variante entre les deux manuscrits du *Livre de l'Optique*, pour ce texte. Voir aussi le manuscrit de Fātiḥ, Livre I, 105^{v}.

[20] Souligné par nous.

[21] Kamāl al-Dīn al-Fārisī, *Tanqīḥ al-manāẓir*, vol. 1, p. 124, Hayderabad, 1928-1930.

[22] Souligné par nous.

[23] OP, 661^{v}.

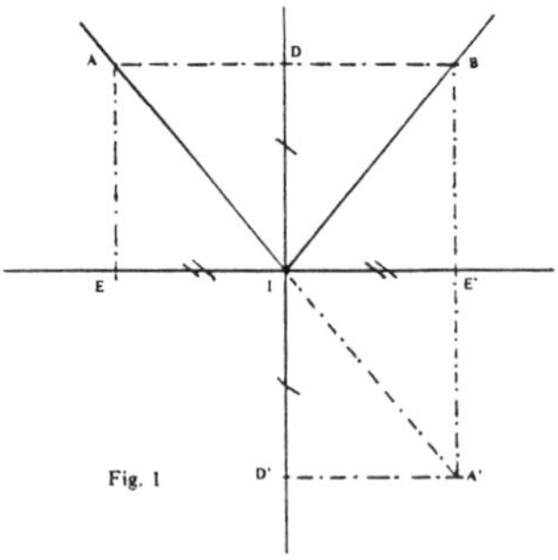

Fig. 1

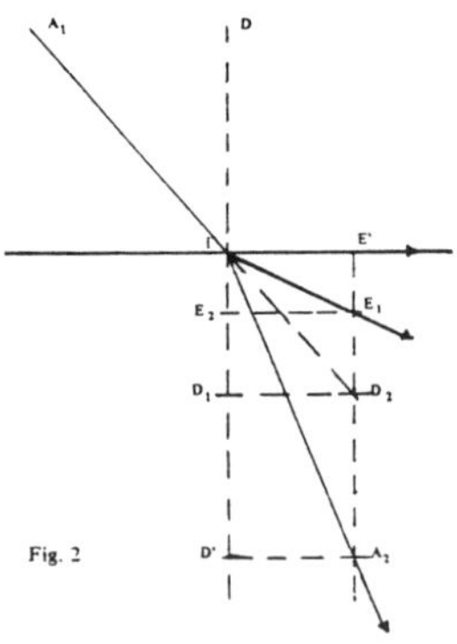

Fig. 2

V

Le « Discours de la Lumière » d'Ibn al-Haytham (Alhazen)

TRADUCTION FRANÇAISE CRITIQUE

INTRODUCTION

Le texte que nous avons traduit, annoté et que nous rééditons (1) est l'œuvre d'al-Ḥasan Abū ʿAlī ben al-Ḥasan ben al-Haytham connu sous le nom latin d'Alhazen. Si naguère certains purent penser, Montucla par exemple (2), qu'Alhazen n'était pas Ibn al-Haytham, l'identification fut reconnue par la suite grâce aux travaux de E. Wiedemann et prouvée définitivement par l'ouvrage fondamental de l'historien le plus récent d'al-Haytham : M. Naẓīf.

Né à Baṣra en 965, mort vers 1039 (3), al-Haytham vécut au

(1) Ce « Discours de la Lumière » — fī'l Ḍaw' — a déjà été édité deux fois ; la première, à Berlin avec une traduction allemande de J. Baarmann sous le titre *Ibn Al Haitams Abhandlung über das Licht*, Dissertation inaugurale présentée à Halle en 1882, à partir du seul manuscrit, parfois défectueux, de Berlin (*Zeitschrift der deutschen morgenländischen Ges.*, vol. 36, p. 195-237, 1882), l'autre, simple transcription du manuscrit de l'India Office, fut publié à Hayderabad en 1938-1939. Nous savons, d'autre part, par Ḥidjdjāb qu'il existe deux autres manuscrits de ce texte, l'un à Atif (nº 1714, suppl. 11) et l'autre à Fātiḥ (nº 3499, suppl. 6) outre un troisième en Inde. Nous n'avons pu consulter ces derniers pour des raisons indépendantes de notre volonté. Cependant la confrontation du manuscrit de Berlin et de celui de l'India Office nous a permis une mise au point satisfaisante du texte. Notre traduction française a donc été faite à partir de ces deux manuscrits, l'un de Berlin et l'autre de l'India Office :

a) Le manuscrit de Berlin, ex-Königlichen Bibliothek zu Berlin, Sprenger 1834 ; Ahlwardt, 5668, 20 pages, écriture moyenne, manuscrit en bon état ;

b) Le manuscrit de l'India Office Library, nº 734, belle écriture et très bon état.

(2) J.-F. Montucla, *Histoire des mathématiques*, seconde édition, t. I, Paris, an VII (1799), p. 385.

(3) Pour une biographie détaillée d'al-Haytham, nous renvoyons aux sources suivantes :

Ibn Abī Uṣaybiʿa, *ʿUyūn al-Anbā' fī Tabaḳāt al-Aṭibbā'*, éd. Müller, Königsberg, 1884, vol. II, p. 90-98.

Ibn al-Qifṭī, *Ta'rīḫ al-ḥukamā*, éd. J. Lipperet, Leipzig, 1903, p. 165-168.

Muṣṭafā Naẓīf, *Al-Ḥasan ben al-Haytham : Buhūthuku wa-Kushūfuhu'l baṣariyya*, 1er vol., Le Caire, 1942-1943, p. 10 sq (en arabe).

E. Wiedemann, Ibn al-Haitham, ein arabischen Gelehrter in *Festschrift, für J. Rosenthal*, Leipzig, 1906, p. 149-178.

Caire en ce siècle que, dans son étude historique et sociologique, A. Metz nomma : *die Renaissance des Islams.* La traduction des livres scientifiques anciens alors achevée pour les ouvrages essentiels, les savants de ce siècle — al-Bīrūnī, Ibn Yūnus, Avicenne... — abordaient déjà les différentes disciplines pour leur propre compte. Al-Haytham, lui, se tourna vers l'optique et les mathématiques (1) muni de sa connaissance des Anciens et d'intérêts nouveaux dont nous croyons avoir montré la portée et les limites à partir de son œuvre principale, le « Traité de l'Optique » (2) : l'on sait l'importance de ce traité, qui par suite des larges emprunts de Witelo et de **l'édition** de F. Risner, *Thesaurus Opticae Alhazeni* (3), a marqué le cheminement ultérieur de l'optique.

Le texte que nous présentons ici fut rédigé après le « Traité » et contient quelques-unes des conclusions de ce volumineux ouvrage de 1 400 pages. Un tel mémoire, bien entendu, ne pouvait contenir ni toutes les conclusions, ni les démonstrations de l'auteur. Ce qui s'y trouve toutefois permet de dégager l'allure de l'optique nouvelle. Par ailleurs, rédigé après le « Traité », le « Discours de la Lumière » insiste davantage sur certaines des notions qui y sont utilisées couramment. Nulle part ailleurs chez al-Haytham on ne trouve en

(1) La liste des travaux d'al-Haytham est longue. Ibn Abī Uṣaybiʿa cite près de 200 ouvrages et dissertations dont 58 en géométrie et en algèbre, dont il ne reste que 21, et 24 en optique et physique, dont il ne reste que 12. A titre indicatif nous renvoyons pour l'essentiel aux éditions suivantes :

M. Ḫidjdjāb, *Liste des ouvrages que l'on peut trouver d'al-Haytham et des lieux où ils se trouvent* (en arabe), Le Caire, *Proceed. Math. Physical Soc. Egypt.*, vol. I, n° 3, 1939.

Id., *Le trésor scientifique d'al-Haytham* ;

H. Suter, *Die Mathematiker und Astronomen der Araber und ihre Werke,* Leipzig, 1900, p. 91-95.

E. Wiedemann, *op. cit.*

Une bibliographie plus complète est donnée par G. Sarton, *Introduction to the History of Science,* t. I, Baltimore, 1927, p. 721-723. Voir aussi :

M. Naẓīf, *op. cit.*, pour les travaux optiques et surtout le « Livre de l'Optique » ;

M. Schramm, *Ibn al-Haythams Weg zur Physik,* Wiesbaden, 1963 (cf. *Chronologische Bemerkungen zu den schriften Ibn al-Haythams,* p. 274 sq.).

(2) Cf. notre étude en préparation : *L'optique de Ibn al-Haytham, problèmes de clivage entre histoire et préhistoire des sciences.* Voir aussi l'intéressant article de A. I. Sabra, The Authorship of the *Liber de crepusculis,* an eleventh century work on atmospheric refraction (*Isis,* vol. 58, 1967, p. 77-85).

(3) *Opticae Thesaurus.* Alhazeni Arabis *Libri septem, nunc primum editi. Eiusdem liber De crepusculis et nubium ascensionibus. Item* Vitellonis Thuringopoloni *Libri X. Omnes instaurati, figuris illustrati et aucti, adiectis etiam in Alhazenum commentariis,* a Federico Risnero (Basileae, 1572).

effet discussion plus fournie des différentes doctrines de la lumière : ainsi, pour ne citer qu'un exemple, la notion de milieu transparent mise en relief comme objet de recherche et décrite par rapport aux problèmes posés par la réfraction.

Au début du « Discours », al-Haytham rappelle une idée fondamentale qui fait partie des préliminaires de l'optique nouvelle et que l'on retrouve de manière plus ou moins explicite dans ses écrits sur « la Figure du Cosmos » et « la Lumière de la Lune » (1) : il faut, estime al-Haytham, composer mathématiques et physique — au sens des philosophes — pour l'étude de l'optique. S'il s'est efforcé dans le « Traité » d'appliquer systématiquement son idée — comme nous avons voulu le montrer dans notre étude citée — le « Discours » se propose, pour sa part, d'exposer les idées des philosophes et des géomètres sur la lumière. Il s'interdit bien, dans une certaine mesure, le choix entre l'une ou l'autre des deux définitions pour autant que seuls l'intéressent les traits communs aux phénomènes lumineux — mais retient toutefois la division traditionnellement admise par les philosophes de la lumière, en forme substantielle et forme accidentelle, devenue différence des milieux dans les limites de l'optique géométrique. Al-Haytham distingue désormais entre milieu transparent et milieu opaque dans la mesure où l'opacité du milieu, si petite soit-elle, ne laisse guère passer la lumière, mais la fixe, comme une forme se fixe sur un corps : si le milieu transparent fixe la lumière c'est pour autant que sa transparence n'est pas pure et qu'il contient une certaine opacité. Al-Haytham donne ensuite son principe de la propagation rectiligne de la lumière — nommé dans l' « Optique » « propagation sphérique dans toutes les directions » : la lumière se propage de tout point d'un corps suivant toute droite qui peut être menée de ce point, c'est une particularité de la lumière — fût-elle substantielle ou accidentelle — et nullement du milieu. Le « rayon » est pour al-Haytham le faisceau lumineux ou l'ensemble des droites issues du même point-source suivant lesquelles la lumière se propage : or, malgré cette définition bien précise, il évite le terme de « rayon » là où il risquerait d'être confondu avec le rayon visuel des géomètres. Ainsi, dans le « Livre de l'Optique », là où la confusion pourrait intervenir dans le cas de la lumière accidentelle servant à la vision des choses qui nous entourent, celle des objets éclairés

(1) Cf. pour le traité « De la Lumière de la Lune », l'édition de Hayderabad (1938-1939).

colorés, al-Haytham préfère remplacer « rayon » par « forme » pour revenir au premier terme là où le risque de confusion est absent et où il s'agit de la seule lumière substantielle : (cf. son étude sur « Le miroir caustique par les rayons du Soleil »).

C'est à cette partie du « Discours » précisément qu'il rappelle l'opinion des géomètres ou doctrine du « rayon visuel » à laquelle il n'a guère ménagé ses critiques dans le « Livre de l'Optique ». Mais c'est aux géomètres qu'il attribue au début de son investigation la définition de la lumière comme « chaleur de feu ». Or, quand al-Haytham en optique se réfère aux géomètres, il entend essentiellement Euclide et Ptolémée. Un problème apparaît alors : veut-il dire qu'Euclide et Ptolémée parlant de « rayon visuel » — avec des différences qu'il n'ignore pas — définissent en fait la lumière comme une chaleur de feu ? Les textes conservés ne permettent pas de l'affirmer d'une manière certaine et l'hypothèse selon laquelle la théorie du cône visuel ne serait primitivement que la traduction géométrique de la synaugie de Platon reste d'après A. Lejeune (1) invérifiée. Il est vrai que dans une optique qui demeure, quoi qu'on en dise, essentiellement une géométrie, l'on se soucie peu de la nature de la lumière. Quant à l' « opinion des mathématiciens » mentionnée par al-Haytham, il semble que, concernant la nature de la lumière, il s'agisse plutôt d'Empédocle et de Platon que de mathématiciens à proprement parler (cf. pour Empédocle, 31 B 485 et pour Platon, le *Timée*, 45 B, 58 C). Al-Haytham, cette fois historien des idées, admit-il que le « rayon visuel » eut pour origine la synaugie de Platon ? La question reste posée.

Toutefois les opinions d'Empédocle et de Platon étaient connues, et pas seulement à travers les critiques d'Aristote et d'Alexandre d'Aphrodise. Le *Timée* fut traduit aussi bien — semble-t-il — que le *Commentaire* de Proclus où ce dernier proclame notamment que la lumière « n'est pas même chose que la flamme, ni la flamme que la braise mais il se fait depuis le haut jusqu'à la terre, une dégradation de feu, lequel procède du plus immatériel, plus pur et plus incorporel jusqu'aux corps les plus immergés dans la matière et les plus épais ». La lumière « est un feu qui passe à travers toutes choses » (I, II B 521).

Al-Haytham revient ensuite à la transparence pour distinguer

(1) A. Lejeune, *Euclide et Ptolémée : deux stades de l'optique géométrique grecque*, Louvain, 1948, p. 63.

entre transparence pure sans aucune opacité et transparence comportant une certaine opacité comme tous les corps transparents sublunaires ; cependant, ces derniers fixent la lumière puis émettent une lumière seconde ou accidentelle. Si donc la transparence est en raison inverse de l'opacité, le problème est de savoir s'il y a une limite à la transparence. Al-Haytham conclut à cet égard que si dans la représentation la transparence n'a aucune limite, que pour tout milieu transparent on peut en représenter un autre qui

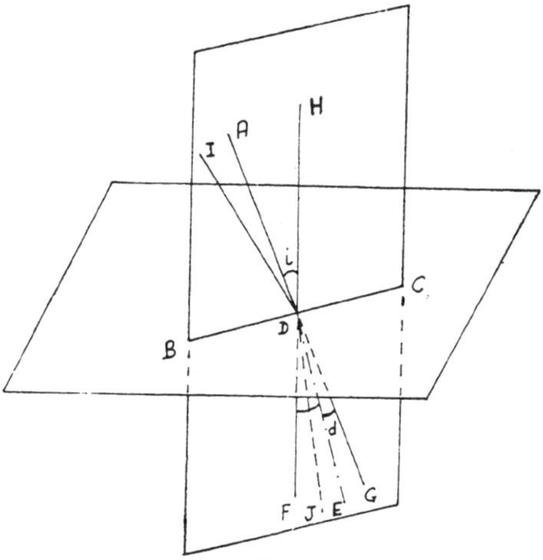

Fig. 1

le soit plus et ainsi à l'infini — tel est l'avis du géomètre — dans les corps physiques, elle a une limite et cette limite existe : la transparence des corps célestes. C'est pour démontrer ce résultat qu'il rappelle quelques-unes de ses conclusions sur la réfraction — au livre 7 de l' « Optique ». Vue leur importance, nous allons citer celles-ci d'après ce même livre (1).

Comme nous l'avons vu par ailleurs, al-Haytham démontre que le rayon incident, la normale au point de réfraction et le rayon réfracté sont dans un même plan. Il ajoute à ceci certaines règles de la réfraction sur lesquelles on peut trouver des indications à la fin du « Discours ». Avant de résumer ces règles établies et vérifiées expérimentalement, rappelons que par angle de réfraction al-Haytham entend l'angle GDE (cf. fig. 1), angle de déviation égal à la

(1) Voir l' « Optique », p. 630 v. sq.

différence des angles d'incidence et de réfraction au sens actuel. C'est seulement une fois, comme on va le voir, qu'il utilise l'angle EDF $= r$. On retrouvera cet usage pendant longtemps : Kepler, par exemple, y est encore fidèle. Désignons donc par D cet angle $= i - r$: angle de déviation, i étant l'angle d'incidence et r l'angle de réfraction suivant l'usage actuel. Al-Haytham énonce dans l'ordre.

— les angles de réfraction varient en raison directe des angles d'incidence ; si donc dans le milieu n_1 on prend $i' > i$ on aura $D' > D$;
— si l'angle d'incidence croît d'une certaine quantité, l'angle de réfraction croît d'une quantité plus petite, autrement dit si $i' > i$, $D' > D$, on aura $D' - D < i' - i$.

Cette règle cependant ne peut pas être considérée comme valable d'une façon générale ainsi que l'a cru al-Haytham. Si elle est valable en général dans le cas du passage de la lumière d'un premier milieu réfringent à un second milieu plus réfringent, il n'en est pas de même dans le cas inverse.

En effet

$$\sin i = n \sin r \Rightarrow \frac{dr}{di} = \frac{\cos i}{n \cos r} \qquad [1]$$

D est pour al-Haytham une différence (positive) entre i et r. Il y a donc deux cas à considérer :

1° *Cas où $n > 1$.* — $D = i - r$:

$$\frac{dD}{di} = 1 - \frac{dr}{di} = 1 - \frac{\cos i}{n \cos r} \left(0 \leqslant i \leqslant \frac{\pi}{2}\right)$$

$$\sin i = n \sin r \Rightarrow \sin i > \sin r \Rightarrow \cos i \leqslant \cos r$$

$$\Rightarrow \frac{\cos i}{n \cos r} \leqslant 1$$

d'autre part

$$0 \leqslant i \leqslant \frac{\pi}{2} \Rightarrow \frac{\cos i}{n \cos r} \geqslant 0$$

donc

$$0 \leqslant \frac{\cos i}{n \cos r} \leqslant 1$$

d'où

(1)
(2)

$$0 \leqslant \frac{dD}{di} \leqslant 1 \qquad [2]$$

(1) D est une fonction croissante de i.
(2) D varie moins vite que i (car $dD \leqslant di$ d'après [2].

2° *Cas où* $n < 1$. — Il est clair que D $(= r - i)$ est dans ce cas aussi une fonction croissante de i, mais D peut dans ce cas varier plus vite que i (*i. e.* $\frac{dD}{di}$ peut être plus grand que 1). En effet

$$D = r - i \Rightarrow \frac{dD}{di} = \frac{\cos i}{n \cos r} - 1 \qquad [1']$$

comme $n < 1$ on a $\sin i \leqslant \sin r \Rightarrow \cos i \geqslant \cos r \Rightarrow \frac{\cos i}{n \cos r} - 1 > 0$

Donc D est croissant d'après [1'].

Mais $\frac{dD}{di}$ peut être > 1 ; en effet ceci est vérifié pour *

$$\frac{\cos i}{n \cos r} > 2 \text{ ; et en posant } \sin i = x \qquad [2']$$

[2'] sera

$$\sqrt{\frac{1 - x^2}{n^2 - x^2}} > 2 \Leftrightarrow \frac{1 - x^2}{n^2 - x^2} > 4 \Leftrightarrow x^2 > \frac{4n^2 - 1}{3}$$

relation qui est vérifiée quel que soit x (*i. e.* $\forall\, i$) pour $n \leqslant \frac{1}{2}$.

Si, dans le cas de la réfraction d'un milieu plus réfringent vers un milieu moins réfringent, la règle n'est pas généralement valable, il ne faudrait pas oublier qu'elle l'est toutefois dans les limites des expériences qu'al-Haytham a pu faire et surtout quant aux moyens dont il disposa pour ces expériences.

En effet, si on prend un exemple courant chez lui : la réfraction d'un rayon issu de l'eau et pénétrant dans l'air $\left(n = \frac{3}{4}\right)$, on a :

$$x^2 < \frac{4\,n^2 - 1}{3} = \frac{5}{2}; \quad x < \sqrt{\frac{5}{12}} \simeq 0{,}648.$$

Théoriquement, i ne pouvant varier qu'entre 0 et sa valeur limite λ

$$(\sin \lambda = \frac{3}{4} = n = 0{,}75),$$

on voit que al-Haytham est en défaut seulement pour les angles tels que $0{,}64 < \sin i < 0{,}75$, c'est-à-dire pour des angles voisins de l'angle limite, ce qui manifestement dépasse ses moyens expérimentaux. Al-Haytham énonce (1)

---

(1) $$\frac{D'}{i'} > \frac{D}{i} \text{ pour } i' > i \qquad [1]$$

1) *Cas* $n \geqslant 1$. — Soit $\frac{D}{i} = \varphi(i)$ la relation [1] est vérifiée si la fonction $\varphi(i)$ est croissante

$$\Leftrightarrow \frac{d\varphi}{di} \geqslant 0 \text{ pour } \left(0 \leqslant i \leqslant \frac{\pi}{2}\right)$$

$$\frac{d\varphi}{di} = \frac{i\frac{d(D)}{di} - D}{i^2}$$

(Voir suite de la note, p. 204.)

ensuite que le rapport $\frac{D}{i}$ n'est pas constant pour $i' > i$, $D' > D$; on a $\frac{D'}{i'} > \frac{D}{i}$.

Il s'intéresse ici directement à l'angle de réfraction au sens actuel pour énoncer que ce même angle croît en raison de l'angle d'incidence ; si donc $i' > i$, on aura $r' > r$.

Si la lumière pénètre à partir d'un milieu moins réfringent dans un milieu plus réfringent, on a $D < \frac{1}{2}\,i$; dans le passage inverse, on a $D < \frac{i+D}{2}$, on a $2\,i > r$. Cette règle cependant n'est pas aussi générale qu'Alhazen le croit :

En effet :

$$D < \frac{i}{2} \Leftrightarrow \frac{i}{2} < r \Leftrightarrow \sin\frac{i}{2} < \sin r \begin{pmatrix} 0 \leqslant i \leqslant \frac{\pi}{2} \\ 0 \leqslant r \leqslant \frac{\pi}{2} \end{pmatrix}$$

$$\Leftrightarrow n \leqslant 2\cos\frac{i}{2} \text{ (d'après [1])}$$

$$\Leftrightarrow n \leqslant \sqrt{2}$$

Pour $n \geqslant 2$ la règle n'est pas vérifiée. Mais dans le cas où $\sqrt{2} \leqslant n \leqslant 2$, elle est vérifiée pour certaines valeurs de i qu'on calculera. Dans les limites de ses expériences (i ne pouvant pas se rapprocher indéfiniment de $\frac{\pi}{2}$ et la règle sera vérifiée pour n allant jusqu'à 1,5), elle l'est dans le cas de l'air, l'eau ou le verre par exemple.

— Lorsque la lumière pénètre à partir d'un milieu n_1 selon le même angle d'incidence dans deux milieux différents n_2 et n_3 alors l'angle de réfraction est différent pour chacun de ces milieux en raison de son opacité ou de sa transparence. Si donc n_3 est plus opaque que n_2 l'angle de réfraction sera plus grand en n_3 qu'en n_2. Inversement si n_1 est plus opaque que n_2 et n_2 que n_3 l'angle de réfraction sera plus grand en n_3 qu'en n_2.

(Suite de la note.)

$$\frac{d(\varphi)}{di} \geqslant 0 \qquad \text{si } i\,\frac{d(D)}{di} - D \geqslant 0 \qquad [2]$$

$$\frac{d(D)}{di} = 1 - \frac{\cos i}{n \cos r}$$

$$[2] \text{ sera } r - \frac{i \cos i}{n \cos r} \geqslant 0 \Leftrightarrow \frac{r}{i} \geqslant \frac{\cos i}{n \cos r} \quad \text{avec } n = \frac{\sin i}{\sin r}$$

$$\Rightarrow \frac{r}{i} \geqslant \frac{\cos i \sin r}{\cos r \sin i} \quad \text{ou} \quad \frac{\operatorname{tg} i}{\operatorname{tg} r} \geqslant \frac{i}{r}$$

comme $i \geqslant r$ la relation [1] est donc toujours vérifiée.

2) *Cas* $n < 1$, $r > i$. — Toutes les relations sont symétriques en i et r, la condition sera $\frac{\operatorname{tg} r}{\operatorname{tg} i} \geqslant \frac{r}{i}$ puisque $r \geqslant i$.

La relation sera donc vérifiée.

— Finalement al-Haytham formulera le principe du retour inverse, comme on le verra au terme du « Discours ». Soit i l'angle d'incidence de la lumière se propageant à partir du milieu moins réfringent n_1 dans le milieu plus réfringent n_2, et D l'angle de réfraction — toujours de déviation — si la lumière se propage ensuite à partir du milieu n_2 vers le milieu n_1 en suivant le rayon précédemment réfracté, elle se réfractera dans le milieu n_1 suivant un angle égal à i.

Telles sont les règles de la réfraction dont le « Discours » explicite certaines. Sans vouloir insister sur leur importance, nous rappellerons que, dans les limites des conditions expérimentales que fixe al-Haytham, air, eau, verre, avec des angles choisis de telle façon que le plus grand est de 80° — à quelques exceptions près, elles semblent vérifiables.

DISCOURS DE LA LUMIÈRE

TRADUCTION FRANÇAISE INTÉGRALE (1)

[*Nécessité de composer mathématiques et physique pour l'étude de la lumière*]

Traiter de l'essence de la lumière appartient aux sciences physiques mais traiter du mode de sa propagation nécessite un recours aux sciences mathématiques en raison des lignes suivant lesquelles les lumières se propagent. De même, l'étude de l'essence du rayon fait partie des sciences physiques tandis que celle de sa forme et de sa figure renvoie aux sciences mathématiques. De la même manière pour les corps transparents où la lumière pénètre, traiter de l'essence de leur transparence revient aux sciences physiques alors que l'étude du mode dont la lumière se propage en eux appartient aux sciences mathématiques. Ainsi l'étude de la lumière, du rayon et de la transparence doit nécessairement se composer des sciences physiques et des sciences mathématiques.

(1) Les sous-titres (en italique et entre crochets), ont été ajoutés par nous-mêmes, afin de faciliter la compréhension du texte.

Deux pages du manuscrit de l'India Office

Une page du manuscrit de Berlin

[*Opinion des philosophes et des géomètres sur la lumière*]

Ceci étant admis, nous pouvons énoncer concernant ces notions une proposition universelle, à savoir que toute notion se trouvant dans un corps physique parmi ces notions qui en constituent l'essence, est appelée forme substantielle — car la substance de tout corps n'est constituée que de l'ensemble de toutes les notions qui s'y trouvent et n'en sont guères séparables tant que sa substance ne change pas. C'est ainsi que la lumière de tout corps lumineux par lui-même est de ces notions qui constituent son essence : la lumière de tout corps lumineux par lui-même en est donc une forme substantielle et la lumière accidentelle qui apparaît sur les corps opaques éclairés par d'autres est une forme accidentelle ; telle est l'opinion des philosophes.

Mais les géomètres pour leur part considèrent que la lumière émise par un corps lumineux par lui-même — forme substantielle dans ce corps — est une chaleur de feu contenue en lui ; ils ont constaté, en effet, que si la lumière du Soleil est reflétée par un miroir concave et qu'elle se concentre en un seul point, tout corps combustible se trouvant en ce point prendra feu. Ils se sont aperçus de même que la lumière du soleil apparaissant dans l'air le chauffe comme elle chaufferait sensiblement tout corps opaque qu'elle éclairerait et sur lequel elle se serait fixée pour un temps. Ces conditions les ont amenés à conclure que la lumière solaire est une chaleur de feu.

Ils virent ensuite que toutes les lumières appartiennent au même genre, que leur ensemble est une chaleur de feu et qu'elles se différencient en plus fortes et plus faibles : les unes brillent parce qu'elles sont fortes, les autres ne brûlent pas à cause de leur faiblesse, il en est ainsi pour la chaleur du feu où le feu chauffe l'air ambiant qui est d'autant plus chaud qu'il est plus proche du foyer : un corps combustible ne brûlera pas s'il est placé à une certaine distance du feu, mais s'il en est rapproché et placé dans l'air contigu au foyer, il brûlera. La seule différence entre l'air contigu au foyer et celui qui en est éloigné mais a été chauffé par sa chaleur est que le premier a une chaleur plus forte : chacun des deux a donc une chaleur de feu mais l'un brûle parce que sa chaleur est forte, l'autre ne brûle pas car la sienne est faible. C'est ainsi que les lumières sont des chaleurs de feu dont les plus fortes brûlent et les plus faibles ne brûlent pas. Pour les géomètres toute lumière est une chaleur de feu et apparaît dans le corps lumineux comme apparaît le feu dans le corps qui le porte.

[*Réception et transmission de la lumière dans les différents corps physiques*]

Il y a deux espèces de corps lumineux en eux-mêmes que nos sens perçoivent : les astres et le feu. Ces corps éclairent de leur lumière tous ceux qui les entourent — ceci est perçu par les sens. Or, nous avons montré dans le premier chapitre de notre « Livre de l'Optique » (1) que toute lumière de tout corps lumineux — essentielle ou accidentelle — éclaire tout corps qui lui fait face, caractère que nous avons dans cette partie expliqué d'une manière exhaustive. Cependant, l'induction le confirme : il n'est pas, en effet, de corps lumineux dont la lumière n'apparaisse sur tout corps opaque qui lui est opposé, si entre eux aucun écran ne s'interpose, si la distance qui les sépare n'est pas excessive, si la lumière du corps lumineux n'est pas extrêmement faible. Mais tous les corps physiques, transparents ou opaques, ont une puissance transmettrice de lumière et reçoivent par conséquent la lumière des corps lumineux. Les corps transparents ont, en outre, une puissance transmettrice de lumière qui est la transparence. Les corps dits transparents sont ceux à travers lesquels la lumière pénètre et dont l'œil perçoit ce qui se trouve derrière eux.

Ces corps se divisent en deux parties car la lumière y pénètre de deux manières différentes : le corps transparent peut en effet être traversé par la lumière entièrement ou partiellement. Ainsi la lumière pénètre entièrement dans l'air, l'eau, le verre et leurs analogues. Mais elle traverse les tissus légers et leurs analogues seulement en certaines de leurs parties : dans un tissu fin, la lumière ne peut passer qu'à travers les pores qui séparent les fils, ces fils étant eux-mêmes corps opaques qui arrêtent la lumière, et parce que le

(1) *L'Optique* premier chapitre : « Sur la vision en général », voir p. 9 r. et 17 r., et Al-Fārisī, Ier livre, chap. 3 : *Opticae*.

Ce chapitre est très résumé dans l'édition de Risner (cf. *Opticae*, liv. Ier, § 14, p. 7).

« Jam declaratum est superius (chap. 1er) quod ex corpore quolibet illuminato cum quolibet lumine exit lux ad quamlibet partem oppositam ei. Cum ergo visus opponitur alicui rei visae, et fuerit res illa illuminata cum quolibet lumine, ex lumine rei visae veniet lumen ad superficiem visus. »

tissu fin est fait de fils d'une extrême ténuité, l'œil ne distingue pas la lumière issue des pores de celle qui est arrêtée par les fils. L'œil perçoit ce qui est derrière le tissu fin grâce aux rayons qui peuvent passer, mais malgré cela, il ne saurait distinguer ces rayons de ceux que les fils arrêtent à cause de l'étroitesse des pores et de la ténuité des fils, l'œil ne pouvant percevoir l'extrêmement fin. La transparence qui est dans l'air, l'eau, le verre et leurs analogues n'est donc pas la même que celle qui est dans les tissus légers. Mais le corps transparent étant en vérité celui où la lumière pénètre entièrement — air, eau, verre et ainsi de suite — les tissus fins n'ont été appelés transparents que pour leur ressemblance avec ceux-là quant à la pénétration de la lumière.

Et s'il faut distinguer parmi les corps transparents, nous dirons que ceux-là où la lumière pénètre entièrement ont une puissance réceptrice de lumière semblable à celle qui est dans les corps opaques — et ceci peut être prouvé pour l'une et l'autre espèce, à savoir les corps opaques et ceux où la lumière pénètre entièrement. L'on peut, en effet, démontrer qu'en tout corps opaque il y a une puissance réceptrice de lumière car si un corps opaque est opposé à un corps lumineux, si aucun écran ne s'interpose entre eux, si la lumière du corps lumineux n'est pas trop faible et si ce corps est fixé devant le corps opaque pour un temps sensible, tout observateur du corps opaque percevra — pour un temps sensible — la lumière sur sa surface si toutefois il n'est pas trop éloigné de la vue ou du corps lumineux. La perception de la lumière sur la surface d'un corps opaque pour un temps sensible, prouve manifestement que la lumière s'y est fixée ; or, aucune forme ne se fixe en aucun corps s'il ne s'y trouve une puissance réceptrice de la forme car pour un corps recevoir une forme n'est autre que la fixation de cette forme dans ce corps ; ainsi l'apparition de la lumière sur la surface des corps opaques est une preuve évidente qu'il y a en eux une force réceptrice de lumière.

Pour les corps transparents la chose est encore plus manifeste : placés entre le corps lumineux et le corps opaque, la lumière pénètre en eux et apparaît sur les corps opaques se trouvant derrière eux. La lumière se fixe sur le corps opaque placé derrière le corps transparent aussi longtemps que le corps lumineux est fixe à l'opposé du corps opaque. Et si la lumière qui apparaît sur le corps opaque est émise par le corps lumineux et qu'elle se propage à travers le corps transparent jusqu'au corps opaque, tant que la lumière est fixe sur le corps opaque, elle l'est dans le corps transparent.

On peut prouver que la lumière après avoir pénétré dans un corps transparent s'y fixe : en effet, si un corps opaque coupe un corps transparent quel que soit l'endroit de leur intersection, la lumière apparaîtra sur le corps opaque. Cette propriété se révèle là où le corps transparent est l'air ou l'eau.

L'apparition de la lumière sur un corps opaque coupant un corps transparent en quelque endroit que ce soit est une preuve manifeste de la fixité de la lumière dans le corps transparent, et s'il en est ainsi, c'est qu'il y a en lui comme on l'a vu une puissance réceptrice de lumière. Ce que nous en avons dit montre donc qu'il y a en tout corps physique — transparent ou opaque — une puissance réceptrice de lumière.

Mais le corps transparent a, en outre, une puissance transmettrice de lumière qui n'est pas dans le corps opaque : ceci est évident car la lumière pénètre dans tout corps transparent alors qu'elle ne traverse aucun corps opaque. Il y a par conséquent dans le corps transparent une propriété qui n'est pas dans le corps opaque. Ainsi, la lumière pénétrant en tout corps transparent et en rien des corps opaques — le corps opaque n'ayant en lui rien de la transparence — la transparence est ce par quoi la lumière est transmise. La transparence étant donc une des notions qui constituent l'essence du corps transparent, elle est dans ce corps une forme substantielle.

Il apparaît ainsi que tout corps physique (1) a une puissance réceptrice de lumière et que les corps transparents ont, en outre, une forme transmettrice de lumière. Ceci révèle que la transparence est une forme substantielle qui constitue l'essence du corps transparent. Mais les corps transparents sont différents à la fois quant à leur transparence et quant à leur mode de réception et de transmission de la lumière — ce que nous montrerons plus loin quand nous aurons suffisamment parlé de la lumière.

[*Principe de la propagation rectiligne*]

Mais si l'on a vu que tout corps lumineux éclaire tout corps opposé et l'ensemble des corps voisins, il nous reste à montrer comment les lumières éclairent les corps opposés et traversent les

(1) Le manuscrit de Berlin comporte une faute de transcription : au lieu de « al-adjsām al-ṭabī' iyya », on a al-adjsām al-laṭīfa » que Baarmann traduit par « fein », p. 12, dont l'ambiguïté est manifeste.

corps transparents voisins. Rappelons d'abord que la lumière émise par tout corps lumineux, traverse tout corps transparent voisin et apparaît sur tout corps opaque opposé. Notion évidente et qui ne requiert aucune démonstration ; ainsi la lumière du Soleil, de la Lune, des Astres, traverse le ciel qui est un corps transparent, l'air transparent lui aussi, et apparaît sur la surface de la Terre et sur les corps terrestres — elle traverse l'eau pure, et si celle-ci est contenue dans un récipient transparent, la lumière apparaîtra sur tout corps opaque derrière le récipient. Il en est de même pour les pierres transparentes : le verre, le cristal ou leurs analogues sont traversés par la lumière de telle sorte qu'elle apparaît sur tout corps opaque placé derrière eux. Ces considérations montrent que de toute évidence la lumière pénètre dans les corps transparents.

Quant au mode de propagation de la lumière dans les corps transparents, la lumière se propage en eux suivant des trajectoires rectilignes — et seulement suivant celles-ci — et elle se propage de tout point du corps lumineux suivant toute ligne droite pouvant être menée de ce point au corps transparent voisin du corps lumineux ; notion que nous avons montrée suffisamment dans notre « Livre de l'Optique » (1) mais dont nous rappelons ici un aspect pour étayer ce que nous voulons prouver.

Ainsi la propagation de la lumière suivant des trajectoires rectilignes est évidente pour les lumières pénétrant à travers des ouvertures dans des chambres obscures. La lumière du Soleil, de la Lune ou du feu, pénétrant dans une chambre obscure à travers une ouverture d'une certaine grandeur — si dans cette chambre il y a de la poussière ou que l'on en soulève — apparaîtra manifestement sur la poussière mêlée à l'air et se montrera sur la surface du plancher ou sur le mur opposé à l'ouverture : de l'ouverture au plancher ou au mur, la lumière suit des trajectoires rectilignes. Si maintenant on compare cette lumière visible à une barre rectiligne, on s'apercevra qu'elle se propage suivant la rectitude de la barre. Si la chambre ne contient pas de poussière, la lumière apparaîtra sur le plancher ou sur le mur opposé à l'ouverture. Plaçons alors une barre rectiligne entre la lumière apparente et l'ouverture ou maintenons entre elles un fil fortement tendu : si on interpose un corps opaque entre la lumière et l'ouverture, la lumière quittera sa

(1) Voir *Opticae Thesaurus Alhazeni*, liv. Ier, § 17, et dans une certaine mesure § 19 : la vision n'est pas produite par des rayons émis par l'organe de la vision, etc.

première position pour apparaître sur le corps et si on déplace celui-ci sur la distance qui s'étend suivant la rectitude de la barre, on retrouvera toujours la lumière sur le corps opaque. On s'aperçoit ainsi que la lumière se propage de l'ouverture jusqu'au lieu où elle apparaît suivant des trajectoires rectilignes ; nous avons montré dans notre « Livre de l'Optique » comment il faut considérer la propagation de la lumière pour chaque espèce de corps transparent et ce que nous en disons ici est suffisant.

La propagation de la lumière dans les corps transparents est une particularité physique de toutes les lumières. Mais certains peuvent prétendre que la propagation de la lumière dans les corps transparents suivant des trajectoires rectilignes est une particularité des corps transparents puisque ceux-ci ne transmettent la lumière que suivant des trajectoires rectilignes : cette notion ne résiste ni à l'examen ni à l'expérimentation et le premier énoncé est le seul vrai. Si la propagation de la lumière dans le corps transparent était une particularité de ce corps, elle ne se ferait que suivant des trajectoires particulières, ce qui n'est pas. Les lumières, par contre, se propagent dans les corps transparents suivant des trajectoires qui s'entrecoupent, sont parallèles, se rencontrent ou ne se rencontrent pas, en même temps et à partir de la lumière d'un même corps. En effet, tout point d'un corps lumineux émet une lumière qui se propage suivant toute ligne droite pouvant être menée de ce point et ainsi les lumières émises de deux points séparés d'un corps lumineux s'entrecoupent, ce qui signifie que les lignes menées d'un point dans toutes les directions coupent les lignes menées dans toutes les directions d'un autre point. Si plusieurs corps lumineux sont présents en même temps, les lumières se propageront de chacun d'entre eux et leurs lignes de propagation auront ainsi des directions très variées. Par conséquent, la propagation des lumières se fera dans des directions opposées si les corps lumineux sont dans des directions opposées par rapport au corps transparent. On ne peut donc parler de particularité (de la propagation de la lumière au corps transparent) et il n'y a pas dans le corps transparent de trajectoires particulières pour transmettre la lumière. Cependant, les mouvements physiques ne se font guère dans des directions opposées car si la forme transmettrice de lumière qui est dans le corps transparent transmettait la lumière suivant des trajectoires rectilignes en raison d'une particularité qui lui serait propre, il ne lui serait guère possible de transmettre la lumière suivant des trajectoires identiques dans deux directions opposées. Si les lumières se propagent dans un même corps transparent suivant les mêmes trajectoires identiques dans deux directions opposées, la propagation de la lumière dans les corps transparents suivant des trajectoires rectilignes n'est pas une particularité propre aux corps transparents. Et si la lumière ne se propage qu'à travers les corps transparents, et ne se propage dans ceux-ci que suivant des trajectoires rectilignes, et que la propagation suivant des lignes droites n'est pas une particularité propre aux corps transparents, la propagation de la lumière suivant des trajectoires rectilignes est donc en raison d'une particularité propre à la lumière ; c'est par conséquent le propre de la lumière de ne se propager que suivant des trajectoires rectilignes et c'est le propre de la transparence de ne point s'opposer au passage de la lumière à travers les corps transparents.

[*Définition du « rayon » et opinion des géomètres*]

La lumière qui se propage dans les corps transparents suivant des trajectoires rectilignes est appelée rayon : le rayon est donc la lumière qui se propage dans le corps transparent depuis le corps lumineux suivant des trajectoires rectilignes. Les lignes droites suivant lesquelles la lumière se propage sont des lignes virtuelles et non réelles. Les lignes virtuelles et la lumière qui se propage suivant ces lignes forment ensemble ce que l'on appelle rayon : le rayon est donc une forme substantielle qui se propage suivant des lignes droites. Mais les géomètres appellent rayon les rayons visuels par analogie avec les rayons solaires et les rayons du feu : en effet, les plus anciens d'entre eux considéraient que la vision est au moyen d'un rayon qui sort de l'œil pour aboutir à l'objet vu (1), le rayon produisant ainsi la vision (2). Ce rayon est une puissance lumineuse qui appartient au même genre que la lumière, elle est la puissance

(1) Une faute de transcription dans le manuscrit de Berlin donne le contresens suivant : « Le rayon sort de l'œil pour aboutir à l'œil (baṣar, *visus*). » Baarmann force la traduction et déclare : « ... das Sehen geschehe vermöge eines Strahles der von dem Auge ausgehen und zu dem Auge zurückgelange... », p. 19. Le manuscrit de l'India Office corrige cette faute et au lieu de « baṣar », on a « mubṣar » *(res visa)*. C'est dans ces termes mêmes qu'Ibn al-Haytham rapporte la doctrine des géomètres dans son *Optique*.

(2) Voir l'*Optique* : *Opticae*, liv. I, § 23 : « L'opinion de ceux qui affirment que ces droites sont virtuelles est vraie : celle de ceux qui pensent que quelque chose sort de l'œil est fausse. » Voir dans l'*Optique*, p. 2 v. sq. et surtout 60 v. sq., la critique de l'opinion des géomètres. Voir *Al-Fārisī*, , p. 121 sq. et l'*Optique*, liv. L, § 23.

de vision et se propage depuis l'œil suivant des trajectoires rectilignes dont l'origine est au centre de l'œil. Si la puissance lumineuse aboutit à l'objet vu, il sera perçu (1). Cette puissance lumineuse qui se propage suivant des lignes droites issues du centre de l'œil forme avec ces droites ce que les géomètres appellent rayon visuel (2).

Quant à ceux qui considèrent que la vision est produite par le renvoi d'une forme de l'objet vu à l'œil, ils estiment que le rayon est la lumière qui se propage depuis l'objet vu suivant des trajectoires rectilignes se rencontrant au centre de l'œil. Les partisans de cette opinion pensent, en effet, que la lumière se propage à partir de tout point lumineux suivant toute ligne droite pouvant être menée de ce point. Si l'œil rencontre donc un quelconque objet et qu'il y ait en cet objet une lumière — substantielle ou accidentelle — de tout point de la lumière, une lumière se propagera suivant toute ligne pouvant être menée de ce point à la surface de l'œil ; de l'objet vu il sort ainsi une lumière qui va jusqu'à la surface de l'œil en suivant une infinité de lignes droites et dans une infinité de positions variées (3). Les lignes droites virtuelles qui sont menées du centre de l'œil à la surface de l'objet vu sont donc de ces lignes suivant lesquelles les lumières se propagent. L'œil perçoit ainsi la forme de l'objet vu dans la lumière qui lui est renvoyée seulement suivant les

(1) Même remarque que précédemment : on a « baṣar » au lieu de « mubṣar » dans le manuscrit de Berlin ; la traduction donne alors : « ... und wenn diese Leuchtkraft zum Auge zurückgelange... », p. 19-20, ce qui est manifestement un contresens.

(2) La puissance lumineuse : cette expression résume l'opinion des géomètres et particulièrement celle d'Euclide dans la tradition optique arabe. Ainsi, par exemple, Aḥmad b. 'Īsā dans son *al-Manāẓir wa'l Marāyā'l Muḥrikā*, mss. Ragip, paša 789-934, déclare : « Les philosophes et Euclide parmi eux disent qu'il y a une puissance lumineuse Ḳuwa nūriya qui émerge de l'œil... » Dans la tradition médicale, c'est de l'âme lumineuse ὀπτιχὸν, αὐγοειδὲς πνευμα que l'on parle ; voir le texte de Ḥunaīn Ibn Isḥāq dans la traduction de M. MEYERHOF, *The book of the ten Treatises on the Eye*, Cairo, 1938, p. 98 sq.

(3) Ici la faute du manuscrit de Berlin reproduite par la traduction de Baarmann est plus grave car elle teinte d'ambiguïté une doctrine qu'Ibn al-Haytham a pourtant défendue clairement et catégoriquement. Au lieu de « ... pouvant être mené de ce point à la surface de l'œil (baṣar) », on a « à la surface de l'objet vu (mubṣar) » ce qui exprime que la lumière sort de l'œil et se trouve donc en contradiction avec la doctrine d'Ibn al-Haytham. Ainsi Baarman traduit par les lignes droites : « Zwischen diesem Punkte (point de la lumière) und der Oberfläche des sichtbaren Gegenstandes ziehen lasse », p. 20. Le contresens est total quand au lieu de « de l'objet vu il sort ainsi une lumière qui va jusqu'à la surface de l'œil en suivant une infinité de lignes droites »..., on trouve : « Nun gehe von dem Auge nach dem sichtbaren Gegenstande Licht aus auf unendlichen geraden Linien... » Ce contresens qui déforme la doctrine d'Ibn al-Haytham est dû à la faute du manuscrit de Berlin, seul connu par Baarmann.

trajectoires de ces lignes car les partisans de cette opinion croient que l'œil est impressionnable seulement par les lumières qui lui sont renvoyées suivant les trajectoires de ces lignes et qu'il ne sent pas ce qui lui est renvoyé par ailleurs (1). La lumière qui se propage suivant des trajectoires rectilignes se rencontrant au centre de l'œil, avec ces lignes mêmes, se nomme rayon : le rayon visuel est pour tous les géomètres une certaine lumière se propageant suivant des trajectoires rectilignes qui se rencontrent au centre de l'œil. Ces lignes considérées individuellement sont les lignes virtuelles appelées par les géomètres lignes des rayons. Selon la proposition première, universelle, le rayon est une lumière — celle du Soleil, de la Lune, des Astres, du feu ou de l'œil — qui se propage suivant des trajectoires rectilignes : telle est la définition du rayon au sujet duquel les physiciens n'ont aucune doctrine particulière.

[*Différents corps transparents et émission de la lumière seconde*]

Ceci étant admis, revenons à notre propos sur les corps transparents ; nous disons donc que la transparence est une forme dans le corps transparent car elle est transmettrice de lumière. Les corps transparents se divisent en deux parties ou corps célestes et corps sublunaires. Les corps célestes étant tous d'une même substance forment une seule espèce mais les sublunaires parmi les corps transparents se subdivisent en trois parties : l'une qui est l'air ; la deuxième, l'eau, les humeurs transparentes tels le blanc d'œuf, les couches transparentes de l'œil et ainsi de suite ; la troisième, les pierres transparentes comme le verre, le cristal, les pierres précieuses transparentes — toutes ces espèces forment l'ensemble des corps transparents. Ces corps diffèrent de par leur transparence et, excepté le corps céleste, chaque espèce a sa propre transparence. L'air en effet a une transparence différente selon qu'il est épais ou subtil, épais comme le brouillard et la fumée, air mêlé de poussière ou de fumée, subtil comme les courants d'air entre les murs, l'air proche du céleste, l'air pur de tout mélange. L'air subtil a une plus grande transparence comme c'est le cas pour l'eau courante comparée à l'eau mêlée de teintures (2). Il en est de même pour les humeurs

(1) Pour la vision voir : l'*Optique*, Ier livre, chap. 6, p. 49 r. sq., *Al-Fārisī*, Ier livre, chap. 6, p. 111 sq., *Opticae Thesaurus*, liv. Ier, chap. 5, § 14 sq.

(2) On a là un passage qui manque dans le manuscrit de Berlin pour lequel Baarmann a ajouté une phrase qui ne se trouve pas dans le texte : « Ebenso hat von den durchsichtigen Flüssigkeiten die eine stärkere Durchsichtigkeit als die andere... », p. 23.

transparentes dont les unes sont plus transparentes que les autres ; de même pour les pierres transparentes, le cristal est plus transparent que le rubis ; de toutes ces choses nos sens peuvent témoigner. Mais aucune différence n'apparaît dans les corps célestes qui sont seulement transparents : ceci est évident car l'œil perçoit tous les astres malgré la différence de leurs distances à la Terre et de leurs positions dans la voûte céleste.

Les corps transparents sublunaires ont tous une certaine opacité : éclairés par la lumière du Soleil, ils émettent en effet une lumière seconde de la même manière qu'un corps opaque éclairé par la lumière solaire. Mais la lumière seconde émise par un corps transparent est plus faible, notion que nous avons montrée suffisamment dans le premier chapitre de notre « Livre de l'Optique », tout en indiquant les moyens qui le révèlent pour chacune des lumières qui apparaissent sur les corps opaques et sont dans les corps transparents. Rappelons ici une partie de notre démonstration : à la lumière de l'aurore, on peut voir que l'air émet une lumière seconde — en effet, avant le lever du Soleil, la surface de la Terre éclaire à l'aurore et les sens perçoivent la surface de la Terre et les murs plus lumineux que dans la nuit. Or, le Soleil à l'aurore, avant de paraître à la vue, n'est pas opposé à la Terre et les lumières émises par les corps lumineux ne le sont que suivant des trajectoires rectilignes, notion que nous avons dégagée dans le « Livre de l'Optique » par la démonstration et l'expérimentation. Et comme il n'est guère de lignes droites que le corps terrestre pourrait rencontrer entre le Soleil et la face de la Terre qui ne voit point son lever, la lumière qui apparaît sur la surface de la Terre n'est donc pas une lumière émanant du corps même du Soleil. Mais la surface de la Terre ne rencontre d'autre corps lumineux susceptible de l'éclairer que l'air qui, entre le ciel et la Terre, est éclairé par la lumière solaire — et l'air, rencontrant le corps solaire dont nul écran ne le sépare est lumineux à l'aurore ; les sens en perçoivent la lumière et celle qui apparaît sur la surface de la Terre à l'aurore est cette lumière même qui émane de l'air opposé à la surface de la Terre. Quant à l'eau, au verre, aux pierres transparentes, éclairés par la lumière solaire, il en émane une lumière seconde avec la pénétration même de la lumière, et cette lumière apparaît aux sens : approchons un corps blanc de l'eau ou d'une pierre transparente dans une direction autre que celle où se propage la lumière qui y pénètre, on verra se produire une lumière non aperçue auparavant sur le corps blanc et cette lumière sera faible. Nous avons démontré cette notion d'une manière exhaustive dans le « Livre de l'Optique » et ce que nous en disons ici peut convaincre suffisamment.

Ainsi tous les corps transparents sublunaires, éclairés par la lumière du Soleil, émettent une lumière seconde de la manière même dont est émise la lumière qui émane des corps opaques éclairés par la lumière solaire — la lumière seconde émanant des corps transparents étant toutefois plus faible que celle qui est émise par les corps opaques. Nous avons déjà montré que les corps opaques ont de même que les corps transparents une puissance réceptrice de lumière. Nous avons montré aussi qu'il y a dans les corps transparents, après la pénétration des lumières en eux, une lumière fixe ; ajoutons que l'émanation de la lumière seconde depuis les corps transparents n'a pas lieu à partir des lumières qui y pénètrent car la lumière ayant pénétré dans un corps transparent se propage dans les directions opposées au corps dont elle émane et se propage seulement dans ces directions : ainsi la lumière seconde que ces corps émettent se propage dans les directions opposées à celles-ci et son émission par le corps transparent ne provient pas de la lumière qui y pénètre ; or, le corps transparent ne contenant que cette lumière outre la lumière fixe, les lumières secondes émanant des corps transparents ne peuvent être émises que par les lumières fixes.

A la fixité de la lumière dans les corps physiques, il n'est d'autre cause que l'opacité, contraire de la transparence. En effet, le corps qui n'est pas opaque est transparent : s'il est transparent la lumière y pénètre mais s'il est extrêmement transparent sans opacité d'aucune sorte, la lumière y pénètre seulement et ne s'y fixe pas — car la transparence est cause de pénétration et non de fixité : si tout corps opaque fixe la lumière et si tout corps transparent est traversé par elle, il n'est d'autre cause à la fixité que l'opacité. Or, l'on a montré qu'en tout corps transparent sublunaire éclairé par la lumière il y a une lumière fixe : par conséquent tout corps transparent sublunaire renferme avec la transparence une certaine opacité. On a vu que la transparence des corps transparents diffère ; mais si cette transparence diffère et que chaque corps transparent a, comme on l'a vu, une certaine opacité, la transparence qui est dans ces corps diffère selon leur opacité : plus un corps a d'opacité moins il est transparent et moins il a d'opacité plus il est transparent.

[*Transparence et angle de « réfraction »*]

Quant à la transparence des corps célestes, le logicien pense qu'elle est plus pure que celle de tous les corps transparents, qu'ils sont d'une extrême transparence telle qu'aucun corps ne saurait être plus transparent qu'eux. Mais les géomètres, pour leur part, considèrent qu'il n'est pas de limite à la transparence et que pour tout corps transparent il peut toujours en exister un autre qui le soit plus (1). Cette notion a été explicitée par quelques géomètres récents tel Abû Sa'd al-'Alâ' Ibn Sahl (2) qui en a donné dans un de ses écrits une preuve géométrique. Nous nous proposons de citer cette preuve, de la résumer plus brièvement que ne l'a fait Abû al-'Alâ' et de l'expliquer de manière plus évidente. Disons donc que toute lumière qui éclaire un corps transparent pénètre dans ce corps suivant des trajectoires rectilignes : ceci est prouvé par les faits. Si ensuite la lumière se propage dans le corps transparent et aboutit à un autre corps transparent dont la transparence est différente de la sienne, si la lumière est inclinée sur la surface du deuxième corps, elle se réfractera et n'y pénétrera pas en ligne droite. Nous avons montré cette notion dans le chapitre VII de notre « Livre de l'Optique » et indiqué la voie de la preuve expérimentale pour chacun des corps transparents. Nous y faisions voir que la réfraction s'effectue suivant des angles particuliers et que si la réfraction a lieu du corps le plus subtil au corps le plus épais, elle s'effectue dans la direction de la normale menée du point de réfraction à la surface du corps épais « en formant des angles droits ». Mais si la réfraction a lieu du corps le plus épais au corps le plus subtil, elle s'effectuera dans une direction autre que celle de la normale. Si la lumière se propage dans le corps le plus subtil et se réfracte dans le corps le plus dense elle forme un certain angle au point de réfraction. Mais si elle se propage d'abord dans le corps le

(1) Voir *Optique*, liv. 7, p. 623 r. sq. et *Al-Fārisī*, liv. 7, p. 130 sq., vol. II. cf. *Opticae*, liv. 7, § 8. « Nam in omni corpore naturali necesse est, ut sit aliqua grossities ; nam corpus parvae diaphanitatis non habet finem in imaginatione, quae est imaginatio lucidae diaphanitatis ; et omnia corpora naturalia perveniunt ad finem, quem non possunt transire. Corpora ergo naturalia diaphana non possunt evadere aliquam grossitiem. Luces ergo cum transeunt per corpora diaphana transeunt secundum diaphanitatem, quae est in eis, et sic impediunt lucem secundum grossitiem, quae est in eis. »

(2) Abū Sa'd al- 'Alā' Ibn Sahl. cf. M. Steinschneider, *Die arabischen Übersetzungen a. d. Greichischen*, Graz, 1960, p. 217 et H. Suter, *Die Mathematiker und Astronomen d. Araber und ihre Werke*, Leipzig, 1900, p. 82. E. Wiedemann, in *Zeitschrift der Deutschen morgenländischen Gesellschaft*, 38 (1884), p. 145-148.

plus dense et se réfracte ensuite dans le corps le plus subtil, la lumière qui se propage dans le corps le plus dense suivant la ligne de réfraction, se réfractera dans le corps le plus subtil selon un angle égal à celui qui est formé par le premier rayon et le rayon réfracté. Et si la lumière se réfracte d'un corps transparent subtil dans deux corps plus épais que lui mais dont l'épaisseur est différente, la réfraction sera plus importante dans le corps le plus épais : je veux dire que si la lumière se réfracte dans un corps plus épais, elle se rapprochera de la normale menée du point de réfraction. Mais si la lumière se réfracte d'un corps transparent épais dans deux corps subtils dont la subtilité est différente, la réfraction de la lumière dans le corps le plus subtil s'éloignera de la normale menée au point de réfraction. Ptolémée a montré dans le chapitre V de son *Optique* que cette notion vaut aussi pour les rayons visuels : ainsi il a fait apparaître que si un rayon visuel se propage dans un corps transparent puis rencontre un autre corps transparent de transparence différente et qu'il soit incliné sur la surface du deuxième corps, il se réfractera et ne le traversera pas en ligne droite. Il a montré que la réfraction du rayon visuel est donc plus importante de l'air au verre que de l'air à l'eau — le verre étant plus épais que l'eau. Il y fait apparaître aussi que si l'œil est dans le corps le plus subtil et que le rayon se réfracte dans le corps le plus épais suivant un certain angle puis que l'œil passe dans le corps le plus épais en suivant le rayon réfracté, le rayon se réfractera suivant le même angle : on en déduit que tout rayon qui se propage dans un corps transparent puis rencontre un autre corps transparent plus épais se réfractera dans le deuxième corps en raison de son épaisseur et l'angle de réfraction sera d'autant plus grand que ce corps est plus épais (1). De même tout rayon qui se propage dans un corps transparent puis rencontre un autre corps transparent plus subtil se réfractera dans le deuxième corps en raison de sa transparence plus grande.

Prenons un exemple pour plus d'évidence :

Soient deux corps transparents de transparence différente et A un point dans le corps le plus subtil. Menons du point A une

(1) Dans le manuscrit de Berlin quelques mots manquent, ce qui rend la phrase inintelligible. Ainsi Baarmann a traduit la suite par « in stärkerer Dichtigkeit ist der Ablenkungswinkel grösser », et pense qu'elle fut introduite par le transcripteur sans raison valable. Or, il n'en est rien comme le montre la phrase telle qu'elle est établie par le manuscrit de l'India Office.

surface plane perpendiculaire à la surface du corps le plus épais de telle sorte que la droite BC forme leur intersection. Menons du point A un rayon AD incliné sur la droite BC et se réfractant suivant la droite DE. Du point D menons la perpendiculaire DF au corps le plus dense. Prolongeons AD en G : $\widehat{GDE}$ est l'angle de la réfraction. Soit un rayon émis suivant la droite ED : il se réfracte suivant la droite DA. Prolongeons la perpendiculaire FD jusqu'au point H. Si à la place du corps le plus transparent contenant le point A se trouvait un corps encore plus transparent, le rayon ED se réfracterait suivant une droite plus éloignée de la perpendiculaire DH. Soit DI la droite suivant laquelle se fait la réfraction dans le corps le plus transparent : le rayon qui se propage dans le corps le moins transparent et se réfracte suivant DA est le plus proche de la droite DF.

Soit DJ le rayon qui se réfracte suivant DA. Soit un rayon se propageant suivant AD : si le deuxième corps est plus subtil donc plus transparent, le rayon se réfractera suivant DJ. Mais si le corps qui contient le point A est plus subtil — donc encore plus transparent que le deuxième corps — le rayon qui se propage dans le corps le plus épais et se réfracte suivant la droite DA sera plus proche de la perpendiculaire DF que DJ. Si le rayon qui se propage suivant AD était dans un troisième corps encore plus transparent, il se réfracterait suivant une ligne encore plus proche de la perpendiculaire DF que DJ. Et ainsi de suite, le rayon se réfracte chaque fois sur une droite qui est d'autant plus proche de la perpendiculaire DF que le corps est plus transparent. De même chaque fois que le rayon réfracté se rapproche de DF l'angle FDJ est plus petit. L'angle formé par le rayon réfracté et la perpendiculaire dépend donc de la transparence du corps le plus subtil et il en résulte nécessairement que la qualité de la transparence dépend et dépend seulement de l'angle au point de la réfraction (cf. fig. 1, p. 201).

[*Limite de la transparence*]

Les mathématiciens et les physiciens s'accordent à reconnaître que tout angle peut être divisé à l'infini. Si l'on prend donc pour centre le sommet de l'angle et que l'on trace à une quelconque distance un arc de cercle intercepté par l'angle, cet arc de cercle pourra être divisé en un nombre infini de petites parties en raison même de leur petitesse. L'arc de cercle intercepté par l'angle peut en effet être divisé à l'infini « car il est une grandeur et toute grandeur peut être divisée à l'infini » (1). Si l'on mène des droites du point de division (de l'arc) au sommet de l'angle, par suite de la petitesse de ses parties, cet angle pourra être divisé à l'infini.

Pour tout angle on a donc toujours un angle plus petit et si la transparence d'un corps dépend seulement de l'angle de réfraction et que pour tout angle on a toujours un angle plus petit, pour toute transparence on peut donc supposer toujours une transparence supérieure. Mais toute transparence dont on peut supposer qu'il en est une supérieure n'est pas la plus transparente et ainsi il n'est pas de limite où s'arrête la transparence.

Or, Ptolémée a montré que le rayon visuel se réfracte à la partie concave de la voûte céleste et que le corps céleste étant plus transparent que l'air, il s'ensuit nécessairement que la lumière du Soleil et la lumière des Astres se réfractent à la partie concave du corps céleste.

Reprenons l'exemple de telle sorte que le corps le plus épais soit cette fois un corps sphérique. Soit BDC l'arc de centre I formant l'intersection du plan qui contient le point A et de la surface sphérique. Le corps le plus épais englobe le centre et le corps le plus subtil est extérieur à la courbure de l'arc. Soit le point A dans le corps le plus subtil. Menons de A le rayon AD incliné sur la surface sphérique et se réfractant suivant la droite DE. Joignons DI et prolongeons cette droite jusqu'en F : on aura DF perpendiculaire à la surface du corps sphérique. Si un rayon est émis suivant ED il se réfractera suivant DA. Mais si le corps qui englobe A est plus transparent, le rayon émis suivant AD se réfractera suivant une droite encore plus proche de la perpendiculaire ID. Ceci apparaît de la même manière que pour la ligne droite et ainsi l'angle formé par le rayon réfracté et la perpendiculaire ID est plus petit que l'angle EDI. $\widehat{EDI}$ peut être divisé à l'infini en parties de plus en plus petites et l'on peut supposer que la transparence du corps le plus subtil qui englobe A croît en transparence et en subtilité à l'infini. Si le corps le plus subtil est le corps céleste, soit le Soleil au point A, ses rayons se propageant suivant une droite AD et se réfractant suivant une droite DE : si l'on supposait la transparence du corps céleste encore plus pure et supérieure, le rayon AD se

(1) Défection dans le manuscrit de Berlin et dans la traduction de Baarmann.

réfracterait suivant une droite située entre les deux droites ED et DI. De la même façon une infinité de droites peuvent se situer entre ED et DI et l'on peut supposer la transparence du corps céleste infiniment plus pure et supérieure (cf. fig. 2).

Cette opinion que nous exprimons est celle des géomètres, à savoir que la transparence qui est dans les corps transparents peut croître à l'infini en subtilité et en pureté et que l'on peut supposer pour la transparence de tout corps transparent une transparence plus pure. Mais les physiciens pour leur part disent que

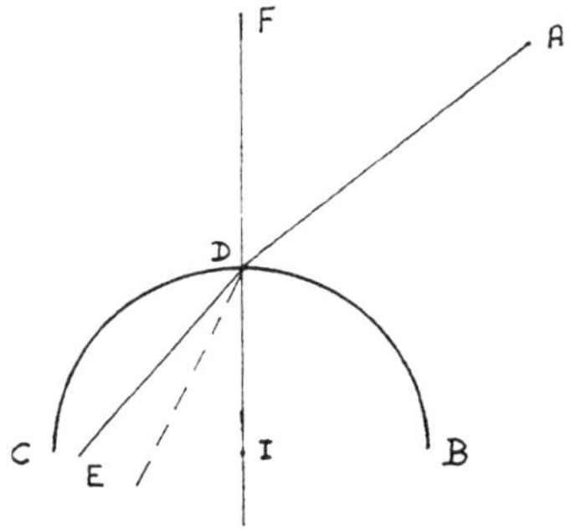

Fig. 2

toute propriété d'un corps physique implique le limité et le fini et ne saurait être infinie : les angles divisés à l'infini ne sont autres que les angles virtuels compris entre des droites virtuelles. Quant aux angles qui sont dans les corps physiques, ceux que l'on suppose dans les corps physiques, ils ne sont guère divisibles à l'infini. Le corps dans lequel ils se trouvent qui est limité par ce qu'il est — le corps dans lequel on suppose l'angle — ne peut être divisé à l'infini car tout corps physique ne peut être divisé que dans une certaine limite. Il est limité par sa forme et s'il était divisé ensuite, il s'en déferait pour en revêtir une autre. Par exemple, l'eau divisée jusqu'à l'extrême, ne peut aller au-delà d'une limite où la plus petite partie de l'eau si elle était encore divisée se déferait de la forme de l'eau pour revêtir celle de l'air. De même si l'air était divisé en sa partie la plus infime et devait être divisé encore, il se déferait de la forme de l'air et revêtirait celle du feu. Mais si le feu était divisé en sa partie la plus infime, il ne pourrait être divisé par-delà cette limite car il n'existe aucune forme plus subtile que celle du feu. Et si la forme du corps céleste est plus subtile que celle du feu et qu'il soit possible au feu de devenir du genre du corps céleste, la plus infime partie du feu pourrait alors être divisée et le feu devenir de la substance du corps céleste. Cependant le corps céleste n'est guère divisible et si l'on supposait sa division elle s'arrêterait à la plus infime de ses parties après quoi il n'y aurait nulle division car il n'existe pas de forme plus subtile que celle du corps céleste. Si l'on suppose après cela une division — si celle-ci était possible — on peut supposer qu'elle ne concernerait que les dimensions du corps et non sa substance. Et si l'on suppose la division de la substance du corps celle-ci concernerait notre représentation et non la réalité. Le logicien, lui, dit que le corps céleste est d'une transparence extrême et requiert qu'aucun corps physique ne soit plus transparent. Mais cela ne peut pas exister car le logicien estime que seul existe, en fait, ce qui parmi les espèces est en droit d'exister.

Les deux doctrines sont justes : que la transparence n'a pas de limite dans la représentation et qu'elle en a une dans les corps physiques laquelle est la transparence du corps céleste. Ces choses que nous avons rappelées concernent la transparence et les corps transparents ; elles forment l'ensemble de ce qu'il faut savoir de leurs conditions.

[*Résumé*]

Nous avons été amenés à montrer l'ensemble des notions que nous nous proposions de révéler dans ce « Discours » dont nous donnons un résumé pour faciliter l'étude de ceux qui voudraient les comprendre sans rechercher leurs causes et leurs preuves. Nous avons montré dans ce « Discours » que pour les philosophes la lumière est en tout corps lumineux par lui-même une forme substantielle ; la lumière accidentelle est une forme accidentelle qui apparaît sur les corps opaques éclairés par la lumière. La lumière est pour les géomètres une chaleur de feu — substantielle ou accidentelle — qui apparaît sur les corps opaques éclairés par la lumière. L'accidentel apparaît sur les corps éclairés comme le feu dans les corps qui le portent. Le rayon est toute lumière se propageant suivant des trajectoires rectilignes dans un corps transparent, qu'il s'agisse de la lumière du Soleil, de la Lune, des Astres, du feu ou de l'œil. Les corps transparents sont l'ensemble de ceux où la lumière pénètre et dont l'œil aperçoit ce qui est derrière eux ; ces corps se divisent en deux parties dont l'une est entièrement traversée par la lumière alors que l'autre ne l'est que partiellement ; les corps traversés entièrement se divisent à leur tour en deux parties ou corps célestes et corps sublunaires eux-mêmes divisés en trois parties : l'air, l'eau, et leurs analogues parmi les humeurs transparentes et les pierres transparentes tels le verre et les pierres précieuses. La transparence des corps transparents est une forme transmettrice de lumière. La transparence diffère et cette différence des transparences peut être examinée au moyen des angles de la réfraction. Soit deux corps transparents de transparence différente et deux rayons qui s'y propagent en formant avec les rayons les deux perpendiculaires menées aux points de réfraction deux angles égaux contenus dans ces deux corps. Si ces rayons se réfractent dans un seul corps plus dense que les deux premiers suivant deux droites différentes formant avec les deux normales deux angles différents dans ce corps, le milieu qui aura produit l'angle le plus petit sera le plus transparent.

Ces notions sont l'ensemble de celles que nous avons montrées dans notre traité et nous concluons ici en nous recommandant à la grâce de Dieu.

VI

A Pioneer in Anaclastics

Ibn Sahl on Burning Mirrors and Lenses

THE GEOMETRICAL STUDY OF LENSES was essential for the development of optics in the late sixteenth and early seventeenth centuries.[1] This study, which historians have seen as a turning point in the history of optics, was designated as either *anaclastics* or *dioptrics*. In writing the history of this chapter, it is common practice to give prominence to Kepler, some of Mersenne's circle, Willebrord Snellius, and Descartes. Furthermore, the perceived modernity of the optics of this period is frequently explained, partially at least, by external reasons: a very modest technical advance in the construction of optical instruments.

A reading of the eleventh-century *Book of Optics* (*Kitāb al-Manāẓir*) by Ibn al-Haytham, however, whether in Arabic or in Latin translation, should have suggested to historians that research on anaclastics started well before the late sixteenth century. In Book 7 there is a study of the spherical diopter and the spherical lens.[2] Furthermore, Ibn al-Haytham devoted an entire memoir to the burning sphere, whose scientific and historical importance is unanimously recognized. This work contains an examination of double refraction in the sphere and of related problems. Three centuries later, Kamāl al-Dīn al-Fārisī wrote a commentary on the work and used it for the first correct explanation of the rainbow.[3]

Until now, however, historians have not constructed a clear picture of Ibn al-Haytham's research on lenses and of anaclastics in general. For example,

I am grateful to Julia McVaugh and Frances Coulborn Kohler for all their help in improving the English as well as the presentation of this article.

[1] This topic is encountered in numerous works on the history of optics—in particular, in attempts to understand Descartes's contribution to the discipline. On this subject see Gaston Milhaud, *Descartes savant* (Paris: Félix Alcan, 1921), Ch. 5; and the commentary by Cornelis de Waard to his edition of *Correspondance du P. Marin Mersenne, religieux minime,* 7 vols. (Paris: Presses Universitaires de France, 1933–1962), Vol. I: *1617–1627*.

[2] The texts relating to lenses in Book 7 of Ibn al-Haytham's work have been edited, translated into French, and analyzed in Roshdi Rashed, *Géométrie et dioptrique au Xe siècle: Ibn Sahl, al-Qūhī, et Ibn al-Haytham* (Collection Sciences et Philosophie Arabes, Textes et Études) (Paris: Les Belles Lettres, forthcoming).

[3] Al-Fārisī's commentary, which more or less reproduces Ibn al-Haytham's text, has been translated freely into German by Eilhard Wiedemann and was recently reexamined by Matthias Schramm: see Wiedemann, "Beiträge zur Geschichte der Naturwissenschaften, XIX: Über die Brechung des Lichtes in Kugeln nach Ibn al-Haytham und Kamāl al-Dīn al-Fārisī," *Sitzungsberichte der physikalische-medizinischen Sozietät in Erlangen,* 1910, *13*:15–57; and Schramm, "Steps towards the Idea of Function: A Comparison between Eastern and Western Science in the Middle Ages," *History of Science,* 1965, *4*:70–103. I have edited, translated into French, and analyzed al-Fārisī's commentary, including Ibn al-Haytham's original text: see Rashed, *Géométrie et dioptrique*.

Mustafa Nazif's masterful study of Ibn al-Haytham's investigations in optics is still unsurpassed, and his analyses have frequently been borrowed. But even Nazif, having ascertained that Ibn al-Haytham dealt with the study of lenses, was incapable of extracting the exact meaning of his research and concluded with some remarks that leave us perplexed.[4] This weakness can be ascribed to several causes: incomplete knowledge of Arabic optics before Ibn al-Haytham; a dogma springing from this ignorance, according to which no one before him made effective use of Ptolemy's *Optics*;[5] and an underestimation of how much works on burning mirrors and instruments have contributed to the history of optics. The only predecessor of Ibn al-Haytham of any importance to be mentioned by historians is the tenth-century philosopher and scholar al-Kindī, but for his *De aspectibus* rather than for his *On Burning Mirrors*. When historians analyze Ibn al-Haytham's dioptrics, they refer only to Ptolemy. The result is that Ibn al-Haytham appears in their work as a singular occurrence in the late tenth and early eleventh centuries, preceded by a vacuum reaching back to Ptolemy and followed by another vacuum up to al-Fārisī.

In this article we shall see that this picture of history is inaccurate. I shall show that (1) Ibn al-Haytham was not the first to have effectively used Ptolemy's *Optics*, and consequently the dogma of a vacuum is unfounded; (2) al-Kindī was not the only significant figure in the history of Arabic optics before Ibn al-Haytham—rather, there existed a tradition of research in this field that included names just as prestigious; and (3) it is vital to take into account research on burning mirrors and instruments in order to understand not only the history of catoptrics at that time but also dioptrics.

Some years ago, I discovered and began to reconstruct a treatise on burning instruments written around 984 by a mathematician connected with the court of Baghdad, Abū Sa^cd al-^cAlā^ↄ Ibn Sahl, whose work was known to Ibn al-Haytham and was even sometimes copied in his own hand (see Fig. 1).[6] Ibn Sahl not only knew Ptolemy's *Optics* but, as we shall see, went further than he did in the study of refraction.[7] This treatise, *On the Burning Instruments*, makes Ibn Sahl the first mathematician known to have studied lenses and shows that in the

[4] Mustafa Nazif, *Al-Ḥasan ibn al-Haytham, buḥūthuhu wa kushūfuhu al-Baṣariyya*, 2 vols. (Cairo: Univ. Cairo, Faculty of Engineering, 1943), Vol. II, sect. 227.

[5] A. I. Sabra, e.g., wrote in 1987, "It is remarkable that no one in late antiquity or in the Islamic world seems to have made any effective use of Ptolemy's *Optics* until Ibn al-Haytham": *Dictionary of the Middle Ages* (New York: Scribners, 1982–), Vol. IX (1987), p. 245.

[6] The treatise is soon to be available in Rashed, *Géométrie et dioptrique* (cit. n. 2). Ibn Sahl was at the full height of his activity in the second half of the tenth century; this treatise was composed between 983 and 985: on these dates and for a biography of Ibn Sahl see *ibid.* In his *Discourse on Light* Ibn al-Haytham referred explicitly to Ibn Sahl and recalled some of his ideas on the transparency of media and refraction; see Roshdi Rashed, "Le *Discours de la lumière* d'Ibn al-Haytham: Traduction française critique," *Revue d'Histoire des Sciences*, 1968, *21*:197–224. Ibn al-Haytham also copied Ibn Sahl's opuscule entitled *Proof That the Celestial Sphere Is Not Completely Transparent*; see Rashed, *Géométrie et dioptrique*.

[7] For the last century it could have been known, on the strength of Ibn Sahl's *Proof That the Celestial Sphere . . .*, that he undertook an examination of Book V of Ptolemy's *Optics*. In the beginning of this work we read of "a proof deduced by Ibn Sahl when he examined Ptolemy's book on optics, which he wanted to incorporate in the overall examination of Book V of this work." This opuscule has not been studied, any more than Ibn Sahl's other optical and mathematical works; Eilhard Wiedemann simply mentioned its name, which he found in a catalogue of manuscripts in the St. Petersburg library. See Wiedemann, "Bemerkung zu dem Aufsatz von Herrn Dr. J. Baarmann: Abhandlung über das Licht von Ibn al-Haitham," *Zeitschrift der Deutschen Morgenländischen Gesellschaft*, 1884, *38*:145–148.

first half of the tenth century catoptricians were actively working on refraction. When Ibn Sahl had completed his examination of burning mirrors, both parabolic and ellipsoidal, he considered hyperbolic plano-convex lenses and hyperbolic biconvex lenses. Moreover, he succeeded in stating Snellius's law long before Snellius himself, and he studied the mechanical drawing of the three conic curves.

I am not unaware that these results may come as a surprise. They invite us to reexamine the history of the beginnings of anaclastics and the genesis of its concepts in a new light. Let us remember that Ibn Sahl's geometrical study of lenses runs parallel with that of burning mirrors and that, at its birth, anaclastics was the daughter of catoptrics and unconcerned with the study of conditions of vision.

I. IBN SAHL'S TREATISE ON BURNING INSTRUMENTS

It has long been known that Ibn Sahl wrote on burning mirrors: libraries in both Damascus and Tehran contain a manuscript bearing this title. It was thought, on the basis of catalogue information alone, that these were two copies of one and the same manuscript.[8] This is, however, not the case: not only do the manuscripts contain different texts, but they have been found to contain no passages in common. In fact, each manuscript reproduces a separate section of Ibn Sahl's original work: that is, the Damascus manuscript contains a long fragment missing from the Tehran copy. The latter is much more substantial, but it is seriously damaged and the sheets are out of order.

My first task was to discern the latent structure of the extant Tehran manuscript and find out how it was organized. This was only possible once I had understood the underlying plan of the whole treatise itself. It was then easy to rearrange the Tehran manuscript, specify its missing parts, and prove that the Damascus fragment was indeed one of them. I then determined where to insert it and filled in some other gaps. Only then was it possible to verify the overall plan of Ibn Sahl's treatise, provide a definitive reconstruction of what has survived, establish and translate the text, and comment on it as well as on all Ibn Sahl's extant works on optics and mathematics.

It is now clear that we possess the major part of Ibn Sahl's treatise on burning instruments, and the absence of certain fragments in no way hinders comprehension; it is quite easy to surmise what their contents were. Providentially, the most significant section on lenses has survived in full.

First, let us recall the problem posed by Ibn Sahl and the various steps necessary for its solution. By thus exposing the underlying plan of his treatise, we can show how the treatise is organized, designate precisely what is missing, and undertake its final reconstruction.

The problem Ibn Sahl tackled may be stated as follows: To burn at a given point *A*, using a distant or near luminous source, by reflection or refraction. To solve this problem, it is necessary to examine, on the one hand, (a) reflection and

[8] This error occurs in Fuat Sezgin's bibliographical work *Geschichte des arabischen Schrifttums-Astronomie* (Leiden: Brill, 1978), Vol. VI, p. 233. The two manuscripts are Damascus, al-Ẓāhirīya MS 4871, 3 fols. (hereafter **D**); and Tehran, Millī MS 867, 51 fols. (hereafter **T**). The first is entitled *Fī al-ᵓāla al-muḥriqa* (On the burning instrument); the second has no title, apart from the one added in another hand on fol. 1r: *Kitāb al-ḥarrāqāt ᶜamilahu Abū Saᶜd al-ᶜAlāᵓ Ibn Sahl* (The book of burners composed by Abū Saᶜd al-ᶜAlāᵓ Ibn Sahl).

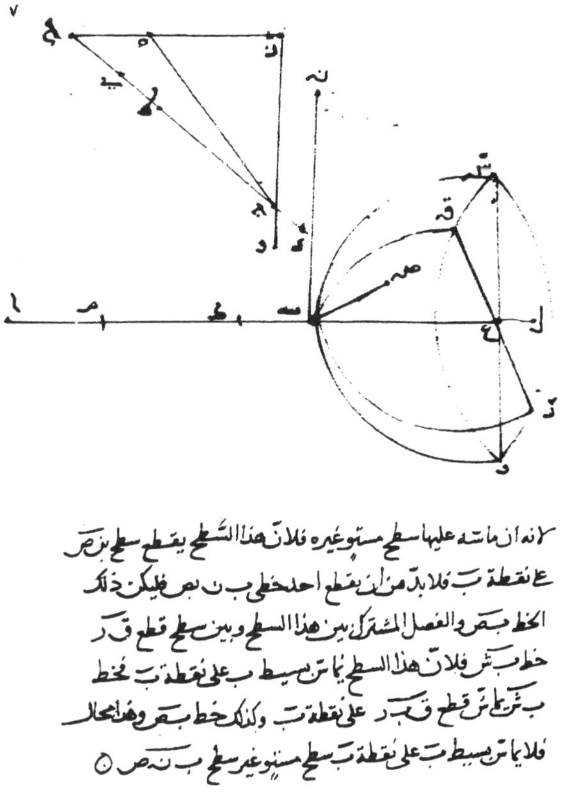

لانه ان ماسه عليها سطح مستو غيره فلان هذا السطح يقطع سطح بزص
ع نقطة ب فلا بد من ان يقطع احد خطي ب ن ب ص فليكن ذلك
الخط ب ص والفصل المشترك بين هذا السطح وبين سطح قطع ق ر
خط ب ش فلان هذا السطح يماس بسيط ب على نقطة ب تخط
ب ش يماس قطع ق ب ر على نقطة ب وكذلك خط ب ص وهذا محال
فلا يماس بسيط ب على نقطة ب سطح مستو غير سطح ب ن ص

Figure 1. *The plano-convex lens from Ibn Sahl's treatise* On the Burning Instruments; *compare Figures 11, 12. From Millī MS 867, folio 7r; courtesy of Millī Library, Tehran.*

(b) refraction; and on the other hand, (c) the case where rays can be considered parallel and (d) the case where rays come from a point at a finite distance. By combination, we obtain the following: (a) and (c), which indicate a parabolic mirror; (a) and (d), an ellipsoidal mirror; (b) and (c), a plano-convex lens; and last (b) and (d), a biconvex lens. Therefore, following the introduction, Ibn Sahl's treatise should comprise the four chapters indicated.

We should also remark that Ibn Sahl intended to construct these burning instruments. He thus could not limit himself to a theoretical study of each curve but, like others studying burning mirrors, needed to explain how to draw the curves; consequently, each chapter should comprise two parts—one theoretical and one practical. And, in fact, the parts of his treatise that have survived intact verify these assumptions. For instance, the chapter on the hyperbola is divided into two sections: a study of the curve as a conic section, and the continuous drawing of the curve. In the first part, Ibn Sahl defines the hyperbola by the vertex, the axis, and the *latus rectum;* he examines the tangent from the bifocal property; and he then goes on to study the hyperboloid and the tangent plane, whose uniqueness he demonstrates. In the second part, he proceeds with the continuous drawing of the arc of a curve that is none other than a hyperbolic arc, although he does not identify it as such, and then takes up the study of the plane tangent to the surface obtained by rotating this arc about a fixed straight line. In both parts, as we shall see, he uses the properties of the tangent to rediscover the laws of refraction, and thus to deduce the construction of a plano-convex lens and a biconvex lens.

The preceding analysis offers us a reliable guide to reconstructing *On the Burning Instruments*. The diagram in Figure 2 indicates not only the organization of the work but also the state of preservation of each of its sections.

It is easy to see where the missing section should be inserted: between the end of the study on the parabola and the beginning of the one on the ellipse. The theoretical study of the parabola has survived in full, but of the study of the continuous drawing of the parabolic arc we have only a fragment: we lack the discussion of the tangent to this arc, of the tangent plane to the paraboloid, and of their application to optics. And as for the section on the ellipse, the study of this curve as a conic section is missing, but we possess an almost complete study of the ellipsoidal mirror engendered by an elliptic arc obtained by a continuous drawing.

It is worth emphasizing here that the structure of the treatise itself illustrates Ibn Sahl's new position in the history of optics: although his work continues the Greco-Arabic tradition of research on burning mirrors, his introduction of refraction and lenses constitutes a break with that tradition as well.

II. THE PARABOLIC MIRROR

The study of the parabolic mirror had been undertaken long before Ibn Sahl by Diocles, Anthemius of Tralles, "Dtrūms" (author of a treatise on burning mirrors translated into Arabic from a now-lost Greek original), the author of the Bobbio fragment, and al-Kindī.[9] It is more than likely that Ibn Sahl was familiar not only with al-Kindī's treatise but with at least a fragment of Anthemius's work, as well as with other Greek writers. First, Ibn Sahl himself affirms that he consulted some Greek texts translated into Arabic. He claims, moreover, that Hellenistic writers dealt only with burning by reflection, and that he was the first to study burning by refraction. That he studied other Greek authors is also confirmed by a systematic comparison of his study of the parabolic mirror with theirs. Ibn Sahl, for example, did not adopt Diocles' method, but approximated that applied by "Dtrūms." He also mentions the legend according to which Archimedes set fire to the Roman flotilla using burning mirrors. This suggests that he read the work of Anthemius of Tralles, who relates the legend in a fragment on burning mirrors that was translated into Arabic at least a century before, for it was consulted by

[9] See *Dioclès, Anthémius de Tralles, Didyme . . . : Sur les miroirs ardents*, trans. and ed. Roshdi Rashed (Paris: Les Belles Lettres, forthcoming); or see Johan Ludvig Heiberg, *Mathematici Graeci Minores* (*Kongelige Danske Videnskabernes Selskab: Historisk-filologiske Meddelelser*, 13.3) (Copenhagen: Hast, 1927), pp. 77–92; and Wilbur Knorr, "The Geometry of Burning-Mirrors in Antiquity," *Isis*, 1983, *74*:53–73). See also al-Kindī, *Kitāb fī al-Shuᶜāᶜāt*, Patna, India, Khuda Bakhsh MS 2048. For a description of the text ascribed to "Dtrūms," British Library MS 7473, see *Dioclès, Anthémius*, ed. Rashed; and William Cureton, *Catalogus codicum manuscriptorum orientalium qui in Museo Britannico asservantur*, 3 vols., Vol. II (London, 1846–1871), p. 205: "Codex bombycinus in quarto maiori, ff. 198, extractus A.H. 639, A.D. 1242." The Arabic spelling of the name, as well as the presence of a fragment attributed to Didymus, precludes the first name's being an alteration of the second.

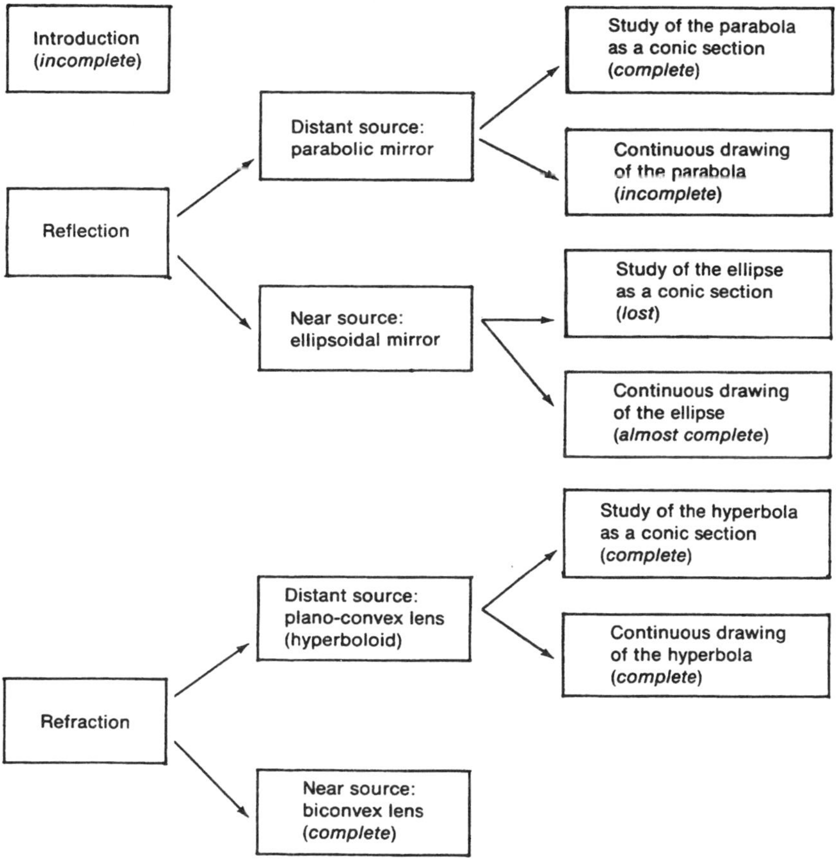

Figure 2. *The structure of* On the Burning Instruments.

al-Kindī. This conjecture is supported by the fact that Anthemius's text is the only one on burning mirrors translated from Greek into Arabic that examines the ellipsoidal mirror, and it is precisely the study of this mirror that Ibn Sahl resumes.[10] Ibn Sahl's study differs from these earlier texts and thus merits close examination.

The parabola as a conic section

Ibn Sahl used the following steps when determining how to burn at a given distance using sunlight.[11]

[10] For Ibn Sahl's claims see T, fol. 1v. On Ibn Sahl's study of the parabolic mirror see *Dioclès, Anthémius*, ed. Rashed; see also the end of this subsection. The Arabic version of Anthemius, previously considered lost, has now been found, and an edition with translation is to be published in *Dioclès, Anthémius*.

[11] D, fol. 81r.

Let AB be this distance and AC the direction of solar rays (Fig. 3). Suppose AC perpendicular to AB, and set $AC = AB/2$. Draw $CD \perp AC$, such that $CD \cdot AC = AB^2$. The parabola of vertex C, with axis AC and *latus rectum* equal to the distance CD, passes through B.

Consider arc BE on this parabola in the opposite direction to C. If we rotate arc BE about the fixed straight line AC, B describes a circular arc BF, and E describes a circular arc EG. We thus delimit a portion of the paraboloid $EBFG$, written (BG).

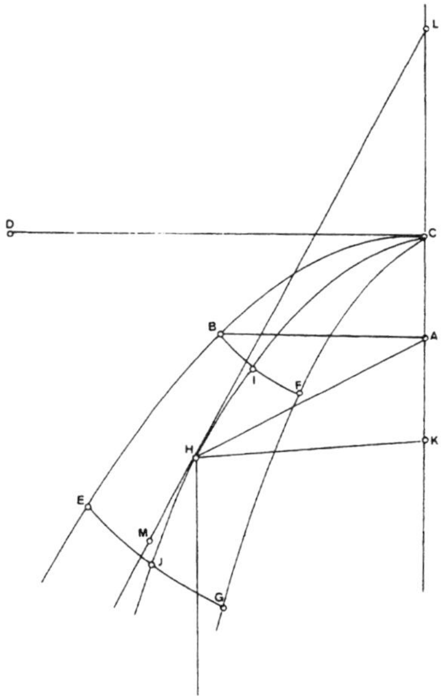

Figure 3. *This and the following line figures reproduce those of Ibn Sahl, with corrections as necessary.*

PROPOSITION. *Rays parallel to* AC *falling on surface* (BG), *supposed reflective, are reflected to point* A.

To demonstrate this proposition, Ibn Sahl starts by discussing the tangent plane at point H and the uniqueness of the tangent plane.

> Let H be a point on (BG); plane ACH cuts (BG) along arc IJ, a parabolic arc equal to arc BE. Let K be the orthogonal projection of H on AC, and let L be a point on AC, such that $CL = CK$; then line LH is tangent to arc IJ. The plane that passes through line LH and is perpendicular to plane AHC is tangent to surface (BG) at H.

By *reductio ad absurdum* Ibn Sahl shows that this plane cannot cut surface (BG) at point H, and then that the plane tangent to H is unique.

In stage two Ibn Sahl discusses the reflection of a ray of light parallel to the axis.

Let HX be the ray falling at H, and M a point on the prolongation of LH; we must show that $\sphericalangle MHX = \sphericalangle AHL$.

We have

$$CD \cdot AC = AB^2 = 4AC^2, \text{ hence } CD = 4AC.$$

On the other hand, H is on the paraboloid, hence

$$HK^2 = CD \cdot KC + 4AC \cdot KC.$$

We deduce from the above that

$$\begin{aligned} AH^2 &= AK^2 + 4AC \cdot KC = AK^2 + 4AC^2 + 4AC \cdot AK \\ &= (AK + 2AC)^2 = AL^2, \end{aligned}$$

and consequently

$$\sphericalangle AHL = \sphericalangle ALH.$$

But as $HX // AL$, we have $\sphericalangle ALH = \sphericalangle MHX$, hence $\sphericalangle MHX = \sphericalangle AHL$. The ray XH falling at H is reflected to point A.

Ibn Sahl then considers the case where AC is not perpendicular to AB.

Figure 4

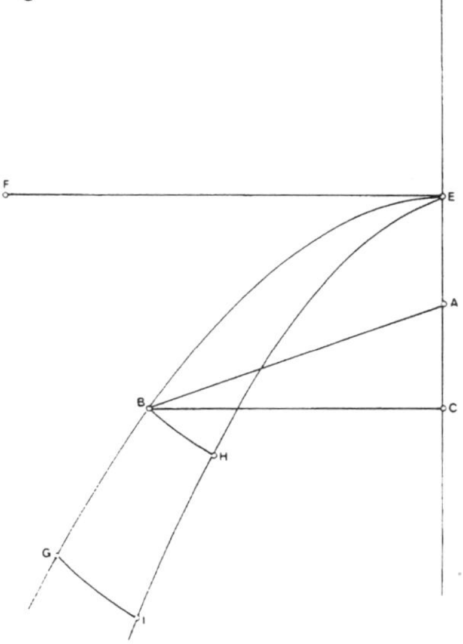

Figure 5

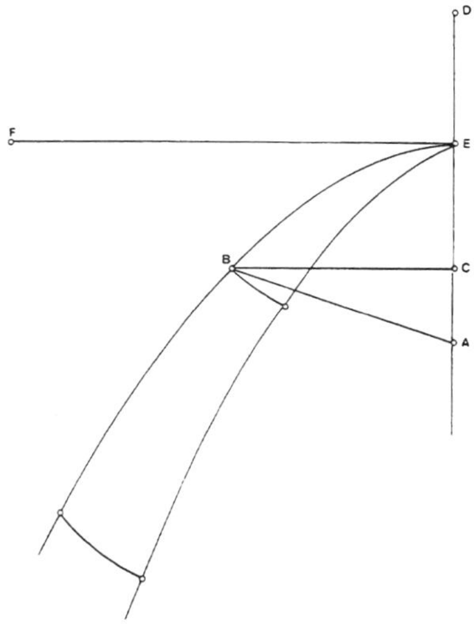

Draw the perpendicular to AC from B; let C be the foot of this line; and draw a length $AD = AB$ on line AC. There are two possibilities: C and D on either side of A (Fig. 4), and C and D on the same side of A (Fig. 5). Let E be the midpoint of CD, and EF the perpendicular to CD, such that $EF \cdot CE = BC^2$. The parabola of vertex E, with axis AE and *latus rectum* equal to the distance EF, therefore passes through B.

We consider arc BG on this parabola, and the portion of the paraboloid (BI) obtained by rotation about AC. If this portion of the paraboloid is reflective, any ray parallel to AC, falling at a point on this surface, is reflected to point A.

To demonstrate the proposition in both these cases, Ibn Sahl wants to arrive at the preceding case. It therefore suffices to show that A is the focus of the parabola—that is, that $EA = \frac{1}{4}EF$. He proceeds as follows:

We have

$$EF \cdot CE = BC^2, \text{ and } AB^2 = AC^2 + BC^2 = AC^2 + EF \cdot CE.$$

But if we consider both possibilities, we can have

$$AD = 2EC - AC, \text{ and } AE = EC - AC \text{ (Fig. 3)},$$

or

$$AD = 2EC + AC, \text{ and } AE = EC + AC \text{ (Fig. 4)}.$$

We therefore have

$$AD^2 = AC^2 + 4EC^2 \pm 4EC \cdot AC = AC^2 + 4EC(EC \pm AC)$$
$$= AC^2 + 4\text{EC} \cdot \text{AE}.$$

We deduce that $EC \cdot EF = 4EC \cdot AE$, and hence $EF = 4AE$.

Thus point A lies at a distance from vertex E of the parabola equal to a quarter of the *latus rectum*. Therefore, as in the first case, any ray parallel to the axis falling on mirror (BI) is reflected to point A.

Ibn Sahl has thus shown that in all three cases—$\measuredangle BAC = \pi/2$, $\measuredangle BAC < \pi/2$, and $\measuredangle BAC > \pi/2$—rays parallel to the axis are reflected to point A on the axis whose distance from the vertex is a quarter of the *latus rectum*.

We note that in his demonstration Ibn Sahl resorts to the fundamental relation, the *symptōma*, of the parabola, and to the property of the vertex of a parabola, which is to be the midpoint of the subtangent, in considering the three cases. As mentioned earlier, this approach differs from that of Diocles, who stated the same proposition by resorting to the fact that the subnormal is equal to the parameter—without using the *symptōma*. In the Greek text translated into Arabic and attributed to "Dtrūms," on the other hand, the author used the same auxiliary propositions as Ibn Sahl to demonstrate the same main property, but his starting point was different: instead of starting, like Ibn Sahl, with the focus to establish the equality of the angles, he started with this equality to determine the focus. Ibn Sahl's approach bears the closest resemblance to that followed in the Bobbio fragment, but there is no indication that the latter text was translated into Arabic. Moreover, it appears that Ibn Sahl was the first, so far as we know, to examine the problem of the uniqueness of the tangent plane.

If we compare Ibn Sahl's study with that of Ibn al-Haytham's *On the Burning Parabolic Mirror,* we encounter the same proposition and the same demonstration, even if the latter's exposition is somewhat improved and proceeds by "analysis" and "synthesis."[12]

[12] The points made in n. 6 also show that Ibn al-Haytham was acquainted with Ibn Sahl's treatise and followed the same method.

Drawing the parabola

Ibn Sahl then proceeds with the continuous drawing of the parabola, using the focus and the directrix.[13]

> Take a fixed point A, a fixed straight line DF, and a length $DE = l$ produced on the perpendicular at DF. Let AC be the perpendicular drawn to DF from A; A and E lie on either side of DF, and $DE > AC$ (Fig. 6).

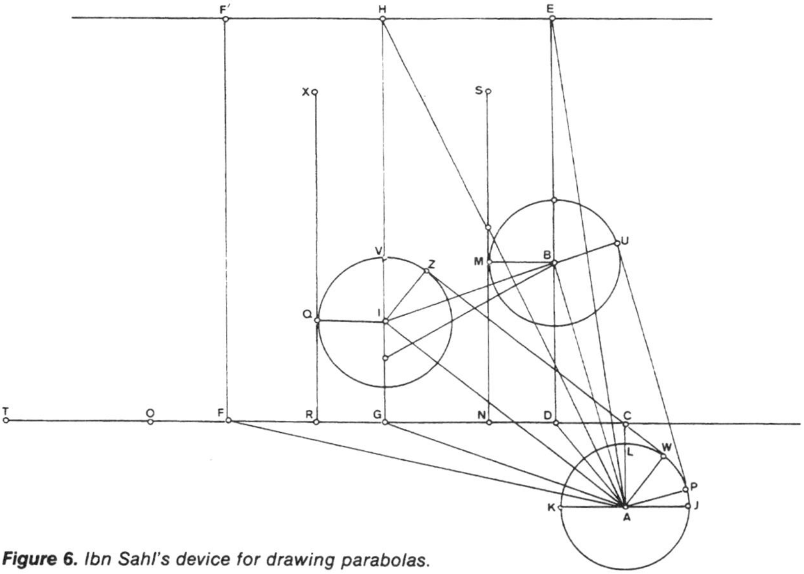

Figure 6. *Ibn Sahl's device for drawing parabolas.*

Ibn Sahl explains the construction of three points that belong to the parabola of focus A and whose directrix is line EH parallel to DF. (Note that at this point he does not name the parabola.)

> Situate points F and B on DE, and I on GH, a segment perpendicular to DF, such that their locations satisfy the equalities
>
> $$AF = l,\ BE = BA, \text{ and } IH = IA,$$
>
> and consequently
>
> $$BD + BA = IG + IA = FA = l. \tag{1}$$
>
> Points C, D, G, and F follow one another in this order on DF. We prove by *reductio ad absurdum* that $AI > AB$.
>
> Draw a semicircle with center A and diameter JK, with $JK \leqslant AB$, and two circles with centers B and I, respectively, all with the same radius. The hypothesis $JK \leqslant AB$ implies that $JK < AI$; therefore circles (A) and (B) on the one hand, and (A) and (I) on the other, do not intersect each other. Construct PU tangent to both (A) and (B), and MN tangent to (B) and perpendicular to DF. We deduce that

[13] T, fols. 14–17.

$$PU = AB,\ MN = BD, \text{ and } \widehat{PK} = \widehat{UM}.$$

The outline *JPUMN* therefore has a length s_1.

Call the semiperimeter of one of the circles *p;* we have

$$s_1 = \widehat{JP} + PU + \widehat{UM} + MN = l + p.$$

Using the same procedure, we associate outline *JWZQR* with circle (Γ), and we have

$$s_2 = \widehat{JW} + WZ + \widehat{ZQ} + QR = l + p.$$

The procedure used by Ibn Sahl to arrive at a continuous drawing is deduced from the equality $s_1 = s_2$, which results from equality (1).

Take a rigid set-square, and let one of its right-angle sides, *NO,* slide along *DF,* while the other side, *NS,* is applied to *NM; NS* is chosen greater than *NM*. Point *A* is fixed, as is semicircle (*A*). Circle (*B*) is mobile and in contact with a belt of length $l + p$, one of whose ends is attached at *J* on semicircle (*A*) and the other at *N* on the set-square. We suppose the belt inelastic.

If we push on circle (*B*) while keeping the belt taut, with circle (*B*) remaining in contact with side *NS* of the set-square, the latter slides along line *DF,* which functions as a rail. A stylus placed at point *B* draws a parabolic arc *BI*. Note that point *B* can be displaced to either side of its starting position: as far as the vertex of the parabola on one side, and until the mobile circle (*B*) is tangent to line *DF* on the other side.

The last part of this study on the continuous drawing of the parabola, unfortunately lost, must have included—as the other chapters lead us to suppose—a study of the tangent to a point of the arc *BI* just constructed, the tangent plane to the surface engendered by this arc, and lastly, the reflection of a light ray on this surface. This lost study also would have aimed at verifying that the mirror so constructed—by the focus and the directrix—is indeed a parabolic mirror. In the tenth century, at least for Ibn Sahl, the focus-directrix property did not yet *define* the parabola as a geometrical locus of points.[14]

III. THE ELLIPSOIDAL MIRROR

The only known work on the ellipsoidal mirror prior to that of Ibn Sahl is a preliminary study by Anthemius of Tralles, in which he used the bifocal property of the ellipse and affirmed, without further explanation, that by virtue of the laws of reflection, a ray from one focus is reflected toward the second focus. Anthemius also invoked the procedure known as the "gardener's method" for the continuous drawing of the ellipse.[15] It seems highly likely, as I have observed, that Ibn Sahl was acquainted with the Arabic version of Anthemius's work. However, as noted earlier, the section of his text on the study of the ellipse as a conic section is lost; only the passage on the continuous drawing of the ellipse has survived.

[14] See Rashed, *Géométrie et dioptrique* (cit. n. 2).

[15] Heiberg, *Mathematici Graeci Minores* (cit. n. 9); and Thomas L. Heath, "The Fragment of Anthemius on Burning Mirrors and the 'Fragmentum mathematicum Bobiense,' " *Bibliotheca Mathematica,* 3rd Ser., 1906/7, 7:225–233.

Drawing the ellipse

To draw an elliptic arc, Ibn Sahl starts with three nonaligned points, A, B, and C, such that $AB < AC < BC$ (Fig. 7).[16]

> Place point D on line CB, such that $CB + BA = CD = l$. On a circle with center C and radius l place point E such that $\sphericalangle ACB < \sphericalangle ACE \leqslant \sphericalangle CAB$, B and E being on the same side of the line CA; and place point F on segment CE such that $AF = EF$. We therefore have $FA + FC = l$. Hence, points B and F belong to the ellipse of focuses A and C with circle (C, l) as a directrix circle.

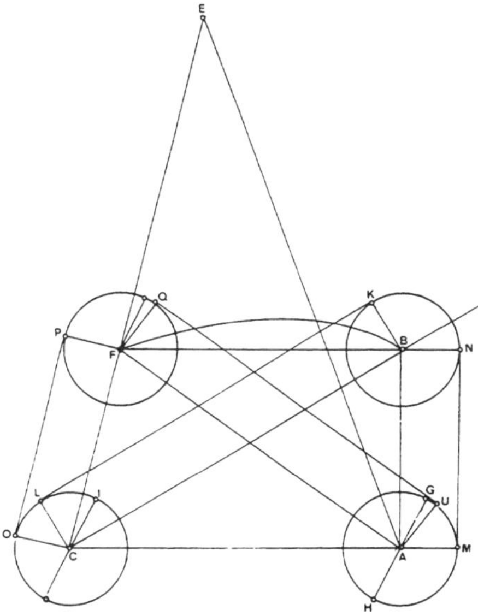

Figure 7. *Ibn Sahl's device for drawing ellipses.*

Just as in the case of the parabola, Ibn Sahl does not name the ellipse when he sets out the method for the continuous drawing of arc BF thus defined.

> From the hypotheses made for the construction of F it follows that $AF > AB$, an inequality that can be proved by *reductio ad absurdum*, and consequently $CF < CB$. It also follows that $CF \geqslant AB$.[17]
>
> Draw two parallel, equal segments, GH and IJ, with centers A and C, respectively—$IJ = GH < AB$—and draw circles (A), (C), (B), and (F), of radius $\frac{1}{2}GH$, with centers A, C, B, and F, respectively. The hypothesis $GH < AB$ entails that these circles taken in pairs do not intersect each other.
>
> If MN is a tangent common to (A) and (B), and KL a tangent common to (B) and (C), we have

[16] T, fols. 13, 2.

[17] Let there be an ellipse of focuses A and C, with major axis B_1B_2. If B describes arc B_1FB_2, distance AB increases from AB_1 to AB_2, and consequently CB decreases:

$\sphericalangle ACF > \sphericalangle ACB \rightarrow AF > AB$

$\sphericalangle ACF \leqslant \sphericalangle CAB \rightarrow CF \geqslant AB$

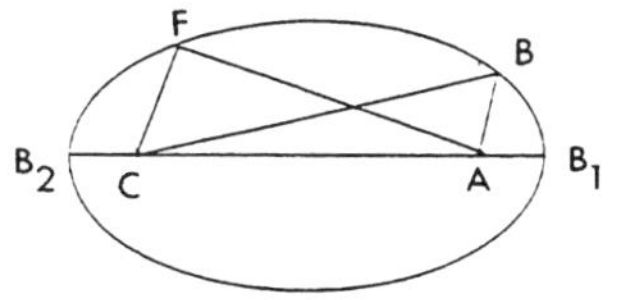

$$MN = AB \text{ and } KL = BC, \text{ whence } MN + KL = l.$$

On the other hand, $AM // BN$, $BK // CL$, $AH // CJ$ implies $\widehat{HM} + \widehat{NK} + \widehat{LJ} = p$, the perimeter of one of the circles. The outline $HMNKLJ$, of length s_1, is associated with circle (B):

$$s_1 = \widehat{HM} + MN + \widehat{NK} + KL + \widehat{LJ} = l + p.$$

Similarly, draw UQ tangent to both (A) and (F), and PO tangent to (F) and (C). With circle F we associate the outline $HUQPOJ$, whose length is

$$s_2 = \widehat{HU} + UQ + \widehat{QP} + PO + \widehat{OJ}.$$

We have, as above,

$$UQ + PO = AF + FC = l, \text{ and } \widehat{HU} + \widehat{PQ} + \widehat{OJ} = p;$$

therefore

$$s_2 = l + p = s_1.$$

To draw the curve Ibn Sahl imagined a device consisting of three circles with the same radius, functioning as pulleys, and a belt with a constant length $l + p$. Two of the circles are fixed, with centers A and C; the third, with center B, is mobile. The belt, with one end fixed to circle (A) at H, and the other to circle (C) at J, revolves around pulley B (Fig. 8). If we push on circle (B) while keeping the belt taut, center B describes an elliptic arc BF.

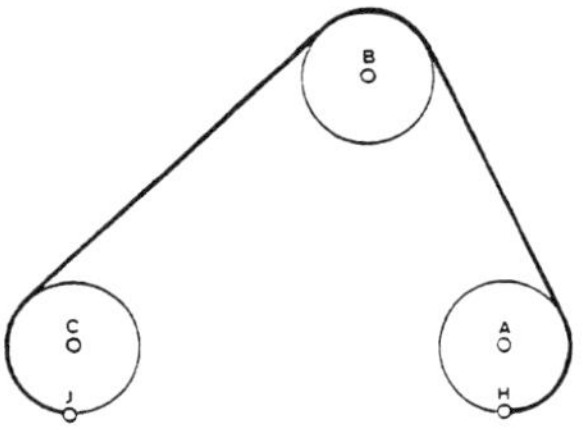

Figure 8. Another device for drawing ellipses.

Ellipsoidal reflection

While the theoretical study of the ellipse as a conic section has been lost, that of the reflection on an ellipsoidal mirror has been preserved in its entirety, unlike the case for the parabola. Starting with the bifocal property, Ibn Sahl wants to show that rays falling on one of two focuses are reflected to the other focus and may therefore burn.[18]

By rotating arc BF about line AC we engender a surface (BX), B describing a circular arc BG, and F, a circular arc FX. It can be shown that light rays from C are reflected to A.

Let T be any point on arc BF; it is associated with a circle (T) and with an outline of length s. Circle (T) corresponds to a position of circle (B), and therefore we have $s = s_1$; we deduce that $TA + TC = BA + BC$ (Fig. 9).

Let I' be any point on (BX); plane $AI'C$ cuts (BX) along arc B_aO', a position of arc FB; we therefore have $I'A + I'C = BA + BC$ (Fig. 10). If we

[18] T, fols. 2–5.

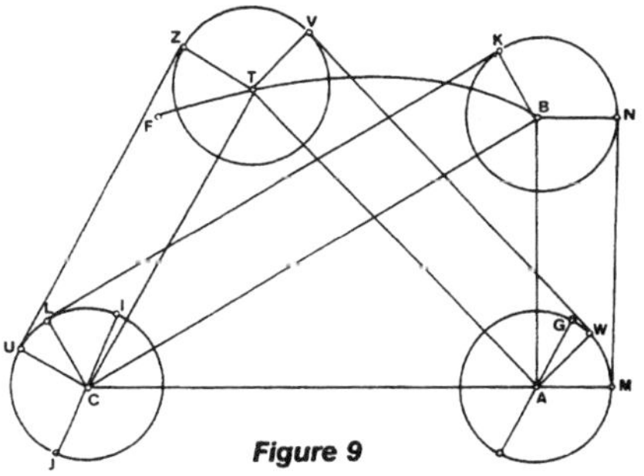

Figure 9

prolong CI' by length $I'B_b = I'A$, the bisector $B_cI'B_d$ of $\sphericalangle AI'B_b$ is tangent to arc B_aO' at I'.

Ibn Sahl proves this, and the uniqueness of the tangent, reasoning by the absurd.

> The plane drawn along line B_cB_d and perpendicular to plane ACI', is tangent to surface (BX) at point I'; this tangent plane is unique.

Ibn Sahl also proves by the absurd that lines AI' and CI' do not meet surface (BX) other than at point I'. The ray from a luminous body along CI' is reflected by mirror (BX) along $I'A$, according to the laws of reflection. This applies to all points on surface (BX).

Figure 10

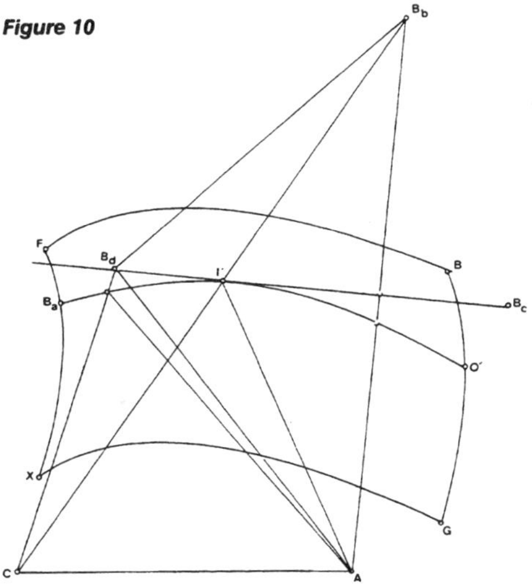

IV. THE PLANO-CONVEX LENS

In the second part of his treatise, Ibn Sahl is quite naturally led to prove that the hyperbola is an anaclastic curve, and consequently to elaborate the first geometric theory of lenses. This section, which has survived in full, starts with the first stage of the law of refraction.

The hyperbola as a conic section: The law of refraction.

Ibn Sahl first considers refraction on a plane surface. Defining *GF* as the plane surface of a piece of crystal of homogenous transparency, he emphasizes a relation that is the reciprocal of the refractive index *n* of this crystal in relation to air.[19]

Let *DC* be a light ray in the crystal, which is refracted (Fig. 11; see also Fig. 1) in the air along *CE*. The perpendicular to the plane surface *GF* at *G* intersects line *CD* at *H* and the refracted ray at *E*.

The ratio $CE/CH < 1$, which Ibn Sahl uses throughout his study, is the reciprocal of *n:*

Let i_1 and i_2 be the angles formed by *CD* and *CE*, respectively, with the normal; we have

$$\frac{CE}{CH} = \frac{CE}{CG} \cdot \frac{CG}{CH} = \frac{\sin i_1}{\sin i_2} = \frac{1}{n}.$$

Let *I* be a point on segment *CH* such that $CI = CE$, and let point *J* be the middle of *IH*. We have $CI/CH = 1/n$. Therefore *C, I, J, H* characterize the crystal for any refraction.

This result of considerable importance, encountered here for the first time, enabled Ibn Sahl to utilize the law of inverse return in the case of refraction, which is essential for the study of biconvex lenses, as we shall see later.

Constructing the lens

To construct a lens allowing burning at a finite distance by parallel rays, Ibn Sahl considers a lens whose substance has the same index of refraction *n* as the crystal just studied.

Let *A, B, K,* and *L* be points on a straight line, reproducing a division similar to *C, J, I, H*—that is, such that

$$\frac{AK}{AB} = \frac{CI}{CJ} \text{ and } BL = BK;$$

we have therefore

$$\frac{AK}{AL} = \frac{CE}{CH} = \frac{1}{n}.$$

Then let *M* be on *AB* such that $AM = BK$, and place *N* such that *BN* is perpendicular to *AB* and $BN \cdot BM = 4BL \cdot LM$. Consider the hyperbola with vertex *B*, axis *BM*, and *latus rectum BN*.[20] By rotating arc *BS* of this hyperbola about line *AB* we engender a hyperbolic surface; *S* describes a circle with center *O*, and we obtain a revolution solid limited by the hyper-

[19] T, fols. 5–9. Excavation of rock crystal was practiced intensively at Bassorah, according to al-Bīrūnī, *Al-jamāhir fī maᶜrifat al-jawāhir* (Hyderabad: Dāᵓirat al-Maᶜārif al-ᶜOsmānyya, 1936 [1355 A.H.]), p. 184.

[20] This hyperbola, with vertices *B* and *M*, has focuses *A* and *L;* therefore its eccentricity is $e = MB/AL = AK/AL = 1/n$. Therefore the choice of the hyperbola depends on the nature of the crystal.

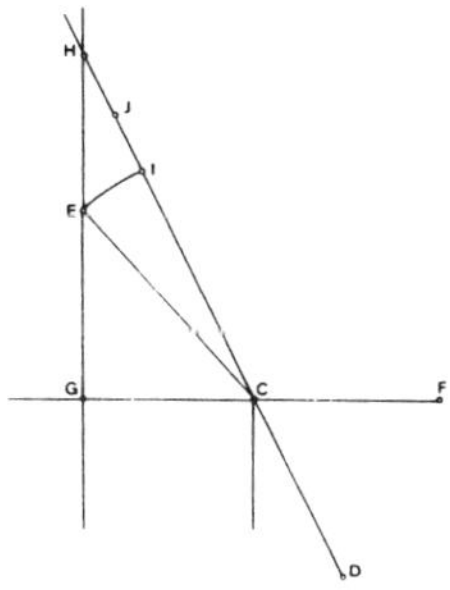

Figure 11

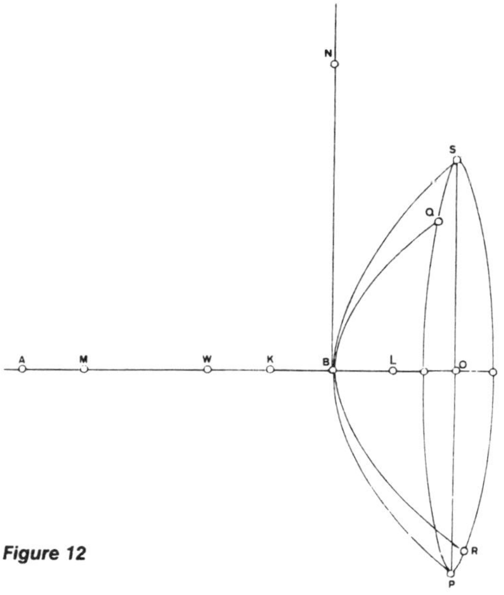

Figure 12

bolic surface and circle (O, OS) (Fig. 12; see also Fig. 1). We suppose this solid to be made of crystal with refractive index n.

PROPOSITION. *Solar rays parallel to* OB *and passing through this solid are refracted at the hyperbolic surface, and the refracted rays converge at* A.

In fact, any ray parallel to OB falling at a point on surface (O, OS) crosses it without refraction and meets the hyperbolic surface either at B or at point $T \neq B$. In the case of point B, Ibn Sahl proves by the absurd that

- the plane perpendicular to OB at B is tangent to the hyperboloid at B;
- the tangent plane at B is unique; and
- line AO meets the hyperboloid only at point B.

He deduces that the ray propagated along OB is perpendicular to the plane tangent at B, does not undergo refraction, and arrives at A.

In the case of point $T \neq B$ (Fig. 13), Ibn Sahl shows that

- plane BLT meets the surface of the lens along the hyperbola VBW of axis BM and focuses A and L;
- the bisector TZ of $\sphericalangle ATL$ is tangent to the hyperbola at T;
- the plane drawn along TZ, perpendicular to plane BLT, is tangent to the hyperbolic surface at T, and this tangent plane is unique.

We have $AT - LT = BM$. Let U' be on TA, such that $AU' = BM$; then $TU' = TL$, TZ is the bisector of LU', and LU' is therefore perpendicular to the tangent plane.

Let XT be the incident ray; XT is parallel to AL, the lines XT, TL, TZ, and TA all being in plane ATL which also contains the normal to the hyperboloid at T; the refracted ray will also be in this plane. The straight line XT cuts LZ at B_a; we have

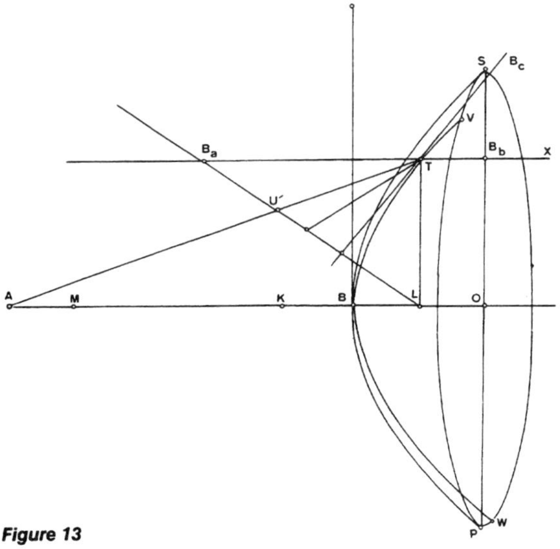

Figure 13

$$\frac{TU'}{TB_a} = \frac{AU'}{AL} = \frac{AK}{AL}.$$

But, by construction,

$$\frac{AK}{AL} = \frac{CE}{CH};$$

therefore

$$\frac{TU'}{TB_a} = \frac{CE}{CH}.$$

Figure TZB_aU' is therefore similar to figure *CGHE*; *TU'A* is thus the refracted ray corresponding to the incident ray *XT*, which passes through plane *OS* at B_b without deviation and meets the surface of the hyperboloid at *T*.

The bundle of rays parallel to *AB* falling on circle (*O*, *OS*) penetrates the lens without deviation, and is transformed into a bundle of rays converging at point *A*.

Drawing the hyperbola

To effect the continuous drawing of the hyperbola, Ibn Sahl starts with the division (*A*, *B*, *K*, *L*), which he presented earlier, and therefore obtains $AK/AL = 1/n$, if *n* is the index of the crystal studied.[21]

Let *M* be a point on circle (*A*, *AK*), such that $\measuredangle AML$ is obtuse, and place *N* on the straight line *AM*, such that $\measuredangle MLN = \measuredangle LMN$; we have therefore $NM = NL$, and $NA - NL = AM = AK$; *N* belongs to the hyperbola with focuses *A* and *L* and with a vertex at *B*.

[21] T, fols. 10–12, 17–19.

Figure 14

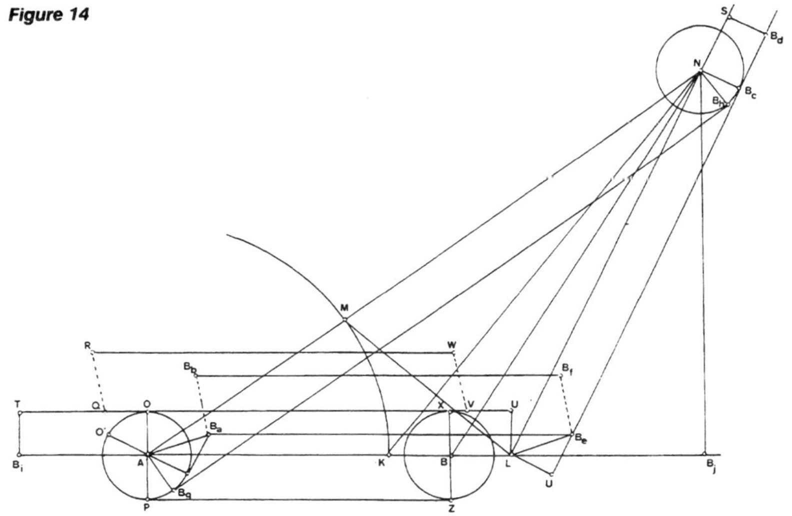

As we have seen before, Ibn Sahl does not name the conic section at this stage. He wants to construct arc BN, which is none other than a hyperbolic arc. In this case, his approach is inspired by the procedures he has already used for the two other conic sections.

Let OP be a segment with bisecting point A, perpendicular to AB, with $OP \leqslant AB$ and $OP \leqslant KL$ (Fig. 14). On the parallel to AB drawn through O, place points U and X, orthogonal projections of points L and B, respectively, and then place V and Q, such that $UV = OQ$ (an arbitrary length), and any segment $UT > LN$. Draw circles (A, AO) and (B, BX).

On the perpendicular to LN at L, set U', such that $LU' = LU$, and draw the diameter of circle (A) parallel to LU'; label this diameter $O'AI'$. Let $I'B_a$ be perpendicular to AI', with $I'B_a = OQ$; and on the perpendicular to LU' at U', let points B_e, B_c, and B_d be situated such that $U'B_e = OQ$, $U'B_c = LN$, and $U'B_d = UT$. At points Q, V, B_a, and B_e raise equal segments perpendicular to plane ALM: $QR = VW = B_aB_b = B_eB_f$; therefore we have

$$AL = OU = RW = I'U' = B_aB_e = B_bB_f.$$

If we draw the circle with center N equal to circle (A), it is tangent to $U'B_c$ at B_c (since $NLU'B_c$ is a rectangle, $NB_c = LU' = AI'$). Draw PZ tangent to both (A) and (B), and B_gB_h tangent to both (A) and (N); we have $PZ = AB$, $AN = B_gB_h$, $LN = U'B_c$, and $NS = B_cB_d$. We will show that

$$B_gB_h + B_cB_d = PZ + XT. \qquad (1)$$

We have

$$B_gB_h + B_cB_d = AN + NS = AK + MN + NS;$$

but

$$MN + NS = LS = UT = LB_i,$$

B_i being the orthogonal projection of $\bar{T}$ on AB. We deduce that

$$AN + NS = B_g B_h + B_c B_d = AK + LB_i$$
$$= AK + LB + BB_i = AB + BB_i = l,$$

and for any point on the hyperbola, we have

$$AN + NS = AB + BB_i.$$ [22]

But since $AB = PZ$ and $BB_i = XT$, equality (1) is verified. On the other hand,

$$\widehat{B_h B_c} = \widehat{B_g I'} \text{ since } \measuredangle B_g A I' = \measuredangle B_h N B_c;$$

therefore $\widehat{O'PB_g} + \widehat{B_h B_c} = \frac{1}{2}$ circle, and we have

$$\widehat{O'B_g} + B_g B_h + \widehat{B_h B_c} + B_c B_d = PZ + \tfrac{1}{2}\text{ circle} + XT = l + p, \quad (2)$$

p being the semiperimeter of one of the circles.

Note that circles (A) and (B) do not intersect, since $AB \geqslant OP$. On the other hand, we have AN > AB, a property of the hyperbola that Ibn Sahl proves by the absurd; therefore $AN \geqslant OP$, and circles (A) and (N) do not intersect.

Now Ibn Sahl starts with equality (2) and imagines a device for making a continuous drawing of the hyperbolic arc BN (Fig. 15). This device consists of a system of two rigid parts. The first part, associated with the fixed point A, pivots about this point; it is formed by the semicircle limited by diameter OP, the segment OQ, and the segment RQ, which is perpendicular to plane LAO. The second part is associated with the fixed point L, about which it pivots, and is formed by the rigid set-square LUT and by segment VW, perpendicular to plane LUT; $VW = QR$ and V is on UT, such that $UV = OQ$. The two parts are joined to each other by shaft RW, functioning as a connecting rod. Any rotation of the second part about L produces the same degree of rotation of the first part about A. To the two rigid parts Ibn Sahl then adds a mobile part consisting of circle (B) functioning as a pulley, and a belt fixed at P and T and turning around (B); its outline $PZXT$ has a constant length $l + p$ according to equality (2).

If we push on circle (B), the belt remaining taut, the circle in turn pushes the rigid set-square TUL, which pivots about the fixed point L, pulling the entire rigid device, while shaft RW remains parallel to AL. The set-square LUT will replace $LU'B_d$, P will be at O', and the belt will arrive at position $O'PB_gB_hB_cB_d$, when point B is superposed on point N (Fig. 16). In this displacement, center B of the pulley describes arc BN.[23]

As point M is the intersection of line AN and circle (A, AK), we have $NM < NK$, and hence $NL < NK$. In triangles NBL and NBK, therefore, we have $\measuredangle LBN < \measuredangle KBN$, and consequently $\measuredangle LBN$ is acute. Foot B_j of the perpendicular drawn from N to AB therefore lies on the segment BLB_j. We can then show, by the absurd, that line NB_j does not meet arc BN at any point other than N. By rotation of the figure limited by arc BN and segments BB_j and

[22] Conversely, $AN + NS = AB + BB_i \rightarrow AN + NS - LS = AB + BB_i - LB_i$, whence $AN - NL = AB - BL$.

[23] Note that the movement of the pulley (B) is obstructed neither by shaft RW, which lies above plane ALN, nor by the movement of the set-square LUT, since, according to the condition $OP \leqslant KL$ stated at the beginning of the problem, the radius of the pulley is smaller than distance BL.

Figure 15. *Ibn Sahl's device for drawing hyperbolas, shown at its starting position for drawing a hyperbolic arc. The fine lines indicate the indeformable system; the bold lines, the belt of constant length.*

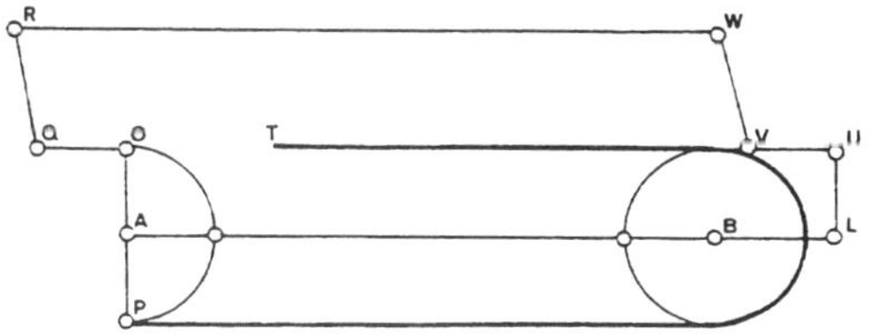

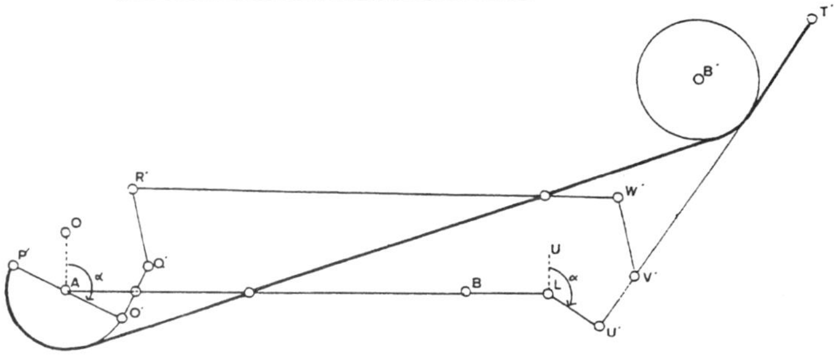

Figure 16. *The drawing device, showing the position reached when both parts of the system have turned angle α, one about point* A, *the other about point* L. *The pulley has moved from position* B *to position* B'.

> NB_j about line BB_j, we engender a solid and suppose it made in the crystal studied earlier.

Refraction at a hyperbolic surface

After completing the continuous drawing of the hyperbola, Ibn Sahl examines the anaclastic property of the curve.[24] He presents the following proposition:

PROPOSITION. *Solar rays parallel to BB_j, falling on surface (B_j), pass through this surface without deviation, and fall on the hyperbolic surface (B); they are then refracted to point A.*

To prove this proposition, Ibn Sahl considers on the hyperbolic surface, successively, point *B*, which is on the axis, and a point other than *B*. He examines the tangent plane and the path of the luminous rays in both cases.

> Consider point *B*. In plane *BLN* we have arc $NBB_{i'}$, a hyperbolic arc whose vertex is *B* (Fig. 17). Let $BB_{o'}$ be perpendicular to *BL*.

Ibn Sahl shows by the absurd that $BB_{o'}$ is tangent to arc $NBB_{i'}$ at *B*. He also shows by the absurd that no other straight line is tangent to this arc at *B*. He then considers the plane perpendicular to plane *BLN* through line $BB_{o'}$, and shows that it is tangent to surface (*B*) at *B*, and that this is the only tangent plane at this

[24] T, fols. 20–25.

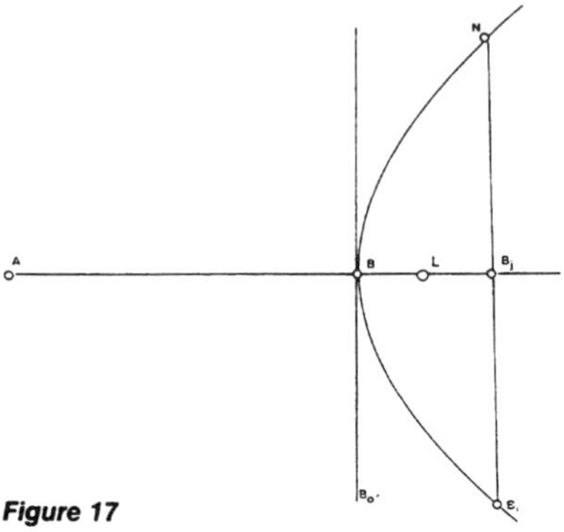

Figure 17

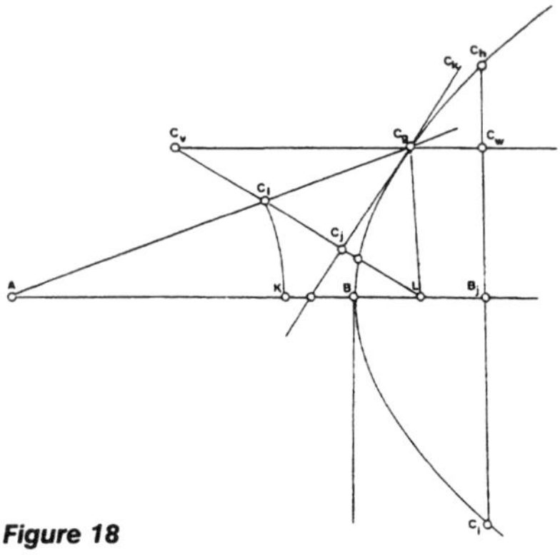

Figure 18

point. Lastly, he shows—by the absurd—that line AL meets surface (B) only at point B.

Thus sunlight is propagated along B_jB in the crystal, and along BA in the air.

Now consider point $C_g \neq B$ (Fig. 18). Plane BLC_g cuts surface (B) along line C_hBC_i.

Ibn Sahl shows by the absurd that the bisector C_gC_j of $\sphericalangle LC_gA$ is tangent to this line at C_g, and that this straight line is the only tangent to this line at C_g. Lastly, he shows that the plane perpendicular to plane ALC_g drawn through line C_gC_j is tangent to surface (B) at point C_g.

Let C_l be the intersection of AC_g and circle (A, AK). Line LC_l meets the tangent at point C_j, and is perpendicular to the tangent plane at C_j. The parallel to AL drawn through C_g intersects plane (B_j) at C_w, and line LC_l at point C_v; we have

$$\frac{C_gC_l}{C_gC_v} = \frac{AC_l}{AL} = \frac{AK}{AL};$$

however, by hypothesis,

$$\frac{AK}{AL} = \frac{CE}{CH},$$

and therefore

$$\frac{C_gC_l}{C_gC_v} = \frac{CE}{CH} = \frac{1}{n}.$$

On the other hand, Ibn Sahl shows by the absurd that C_g is the only meeting point of surface (B) with line C_wC_v and line AC_g.

Consequently, the solar ray parallel to AL, falling on plane (B_j) at C_w, penetrates the crystal and is propagated along C_wC_g; at C_g on surface (B) it is refracted, and it is then propagated in the air along line C_gA.

The same is true for any solar ray falling on surface (B_j).

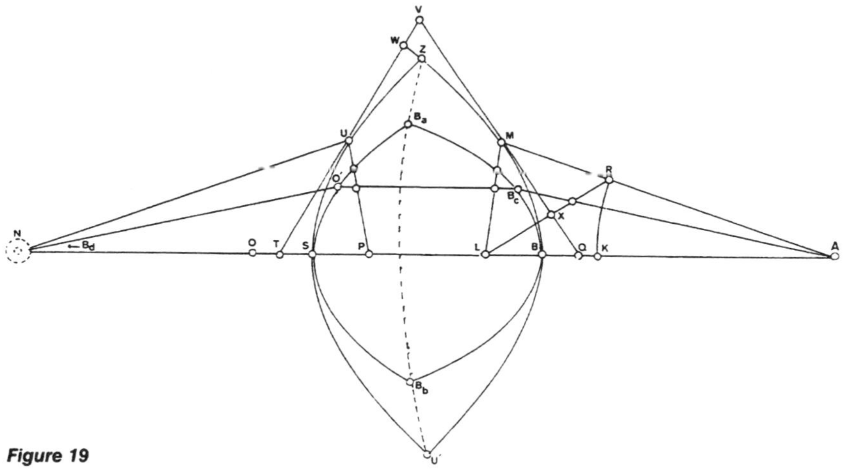

Figure 19

V. THE BICONVEX LENS

Ibn Sahl terminates his study by constructing a lens limited by two portions of a hyperboloid of revolution of the same axis and composed of the same substance as the plano-convex lens, above.[25] In his construction, he uses the result established in the course of his study of that lens, while admitting the principle of the inverse return of light. The biconvex lens constructed here consists of two plano-convex lenses joined together.

As above, Ibn Sahl considers a division A, K, B, L on a straight line, similar to division C, I, J, H, which is associated with arc BM of a hyperbola with vertex B and focuses A and L. He considers a second division N, O, S, P, also similar to C, I, J, H, associated with a hyperbola of vertex S and focuses P and N (Fig. 19; cf. Fig. 20).

We have

$$\frac{CI}{CH} = \frac{NO}{NP} = \frac{AK}{AL} = \frac{1}{n},$$

n being the refractive index of the crystal in relation to air.

The bisector of $\sphericalangle AML$, labeled MQ, is tangent to curve BM at M. Let R be on AM, such that $MR = ML$ (therefore $AR = AK$); then MQ meets LR at X in a right angle, and therefore $\sphericalangle LQX$ is acute. Similarly, the bisector of NUP, labeled UT, is tangent to curve SU, and $\sphericalangle PTU$ is acute. Therefore lines MQ and TU meet each other; let this be at point V.

Curve BM meets line QB only at point B; it meets line QM only at point M, and it meets line TV at only one point, labeled W. Curve SU meets line TV only at point U; it meets curve BW at point Z.

If we fix line BS and pivot the surface limited by arcs BZ and ZS and line BS about it, point Z describing circle ZU', we obtain the solid $BZSU'$. We make a solid equal to this one from the same crystal previously considered.

[25] T, fols. 25–26.

PROPOSITION. *Luminous rays proceeding from N, falling on surface ZSU', penetrate this solid, meet surface ZBU', and are propagated to point A; they burn at this point.*

Start by considering the case for point S. Line NS meets the surface of the luminous body at I'. Ray $I'S$ penetrates the solid at S, is propagated along SB, emerges at B, and is propagated along BA.

Then consider any point $O' \neq S$. Plane BSO' intersects the surface of the solid along $SO'B_a$ and B_aB_cB (B_a is a position of Z, arc $SO'B_a$ a position of arc SZ, and arc B_aB_cB a position of arc ZB); we suppose $O'B_c$ parallel to BS. Line NO' meets the surface of the luminous body at point B_d. The light at point B_d is propagated in the air along B_dO', penetrates the solid at O', is propagated along $O'B_c$, emerges at B_c, and is propagated along B_cA.

A bundle of rays emanating from point N undergoes a first refraction at surface S that transforms it into a cylindrical bundle; when this bundle falls on surface B, it is refracted a second time and is transformed into a bundle of rays that will converge at point A.

VI. IBN SAHL'S CONTINUOUS DRAWING OF CONICS: THE PERFECT COMPASS

Tenth-century mathematicians paid particular attention to the construction of conics by continuous drawing. For that purpose they devised certain instruments, including the perfect compass, and several wrote treatises on them. Among those, who composed such a treatise was al-Qūhī, whose works were known to Ibn Sahl, since the latter commented on one of them, a *Treatise on the Art of the Astrolabe*. Al-Qūhī affirmed that he knew of no work on the perfect compass by Greek geometers.[26] Ibn al-Haytham also wrote such a text, for he refers to it in his treatise on parabolic burning mirrors, as one in which he showed "the determination of all conic sections by the instrumental method: how to determine conic sections so accurately [ᶜ*alā ḥaqīqatihi*] that no other more accurate may be achieved on the matter, as in determining the existence of a circle by the compass." This latter treatise is still undiscovered.[27] Although some of these compasses have already been studied, an analysis of their interconnections has yet to be made. I shall now consider the instruments devised by Ibn Sahl and endeavor to extract from their apparent complexity the idea on which they are based. I shall then give a brief summary of the principle of the perfect compass.

Ibn Sahl's devices for the continuous drawing of the three conic sections each

[26] See Franz Woepcke, "Trois traités arabes sur le compas parfait," *Notices et extraits des manuscrits de la Bibliothèque Impériale et autres bibliothèques*, n.d., Vol. XXII, Part 1, pp. 68, 145. For al-Qūhī's treatise on the astrolabe and Ibn Sahl's commentary see Rashed, *Géométrie et dioptrique* (cit. n. 2).

[27] Ibn al-Haytham, *Fī al-marāyā al-muḥriqa bi al-quṭū*ᶜ (On burning mirrors by conic sections), p. 11; translated into Latin by Gerard of Cremona as *Liber de speculis comburentibus*. The Latin text, with a German translation of the Arabic text, was published by Johan Ludvig Heiberg and Eilhard Wiedemann, "Ibn al-Haitams Schrift über parabolische Hohlspiegel," *Bibl. Math.*, 3rd Ser., 1910/11,
* *10*:193–208. On the role of the text for our understanding of conics in Latin science see Marshall Clagett, *Archimedes in the Middle Ages* (Philadelphia: American Philosophical Society, 1980), Vol. IV, pp. 13–18. An English translation also exists by H. J. Winter and Walid ᶜArafāt: "Ibn al-Haitham on the Paraboloidal Focusing Mirrors," *Journal of the Royal Asiatic Society of Bengal*, 3rd Ser. (Science), 1949, *15*:25–40.

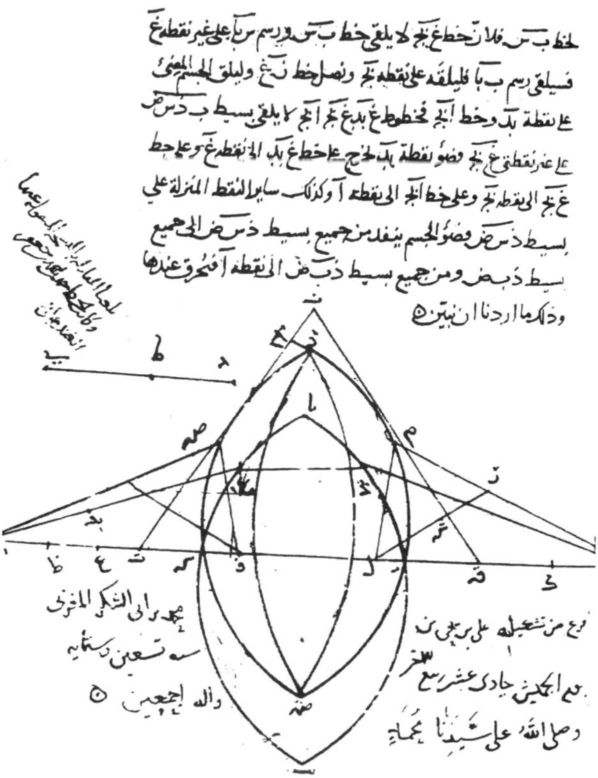

Figure 20. The biconvex lens as depicted in Millī MS 867, folio 26r; compare Figure 19. Courtesy of Millī Library, Tehran.

have, as we have seen, two components: one rigid, the other flexible though of constant length (see Figs. 6, 14, 15, and 16). The flexible component consists of a cord or belt that turns about a mobile circle, acting as a pulley, whose function is to prevent the breaking of the cord while facilitating the movement of the mobile part. If the center of this circle is equipped with a stylus it will draw the arc of the curve studied.

For each of the three conic sections, which we will consider in turn, it is a property of the focus that is important.

The parabola

Let there be a parabola with focus F, and a straight line Δ perpendicular to the axis that cuts the parabola at points A and B (Fig. 21). For every point M on arc AB with projection H on Δ, we have

$$MF + MH = l, \text{ and } AF = BF = l, \tag{1}$$

l being the distance from Δ to the directrix D. We have, on the other hand,

$$MF = MH'. \tag{2}$$

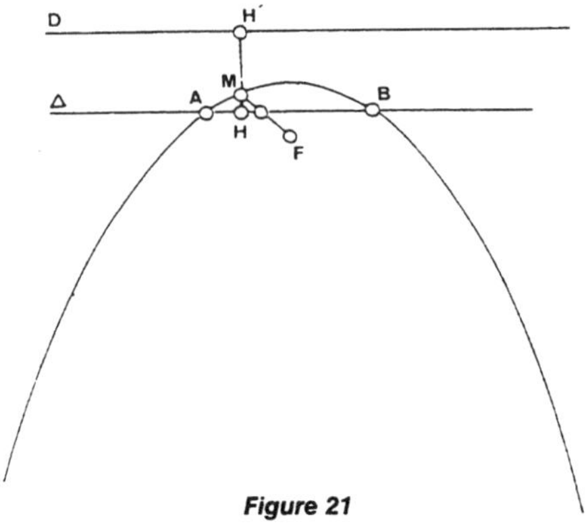

Figure 21

Ibn Sahl, like his predecessors, did not name the directrix; however, his demonstration uses the two above equalities and the transition from one to the other.

If we examine the device conceived for the continuous drawing of the parabola, we note that it is based on the first equality. The only difference between this device and the one using a cord of length l fixed at F and at vertex H of a set-square is the use of a pulley. A pencil that tightens the cord at M draws a parabolic arc when the set-square slides along Δ: this is the instrument Ibn Sahl imagined for drawing the parabola.

The ellipse

Ibn Sahl uses the property that enables us to determine the locus of a point M the sum of whose distances between two fixed points F and F' is equal to a constant magnitude l—that is,

$$MF + MF' = l;$$

F and F' are the two focuses of the ellipse, and l is the length of the major axis. The device that Ibn Sahl proposes differs from the well-known "gardener's method" only in the use of pulleys, of which two are fixed and one is mobile (see Fig. 22).

The hyperbola

> Let there be a hyperbola with focuses F and F', whose transverse axis has a length $2a$. Any point M on the branch that surrounds point F is characterized by
>
> $$MF' - MF = 2a.$$
>
> Let S be a point on the prolongation of FM (Fig. 23); we have
>
> $$(SM + MF') - SF = 2a.$$

Given these relations, it is possible to imagine a device for the continuous drawing of a hyperbolic arc:

> Consider a ruler that pivots about focus F, and a cord attached at one end to focus F' and at the other end to point S on the ruler. If the distance

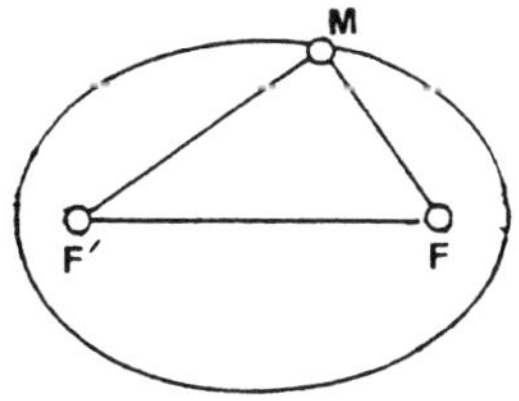

Figure 22

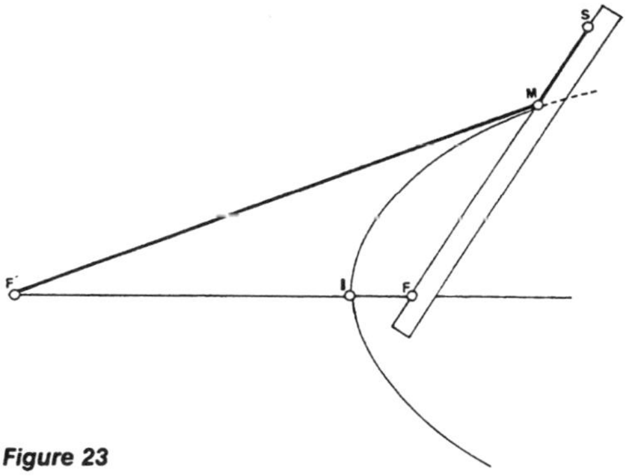

Figure 23

between the two points F and S on the ruler is $FS = l$, we take a piece of cord of length $l' = l + 2a$. We keep the cord taut with the help of a pencil resting at M on the ruler: the pencil point draws arc MB when the ruler pivots about F.

Now let us turn to the device imagined by Ibn Sahl for drawing the hyperbola, which evolved precisely from the idea we have just set forth. He uses two pulleys of the same radius—one with a fixed center, the other with a mobile center—on which the cord or belt of invariable length rests.

Ibn Sahl must have been acquainted with existing contemporary works on the perfect compass—I referred earlier to his commentary on the *Treatise on the Art of the Astrolabe* by al-Qūhī, author of a treatise on the perfect compass. Al-Qūhī's instrument consists of three articulated parts (Fig. 24): part MN, called the base of the compass, corresponds to axis V of the conic; part LP, called the axis of the compass, corresponds to the axis of the cone. Line segment RQP, called the drawing pen, revolves about line PL; its length is variable, which enables pen point R to remain in contact with plane π during rotation, and thus to draw the conic section.

The perfect compass therefore draws a conic section if we know, for example, the *latus rectum*, a diameter, and the angle formed by this diameter and the conjugate direction. However, this drawing requires preliminary constructions to

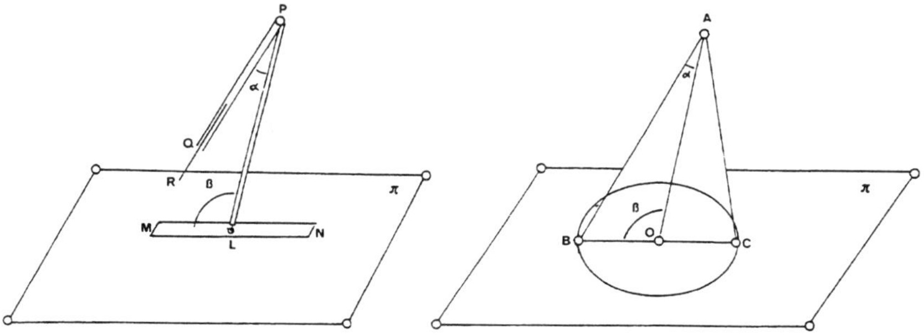

Figure 24. *Al-Qūhī's perfect compass and the corresponding cone.*

determine the two angles, α and β, of the perfect compass (which are equal in the case of the parabola). Ibn Sahl may indeed have proposed his method in order to dispense with such lengthy and complicated preliminary constructions. This conjecture seems plausible, but here as elsewhere Ibn Sahl does not reveal his intentions.

As to whether the method that Ibn Sahl used to construct conic sections survived, I suggest that it did, on the following evidence. As already noted, Ibn Sahl's successor Ibn al-Haytham, in his work on the parabolic mirror, mentioned a treatise he had composed on the construction of conic sections "using the instrumental method" (*bi-ṭarīq al-ᵓāla*). He wrote: "As for the way to determine the parabola and other conic sections using the instrumental method, this was mentioned by a group of geometers, even if they did not determine it exactly [*ᶜalā ḥaqīqatihi*]";[28] this last phrase suggests that Ibn al-Haytham had perfected the method himself. I suspect that among this "group of geometers," he had been thinking first and foremost of Ibn Sahl.

VII. CONCLUDING REMARKS

As we have seen, it was the study of burning mirrors that led Ibn Sahl to the first investigations on anaclastics; and his mastery of the theory of conics, as revealed not only in this treatise but also in his mathematical work analyzed elsewhere, made the birth of this chapter possible. Just as in research on burning mirrors, in anaclastics one proceeds by applying geometric structures, notably supplied by the theory of conics, to certain luminous phenomena so as to achieve the practical goal aimed at from the beginning: burning. The constructed object—whether mirror or lens—must therefore conform to the geometric structure applied. Some would say today, and justifiably so, that it is a matter of constructing models with the aid of mathematics to achieve a practical end: that of burning from a distant or near source. In this respect, the only differences between the new chapter on anaclastics and the much older one on burning mirrors are the complexity of the phenomena studied and the subtlety of the mathematical structures employed.

Consequently, renewed interest in the study of refraction in the tenth century is fully justified: for the first time since Ptolemy's *Optics*, real progress was made in the knowledge of refraction. Ibn Sahl, who read and commented on the Alexandrian writer, knew that the incident ray and the refracted ray lie on a plane containing the normal, on either side of it. Similarly, he knew the principle of inverse return. To this he added the ratio he discovered, equivalent to Snellius's law as the latter would later formulate it: as noted, he introduced the ratio of the refracted ray to the distance of the image at the point of incidence (CE/CH throughout his study) as a constant ratio for two given media. Even if he did not state the law explicitly, it underlies all of his research on lenses, and his contribution is of the utmost importance. (Ibn Sahl's discretion in this matter is apparently not fortuitous: it would seem due to the absence of inquiry into the physical causes of refraction—that is to say, to the lack of any attempt to justify this mode of propagating light.)

The discovery of this treatise by Ibn Sahl compels us to consider the connec-

[28] Ibn al-Haytham, *Majmūᶜ al-Rasāᵓil* (Hyderabad: Dāᵓirat al-Maᶜārif al-ᶜOsmānyya, 1938 [1357 A.H.]), p. 11.

tions between Ibn al-Haytham and his predecessor, and thus it enables us to place more exactly in its historical context a contribution that historians readily qualify as revolutionary. If we confine ourselves to the study of lenses alone, we observe that Ibn Sahl considers only rays parallel to the axis and obtains the convergence of all refracted rays at a single point on the axis. Let us remark that, for Ibn Sahl, the notion of focus of a conic ceases to be connected simply with reflection; it is henceforth linked to refraction as well.

Nonetheless, it remains true that Ibn Sahl's sole intention was burning and his study is purely geometric. At no time does any kind of experimentation whatsoever intervene as part of his proof. Because he only wanted to burn, he confined himself to the conception and construction of a geometric model that would help to construct the mold of the lens. As a result he refined and advanced geometric study; the practical value and effectiveness of the model were to be tested when the model was eventually used. But when attention is paid to the problems raised by the image of an object observed through the lens, the situation becomes quite different; in this case it is impossible to avoid difficulties such as astigmatism and aberration. Such problems, unimagined in Ibn Sahl's treatise, would arise in the work of Ibn al-Haytham, who would be led to redefine the relationships between conditions for vision and conditions of light and its propagation, between sight and illumination.

It would have been surprising for such a major contribution to the history of optics, remarkable for its time, to remain without an heir. And it would be equally surprising if earlier important works had not paved the way for a work as revolutionary as that of Ibn al-Haytham. We know that Ibn al-Haytham was in fact acquainted with Ibn Sahl's writings and with the treatise reconstructed here. His achievement was to consolidate this chapter on anaclastics while expanding its scope—but that is the topic of another study.[29] For the time being, let me simply stress that through our recently acquired knowledge of Ibn Sahl's contribution, we are now in a position to assess more precisely Ibn al-Haytham's contribution to anaclastics and his work on optics in general.

In conclusion, let me note the insufficiently emphasized impact of the study of optical instruments—mirrors and lenses—on the interest in geometric constructions in the tenth and eleventh centuries. The search for mechanical means of constructing conic sections was related to research in optics, just as the construction of the perfect compass during the same period was related to research in astronomy, and in particular to the construction of astrolabes and sundials.

[29] See Rashed, *Géométrie et dioptrique* (cit. n. 2).

VII

Transmissions et recommencements : l'exemple de l'optique

S'il faut opter pour une métaphore spatiale afin de décrire la production et la circulation du savoir scientifique autour de la Méditerranée, c'est vers le *topos* aristotélicien que se portera sans doute ma préférence. La Méditerranée serait alors un lieu d'échanges entre toutes les civilisations de l'Ancien Monde, celles qui encerclent ses rives, et celles qui s'en éloignent. C'est ce que je voudrais brièvement illustrer à partir de l'histoire de la discipline choisie : l'Optique. Mais commençons par quitter le terrain miné des métaphores pour rappeler quelques exemples empruntés à l'histoire de l'Optique.

Plaçons-nous d'abord dans la situation de l'historien qui, de nos jours, veut écrire l'histoire de sa discipline à l'une ou l'autre de ses étapes. Si par exemple il entend étudier les débuts de l'optique hellénistique, il ne manquera pas de rencontrer l'œuvre de Dioclès, du second siècle avant notre ère. Sa recherche exigera donc l'examen de la compilation arabe de cette œuvre, qui est seule à avoir survécu. Si maintenant il s'attache à une période plus tardive de l'Optique hellénistique, il devra consacrer la majeure partie de ses efforts à l'étude de la contribution capitale que l'on attribue à Ptolémée (IIe siècle). Il lui faudra cette fois se satisfaire de la traduction latine faite au XIIe siècle par l'émir Eugène de Sicile, à partir de la version arabe, elle-même faite à partir du texte grec, au IXe siècle : les deux textes, grec et arabe, sont en effet perdus. Supposons enfin que notre historien ne s'intéresse qu'à la seule Optique arabe, et qu'il soit suffisamment désinvolte pour négliger les sources grecques et les traductions arabes de celles-ci, il ne pourra cependant pas faire l'économie des traductions latines et hébraïques issues de l'arabe. Nous savons que l'un des premiers travaux en Optique arabe est du philosophe Abû Isḥâq al-Kindî. De son livre sur l'Optique, il ne nous reste que la traduction latine, qui fut une référence essentielle aussi bien pour Roger Bacon que pour John Pecham et pour Robert Grosseteste. Mais, s'il étudie un chapitre particulier de l'Optique arabe, comme celui des phénomènes atmosphériques, il rencontrera inévitablement le livre de l'Andalou Ibn Muʿâḏ, *De Crepusculis*, qui n'existe que dans ses traductions latine et hébraïque.

Il serait facile de multiplier de tels exemples, qui tous concourent à montrer que nous sommes bien là face à une situation spécifique, aussi bien dans le temps que dans l'espace. Si, en effet, on le compare à l'historien de l'Optique d'une époque plus tardive, telle le XVIIIe siècle, ou à un historien de l'Optique dans une autre aire culturelle — la Chine par exemple —, l'historien des sciences et des mathématiques dans les cultures méditerranéennes, jusqu'au XVIIe siècle, doit suivre une démarche plus contournée. Il lui faut sans répit parcourir tous les lieux; jamais il ne peut s'appuyer sur un point fixe; il doit rejeter, au risque de manquer totalement son objet, toute tentation de culturo-centrisme et d'histoire linéaire. Mais cette condition propre à notre historien n'est, en fait, que le reflet des méandres de la constitution et de la diffusion de l'Optique elle-même. Arrêtons-nous donc à l'élaboration de cette science, et, au lieu des recherches de l'historien d'aujourd'hui, considérons le parcours du savant d'hier.

La recherche optique dans l'antiquité grecque et hellénistique se répartit essentiellement en cinq chapitres, qui parfois se superposent ou se chevauchent : l'Optique au sens propre, c'est-à-dire l'étude géométrique de la perception de l'espace et des illusions de perspective; la catoptrique, c'est-à-dire l'étude géométrique de la réflexion des rayons visuels sur les miroirs; les miroirs ardents, étude de la réflexion convergente des rayons solaires sur les miroirs; les phénomènes atmosphériques comme le halo et l'arc-en-ciel; et enfin l'étude de la vision par les philosophes et les médecins. Dans les chapitres où l'on traite en même temps de la propagation de la lumière et de la vision, dominait la doctrine du « rayon visuel » : il s'agit d'un faisceau divergent, émis par l'œil, c'est-à-dire un cône dont le sommet est l'œil, et dont les arêtes sont les rayons visuels qui se propagent en ligne droite et vont parcourir les objets qui leur font obstacle. Selon cette doctrine, voir c'est éclairer, et les conditions de la propagation sont celles de la vision. Chacune des deux problématiques — propagation et vision — renvoie immédiatement à l'autre; or c'est précisément sur ce double mouvement de renvoi qu'ont reposé les conditions de possibilité de l'ancienne Optique, mais aussi ses limites et les obstacles à son développement.

C'est donc cette doctrine qui fut transmise, avec la plupart des travaux grecs et hellénistiques optiques, à la tradition arabe. Mais que signifie dans ce contexte, « transmission »? Deux traits insuffisamment soulignés caractérisent le mouvement de traduction scientifique qui a réalisé la partie de loin la plus importante de la transmission scientifique. D'une part, la traduction scientifique était le plus souvent destinée, sinon toujours, non point à constituer une bibliothèque nécessaire à l'érudition, mais à répondre aux besoins de la recherche scientifique la plus avancée à l'époque. On peut dès lors comprendre, et c'est le deuxième point, que la traduction fut souvent l'œuvre de savants de premier plan, tel Thâbit ibn Qurra par exemple, et que souvent l'acte de traduire était immédiatement suivi du renouvellement d'un chapitre particulier, si ce n'est de l'ensemble de la discipline. C'est dire que cette transmission était parfois didactique, souvent cumulatrice, et par moment révolutionnaire.

L'important chapitre sur les miroirs ardents illustre parfaitement cette situation. Ce chapitre, mathématiquement le plus difficile de l'ancienne Optique, est aussi celui qui, socialement, séduit le plus. On a souvent présenté ces miroirs comme une arme de guerre, à laquelle les gouvernants ne pouvaient demeurer indifférents. Au milieu du IXe siècle déjà, la plupart des travaux grecs hellénistiques et byzantins étaient traduits en arabe. Les plus importants d'entre eux n'existent d'ailleurs plus qu'en arabe, ou, tout au moins, leur version arabe est plus complète que le texte grec qui a survécu. Outre la compilation du livre de Dioclès, déjà évoquée, nous possédons un texte de Didyme, un autre d'un certain « Dtrûms », et une version du texte d'Anthémius de Tralles (VIe s.). Or il serait impossible de comprendre ce mouvement massif de traduction sans référence à la recherche engagée suffisamment tôt en ce domaine. Le niveau atteint par l'étude d'al-Kindī, par exemple, suffit à montrer cette liaison ; il reprend en effet le problème de l'embrasement à une distance donnée à l'aide de ces miroirs, et s'emploie dès le départ à démontrer ce qu'Anthémius de Tralles n'a pu prouver. Il rectifie la démarche de son prédécesseur, pour examiner d'autres miroirs qu'il n'avait pas étudiés. Tout comme al-Kindī, d'autres savants du IXe siècle, et des deux siècles suivants, vont reprendre les travaux des Anciens, pour les remanier et les étendre. Ils sont ainsi parvenus à parfaire la théorie géométrique de tous les miroirs étudiés par les Anciens — sphérique, parabolique, ellipsoïdal, système de miroirs plans — ainsi qu'à améliorer les procédés des tracés continus des courbes servant à fabriquer ces miroirs. Mais dès la deuxième moitié du Xe siècle, leur démarche prend une allure beaucoup plus radicale : ils posent des problèmes encore impensés. Ils s'interrogent en effet sur la possibilité d'employer non plus seulement la réflexion, à l'exemple des Anciens, mais aussi la réfraction, pour obtenir un meilleur embrasement. Le résultat le plus spectaculaire de cette nouvelle recherche fut, au Xe siècle, le commencement de l'étude géométrique des lentilles, c'est-à-dire le commencement du célèbre chapitre sur l'anaclastique, que jusqu'ici l'on a daté, à tort, du XVIIe siècle. Les effets de ce nouveau chapitre ne se limitaient pas aux seuls résultats géométriques et optiques obtenus — étude des plans tangents aux surfaces coniques, formulation pour la première fois de la célèbre loi de Snell — mais ses prolongements vont jusqu'à infléchir l'étude optique elle-même. La place centrale sera désormais occupée par l'étude de la réfraction, et la dioptrique détrône la catoptrique. Cette inversion de l'importance respective des objets d'étude se manifestera désormais dans les travaux du mathématicien et physicien de la fin du Xe et du début du XIe siècle Ibn al-Haytham. Notons pour l'instant qu'il a, lui aussi, consacré des travaux aux miroirs ardents; son étude sur le miroir parabolique représentera du reste, à partir du XIIe siècle, dans sa traduction latine — *Liber de Speculis Comburentibus* — la principale source en latin sur ce sujet. C'est dans cette traduction de Gérard de Crémone que l'on rencontre, selon les termes de l'historien des mathématiques latines M. Clagett, « the first traces of any knowledge of conic section in the West » (p. 3)*.

Rectification, accumulation et renouvellement caractérisent donc l'histoire de ce chapitre de l'Optique à la suite de la transmission du grec en arabe. Ce texte d'Ibn al-Haytham, tout comme son livre *De l'Optique,* vont constituer un autre départ, qui nous mène du XIIe au XVIIe siècle.

Venons-en maintenant au corps de la discipline, et abordons la transmission de l'Optique d'Euclide et de Ptolémée. Cette fois encore cette transmission n'apparaît nullement comme un phénomène passif. Nous savons qu'à la fin du Xe siècle déjà, la réfraction occupait la place centrale dans la recherche, et ne pouvait donc qu'infléchir son sens. Mais, bien avant ce renversement de priorité au IXe siècle, les savants n'étaient plus satisfaits de la doctrine du rayon visuel

***Archimedes in the Middle Ages*, Philadelphie, 1980, vol. IV, Part I.

adoptée par les deux grands mathématiciens de l'antiquité. Dans son *De Aspectibus*, al-Kindî tente d'amender cette doctrine, laquelle s'effondre complètement sous les coups d'Ibn al-Haytham, qui accomplit une révolution en Optique. Ce n'est pas ici le lieu de relater cette révolution ; contentons-nous d'en souligner l'orientation générale.

Pour Ibn al-Haytham, il ne s'agit plus, comme c'était par exemple le cas pour al-Kindî, d'opposer à une ancienne doctrine une autre, plus cohérente, susceptible d'épuiser les données immédiates de l'expérience perceptive, mais de s'attaquer aux fondements mêmes de l'Optique. Nul n'ignore qu'Ibn al-Haytham a pour ainsi dire accompli sa « révolution copernicienne » : l'œil n'émet plus de lumière, il la reçoit. Ce renversement capital se superpose à une modification plus importante encore, qui touche cette fois aux fondements mêmes de l'Optique, et atteint, plus généralement, le style même de la science physique. A l'inverse de ses prédécesseurs, en effet, Ibn al-Haytham sépare les conditions de la vision de celles de la propagation, et, sans ambiguïté aucune, postule que la lumière existe indépendamment de la vision, et extérieurement à elle ; qu'elle se propage suivant des lignes droites dans le milieu transparent, dans toutes les directions. Ces droites virtuelles forment, avec la lumière, le « rayon ». D'autre part, l'œil perçoit l'objet suivant des droites menées de tout point de l'objet à l'œil dans certaines conditions de transparence du milieu, de distance entre l'objet et l'œil, etc. Or, c'est cette partition entre les conditions de la propagation et celles de la vision qui a rendu possible l'élaboration, en termes rigoureux, des différents concepts de l'Optique, à commencer par celui de faisceau, ainsi que la géométrisation complète des phénomènes de la propagation, y compris le phénomène important de la diffusion. Mais, pour que cette révolution, car c'est bien le terme qui convient, fût possible, il a fallu qu'Ibn al-Haytham repensât la nature de la preuve en physique : désormais la preuve doit être systématiquement mathématique et expérimentale. Mais le hiatus entre cette exigence et l'état d'une physique encore finalisée est responsable de certains échecs d'Ibn al-Haytham, comme l'explication qu'il propose de l'arc-en-ciel.

Le livre *De l'Optique — Kitâb al-Manâẓir* — d'Ibn al-Haytham, était disponible en sa traduction latine à la fin du XIIe siècle, sous le titre *Opticae Thesaurus Alhazeni*. Aussi bien en Orient qu'en Occident, ce livre sera la principale source de la recherche en Optique. Ainsi en Orient, Kamâl al-Dîn al-Fârisî, mort en 1320, entreprend, sur le conseil du célèbre astronome de l'Ecole de Marağa, Qûtb al-Dîn al-Shîrâzî, le commentaire du livre d'Ibn al-Haytham. Grâce à la nouvelle Optique d'Ibn al-Haytham, il réussit là où son prédécesseur, faute d'avoir appliqué sa propre méthode, avait échoué : en expliquant correctement le phénomène de l'arc-en-ciel, il tente une première approche intéressante de l'analyse de la couleur. En Occident, dans la seconde moitié du XIIIe siècle, Witelo dépend fortement d'Ibn al-Haytham, et Dietrich de Fribourg, contemporain d'al-Fârisî, parvient lui aussi, et à quelques années de distance, à l'explication de l'arc-en-ciel, cette fois encore grâce à l'Optique d'Ibn al-Haytham. Etant donné son importance pour la science de l'époque, ce livre d'Ibn al-Haytham fut donc traduit du latin en italien, à la cour d'Alfonso de Castille, par l'astronome di Cione Federighi. Deux siècles plus tard, Taqî al-Dîn ibn Ma'rûf poursuit en Orient la recherche optique dans la tradition d'Ibn al-Haytham, cependant qu'en Occident, où l'activité scientifique s'intensifie, Risner réédite la traduction latine de l'*Opticae Thesaurus,* en signalant la dette de Witelo à son endroit. L'édition de Risner fut la principale source de Kepler et de Descartes.

*
**

L'exemple de l'Optique nous a ainsi montré que l'historien des sciences attentif à la dialectique des permanences et des ruptures, s'il s'intéresse à cette science avant le XVIIIe siècle, doit jeter ses regards de tous côtés, vers toutes les rives de la Méditerranée, pour suivre à la trace l'élaboration de la discipline. Ce regard décentré l'oblige à rompre avec toute détermination ethnographique de la science et, partant, à tourner le dos à un héritage, vivace encore, de l'historiographie du XIXe siècle. Il lui faut, d'autre part, redéfinir la notion de « successeur », ou d'héritier : nous venons de voir que l'héritier ne parle pas nécessairement la même langue, et peut ne pas appartenir à la même famille culturelle. Les véritables héritiers de Ptolémée avaient pour nom Abû al-'Alâ' et Abû 'Alī; tandis que les authentiques successeurs de ces derniers se nomment Kamâl al-Dîn, certes, mais surtout Witelo, Dietrich de Fribourg, Risner, Kepler et Descartes. Aussi les revendications nationalistes d'héritage apparaissent-elles le plus souvent comme des prétentions aussi vides que naïves. Nous savons tous quel accueil la civilisation islamique réserva aux « sciences des Anciens » *'ulûm al-Awâ'il.* Dans la civilisation chrétienne des XIIe-XIIIe siècles en Europe, les contributions scientifiques de ceux que l'on qualifiait du terme de « Mahométans », considérés comme des « païens » au même titre que leurs prédécesseurs grecs, n'ont pas tardé à se répandre, et les plus grands savants du temps se sont mis à l'école des « mécréants ». L'élément universel de la preuve scientifique, qui a toujours distingué la science de tout autre savoir, quel que soit son stade de développement, et devant lequel s'écroule tout relativisme historique ou sociologique, assurait la diffusion de la science au-delà des conflits, parfois encore vivaces, religieux, idéologiques, ou même armés.

VIII

LA PÉRIODISATION DES MATHÉMATIQUES CLASSIQUES *

La dichotomie « médiéval - moderne » a dominé, et domine encore, l'historiographie des mathématiques. Elle s'offre comme l'instrument indispensable au découpage des périodes, et ainsi comme l'un des pivots de la constitution de la diachronie des mathématiques, tout au moins avant le milieu du XVIIe siècle. On comprend dès lors que, pour toutes les parties engagées dans le fameux débat, encore vivace, sur les concepts et les méthodes de l'histoire des sciences, ce soit une donnée inéluctable, bien plus, un postulat préalable à tout découpage historique des mathématiques. Il suffit pour s'en convaincre de consulter les sommes historiques d'un Montucla ou d'un Cantor, les synthèses, plus récentes, comme celle de Bourbaki, les monographies plus spécialisées, telles celles de Zeuthen hier ou de Youschkevitch aujourd'hui. Tous admettent ce postulat, pour saisir, comme ils aiment à le dire, l'avènement des mathématiques modernes, et s'accordent pour introduire une notion supplémentaire, celle de la Renaissance mathématique, qui soulève bien plus de problèmes qu'elle n'en résout. Rien donc de plus naturel que d'examiner cette dichotomie « médiéval-moderne » à la lumière des progrès accomplis, au cours de ces dernières décennies, dans notre connaissance des mathématiques en arabe entre le IXe et le XVIe siècle, et dans l'étude du monde latin postérieur au XIIe siècle[1]. Mais arrêtons-nous quelque peu encore sur cette dichotomie elle-même.

Dans les écrits des historiens des mathématiques, cette fameuse opposition entre « médiéval » et « moderne » n'est pas seulement destinée à

---

* Une première version, plus courte, de cet article, a été lue au Colloque consacré à la mémoire d'Alexandre Koyré, qui s'est tenu au Collège de France en juin 1986.

1. Cf. Marshall CLAGETT, *Archimedes in the Middle Ages*, t. IV, Philadelphia, American philosophical society, 1980

jalonner les étapes d'une chronologie : intentionnellement ou non, les auteurs l'invoquent afin de désigner deux positivités mathématiques distinctes. Peu importe alors que les « mathématiques modernes » soient représentées comme un dépassement radical des mathématiques médiévales, ou comme un développement naturel de celles-ci, ou enfin dans la continuité directe des mathématiques hellénistiques, en sautant pieds joints par-dessus les mathématiques médiévales. Ces attitudes au premier abord opposées et exclusives s'accordent cependant pour admettre que les mathématiques médiévales non seulement constituent une entité historique, mais que celle-ci s'oppose à une autre entité, formée à la Renaissance. Mais, quelque parti que l'on adopte, on ne tardera pas à se trouver confrontré à des difficultés majeures. La première surgit des sens du mot « médiéval » ; a-t-on, en effet, le droit de désigner, sous ce même mot, les mathématiques latines, aussi bien que byzantines ou arabes, pour ne retenir qu'elles ? Est-il légitime de les regrouper, en leur associant parfois, comme le font d'éminents historiens, les mathématiques chinoises et indiennes, sous prétexte qu'elles sont contemporaines ? Il n'est du reste pas rare que l'historien, sans formuler explicitement cette question, commence pourtant par l'esquiver en retraçant tour à tour l'histoire de ces trois — ou cinq — mathématiques. Mais, comme alors il ne peut, ni en droit ni en fait, supposer un trait génériquement commun aux mathématiques médiévales, la dichotomie s'effondre d'elle-même, et, avec elle, le découpage proposé.

Bien plus redoutable est la question que suscite l'emploi du terme « médiéval » lorsqu'il s'agit de la même mathématique : on cherchera en vain les raisons qui justifient cet usage pour Léonard de Pise au XIIIe siècle et non point pour Luca Pacioli à la fin du XVe siècle, par exemple ; ou pour al-Karajī à la fin du Xe siècle et non point pour al-Yazadī au début du XVIIe siècle. *

Apparemment d'ordre méthodologique, de telles questions s'avèrent donc à la fois historiques et épistémologiques ; et, pour mieux éclairer cette dichotomie, il nous faut connaître plus sûrement les composantes des mathématiques médiévales, et appréhender, dans chaque cas, les traits essentiels. Ce sont précisément certains de ces aspects que je me propose d'esquisser ici, dans le seul cas des mathématiques écrites en arabe entre le IXe et le XVIIe siècle.

Revenons donc à Bagdad au début du IXe siècle. Le mouvement de traduction des grandes compositions mathématiques hellénistiques est à son apogée. Deux caractères de cette entreprise, insuffisamment soulignés, sont pourtant de première importance : les traductions sont conduites par des mathématiciens, souvent de premier ordre, comme Thābit ibn Qurra, par exemple ; elles sont suscitées par la recherche la plus avancée de l'époque. Tout indique ainsi que la traduction par Quṣṭā ibn Lūqā des *Arithmétiques* de Diophante, vers 870, fut motivée par une recherche, déjà existante, sur l'analyse indéterminée ou l'analyse diophantienne rationnelle. De même les traductions des *Miroirs ardents* de Dioclès ou d'Anthémius de Tralles devaient satisfaire les besoins de la recherche en ce domaine. On peut ainsi multiplier les exemples qui tous manifestent la liaison étroite entre la traduction, d'une part, la recherche et l'innovation, de l'autre. Manquer cet aspect, c'est s'interdire de comprendre les propriétés de cette traduction, ainsi que la diffusion du savoir traduit et les voies et les raisons des innovations.

En un mot, la traduction représente un grand moment d'expansion en arabe des mathématiques hellénistiques. Or, c'est précisément à cette période, et dans ce milieu — celui de l'Académie (Maison de la Sagesse) de Bagdad — qu'al-Khwārizmī rédige un livre dont le sujet, aussi bien que le style, sont nouveaux. Dans ces pages, on voit pour la première fois surgir l'algèbre comme discipline mathématique, distincte et indépendante. L'événement fut crucial, et perçu comme tel par les contemporains, tant pour le style de cette mathématique que pour l'ontologie de son objet, et, surtout, la richesse des possibilités qu'elle offrait désormais. Le style, en effet, est à la fois algorithmique et démonstratif. Il a, en outre, fallu concevoir un être mathématique suffisamment général pour recevoir des déterminations de genres différents, mais doué, d'autre part, d'une existence indépendante de ses propres déterminations. Chez al-Khwārizmī déjà (environ 830), l'objet algébrique renvoie aussi bien à un nombre rationnel qu'à une quantité irrationnelle ou à une grandeur géométrique. La science elle-même, l'algèbre, doit être à la fois apodictique et appliquée. Or cette nouvelle ontologie, ainsi que la combinaison des deux démarches, démonstrative et appliquée, ont frappé les philosophes de l'époque. Sans nous étendre sur ces aspects, observons simplement que d'ores et déjà, avec cette algèbre, on entrevoit l'immense potentialité dont disposeront les mathématiques à partir du IXᵉ siècle : l'application des disciplines mathématiques les unes aux autres. En d'autres termes, si l'algèbre, en raison de la généralité de son objet et de la nouvelle ontologie ainsi introduite, a rendu possibles ces applications, celles-ci à leur tour, par leur nombre et la diversité de leur nature, ne cesseront de modifier la configuration des mathématiques après le IXᵉ siècle.

Les successeurs d'al-Khwārizmī entreprennent progressivement l'application de l'arithmétique à l'algèbre, de l'algèbre à l'arithmétique, de l'une et de l'autre à la trigonométrie, de l'algèbre à la théorie euclidienne des nombres, de l'algèbre à la géométrie, de la géométrie à l'algèbre. Ces applications furent toujours les actes fondateurs de nouvelles disciplines, ou tout au moins de nouveaux chapitres. C'est ainsi que se constitueront l'algèbre des polynômes, l'analyse combinatoire, l'analyse numérique, la résolution numérique des équations, la nouvelle théorie élémentaire des nombres, la construction géométrique des équations. À cela, nous devrions ajouter d'autres conséquences, telle la séparation de l'analyse diophantienne entière de l'analyse diophantienne rationnelle, devenue un chapitre à part entière de l'algèbre sous le titre de l' « analyse indéterminée ».

De telles applications expriment en réalité la double dialectique qui domine toute la production mathématique au Xe siècle et au cours des sept siècles suivants : la dialectique entre l'algèbre et l'arithmétique, et la dialectique entre l'algèbre et la géométrie. C'est dire que, pour comprendre la majeure partie de l'activité mathématique pendant sept siècles au moins, il faut saisir le rôle capital de la science nouvelle, l'algèbre, dans la naissance de cette dialectique, et ainsi se placer au cœur de ce mouvement de réorganisation et de restructuration de ces disciplines l'une par l'autre. L'application de l'arithmétique à l'algèbre — « l'arithmétisation de l'algèbre », comme je l'ai nommée naguère — avait abouti à la fin du Xe siècle, chez le mathématicien de Bagdad, al-Karajī, à la constitution de l'algèbre des polynômes. À partir d'al-Karajī, et jusqu'au XVIIIe siècle, un traité d'algèbre s'organise autour des opérations arithmétiques sur les polynômes. Il suffit pour illustrer cette nouvelle situation de rappeler ici les principaux chapitres d'un traité d'algèbre, et quelques-uns des résultats qu'il renferme. Prenons le traité du mathématicien du XIIe siècle, al-Samaw'al : l'auteur commence par définir en toute généralité la notion de puissance algébrique et, grâce à la définition $x^0 = 1$, donne la règle équivalente à $x^m x^n = x^{m+n}$, $m, n \in \mathbf{Z}$. Vient ensuite l'étude des opérations arithmétiques sur les monômes et les polynômes, et notamment celle de la divisibilité des polynômes ainsi que celle de l'approximation des fractions entières par les éléments de l'anneau des polynômes. Pour être en mesure d'entreprendre ces recherches sur les polynômes, on consacre un chapitre à l'établissement de la formule du développement binomial et le tableau des coefficients. C'est à l'occasion de la démonstration de cette formule qu'apparaît, sous une forme archaïque certes, l'induction complète finie comme procédé de preuve.

Vient ensuite la réponse à la question que voici : « comment la multiplication, la division, l'addition, la soustraction et l'extraction des racines peuvent-elles être utilisées pour des quantités irrationnelles ? » La réponse à cette question a constitué la première étude — empirique il est vrai — des extensions algébriques finies du corps des rationnels. On trouve également un important chapitre sur l'analyse indéterminée ou l'analyse diophantienne rationnelle. Or ce livre d'al-Samaw'al, comme celui d'al-Karajī auparavant, et comme les livres des mathématiciens de cette tradition de l'algèbre arithmétique, comporte un petit chapitre sur les équations algébriques, constitué par la solution de l'équation quadratique. Ce chapitre sur les équations algébriques, non seulement est d'un volume réduit, mais n'occupe pas non plus une place centrale. Autrement dit, alors qu'il représentait la partie principale du livre d'al-Khwārizmī, et qu'il occupera toute la place — on le verra — dans la tradition géométrique, il apparaît ici comme un petit chapitre parmi d'autres. Dans certains traités de la même tradition, ce chapitre comporte en outre une recherche pour la résolution algébrique de l'équation cubique [2]. Il est clair en tout cas que les algébristes-arithméticiens s'occupaient intentionnellement beaucoup plus de la constitution du calcul algébrique abstrait que de la théorie des équations algébriques. Il est vrai que les travaux de ces mathématiciens ont mieux fait connaître la structure algébrique du corps des nombres réels, ou plus précisément des extensions algébriques finies du corps des rationnels.

Les résultats obtenus, ainsi que les théorèmes démontrés par les algébristes des XIe-XIIe siècles, ont été, pour la plupart, attribués par les historiens aux mathématiciens des XVIe-XVIIe siècles.

En revanche, l'application de l'algèbre à l'arithmétique traditionnelle a donné naissance à plusieurs chapitres tels que l'analyse numérique, où l'on trouve différentes méthodes pour l'extraction de la racine $n^{\text{ième}}$ d'un entier, ainsi que de multiples méthodes d'approximation ; ou encore la résolution numérique des équations algébriques, et la théorie classique des nombres. Pour illustrer cette application, considérons, très brièvement, le dernier exemple, celui de la théorie classique des nombres.

À la fin du IXe siècle, on avait traduit les textes arithmétiques grecs les plus importants, notamment les *Livres arithmétiques* d'Euclide et l'*Introduction arithmétique* de Nicomaque de Gérase. Mais, alors qu'Euclide donne une théorie des nombres parfaits, ni lui, ni Nicomaque, ni du reste aucun auteur grec n'avait fait la théorie des nombres amiables. Thābit ibn Qurra, traducteur du livre de Nicomaque, réviseur d'une traduction des *Éléments,* et lui-même éminent mathématicien, décide d'élaborer cette théorie. Il énonce et démontre le théorème le plus important jusqu'ici pour ces nombres, et aujourd'hui connu sous son nom :

Pour $n > 1$, *soit* $p_n = 3.2^n - 1$, $q_n = 9.2^{2n-1} - 1$; *si* p_{n-1}, p_n, q_n *sont premiers, alors* $a = 2^n p_{n-1} p_n$ *et* $b = 2^n q_n$ *sont amiables,* a *est abondant et* b *est déficient.*

2. Cf. Roshdi RASHED, *Entre arithmétique et algèbre. Recherches sur l'histoire des mathématiques arabes,* Paris, Les Belles Lettres, 1984, p. 28-29.

Ibn Qurra donne 9 lemmes, en deux groupes, pour prouver ce théorème. Les lemmes du premier groupe traitent, en fait, de la détermination des parties aliquotes d'un entier naturel. Le deuxième groupe de lemmes porte plus spécifiquement sur la formation des nombres parfaits, abondants, et déficients. Pour engendrer ces nombres Ibn Qurra prouve, par exemple, le théorème suivant [3]:

Soit $s = \sum_{k=o}^{n} 2^k$, *et* $p \neq 2$ *un nombre premier, alors*

(1) $\sigma_\circ (2^n s) = 2^n s$ *si* s *est un nombre premier,*
(2) $\sigma_\circ (2^n p) > 2^n p$ *si* $p < s$,
(3) $\sigma_\circ (2^n p) < 2^n p$ *si* $p > s$,
$|\sigma_\circ (2^n p) - 2^n p| = |s - |p$.

Il est clair que (1) — que nous trouvons dans les *Éléments* d'Euclide — a pour fonction d'engendrer les nombres parfaits, (2) et (3) les nombres abondants et déficients respectivement.

La nouvelle théorie d'Ibn Qurra demeure euclidienne : les concepts et les méthodes de la preuve sont euclidiens. Ce qui signifie que, immédiatement après la traduction d'Euclide et de Nicomaque, le premier acte fut l'extension du domaine de l'arithmétique grecque dans cette nouvelle théorie, mais en pur style euclidien.

Un algébriste du XIIIe siècle, de la tradition d'al-Karajī, al-Fārisī, a repris le problème et le théorème d'Ibn Qurra pour en donner une démonstration algébrique. Il a été ainsi amené à définir et à étudier les deux premières fonctions arithmétiques : la fonction « somme des diviseurs d'un entier », et la fonction « nombre des diviseurs d'un entier ». Il commence par énoncer et démontrer les propositions suivantes :

(1) *Si* $n = p_1 p_2$, *avec* p_2 *premier et* $(p_1, p_2) = 1$, *alors*

$$\sigma_\circ (n) = p_2\, \sigma_\circ (p_1) + \sigma (p_1),$$

(2) *Si* $n = p^r$, p *premier, alors*

$$\sigma_\circ (n) = \sum_{k=o}^{r-1} p^k = \frac{p^r - 1}{p - 1},$$

(3) *Si* $n = p_1 p_2$, $(p_1, p_2) = 1$, *alors*

$$\sigma_\circ (n) = p_1\, \sigma_\circ (p_2) + p_2\, \sigma_\circ (p_1) + \sigma_\circ (p_1)\, \sigma_\circ (p_2) ;$$

on voit immédiatement qu'il connaît l'expression :

$$\sigma (p_1 p_2) = \sigma (p_1)\, \sigma (p_2),$$

et la propriété fondamentale de la fonction σ : elle est multiplicative.

Toutes ces propositions sont attribuées à Descartes ; bien plus, elles

3. Notons par $\sigma_\circ(n)$ la somme des diviseurs propres de l'entier n, et par $\sigma (n) = \sigma_\circ(n) + n$ la somme de ses diviseurs.

représentent sa contribution la plus remarquable à la théorie des nombres. Mais, plus importante que le problème d'attribution est la méthode qu'applique al-Fārisī pour démontrer ces propositions : il fait explicitement appel à la méthode combinatoire et algébrique. Cette même méthode lui permet d'avancer et de démontrer les propositions suivantes concernant la fonction $\tau(n)$, nombre des diviseurs propres d'un entier n, et $\tau_0(n)$, nombre des diviseurs de n :

(1) *Si* $n = p_1 p_2 \ldots p_r$, *avec* $p_1, p_2, \ldots, p_r$ *nombres premiers distincts, alors*

$$\tau_0(n) = 1 + \binom{r}{1} + \ldots + \binom{r}{r-1}.$$

(2) *Si* $n = p_1^{e_1} p_2^{e_2} \ldots p_r^{e_r}$, *avec* $p_1, p_2, \ldots, p_r$ *nombres premiers distincts, alors*

$$\tau(n) = \prod_{i=1}^{r} (e_i + 1).$$

Ces deux propositions ont été ensuite retrouvées respectivement par l'abbé Deidier (XVIIIe siècle) et Montmort.

On voit donc que l'application de l'algèbre à l'arithmétique euclidienne a abouti à l'étude des fonctions arithmétiques et, plus généralement, à l'étude algébrique des diviseurs propres. Cette tendance est encore plus manifeste lorsque le même al-Fārisī examine les nombres figurés et en donne une interprétation combinatoire identique à celle que l'on trouvera chez Frénicle, Pascal et Bernoulli [4].

Ainsi, à partir du IXe siècle, le paysage mathématique n'est plus le même : il se transforme et ses horizons reculent. Tout d'abord, on assiste à l'extension de l'arithmétique et de la géométrie hellénistiques. Théorie des coniques, théorie des parallèles, théorie euclidienne des nombres, méthodes archimédiennes pour la mesure des aires et des volumes, problèmes isopérimétriques : tous ces domaines deviennent objet d'étude pour les mathématiciens les plus prestigieux — Thābit ibn Qurra, al-Qūhī, Ibn al-Haytham, entre autres — qui parviennent, par de profondes recherches, à les développer dans le même style que leurs devanciers. D'autre part, au sein de ces mathématiques hellénistiques elles-mêmes, on aménage des régions non hellénistiques : c'est grâce aux méthodes algébriques, en effet, qu'on a pu étudier, comme on vient de le voir, les premières fonctions arithmétiques, ainsi que les séries des nombres figurés, en promouvant un nouveau secteur dans la théorie euclidienne des nombres. Si, enfin, on ajoute à cette extension sur le même terrain et à la création de nouvelles régions les disciplines qui viennent d'être fondées et que nous avons déjà évoquées, on voit se dessiner le nouveau paysage

4. Cf. R. RASHED, *op. cit. supra* n. 2, p. 287 sqq.

mathématique. Une analyse plus détaillée permettra de montrer que les relations entre les anciennes disciplines ne sont plus les mêmes, et que bien d'autres groupements se sont opérés. Ce changement de rapports est capital si l'on veut comprendre l'histoire des mathématiques. Prenons à titre d'exemple le livre X des *Éléments*. Ouvrage de géométrie pour Euclide, Pappus, ou même Ibn al-Haytham, il devient à partir de la fin du Xe siècle un livre d'algèbre qui traite, si l'on use d'un autre langage, des extensions algébriques finies du corps des rationnels.

Tout aussi importante que cette modification du paysage mathématique est l'introduction d'un nouveau type de démonstration, inconnu auparavant, la démonstration algébrique. Même si, en effet, la démonstration géométrique de type euclidien ou archimédien demeure dominante, la démonstration algébrique s'impose dans plusieurs chapitres, comme l'algèbre des polynômes, l'analyse combinatoire, la nouvelle théorie des nombres. C'est d'ailleurs à cette seule démonstration que l'on recourait pour justifier les algorithmes de résolution algébrique ou numérique des équations.

D'autres techniques de grande importance ont vu le jour en cette même période ; l'examen de l'analyse locale, par exemple, nous permettra de mieux caractériser cette mathématique. Pour comprendre l'émergence du point de vue local, revenons à cette dialectique entre algèbre et géométrie que nous avons évoquée auparavant.

Sans justification théorique aucune, les mathématiciens du Xe siècle amorcent une double traduction, jamais pensée auparavant : ils traduisent dans la langue de l'algèbre des problèmes solides, inconstructibles à la règle et au compas — la trisection de l'angle, les deux moyennes, l'heptagone régulier, notamment. C'est à cette même époque que certains mathématiciens et astronomes ont procédé par cette traduction algébrique pour déterminer les cordes de certains angles, afin de former la table des sinus. Les noms d'al-Māhānī, al-Khāzin, al-Bīrūnī, jalonnent, entre autres, ce courant de traduction algébrique.

D'autre part, confrontés à la difficulté de résoudre par radicaux l'équation cubique, les algébristes, mais aussi géomètres, comme Abū al-Jūd b. al-Leith, ont été amenés à traduire cette équation dans la langue de la géométrie. Ils se trouvaient ainsi en mesure d'appliquer à l'étude de cette équation une technique, d'emploi alors assez courant dans l'examen des problèmes solides, c'est-à-dire l'intersection des courbes. Cette technique était d'usage fréquent dans les mathématiques grecques déjà, et parfaitement maîtrisée, comme l'attestent les travaux d'al-Qūhī et d'Ibn al-Haytham, par exemple.

C'est avec al-Khayyām (1048-1131, environ) que la première tentative pour fonder cette double traduction voit le jour. Celui-ci entend dépasser la recherche particulière, c'est-à-dire une recherche liée à telle ou telle forme de l'équation cubique, pour élaborer une théorie des équations et proposer, du même coup, un nouveau modèle de rédaction. La nouvelle théorie est celle des équations algébriques de degré $\leqslant 3$. Il étudie alors les équations du troisième degré à l'aide de courbes coniques, afin de déterminer les racines réelles positives. Pour élaborer cette nouvelle théorie, al-Khayyām s'est trouvé contraint à mieux concevoir, et ainsi à formuler, les nouveaux rapports entre l'algèbre et la géométrie. Rappelons qu'à cet égard le concept fondamental introduit par al-Khayyām est celui d'unité de mesure qui, convenablement défini en rapport avec celui de dimension, permet l'application de la géométrie à l'algèbre.

La théorie des équations semble désormais, quoique timidement encore, relativement transcender le clivage entre l'algèbre et la géométrie. Rien n'empêche les auteurs de lui consacrer des mémoires en propre, et rien ne leur interdit de restreindre délibérément leur exposé à cette seule théorie. Contrairement aux algébristes arithméticiens, al-Khayyām écarte de son étude les chapitres qui occupaient une place centrale dans tout traité algébrique de l'époque, tels que l'étude des puissances algébriques, des polynômes, des opérations qu'on applique à ces derniers, l'étude des irrationnels algébriques, etc.

Dans son *Traité*, al-Khayyām parvient à deux résultats remarquables que les historiens ont coutume d'attribuer à Descartes : une solution générale de toutes les équations du troisième degré par l'intersection de deux coniques ; et, d'autre part, un calcul géométrique rendu possible par le choix d'une longueur unité. Cependant, tout comme ses devanciers, al-Khayyām ne considère que les propriétés globales des objets qu'il étudie.

Un demi-siècle après al-Khayyām, son successeur, al-Ṭūsī, s'impose une contrainte supplémentaire : démontrer l'existence du point d'intersection de deux courbes dont l'abscisse détermine la racine positive demandée. C'est donc tout naturellement que le mathématicien fut conduit à poser les problèmes de localisation et de séparation des racines, et à traiter des conditions de leur existence ; problèmes pour la solution desquels il fut amené à définir la notion de maximum d'une expression algébrique, et à s'efforcer de trouver concepts et méthodes pour la détermination des *maxima*. Non seulement cette démarche entraîna al-Ṭūsī jusqu'à l'invention de notions et de méthodes qui ne furent baptisées que plus tard — telle la dérivée — mais elle lui imposa de changer le mode d'approche : pour la première fois, que je sache, il découvre la nécessité de procéder localement.

Tous ces résultats obtenus par al-Ṭūsī, ainsi que la théorie qui les englobe, sont d'une évidente importance, et souvent attribués à des mathématiciens postérieurs de plusieurs siècles. Pour mieux dégager la démarche d'al-Ṭūsī, considérons, à propos d'un exemple, les problèmes soulevés et résolus. Soit l'équation

$$ax^2 = x^3 + c \ ;$$

cette équation se réécrit

$$(1) \qquad c = x^2 (a - x).$$

Posons

$$(2) \qquad f(x) = x^2 (a - x).$$

Al-Ṭūsī considère ces trois cas :

$c > \frac{4a^3}{27}$, le problème est impossible, selon al-Ṭūsī (admet une solution négative) ;

$c = \frac{4a^3}{27}$, al-Ṭūsī détermine la racine double $x_o = \frac{2a}{3}$ (mais ne reconnaît pas la racine négative) ;

$c < \frac{4a^3}{27}$, al-Ṭūsī détermine les deux racines positives, avec

$$0 < x_1 < \frac{2a}{3} < x_2 < a.$$

Al-Ṭūsī étudie le maximum de (2) ; il montre

$$(3) \qquad f(x_o) = \sup_{0<x<a} f(x) \qquad \text{avec } x_o = \frac{2a}{3}.$$

Pour trouver $x_o = \frac{2a}{3}$, al-Ṭūsī résout

$$f'(x) = 0.$$

Al-Ṭūsī calcule le maximum de (2)

$$f(x_o) = f\left(\frac{2a}{3}\right) = \frac{4a^3}{27},$$

ce qui permet de justifier les trois cas considérés précédemment. Pour déterminer la racine x_2, al-Ṭūsī pose

$x_2 = x_o + X$; cette transformation affine conduit à l'équation

$$X^3 + aX^2 = k,$$

avec $k = c_o - c = \frac{4a^3}{27} - c$, équation déjà résolue par al-Ṭūsī. Il justifie ensuite la transformation affine.

Pour déterminer l'autre racine x_1, al-Ṭūsī procède également par la transformation affine $x_1 = X + a - x_2$; avec X la solution positive d'une équation précédemment résolue dans le *Traité des équations*[5].

---

5. Cf. R. Rashed, éd., *Sharaf al-Dīn al-Ṭūsī, Œuvres mathématiques. Algèbre et géométrie au XIIe siècle*, t. I et II, Paris, Les Belles Lettres, 1986.

Al-Ṭūsī montre ensuite que $x_1 \neq x_0$ et $x_1 \neq x_2$, et justifie la transformation affine.

Tels sont donc les principaux aspects de cette dialectique entre l'algèbre et la géométrie. Il faudrait encore évoquer, pour être complet, les deux obstacles qui ont ralenti la progression de ces nouvelles mathématiques, en freinant notamment l'expansion de l'analyse locale : le manque d'audace dans l'usage des nombres négatifs comme tels, alors qu'ils n'étaient pas encore définis, et la faiblesse du symbolisme. Autant de questions qui précisément deviendront par la suite objet de préoccupation pour les mathématiciens.

Si l'on souscrit à l'analyse précédente, alors rien ne permet de classer en des ères distinctes les travaux qui ont vu le jour à partir du IXᵉ siècle, et ceux qui furent accomplis plus tard, jusqu'au début du XVIIᵉ siècle. Tout suggère en effet qu'il s'agit là globalement de la même mathématique. Il suffit pour s'en convaincre de se livrer à quelques comparaisons, entre les écrits d'al-Samaw'al, par exemple, en algèbre et en calcul numérique, et ceux de Simon Stevin ; entre les résultats d'al-Fārisī en théorie des nombres et ceux de Descartes ; entre les méthodes d'al-Ṭūsī pour la résolution numérique des équations et celle de Viète ; entre sa recherche des *maxima* et celle de Fermat ; entre les travaux d'al-Khāzin sur l'analyse diophantienne entière et ceux de Bachet de Méziriac, etc. Si, d'autre part, nous faisons abstraction des travaux d'al-Khwārizmī, d'Abū Kāmil, d'al-Karajī, entre autres, comment comprendre non seulement l'œuvre de Léonard de Pise et celle des mathématiciens italiens, mais aussi les mathématiques plus tardives du XVIIᵉ siècle ?

La rupture avec cette mathématique n'a pas été nécessairement soudaine, et elle ne s'est pas opérée simultanément dans toutes les disciplines. D'autre part, les lignes de clivage contournent rarement les auteurs, mais traversent souvent leurs œuvres. C'est ainsi que la nouvelle théorie des nombres ne commence pas, comme on a pu l'affirmer, avec l'emploi des méthodes algébriques par Descartes et Fermat, lesquels, en procédant ainsi, ne faisaient que retrouver les résultats d'al-Fārisī. Bien au contraire, on peut saisir les débuts de cette nouvelle théorie dans l'application des méthodes purement arithmétiques, c'est-à-dire lorsque, vers 1640, Fermat invente la « descente infinie » et entreprend l'étude de certaines formes quadratiques. C'est donc au sein même de l'œuvre de Fermat, et aux environs de 1640, qu'a lieu cette rupture. Il en va tout autrement pour le chapitre sur la construction géométrique des équations, entamé par al-Khayyām, poursuivi par al-Ṭūsī, enrichi par Descartes, et repris par bien d'autres mathématiciens jusqu'à la fin du siècle, voire jusqu'au milieu du siècle suivant.

Il est manifeste que les frontières entre ces différentes périodes sont floues et s'enchevêtrent, et que, d'ailleurs, les époques nettement définies n'existent, selon l'expression d'Alexandre Koyré, « que dans les manuels scolaires ». C'est à partir de la première moitié du XVIIe siècle que se trament les enchevêtrements et que se localisent les principales ruptures.

L'analyse historique et épistémologique qui, bien entendu, prend en compte les mathématiques arabes ainsi que l'usage qui en était fait en latin, aboutit à l'élaboration d'une configuration mathématique cohérente entre le IXe siècle et les débuts du XVIIe siècle. Mais le découpage de cette configuration, et donc de cette période, ne peut s'accommoder du cadre de cette dichotomie entre « médiéval » et « moderne ». Celle-ci apparaît finalement comme un emprunt inadéquat à l'histoire politique, laquelle est doublement décalée par rapport à l'histoire des mathématiques. Le seul découpage qui tienne compte des faits historiques eux-mêmes ne peut être que différentiel.

IX

ARCHIMÈDE DANS LES MATHÉMATIQUES ARABES

Pour décrire l'impact d'Archimède sur les mathématiques arabes, il suffit de rappeler pour commencer que de vastes domaines de celles-ci peuvent, entre le IXe et le XIe siècles, être qualifiés d'archimédiens ou de néo-archimédiens. Ces domaines étaient du reste parmi les plus avancés de la recherche mathématique de ce temps. Evoquons-en quelques-uns à titre d'exemple : la détermination des aires et des volumes des surfaces et des solides courbes, autrement dit les déterminations infinitésimales ; l'étude des centres de gravité de certaines figures ; celle de l'heptagone régulier, ainsi que d'autres problèmes solides. Mais une approche plus "essentielle" dévoile deux traits propres à cet impact d'Archimède. On relève tout d'abord l'opposition entre le nombre relativement restreint de ses écrits qui furent traduits en arabe, et l'influence qui fut la sienne, si profonde qu'elle a suscité un courant de recherche, bien plus, une tradition mathématique, avec ses auteurs et ses livres. D'autre part, cette influence si féconde a touché moins des disciples, que des émules, à Bagdad et au Caire, du mathématicien de Syracuse et d'Alexandrie. Thābit ibn Qurra, al-Qūhī, Ibn al-Haytham par exemple, n'ont pas écrit des commentaires de ses travaux, mais ils se sont efforcés de réinventer les méthodes d'Archimède qui ne leur sont pas parvenues, d'étendre celles qu'ils ont connues, pour les infléchir dans d'autres directions. L'influence d'Archimède dans les mathématiques arabes fut donc bien créatrice, et c'est là le plus grand hommage qui puisse être rendu à l'œuvre de celui auquel les savants arabes, comme leurs prédécesseurs, réservaient le titre de "Géomètre". Le second hommage lui sera rendu cinq siècles plus tard.

Pour illustrer cette situation, je m'en tiendrai à un seul exemple : les déterminations infinitésimales. Je commencerai par un bref rappel des travaux d'Archimède en ce domaine qui ont été rendus en arabe. Je poursuivrai par une analyse, elle aussi rapide, de l'émergence de cette tradition néo-archimédienne arabe. Je tenterai enfin de montrer comment les mathématiciens arabes ont infléchi les mathématiques archimédiennes, et en quel sens : ceci pour justifier l'expression *néo-archimédiens*[1].

---

[1] L'ensemble des textes de ces mathématiciens concernant les déterminations infinitésimales ont été établis, traduits en français et analysés dans notre *Œuvres mathématiques d'Ibn al-Haytham*, Paris, Les Belles Lettres, à paraître. Notre tâche ici n'est ni de survoler, ni d'exposer en détail ces travaux multiples et longs. Nous voulons seulement, aussi brièvement que possible,

Pour des raisons qui tiennent à l'état du *corpus* archimédien avant le IXe siècle et à son histoire, les traducteurs n'ont pu le connaître de façon aussi extensive qu'ils connaissaient les œuvres d'Euclide et d'Apollonius. Dans le domaine qui est ici notre objet, seuls *De la Mesure du Cercle* et *De la Sphère et du Cylindre* ont été traduits en arabe. Ni la *Quadrature de la Parabole*, ni *Sur les Conoïdes et les Sphéroïdes*, ni *Des Spirales*, ni *De la Méthode*, n'étaient directement[2] connus des traducteurs et des mathématiciens arabes. Tout en révélant l'état de la diffusion des écrits d'Archimède avant le IXe siècle, un tel fait explique l'ignorance dans laquelle se trouvaient initialement les mathématiciens arabes de la méthode appliquée dans *Les Conoïdes et les Sphéroïdes*, ainsi que dans *Les Spirales* : celle des sommes intégrales inférieures et supérieures, qui complétait alors la méthode d'exhaustion.

Les deux écrits d'Archimède, ainsi que le commentaire d'Eutocius, ont été traduits deux fois au IXe siècle. La première traduction a eu lieu avant la fin de la première moitié du siècle. Pour *La Mesure du Cercle*, nous le savons grâce à deux témoignages ; l'un est connu, c'est celui des frères Banū Mūsā. Leur livre montre en effet qu'ils connaissaient le texte d'Archimède et le commentaire d'Eutocius. Le deuxième témoignage était jusqu'ici ignoré : il s'agit du philosophe et savant al-Kindī. La chance nous a permis de retrouver son commentaire du texte d'Archimède[3], qu'il adresse à un grand médecin de l'époque, mort en 856. Ce texte d'al-Kindī prouve qu'il avait en sa possession une traduction de l'écrit d'Archimède. Il s'agit donc bien de cette même traduction que connaissaient Banū Mūsā, laquelle était faite en tout cas avant le milieu du siècle. La deuxième est plus tardive. Mais, alors que nous ignorons tout de l'origine de la première traduction et de son auteur, nous savons que la seconde a été réalisée à partir du grec, et très vraisemblablement par Isḥāq ibn Ḥunayn [215/830 - 298/910].

---

dégager les idées et les méthodes des mathématiciens de cette période. Nous optons délibérément pour le langage moderne afin de dégager l'axe du développement. Ceux qui veulent écouter la parole des auteurs eux-mêmes, peuvent alors se référer à nos traductions et nos analyses.

2 Ce sont seulement ces deux livres d'Archimède que les anciens biobibliographes comme Ibn al-Nadīm citent. On cherchera en vain dans les travaux des mathématiciens d'autres titres d'Archimède sur les déterminations infinitésimales. Il reste à répondre à la question délicate et très difficile de l'éventualité d'une connaissance indirecte des autres livres d'Archimède en ce domaine. Ce problème examiné dans *Œuvres mathématiques d'Ibn al-Haytham* et qui engage une discussion détaillée des textes ne sera pas abordé ici.

3 Ce texte, sa traduction, ainsi que son analyse, paraîtront incessamment sous le titre "Al-Kindī commentateur d'Archimède", *Arabic Sciences and Philosophy : a Historical Journal*.

Le second traité - sur *La Sphère et le Cylindre* - a eu une destinée comparable. Il a été l'objet d'une première traduction vers le milieu du IXe siècle, dont on peut avancer qu'elle fut faite à partir du syriaque, et très probablement par Qusṭā ibn Lūqā[4]. En effet, à la suite du préambule d'Archimède, on peut lire un commentaire du traducteur en arabe, qui écrit : "Nous avons trouvé, dans la copie, que le traducteur de ce livre à partir du grec en syriaque a mentionné qu'il a laissé à cet endroit une brève expression qu'il n'a pas traduite du grec en raison de sa difficulté pour lui"[5]. Cette partie non traduite comporte les quatre premières

---

[4]Deux faits sont en faveur de l'attribution de cette traduction à Qusṭā ibn Lūqā. Le manuscrit Fātiḥ 3414 qui comprend une version de la traduction de *La mesure du cercle*, et de *La sphère et le cylindre*, donne le premier sans le nom du traducteur, alors qu'il désigne Qusṭā ibn Lūqā comme le traducteur du second. On lit alors "كتاب الكرة والأسطوانة لأرشميدس ، ترجمة قسطا بن لوقا", "Le livre de la sphère et du cylindre d'Archimède : traduction de Qusṭā ibn Lūqā". D'autre part, dans la liste des travaux de Qusṭā ibn Lūqā citée par Ibn Abī Uṣaybiʿa, on peut lire كتاب في شكل الكرة والأسطوانة "un livre sur la figure de la sphère et du cylindre", qui, selon toute vraisemblance, désigne cette traduction [*ʿUyūn al-Anbāʾ fī Ṭabaqāt al-Aṭibbāʾ*, éd. N. Reḍā, Beyrouth, 1965, 330]. D'après Steinschneider, cette traduction de Qusṭā ibn Lūqā a été rendue en hébreu ; voici ce qu'il écrit : "Es ist auffalend, dass in der hebräischen Übersetzung unseres Buches (*La sphère et le cylindre*) durch Kalonymos b. Kalonymos in Arles, wovon sich die 2. Redaction (ohne Zweifel nach 1306) erhalten hat, der arabische Übersetzer Costa b. Luca heisst", [*Die arabischen Übersetzungen aus dem Griechischen*, Graz, 1960, p. 174]. Nous avons affirmé ailleurs que cette traduction a été faite à partir du syriaque [cf. Diophante, *Les Arithmétiques*, Paris, Les Belles Lettres, 1984, vol. III, p. XXV].

[5] Voici le témoignage en entier :

وجدت صدر كتاب الكرة والأسطوانة الذي يلي هذا ، وهو الذي في أول الكتاب، قد قال في أثنائه ما هذه صورته. "وجدنا في النسخة أن المترجم لهذا الكتاب من اليوناني إلى السُرياني ذكر أنه قد خلف في هذا المكان معنى يسيراً لم ينقله من الكتاب اليوناني لصعوبته عليه". ووجدت في بعض النسخ صدرين، أحدهما الصدر الذي يلي هذا والآخر هذا الصدر، ووجدت معانيهما متفقة، وفي هذا زيادة ينبغي أن تكون هي التي ذكر أنه خلفها مترجم ذلك الصدر، وربما أن هذا الصدر ترجمة ناقل آخر فلم يخلف منه شيئاً، فكتبت هذا الصدر أيضاً. وكتب محمد بن عمر بن أحمد بن هبة الله بن أحمد بن أبي جرادة. (مخطوطة فاتح 3414 ورقة 8 وجه)

"J'ai trouvé dans le liminaire du livre *De La Sphère et du Cylindre* qui suit celui-ci*, c'est-à-dire ce qui est au début du livre, qu'il y a dit, sous cette forme : "nous avons trouvé, dans la copie que le traducteur de ce livre du grec en syriaque a mentionnée, qu'il a laissé à cet endroit une brève expression qu'il n'a pas traduite du grec en raison de sa difficulté pour lui". J'ai trouvé, dans certaines copies, deux avant-propos ; l'un est l'avant-propos qui suit celui-ci, et l'autre cet avant-propos ; et j'ai trouvé que leurs significations concordent, et qu'il y a dans ce dernier un supplément qui doit être celui dont le traducteur de cet avant-propos a rappelé qu'il l'a laissé ; peut-être cet avant-propos est-il la traduction d'un autre traducteur, qui n'a rien laissé. J'ai copié également cet avant-propos. Ceci est de la main de Muḥammad ibn ʿUmar ibn Aḥmad ibn Hibat Allāh ibn Aḥmad ibn Abī Jarāda". Ms. Fātiḥ 3414, 8^{r}.

*En fait, dans le manuscrit, le copiste donne [ff. 7^{r}-8^{r}] l'introduction qui rend la version grecque que nous avons, de la p. 9, l. 2, à la p. 11, l. 20 [cf. Mügler, Archimède, *De la Sphère et du Cylindre*, t. I, Paris, 1970] ; ce qui définitions et tous les postulats. Or cette lacune frappe également la version arabe, ce qui confirme bien son origine syriaque. Cette conclusion est du reste corroborée par deux mathématiciens du XIIIe siècle. Le premier est Naṣīr al-Dīn al-Ṭūsī, qui relève la lacune et l'attribue à la version révisée par Thābit ibn Qurra [221/836 - 288/901], en rappelant que les propositions sont numérotées d'une manière différente de celle qu'on observe dans la version directement traduite du grec[6]. Nous retrouvons toutes ces caractéristiques dans la version en notre possession. Le second mathématicien, Abū Jarāda, constate à son tour la lacune. Il est donc hautement vraisemblable que cette traduction fut effectuée à partir

---

manque en fait à la traduction du même livre faite à partir du syriaque. Dans cette dernière traduction, on trouvera, ff. 10r et 10v, comme l'a rappelé le copiste, le texte suivant : "Nous avons trouvé que le traducteur de ce livre du grec en syriaque a mentionné qu'il a laissé à cet endroit une brève expression qu'il n'a pas traduite du grec en raison de sa difficulté pour lui".

6 كنت في طلب الوقوف على بعض المسائل المذكورة في كتاب الكرة والأسطوانة لأرشميدس إلى أن وفقت [حسب مخطوطة جار الله 1502] إلى النسخة المشهورة من الكتاب التي أصلحها ثابت بن قرة وهي التي سقط عنها بعض المصادرات لقصور فهم ناقله إلى العربية عن إدراكه وعجزه بسبب ذلك عن النقل... وزاد حرصي على تحصيله، فظفرت بدفتر عتيق فيه شرح أوطوقيوس العسقلاني لمشكلات هذا الكتاب الذي نقله إسحق بن حنين إلى العربية نقلاً على بصيرة، وكان في ذلك الدفتر أيضاً متن الكتاب من صدره إلى آخر الشكل الرابع عشر من المقالة الأولى، أيضاً من نقل إسحق. وكان ما يذكره أوطوقيوس في أثناء شرحه من متن الكتاب مطابقاً لتلك النسخة...

وأثبت أعداد الأشكال على حاشيتها بالروايتين، فإن أشكال المقالة الأولى في نسخة ثابت ثمانية وأربعون وفي نسخة إسحق ثلاثة وأربعون. (مخطوطة جار الله 1502 ورقة 180 وجه. أنظر أيضاً النسخة المطبوعة ص. 3-2)

"J'ai cherché à saisir certains problèmes exposés dans le livre sur *La Sphère et le Cylindre* d'Archimède, jusqu'à ce que je fusse heureusement conduit à la copie célèbre de ce livre, révisée par Thābit ibn Qurra, qui est celle d'où sont absents certains axiomes, en raison de l'impuissance de son traducteur à les comprendre, et de son incapacité, par le fait, à les traduire. Je désirais encore plus obtenir ce qu'Archimède a négligé, et j'ai réussi à acquérir un volume ancien, dans lequel se trouve le commentaire par Eutocius d'Askalon des difficultés de ce livre, traduit en arabe par Isḥāq ibn Ḥunayn, une traduction pénétrante. Il y avait également dans ce volume le texte du livre à partir de son avant-propos, jusqu'à la fin de la quatorzième proposition du premier livre, également de la traduction d'Isḥāq. Et les références d'Eutocius, au cours de son commentaire, au texte de ce livre, étaient conformes à cette copie...

J'ai fixé le nombre des figures en marge, selon les deux versions. Le nombre des figures du premier livre dans la copie de Thābit est de quarante-huit, et dans la copie de Isḥāq, de quarante-trois". Naṣīr al-Dīn al Ṭūsī, *Rédaction de la sphère et du cylindre d'Archimède,* ms. Carullah, 1502-f. 180^{r}, Istanbul. Cf. aussi le texte imprimé : Naṣīr al-Dīn al Ṭūsī, *Rasā'il*, vol. 2,5, Hyderabad, Osmania University, 1359 H. (1940).

La dernière affirmation, ainsi que les remarques de Naṣīr al-Dīn al-Ṭūsī dans sa rédaction, montrent sans aucun doute que la version d'Isḥāq comprenait au moins la traduction du premier livre. On peut noter également que les deux propositions 7 et 8 du premier livre constituent une même et seule proposition dans la version d'Isḥāq et dans le texte grec, alors qu'elles sont bien deux propositions dans la version de Qusṭā ibn Lūqā et dans celle de Thābit. D'autres remarques de ce genre permettent de conclure que la version de Thābit est une révision de celle de Qusṭā.

du syriaque, et ensuite révisée par Ibn Qurra. Mais le manuscrit dont nous disposons attribue explicitement cette traduction à Qusṭā ibn Lūqā, et cette attribution est confirmée par l'ancien bibliographe Ibn Abī ʿUṣaybiʿa, qui attribue à ce même auteur, Qusṭā ibn Lūqā, un livre de même titre que ce traité. Quelques décennies plus tard, Isḥaq ibn Ḥunayn donne une autre traduction de ce même traité, directement à partir du grec.

Cette histoire rapidement retracée souligne une fois encore le destin quelque peu exceptionnel des écrits d'Archimède sur les déterminations infinitésimales transmis en arabe. Ils font partie des rares textes mathématiques qui furent traduits du syriaque avant d'être traduits du grec, et, d'autre part, ils semblent répondre à une demande, celle d'al-Kindī, et celle de Banū Mūsā. Or ces trois frères, Muḥammad, Aḥmad et al-Ḥasan, ont écrit un traité intitulé *Sur la Mesure des Figures planes et sphériques*, qui, après avoir lancé la recherche en arabe sur la détermination des aires et des volumes, demeure, une fois traduit en latin par Gérard de Crémone, au XIIe siècle, un texte fondamental pour les mathématiques latines[7]. Ce traité se partage en fait en trois parties : la première concerne la mesure du cercle ; la seconde le volume de la sphère ; alors que la troisième traite des problèmes classiques des deux moyennes et de la trisection de l'angle.

Dans la première partie, Banū Mūsā déterminent l'aire du cercle par l'application *indirecte* de la méthode d'exhaustion. Ils utilisent implicitement une proposition du livre XII des *Eléments*, à savoir : "deux cercles étant concentriques, décrire dans le plus grand un polygone dont les côtés égaux et pairs en nombre ne touchent pas le plus petit cercle". Ils démontrent ainsi la proposition suivante[8]:

un segment et un cercle étant donnés, si la longueur du segment est inférieure à la circonférence du cercle, alors on peut inscrire dans le cercle un polygone dont la somme des côtés est supérieure à la longueur du segment donné, et si la longueur du segment est supérieure à la circonférence du cercle, alors on peut circonscrire au cercle un polygone dont la somme des côtés est inférieure à la longueur du segment donné.

Banū Mūsā montrent ensuite que l'aire du cercle est égale à $s = r \cdot c/2$. Mais, dans cette démonstration, ils ne comparent pas s à $s' > s$, et ensuite à $s' < s$; mais ils supposent que $s = r \cdot c/2$, et

---

[7] Cf. Marshall Clagett, *Archimedes in the Middle Ages*, Vol. 1, Madison, 1964.

[8] Banū Mūsā, *Sur la mesure des figures planes et sphériques*, Hyderabad, Osmania University, 1359 H., p. 4.

comparent ensuite c à un c' , c > c' et c < c', en se contentant ainsi de comparer des longueurs[9].

Banū Mūsā expliquent alors la méthode d'Archimède pour le calcul approché de π. Ils achèvent ce paragraphe sur la remarque suivante : "il est possible à l'aide de cette méthode d'atteindre n'importe quel degré de précision"[10]. Avec une méthode analogue à celle appliquée dans le cas de l'aire du cercle, ils déterminent l'aire de la surface latérale de la sphère. Ici encore, ils se fondent indirectement sur une proposition du livre XII des *Eléments*, selon laquelle, si on a deux sphères concentriques, on peut construire dans la plus grande sphère un solide engendré par la rotation d'un polygone régulier autour du diamètre de la sphère qui passe par deux sommets du polygone dont les faces ne touchent pas la petite sphère. La méthode de Banū Mūsā diffère, ici encore, de celle d'Archimède, même si les idées fondamentales sont les mêmes. Ils montrent par cette méthode que l'aire de la surface latérale de la sphère est égale à quatre fois l'aire d'un grand cercle de la sphère, c'est-à-dire $4 \pi r^2$. Ils déterminent enfin le volume de la sphère, comme "le produit de son demi-diamètre par le tiers de l'aire de la surface latérale"[11], c'est-à-dire $4/3 \pi r^3$.

L'examen du livre de Banū Mūsā montre bien qu'il ne s'agit pas d'une simple répétition de ce qu'on lit chez Archimède ou ses commentateurs. Certes ils ne quittent pas le cadre de ces mathématiques, mais ils donnent, pour la détermination de l'aire du cercle, du volume de la sphère et de l'aire de sa surface latérale des démonstrations différentes de celles d'Archimède.

Les contemporains et les successeurs de Banū Mūsā ont poursuivi activement la recherche en ce domaine. Ainsi al-Māhānī[12]

---

[9] On peut ainsi transcrire brièvement la démonstration de Banū Mūsā :

Supposons que $S \neq r.c/2$. Il existe alors une surface d'aire ε_0 telle que ou bien $S - r.c/2 = \varepsilon_0$ ou bien $r.\ c/2 - S = \varepsilon_0$.

On en déduit respectivement

$$S = r/2\ (c + 2/r\ \varepsilon_0) \quad \text{ou bien} \quad S = r/2\ (c - 2/r\ \varepsilon_0)$$

d'où on tire

$$S = r/2\ c' \quad \text{avec } c' > c \quad \text{ou bien} \quad S = r/2\ c'' \quad \text{avec } c'' < c.$$

Considérons seulement ici le cas où $c'' < c$; le raisonnement est analogue pour l'autre cas.

Pour cet ε_0, il existe $N > 0$ tel que pour $n > N$, il existe un polygone P_n à n côtés de périmètre S_n tel que

(1) $0 < S - r/2\ S_n$ par construction

(2) $c - S_n < 2/r\ \varepsilon_0$ on prend $c'' < S_n < c$.

De (1) on tire $c'' > S_n$ et de (2) on tire $c'' < S_n$.

On voit bien que l'exhaustion s'applique sur les longueurs.

[10] *Op. cit.*, p. 9. ومن الممكن أن يوصل بهذا الوجه بعينه إلى أي غاية تراد من التدقيق في هذا العمل

[11] *Op. cit.*, p. 19.

[12] Selon M. Krause, "al-Māhānī aurait vécu entre 825 et 888 environ ; cf. Die Spärik von Menelaos aus Alexandrien in der Verbesserung von Abū Naṣr Manṣūr b. ʿAlī b. ʿIrāq", *Abhandlungen der Gesellschaft der Wissenschaften zu*

n'a pas seulement repris le livre d'Archimède sur *La Sphère et le Cylindre*, mais a entrepris la détermination du segment de la parabole. Ce texte d'al-Māhānī ne nous est pas parvenu.

Le collaborateur de Banū Mūsā, Thābit ibn Qurra, a apporté une contribution massive à ce chapitre. Il a successivement rédigé trois traités : l'un est consacré à l'aire d'un segment de parabole ; le second au volume du paraboloïde de révolution ; le troisième traite des sections du cylindre et de son aire.

Dans le premier traité[13], pour déterminer l'aire d'un segment de parabole, Thābit ibn Qurra, qui ignorait l'étude d'Archimède sur ce sujet, commence par démontrer vingt et un lemmes, dont quinze sont arithmétiques. L'examen de ces lemmes montre que le principal instrument mathématique mis en œuvre par Thābit ibn Qurra était le concept de la borne supérieure d'un ensemble de nombres réels carrés, et l'unicité de cette borne supérieure. En effet, Thābit ibn Qurra utilise pour caractériser la borne supérieure la propriété suivante :

soient une portion ABC *de parabole,* AD *son diamètre correspondant à* BC. *Pour tout* $\varepsilon > 0$ *donné, on peut lui faire correspondre une partition* $A, G_1, G_2, \ldots, G_{n-1}, D$, *du diamètre* AD, *telle que*

aire BAC - *aire du polygone* $BE_{n-1} \ldots E_2E_1AF_1F_2 \ldots F_{n-1}C < \varepsilon$, *c'est-à-dire, dans un autre langage, que l'aire* BAC *est la borne supérieure des aires de ces polygones.*

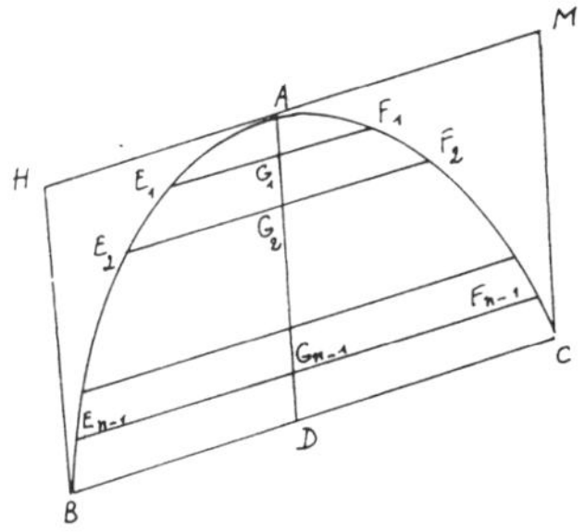

Fig. 1

Göttingen Philologisch-historische Klasse III, Folge 17, 1936, pp. 24-25. Un fragment du commentaire de La sphère et le cylindre d'al-Māhānī semble exister, ms. Leiden Or. 14/25.

[13] *La mesure de la parabole d'Ibn Qurra*, ms. B.N. 2457, ff. 122^v-136^r. Ce manuscrit a été copié par al-Sijzī. Une traduction libre de ce texte a été faite par H. Suter sous le titre : "Über die Ausmessung der Parabel von Thabit b. Kurra al-Harrani", *Sitzungsberichte der physikalisch-medicinische Sozietät zu Erlangen*, 48, 1918.

Thābit ibn Qurra démontre d'une manière aussi rigoureuse que 2/3 aire BHMC est la borne supérieure des aires des polygones déjà mentionnés. Il parvient enfin à son théorème qu'il énonce ainsi : "La parabole est infinie mais l'aire de l'une quelconque de ses parties est égale aux deux-tiers du parallélogramme de même base et de même hauteur que la portion". Voici le schéma de sa démonstration. Soit S l'aire de la portion de parabole **P**, et S l'aire du parallélogramme de même base et de même hauteur.

Si $S \neq 2/3\ S$, on a deux cas ;

a) $S > 2/3\ S$

Soit $\varepsilon > 0$ tel que

(1) $S - 2/3\ S = \varepsilon$;

d'après un lemme déjà démontré[14], pour cet ε, il existe N tel que pour $n > N$, il existe $\mathbf{P}_n$ d'aire S_n tel que

(2) $S - S_n < \varepsilon$;

de (1) et (2) on déduit

$(2/3\ S + \varepsilon) - S_n < \varepsilon$,

d'où

$2/3\ S < S_n$.

Mais, d'après un autre lemme[15], on avait

$2/3\ S > S_n$,

d'où la contradiction.

(**b**) $S < 2/3\ S$.

Soit $\varepsilon > 0$ tel que

(3) $2/3\ S - S = \varepsilon$.

D'après un lemme précédemment démontré, pour cet ε, il existe N tel que pour $n > N$, il existe $\mathbf{P}_n$ d'aire S_n tel que

(4) $2/3\ S - S_n < \varepsilon$;

de (3) et de (4) on a

$(S + \varepsilon) - S_n < \varepsilon$,

---

[14] Il s'agit de la proposition 20 de son traité sur *La mesure de la parabole*. Il démontre :

Soient BAC une portion de parabole, AD son diamètre associé à BC, S son aire. Pour tout $\varepsilon > 0$, il existe une subdivision $(G_k)_{0 \leq k \leq n}$ de AD ($G_0 = A$, $G_n = D$) vérifiant

$$(*) \qquad \frac{G_k G_{k+1}}{G_{k+1} G_{k+2}} = \frac{2k+1}{2k+3} \qquad (0 \leq k \leq n-2)$$

telle que $S - S_n < \varepsilon$ (S_n = aire de polygone $BE_{n-1} \ldots E_1AF_1 \ldots E_nC$).

[15] Il s'agit de la proposition 19 de son traité. Il montre :

Soient BAC une portion de parabole, AD son diamètre associé à BC et les ordonnées $E_1G_1F_1$, ..., $E_{n-1}G_{n-1}F_{n-1}$, BDC. Soit AR la perpendiculaire abaissée de A sur BC et F son point d'intersection avec E_1F_1 ; AG_1, ..., $G_{n-1}D$ une subdivision de AD qui vérifie (*) de la note précédente ; alors on a

$2/3\ BC.AR - S_n = n/3\ AF.\ G_1F_1$.

d'où

$$S < S_n.$$

Mais $\mathbf{P}_n$ est inscrit dans $\mathbf{P}$, donc $S_n < S$, d'où la contradiction.

La méthode d'exhaustion appliquée ici par Ibn Qurra est fondée, comme on peut le voir, sur les propriétés de la borne supérieure et notamment son unicité. En effet, on veut montrer que 2/3 S = S, sachant que

a) S = la borne supérieure de $(S_n)_{n \geq 1}$

b) $2/3\ S$ = la borne supérieure de $(S_n)_{n \geq 1}$.

En fait, la démarche d'Ibn Qurra est équivalente mathématiquement à l'intégrale de Riemann dans le cas particulier où le diamètre considéré est l'axe de la parabole. La démarche de Thābit ibn Qurra revient à prendre une partition $\sigma = AG_1G_2 \ldots G_{n-1}$ du diamètre AD, pour considérer ensuite la somme

$$S_\sigma = \sum_{i=1}^{n} (AG_i - AG_{i-1}) \frac{G_{i-1}F_{i-1} + G_iF_i}{2},$$

et montrer que

$$\forall \varepsilon > 0, \ni \sigma \text{ telle que aire } ACD - S_\sigma < \varepsilon,$$

et prouver enfin que S_σ converge vers cette aire suivant le filtre des partitions de AD.

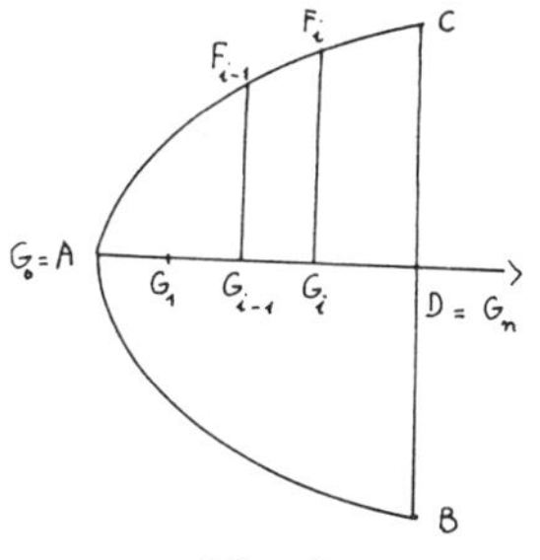

Fig. 2

Traduisons ce qui précède dans le même langage de l'analyse : soit x_i l'abscisse de G_i et soit $y = f(x)$ l'équation de la parabole. Alors S_σ peut être écrite

$$S_\sigma = \sum_{i=1}^{n} (x_i - x_{i-1}) \frac{f(x_{i-1}) + f(x_i)}{2} \ ;$$

mais, comme

$$f(x_{i-1}) \leq \frac{f(x_{i-1}) + f(x_i)}{2} \leq f(x_i) \ ,$$

et que f est continue , on en déduit que $\frac{f(x_{i-1}) + f(x_i)}{2}$ est une valeur atteinte par f au point de ζ_i l'intervalle $[x_{i-1}, x_i]$. S_σ peut alors être écrite sous la forme

$$S_\sigma = \sum_{i=1}^{n} (x_i - x_{i-1}) f(\xi_i) \ ; \ x_{i-1} \leq \xi_i \leq x_i \ ,$$

ce qui n'est rien d'autre que la somme utilisée dans la définition d'une fonction f dans l'intégrale de Riemann. Notons enfin que la quadrature d'Ibn Qurra, étant donné la définition de la parabole, est équivalente au calcul de l'intégrale $\int_0^a \sqrt{px}\, dx$. Voici ce qu'écrit un historien moderne, M.A. Youschkevitch, sur le procédé de Thābit ibn Qurra : "Thābit ibn Qurra a 1° déterminé l'aire du segment de la parabole au moyen de la méthode des sommes intégrales, 2° effectué un calcul équivalent au calcul de l'intégrale $\int_0^a \sqrt{x}\, dx$ et 3° appliqué la division du segment d'intégration en parties inégales formant une progression arithmétique. On sait qu'au milieu du XVIIe siècle Fermat détermina par un procédé analogue - la division en parties inégales formant une progression géométrique - la quadrature des courbes $y = \sqrt[n]{x \pm m}$ $(m \neq -n)$. "[16]

Avant de poursuivre, notons que Thābit ibn Qurra réintroduit ainsi le concept de sommes intégrales. Certes ce concept est présent chez Archimède, mais n'apparaît pas dans ses traités traduits en arabe. Il reste qu'un examen approfondi de ces deux textes traduits - *La Mesure du Cercle* et *La Sphère et le Cylindre* - pouvait guider vers le chemin de cette découverte un mathématicien de la stature d'Ibn Qurra. Mieux encore, les sommes intégrales d'Ibn Qurra sont plus générales que celles d'Archimède, dans la mesure où Ibn Qurra a pris pour subdivisions des intervalles dont les pas ne sont pas nécessairement égaux. S'il a ainsi procédé pour le segment de parabole, il n'a pas, dans son traité sur le paraboloïde, considéré,

---

[16] M.A. Youschkevitch, "Note sur les déterminations infinitésimales chez Thābit ibn Qurra", *Archives Internationales d'Histoire des Sciences*, 17, n° 66, 1964, p. 43.

comme Archimède, des cylindres de hauteurs égales, mais un cône et des troncs de cône ayant la même base, et dont les hauteurs ont pour rapport celui des nombres impairs successifs commençant par un.

Enfin, Ibn Qurra entreprend dans un traité sur *Les sections du cylindre et leurs surfaces*, l'étude des différentes espèces des sections planes d'un cylindre droit et d'un cylindre oblique, détermine ensuite l'aire de l'ellipse et l'aire de segments elliptiques, discute des sections maximales et minimales du cylindre, et de leurs axes, pour enfin déterminer l'aire d'une partie de la surface délimitée par deux sections planes.

Il serait fastidieux de reprendre ici les résultats et les preuves de ce traité, riche et profond, comme la démonstration par laquelle Thābit ibn Qurra établit que "l'aire de l'ellipse est égale à l'aire du cercle dont le carré du rayon est égal au produit de l'un des deux axes de cette ellipse par l'autre"[17], c'est-à-dire πab, avec a et b les axes de l'ellipse. Mais pour atteindre de semblables résultats, non seulement Ibn Qurra a redécouvert les méthodes archimédiennes, mais il a dû leur donner une allure arithmétique, et introduire certaines transformations géométriques, notamment la transformation affine et la transformation équi-affine.

C'est donc une distance considérable qui a été parcourue depuis al-Kindī et Banū Mūsā. Les travaux du collaborateur de Banū Mūsā, Ibn Qurra, seront désormais la base sur laquelle s'édifiera la recherche postérieure. Cinq mathématiciens, parmi les plus prestigieux de leur temps, vont se succéder : al-Māhānī, que nous avons déjà mentionné ; Ibrāhīm ibn Sinān, petit-fils d'Ibn Qurra ; al-ʿAlāʾ Ibn Sahl, al-Qūhī et Ibn al-Haytham. Nous allons retracer à grands traits l'histoire de cette tradition.

Ibrāhīm ibn Sinān était un mathématicien de génie[18], qui mourut à sa trente-huitième année ; il n'avait pas aimé, selon ses propres dires, "qu'al-Māhānī ait une étude plus avancée que celle de <mon> grand-père, sans que l'un de nous aille plus loin que lui". Il est vrai qu'al-Māhānī avait donné une démonstration plus courte que celle d'Ibn Qurra, laquelle nécessitait vingt lemmes. Ibrāhīm ibn Sinān entendait donc parvenir à une démonstration encore plus courte. La proposition qui fonde sa démonstration, et qu'il démontre auparavant, est que l'affinité laisse invariante la proportionnalité des aires.

La méthode d'Ibn Sinān revient à considérer le polygone de $2^n - 1$ triangles inscrits dans le segment de parabole. Soient T_1 le triangle ABC, T_2 le polygone ANBGC, et ainsi de suite. Ibn Sinān montre la proposition suivante :

---

[17] Il s'agit de la proposition 14 de ce traité.

[18] Voir notre article sur Ibn Sinān dans le *Dictionary of Scientific Biography*.

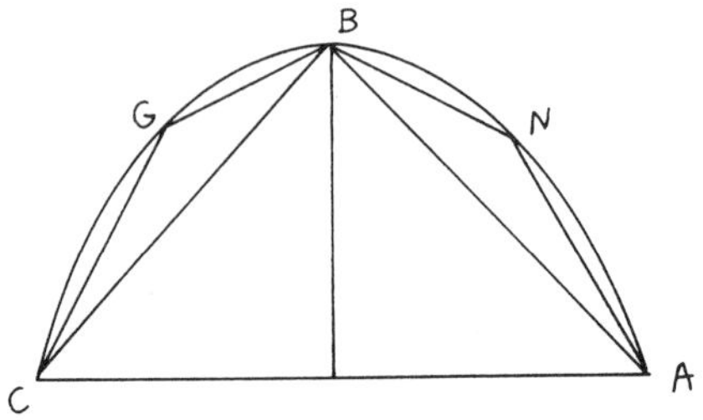

Fig. 3

si T_n *et* T'_n *sont deux polygones qui se déduisent l'un de l'autre par une transformation affine de rapport* k, *alors on a*

$$\frac{T_n}{T'_n} = \frac{T_1}{T'_1}.$$

Il démontre ensuite une proposition que l'on peut ainsi traduire dans un autre langage : si P et P' sont deux segments de parabole, T_n et T'_n les deux polygones inscrits, on a

$$\frac{\mathbf{P}}{\mathbf{P'}} = \lim_{n \to \infty} \frac{T_n}{T'_n} = \frac{T_1}{T'_1};$$

de cette relation, il déduit

$$\mathbf{P} = \frac{4}{3} T_1.$$

On remarquera que c'est l'introduction de la transformation affine qui a permis de réduire à deux le nombre des lemmes nécessaires.

Au Xe siècle, le mathématicien al-ʿAlā' Ibn Sahl[19] a repris la quadrature de la parabole, mais son traité reste malheureusement encore introuvable. Son contemporain al-Qūhī, quant à lui, en réexaminant la détermination du volume du paraboloïde de révolution, redécouvre la méthode d'Archimède. En effet, pour le paraboloïde de révolution, Archimède considère des cylindres de même hauteur, tandis que Thābit ibn Qurra a, nous l'avons vu, recours à des troncs de cône adjacents, dont les bases déterminent une subdivision du diamètre de la parabole - qui engendre le paraboloïde - dont les intervalles sont proportionnels aux nombres impairs successifs commençant par un, et dont les hauteurs sont les

---

[19]R. Rashed, *Géométrie et dioptrique au Xe siècle : Ibn Sahl, al-Qūhī et Ibn al-Haytham*, Paris, Les Belles Lettres, 1992.

mêmes. Al-Qūhī[20], pour parvenir, comme il le réclame, à réduire de trente-cinq à deux le nombres des lemmes démontrés par Thābit ibn Qurra, a retrouvé indépendamment les sommes intégrales telles qu'elles figurent chez Archimède. C'est du reste seulement sur quelques points de détail que sa méthode diffère de celle d'Archimède, notamment lorsqu 'il faut prouver qu'on peut rendre la différence entre les cylindres inscrits et les cylindres circonscrits aussi petite que l'on veut.

Successeur d'Ibn Sahl et d'al-Qūhī, le célèbre mathématicien et physicien Ibn al-Haytham[21] - mort en 1040 - reprend la démonstration du volume du paraboloïde de révolution, ainsi que celle du volume engendré par la rotation d'une parabole autour de son ordonnée. Considérons rapidement cette deuxième espèce, plus difficile que la première. Pour parvenir à la détermination de ce volume, Ibn al-Haytham commence par démontrer certains lemmes arithmétiques : les sommes des puissances des *n* entiers successifs, pour établir une double inégalité, fondamentale pour son étude. A cette occasion il obtient des résultats qui font date dans l'histoire de l'arithmétique, et notamment la somme d'une puissance entière quelconque de *n* premiers entiers successifs

$$\sum_{k=1}^{n} k^i \quad , \quad i = 1, 2, \ldots ;$$

il établit ensuite l'inégalité suivante

$$(1) \qquad \sum_{k=1}^{n} [(n+1)^2 - k^2]^2 \leq \frac{8}{15}(n+1)(n+1)^4 \leq \sum_{k=0}^{n} [(n+1)^2 - k^2]^2 .$$

Soit maintenant le paraboloïde engendré par la rotation de la portion de la parabole ABC d'équation $x = ky^2$ autour de l'ordonnée BC. Soit $\sigma_n = (y_i)_{0 \leq i \leq 2^m}$, avec $2^m = n$ une subdivision de l'intervalle $[0, b]$ de pas $h = b/2^m = b/n$.

Soient M_i les points de la parabole d'ordonnées y_i et d'abscisses x_i respectivement. Posons

$$r_i = c - x_i \qquad (0 \leq i \leq 2^m = n),$$

il vient

$$r_i = k(b^2 - y^2_i) = kh^2 (n^2 - i^2).$$

---

[20]R. Rashed, *Œuvres mathématiques d'Ibn al-Haytham.*

[21]R. Rashed, "Ibn al-Haytham et la mesure du paraboloïde", *Journal for the History of Arabic Sciences*, 5 (1982), pp. 191-262 et *Œuvres mathématiques d'Ibn al-Haytham.*

On a

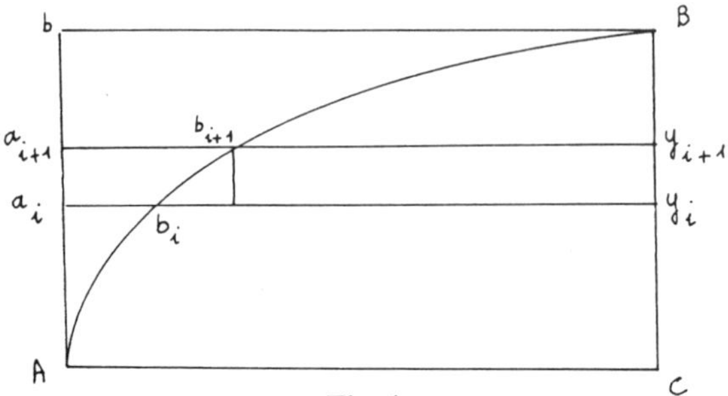

Fig.4

$$I_n = \sum_{i=1}^{n-1} \pi k^2 h^5 (n^2 - i^2)^2$$

et

$$C_n = \sum_{i=0}^{n-1} \pi k^2 h^5 (n^2 - i^2)^2 ;$$

mais, d'après l'inégalité (1), on obtient

$$I_n \leq \frac{8}{15} V \leq C_n ,$$

où $V = \pi k^2 b^4 . b$ est le volume du cylindre circonscrit.

Pour user d'un langage différent de celui d'Ibn al-Haytham :

Comme la fonction $g(y) = ky^2$ est continue sur [O, b], le calcul d'Ibn al-Haytham sera équivalent à :

le volume du paraboloïde $v(p) = \lim_{n\to\infty} \sum_{i=1}^{n} \pi k^2 h^5 (n^2 - i^2)^2$

d'où

$$v(p) = \lim_{n\to\infty} \sum_{i=1}^{n} \pi k^2 (b^4 - 2b^2 y_i^2 + y_i^4) h ,$$

d'où

$$v(p) = \pi \int_0^b k^2 (b^4 - 2b^2 y^2 + y^4) \, dy ,$$

d'où

$$v(p) = \frac{8}{15} \pi k^2 b^5 = \frac{8}{15} V ,$$

V le volume du cylindre circonscrit.

Ibn al-Haytham ne s'arrête pas là : il se tourne à nouveau vers les petits solides d'encadrement, afin d'étudier leur comportement lorsqu'on augmente indéfiniment les points de la subdivision. Nous nous trouvons cette fois en présence d'une pensée franchement infinitésimaliste, et en quelque sorte fonctionnelle, dans la mesure où l'enjeu du problème est explicitement le comportement asymptotique d'êtres mathématiques dont on cherche à déterminer la variation.

Ibn al-Haytham applique la même méthode à la détermination du volume de la sphère. Là également, on notera qu'il a donné une version arithmétiquement infléchie de la méthode d'exhaustion. En effet, dans sa recherche, le rôle du calcul arithmétique explicite semble bien plus important que dans les travaux de ses prédécesseurs. Mais, considérons à présent sa méthode du point de vue du calcul intégral, pour dégager les idées qui la fondent.

Pour déterminer les volumes de révolution autour d'un axe donné, Ibn al-Haytham, nous l'avons vu, prend des tranches cylindriques inscrites et circonscrites, dont l'axe est celui du solide de révolution considéré. Ceci permet des approximations par défaut et par excès du volume à calculer par des sommes intégrales - des sommes de Darboux - relatives à la fonction qui correspond à la courbe engendrant le solide de révolution considéré. Pour le volume de la sphère, par exemple, il considère

$$I_n = \sum_{i=1}^{n-1} \pi\, y_i^2 \,(x_i - x_{i-1}) = D(f, \sigma_n, m_i)$$

$$C_n = \sum_{i=1}^{n} \pi\, y_{i-1}^2 \,(x_i - x_{i-1}) = D(f, \sigma_n, M_i)\,.$$

Remarquons que la fonction f est monotone, de sorte que m_i et M_i sont les valeurs de f aux extrémités du $i^{ème}$ intervalle de la subdivision ; f étant la fonction définie par

$$f(x) = \pi\,(R^2 - x^2),\quad m_i = \inf_{x_{i-1} \le x \le x_i} f(x) = y_i \quad \text{et} \quad M_i = \sup_{x_{i-1} \le x \le x_i} f(x) = y_{i-1}.$$

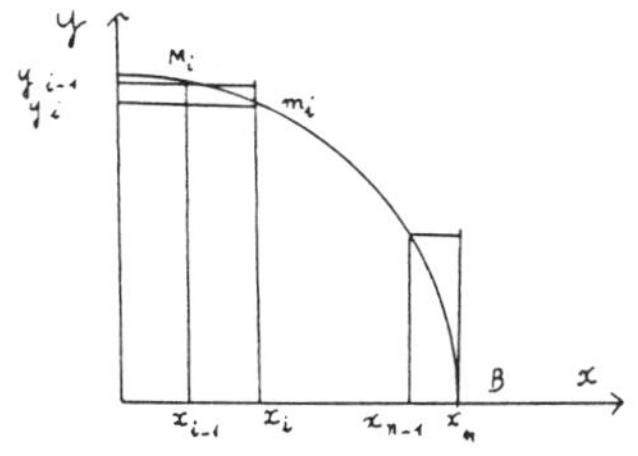

Fig. 5

D'autre part, Ibn al-Haytham utilise ensuite les inégalités $I_n < v < C_n$, et démontre que pour tout $\varepsilon > 0$, il existe N avec $n \geq N$ et

$$v - I_n < \varepsilon, \quad C_n - v < \varepsilon ;$$

ce qui prouve que I_n tend vers v et qu'il en est de même pour C_n ; c'est-à-dire qu'on a bien

$$v = \int_0^R f(x)\, dx.$$

En d'autres termes, le calcul d'Ibn al-Haytham équivaut à celui d'une intégrale de Cauchy-Riemann simple.

Mais cette équivalence mathématique ne devrait pas masquer la question que voici : pourquoi Ibn al-Haytham, après avoir déterminé ces volumes à l'aide de cette intégrale, n'a-t-il jamais explicitement esquissé une méthode générale, pour déterminer d'autres volumes ou d'autres aires ? On ne peut certes pas se contenter, pour répondre à cette question de façon satisfaisante, d'invoquer les besoins d'Ibn al-Haytham - il est vrai que, dans son oeuvre mathématique, optique et astronomique, nul besoin n'imposait le calcul du paraboloïde, non plus que celui de l'hyperboloïde de révolution par exemple. C'est donc à la méthode elle-même qu'il faut imputer l'absence d'une telle esquisse.

On peut en effet noter qu'Ibn al-Haytham - tout comme ses prédécesseurs dans le cas des aires - a toujours recours à un autre solide de volume connu, auquel il pouvait comparer le solide considéré. Cette connaissance préalable du solide de comparaison n'est nullement un artefact de la méthode : elle permet à Ibn al-Haytham, comme à ses prédécesseurs, un calcul effectif - direct et exact - des limites des sommes de Darboux correspondantes. Or, dans le cas général, ces solides de comparaison n'existent pas nécessairement, ce qui rend les outils mathématiques empruntés par Ibn al-Haytham insuffisants pour un calcul effectif des sommes de Darboux. C'est donc bien une limitation interne qui marque la méthode d'Ibn al-Haytham. Toutefois, il faut se garder d'exagérer la portée de cette limitation, qui s'effacera avec l'introduction plus massive encore du calcul arithmétique. Si donc le volume de référence identifie bien la tradition archimédienne, l'infléchissement arithmétique, qui allait en croissant dans la tradition arabe, montre qu'il ne s'agit plus tout à fait de l'héritage archimédien. Ce n'est plus la géométrie qui guide la démarche d'Ibn al-Haytham, mais déjà l'arithmétique, et les lemmes ont été conçus dans une pensée arithmétique des figures. Autrement dit, c'est là une tradition archimédienne arithmétisée, une *tradition néo-archimédienne*.

X

DIOPHANTE D'ALEXANDRIE

De la vie de Diophante, nous ne connaissons presque rien : Alexandrin, il vécut après Hypsiclès et avant Théon d'Alexandrie, c'est-à-dire après la première moitié du IIe siècle avant notre ère, et avant la seconde moitié du IVe siècle de notre ère. Nos certitudes s'arrêtent là, pour céder la place à de simples conjectures. Deux témoignages tardifs tentent en effet de préciser davantage les dates de Diophante. Le premier revient à Michel Psellus (1020-1105 ?) dont, au siècle dernier, l'historien des sciences Paul Tannery a restitué et commenté un fragment, pour conclure que Diophante aurait été l'ami d'un certain Anatolius, lequel a été identifié – toujours par Tannery – comme Anatolius d'Alexandrie ; il s'agit de celui qui devint en 270 évêque de Laodicée (Syrie), que l'historien Eusèbe de Césarée loue pour ses connaissances scientifiques, et dont le mathématicien Jamblique a conservé certains fragments des travaux arithmétiques. Poussant plus loin sa conjecture, Tannery, non sans audace, fait de Diophante un mathématicien chrétien directement disciple de Denys, évêque d'Alexandrie de 248 à 265.

La plupart des historiens de la science hellène, comme Friedrich Otto Hultsch et Thomas Heath, n'ont pas retenu cette conjecture. L'autre témoignage est celui du bio-bibliographe du XIIIe siècle, Abū al-Faraj, qui affirme sans donner ses sources que Diophante vivait sous le règne de Julien l'Apostat (361-363). Mais il peut s'agir là d'une confusion entre le mathématicien et un rhéteur du même nom.

À défaut de nouveaux arguments décisifs, nous nous contenterons, pour l'heure, d'admettre qu'il s'agit d'un Alexandrin, dont la vie s'écoula probablement entre le deuxième et le troisième siècle et dura, si l'on en croit un célèbre épigramme de l'*Anthologie palatine* attribué à Métrodore de Byzance (IVe siècle), quatre-vingt-quatre ans.

1 *Une œuvre dispersée*

De l'œuvre mathématique attribuée à Diophante, la tradition manuscrite grecque nous a transmis six livres d'un ouvrage sur les *Problèmes arithmétiques*, et, d'autre part, un chapitre d'un livre sur les *Nombres polygones.* Les *Arithmétiques*, qui ont assuré à Diophante son grand destin historique, devaient comprendre treize livres, selon les termes mêmes de l'auteur au préambule du premier livre. Mais, comme seuls six livres avaient été conservés en grec, les historiens, depuis le siècle dernier – G. H. F. Nesselmann, Henry Thomas Colebrooke, Hermann Hankel, Paul Tannery, Charles Henry, Thomas Heath et d'autres – ont avancé plusieurs hypothèses pour tenter d'expliquer la perte des sept autres livres, voire parfois pour essayer de définir leur contenu.

Or, on savait, par les bio-bibliographes arabes du Xe siècle, qu'il existait une traduction arabe des *Arithmétiques*, par Qusṭā ibn Lūqā de Baalbek, et datant de la seconde moitié du IXe siècle. Au siècle dernier, l'historien des sciences Franz Woepcke a remarqué que al-Karajī, mathématicien arabe de la fin du Xe siècle, a résumé les trois premiers livres de cette traduction qui, globalement, correspondent aux trois premiers livres du texte grec tel qu'il nous est parvenu. En 1971, Roshdi Rashed a pu retrouver à Meshed, en Iran, quatre livres de la traduction arabe, tous perdus en grec, et il a établi qu'ils suivent, dans l'ordre, les trois premiers livres du texte grec. Cette découverte a ruiné toutes les interprétations évoquées plus haut.

2 *Les « Arithmétiques »*

Telles qu'elles se présentent maintenant, les *Arithmétiques* comprennent au moins dix livres, dans l'ordre suivant : les trois premiers livres grecs, immédiatement suivis, et dans l'ordre, par les quatre livres retrouvés de la version arabe. Viennent ensuite les livres IV et V du texte grec, dont l'organisation appelle un examen approfondi, actuellement en cours, et enfin, le livre VI du texte grec, sur les triangles rectangles numériques.

Ainsi, des treize livres qu'aux dires de Diophante comportaient les *Arithmétiques,* nous en possédons actuellement au moins dix, et non plus seulement six. Et les livres retrouvés dans leur version arabe ne modifient pas seulement l'organisation des *Arithmétiques,* mais aussi leur extension ainsi que leur compréhension.

L'objet des « Arithmétiques »

Quel est, au juste, l'objet de Diophante dans les *Arithmétiques ?* Les réponses à cette question se présentent comme un conflit d'interprétations, dont les origines remontent déjà aux mathématiciens arabes du xe siècle ; de la logistique théorique à la géométrie algébrique, le spectre de l'interprétation de l'œuvre du mathématicien alexandrin est singulièrement étendu. Alors que P. Tannery hier, K. Vogel aujourd'hui voient dans les *Arithmétiques* une logistique théorique, Nesselmann, Hankel, Heath, naguère, et bien d'autres encore aujourd'hui soutiennent que l'on y trouve bien de l'algèbre. Des mathématiciens contemporains, tels André Weil, Jean Dieudonné, Isabelle G. Bašmakova, croient pouvoir, quant à eux, lire dans les *Arithmétiques,* sinon en toutes lettres, du moins en filigrane, les concepts et les instruments de la géométrie algébrique ; dans ce cas Diophante ne serait pas seulement le prédécesseur de Fermat, mais de Hilbert, de Hurwitz et de Poincaré, et serait alors l'ancêtre de tous ces chapitres qui portent aujourd'hui son nom – analyse diophantienne, géométrie diophantienne, approximations diophantiennes, équations diophantiennes.

Organisation et nature des « Arithmétiques »

Mais, avant de confronter ces interprétations, décrivons les *Arithmétiques.* Le but de Diophante y est clair : édifier une théorie mathématique dont les éléments constitutifs seraient les nombres, considérés comme pluralités d'unités, et les parties fractionnaires comme fractions de grandeurs. Ces éléments de la théorie ne sont pas seulement présents « en personne », mais aussi comme espèces des nombres. On peut montrer que cette expression, « espèce » de nombre, recouvre également et indifféremment la puissance d'une pluralité déterminée, et la puissance d'une pluralité quelconque, c'est-à-dire provisoirement indéterminée, mais qui sera, à la fin de la solution du problème, toujours déterminée : il s'agit du nombre « non dit », ἄλογος ἀριθμός. Dans le préambule du premier livre, Diophante définit ces termes, ces puissances, jusqu'à la sixième, et en donne certaines abréviations (et non pas, comme on l'a toujours affirmé, une représentation symbolique). Au quatrième livre – selon le nouvel ordre – il définit la huitième et la neuvième puissance. Notons que la septième puissance n'est jamais mentionnée par Diophante, et que la cinquième n'apparaît jamais dans les énoncés des problèmes des *Arithmétiques.* Cela nous ramène à cette notion, déjà évoquée, d'« espèce » de nombre. Il faut en effet rappeler que Diophante parle de trois espèces : celle du nombre linéaire, celle du nombre plan, et enfin celle du nombre solide. C'est seulement à propos de ces trois espèces qu'il parle de la *nature* (φύσις) des nombres. Ces espèces engendrent toutes les autres, lesquelles doivent, à la limite, prendre leurs noms. Ainsi, le carré-carré, δυναμοδύναμις, noté $\Delta^{Y}\Delta$, est un carré – δύναμις – Δ^{Y} ; le carré-carré-carré, le carré-cubo-cube sont également des carrés ; le cubo-cubo-cube est un cube. Autrement dit, les espèces engendrées ne peuvent l'être que par *composition,* et la puissance de chacune est nécessairement un multiple de 2 ou de 3. On comprend alors pourquoi la septième puissance est absente, et pourquoi la cinquième n'apparaît pas dans les énoncés. On sait également quelle est l'importance de cet aspect, tant pour la formulation des problèmes que pour leur résolution.

La composition des *Arithmétiques* s'éclaire du même coup : il s'agit de combiner ces espèces entre elles, sous certaines contraintes et à l'aide des opérations de l'arithmétique élémentaire ; résoudre les problèmes, c'est essayer de poursuivre dans chaque cas « jusqu'à ce qu'il reste une seule espèce de part et d'autre ».

Mais si l'on examine systématiquement le texte de Diophante, on constate que, par « solution », l'auteur entend des nombres déterminés, autrement dit des rationnels positifs. Il arrive même qu'avant d'entreprendre la discussion, il impose aux nombres

DE. VATICANA. BIBLIOTHECA.

ΔΙΟΦΑΝΤΟΥ

Ἀλεξανδρέως

ἀριθμητικῶν

Τοῦ αὐτοῦ περὶ πολυγώνων

ἀριθμῶν

+

DIOPHANTI. ALE XANDRINI.

Arithmeticorum libri, VI.

Cum Scholijs Incerti autoris, seu Maximi Planudis in 2os eiusdem tantum libros.

De Numeris Polygonis, libellus.

IOSEPHO. AVRIA. Interprete.

Cum Vaticanis antiquissimis codicibus 3.

graecis manu s. diligentissi

me collati, opera, et studio

Josephi Auriae Mathematicae

scientiae studiosi.

Primus codex habet duos numeros

215. et 200.

Alter cod.

Tertius vero

Omnia de Vaticana Bibliotheca.

A.

Page de titre du livre VI du manuscrit « Vaticanus gr. 191 » (Bibliothèque nationale, Paris).

donnés et aux paramètres des conditions supplémentaires telles que le problème admette une seule solution rationnelle. Le problème est alors qualifié de πλασματικός, « convenablement déterminé ». Une telle conception de la solution explique pourquoi à aucun moment Diophante ne distingue entre problèmes déterminés et problèmes indéterminés, et pourquoi ne figure nulle part l'examen des problèmes impossibles comme tel. On constate en effet que, dans les *Arithmétiques*, des problèmes déterminés s'intercalent entre les problèmes indéterminés ; on remarque également que des problèmes qui avaient leur place dans cet ouvrage en sont absents, tel celui de la somme de deux cubes égale à un cube.

Si donc Diophante procède, au cours de ses solutions, par substitution, élimination et déplacement des espèces, bref, à l'aide de techniques algébriques, les *Arithmétiques* ne sont cependant pas un traité d'algèbre. Il s'agit bien, en effet, d'un livre d'arithmétique, non pas dans l'anneau des entiers relatifs, mais dans le *demi-corps* des rationnels positifs ; et c'est au cadre relativement étroit de ce demi-corps que, semble-t-il, il faut imputer la principale responsabilité du développement des techniques algébriques, qui furent sans aucun doute d'un précieux secours aux algébristes arabes.

Dans les mathématiques hellénistiques, nous ne connaissons aucune influence des *Arithmétiques.* Un passage du *Lexique* de Suidas a fait bien des ravages en attribuant à Hypatie un commentaire du *Canon astronomique* de Diophante. Mais on sait depuis Fabricius qu'il s'agit en fait d'un passage altéré, qu'il convient plutôt d'attribuer à Ptolémée. Avec beaucoup de témérité, Tannery a modifié le texte pour attribuer à Hypatie un commentaire de Diophante, suscitant ainsi une légende. Or, il a en fait fallu attendre les mathématiciens arabes, et les commencements de l'algèbre par al-Khwārizmī et ses successeurs, pour que les *Arithmétiques* fussent lues et commentées ; mais, pour la plupart, ces commentaires les ont infléchies dans un sens algébrique, pour qu'elles trouvent enfin leur place au nombre des travaux sur l'analyse indéterminée ; elles communiquèrent d'ailleurs une notable impulsion au développement de ce chapitre, qui fut alors désigné par un titre propre : fī al-'istiqrā' – l'analyse indéterminée –, ainsi qu'en témoignent les travaux d'al-Karajī et de ses successeurs. Or, cette interprétation algébrique qui, selon nous, ne traduit pas le sens profond de l'œuvre de Diophante, a survécu aux mathématiciens arabes, puisqu'on la retrouve chez les algébristes du XVIe siècle comme Raffaele Bombelli et Simon Stevin, entre autres, et même d'ailleurs chez bien des historiens des mathématiques. Les tenants de cette interprétation s'accordent, par-delà leurs divergences, pour voir dans les livres de Diophante une succession de problèmes équivalents, dans leur grande majorité, à des équations (ou à des systèmes d'équations) indéterminées, de degré inférieur ou égal à 9, à deux ou plusieurs inconnues, et ne contenant que des quantités rationnelles ; les solutions de ces équations doivent être des nombres rationnels positifs, entiers si possible, mais aucune exigence n'est formulée sur ce point. Les *Arithmétiques* ne traitent que des nombres rationnels positifs ; à aucun moment elles ne considèrent les nombres irrationnels algébriques pour eux-mêmes, non plus, du reste, que le critère de rationalité en général. S'il arrive à Diophante d'examiner les conditions de rationalité, c'est seulement pour rechercher une solution rationnelle positive. C'est finalement en termes de variables, de puissances, de paramètres et de solutions générales que l'on interprète les *Arithmétiques.*

Ainsi, lorsque Diophante cherche à résoudre (2.8) « partager un carré donné en deux carrés », l'algébriste traduit immédiatement : problème indéterminé du second degré à deux variables, équivalent à l'équation :

(1) $$x^2 + y^2 = a^2 ;$$

et comme, au cours de sa solution, il assigne

Verso du folio 76 d'un des manuscrits des « Arithmétiques », le « Matritensis Bib. Nat. 4678 ».
Les plus anciens manuscrits grâce auxquels une partie du texte grec des « Arithmétiques » de Diophante d'Alexandrie nous est parvenue remontent tous à la fin du XIIIe ou au début du XIVe siècle, et sont liés au milieu du polygraphe byzantin Maxime Planude.
Le plus connu d'entre eux, à côté du « Mediolanensis Ambrosianus Et 157 sup. » (= gr. 780) [M], autographe de Planude daté de 1292 ou 1293, du « Vaticanus gr. 191 » (fin XIIIe s.) [V] et du « Vaticanus gr. 304 » (début XIVe s.) [T], est le « Matritensis Bib. Nat. 4678 » (olim N 48) [A].
Ce manuscrit, qui appartenait au Chapitre cathédral de Messine, fut confisqué en 1679, après la révolte de Messine contre le pouvoir espagnol en 1674, et transporté à Palerme. Le duc d'Uceda le fit entrer dans sa bibliothèque entre 1687 et 1696. Il fut confisqué en 1711 par Philippe V lors de la défection du duc d'Uceda en faveur de l'archiduc Charles d'Autriche, et déposé à la Bibliothèque royale en 1712.
Le texte des « Arithmétiques » est écrit par deux copistes de la fin du XIIIe siècle. En marge et dans les interlignes du texte des deux premiers livres, et dans quelques marges du troisième livre, on trouve de très nombreuses corrections et scolies dues à six mains différentes. Quelques-unes de ces scolies sont à l'origine du commentaire aux deux premiers livres dû à Maxime Planude.
Les rapports entre les plus anciens manuscrits de Diophante peuvent être schématisés de la manière suivante :

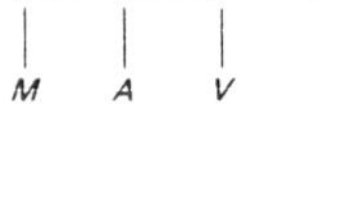

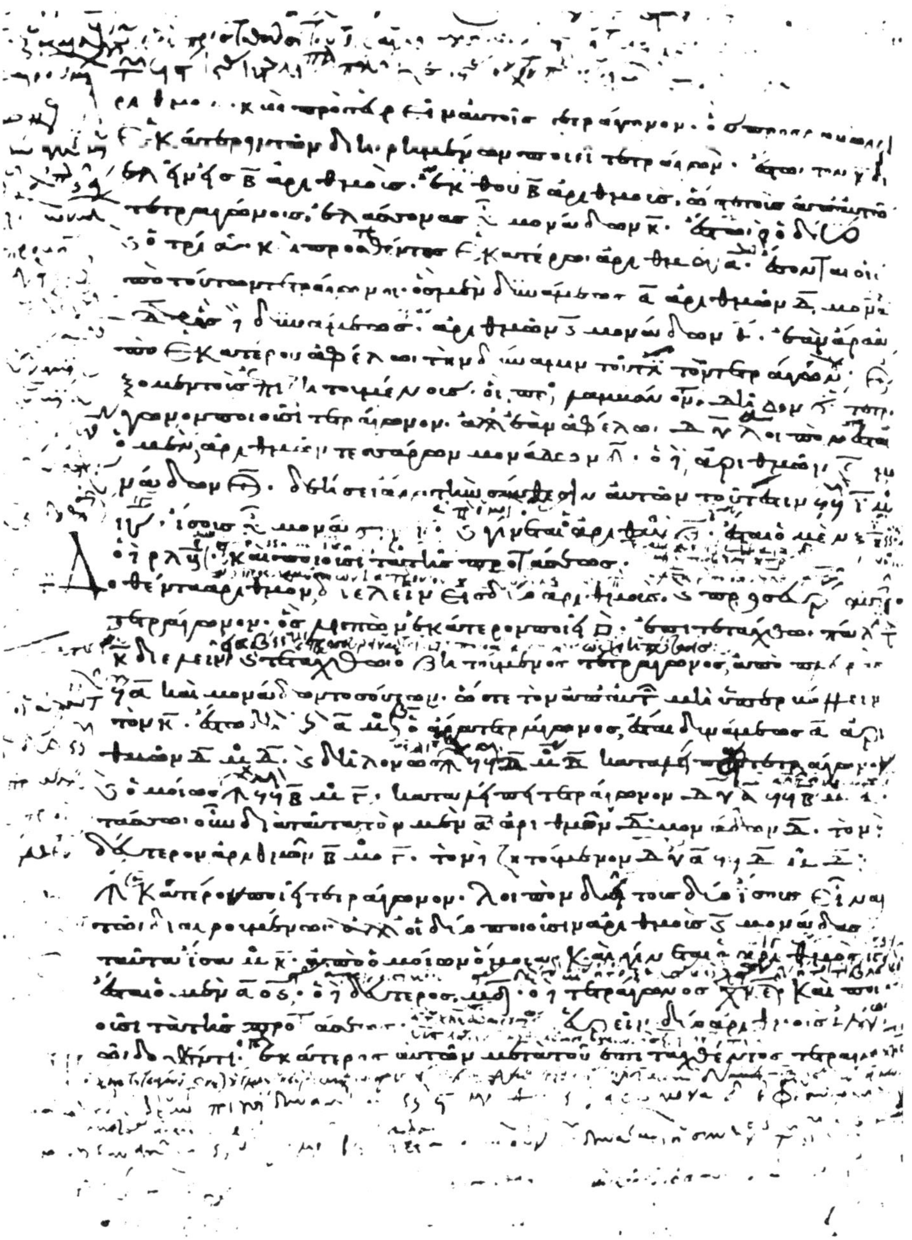

Verso du folio 76 d'un des manuscrits des « Arithmétiques », le « Matritensis Bib. Nat. 4678 » (Bibliothèque nationale, Paris).

à la donnée a une valeur particulière, on y voit une représentation d'un paramètre quelconque pour les cas semblables. Mais cette lecture des *Arithmétiques* laisse entière une difficulté ainsi exprimée par Hankel : « Of more general comprehensive methods there is in our author no trace discoverable : every question requires a quite special method, which after will not serve even for the most closely allied problems. It is on that account difficult for a modern mathematician even after studying 100 diophantine solutions to solve the 101rst problem ... »

Une classe de problèmes

C'est bien l'unité même des *Arithmétiques* qui est en question. Or le langage de la géométrie algébrique nous permet de mieux saisir cette unité, en nous aidant à dégager les algorithmes arithmétiques que le mathématicien alexandrin avait pu utiliser, sans toutefois leur attribuer la signification géométrique qu'ils ont à présent, et sans en donner la démonstration. Cette interprétation à la lumière de la géométrie algébrique est suscitée, en partie au moins, par ce désir de restituer l'unité des *Arithmétiques,* lesquelles vont désormais se présenter comme l'étude des points rationnels des ensembles algébriques irréductibles définis sur **Q**, de courbes, de surfaces et d'hypersurfaces. Mais, si on se limite au seul cas des courbes, cette recherche est, en principe, menée par des méthodes distinctes selon le genre des courbes. Or, si la plupart des courbes étudiées dans les *Arithmétiques* sont de genre 0, il existe cependant dans les livres grecs, comme on le savait auparavant, des courbes de genre 1 ; bien plus, on rencontre deux courbes de genre 2, l'une dans les livres grecs, et l'autre dans la version arabe. Dans ce dernier cas, il s'agit du problème (6.18) qui se réécrit :

$$F(x, y) = y^2 - (x^8 + x^4 + x^2) = 0.$$

Pour les courbes de genre 0, Diophante détermine les points rationnels par la méthode de la corde, sous différentes conditions qu'il serait difficile d'exposer ici. Prenons simplement l'exemple de l'équation (1). Le point $(0, -a)$ est un point simple du cercle défini par (1). Diophante coupe le cercle par une famille $D(u)$ de droites passant par ce point, soit :

$$x = t,$$
$$y = ut - a.$$

Si on substitue dans (1), le résultant du cercle et de $D(u)$ s'écrit :

$$R(u, t) = t[t(1 + u^2) - 2au] = 0,$$

d'où :

$$x = \varphi(u) = a\frac{2u}{u^2 + 1}, \; y = \psi(u) = a\frac{u^2 - 1}{u^2 + 1}.$$

L'application $\Phi(u) = [\varphi(u), \psi(u)]$ de la droite affine sur le cercle défini par (1) est birationnelle.

Diophante a également examiné la méthode de la corde pour les courbes de genre 1. Ainsi, par exemple, pour trouver un point de la courbe :

$$(2) \qquad y^2 = x^4 + x^2 + x,$$

qui intervient dans le problème (6.17), il coupe par une famille de coniques d'équations :

$$x = t,$$
$$y = t^2 + \xi,$$

et trouve le point ($x = 1/4$, $y = 9/16$), en faisant $\xi = 1/2$.

Notons encore que Diophante utilise la méthode de la corde comme méthode d'élimination.

L'apport des *Arithmétiques* de Diophante à l'histoire des mathématiques dépasse les limites de ce chapitre sur l'analyse indéterminée constitué par les algébristes à partir du Xe siècle environ. La traduction arabe de l'ouvrage a, en effet, représenté, au même siècle, une contribution essentielle à la naissance de l'analyse diophantienne dans l'anneau des entiers relatifs, c'est-à-dire au sens où l'entendront plus tard Claude Gaspar, Bachet de Méziriac et Fermat. Des mathématiciens du Xe siècle, comme al-Khujandī, al-Khāzin, ont en effet été conduits à l'analyse diophantienne entière, qui comportait l'étude de la théorie des triplets pythagoriciens, de la représentation des entiers comme somme de carrés, problème déjà abordé par Diophante. Ils ont également étudié des problèmes de congruences quadratiques, ont énoncé la conjecture de Fermat pour $n = 3$, et ont tenté d'en donner la démonstration. Ces études de la théorie des nombres ont été poursuivies plus tard par Bachet, Fermat et Euler. C'est au second que revient la conception de la « descente infinie » comme méthode de démonstration, rendant ainsi possible un nouvel essor de l'analyse diophantienne entière.

Bibliographie

Diophanti Alexandrini Opera Omnia, éd. grecque et trad. latine P. Tannery, Teubner, Leipzig, 1893-1895 ; *L'Art de l'algèbre de Diophante*, éd. arabe R. Rashed, Bibl. nat., Le Caire, 1975 ; *Arithmétiques*, texte arabe éd. et trad. franç. R. Rashed, Les Belles Lettres, Paris, 1984 ; texte grec éd. et trad. franç. A. Allard, à paraître.

Études

I. Bachmakova, « Diophante et Fermat », in *Rev. Hist. Sci.*, t. XIX, pp. 289-306, 1966 / T. L. Heath, *Diophantus of Alexandria : a Study in the History of Greek Algebra*, Cambridge Univ. Press, Cambridge (G.-B.), 1885 / R. Rashed, « Les Travaux perdus de Diophante (I) », in *Rev. Hist. Sci.*, t.XXVII/2, pp. 3-30, 1974 ; « Les Travaux perdus de Diophante (II) », *ibid.*, t. XXVIII/2, pp. 97-122, 1975.

XI

Ibn al-Haytham et les nombres parfaits

Der Aufsatz ist den Untersuchungen der arabischen Mathematiker zur Zahlentheorie gewidmet. Er zeigt, daß Ibn al-Haytham die Umkehrung des Satzes IX, 36 über vollkommene Zahlen der Elemente Euklids ausgesprochen und zu beweisen versucht hat. Der Aufsatz erörtert die Berechnung einiger dieser Zahlen durch späte Mathematiker und beschreibt einige Ergebnisse von al-Anṭākī († 987). Bestimmte Fragmente von dessen arithmetischen Arbeiten wurden vor kurzem identifiziert.

Cet article porte sur les recherches des mathématiciens arabes en théorie des nombres: on montre qu'Ibn al-Haytham a énoncé et tenté de démontrer la réciproque de IX-36 des *Eléments* sur les nombres parfaits; on discute du calcul de certains de ces nombres par les mathématiciens tardifs; et on expose quelques résultats obtenus par al-Anṭākī (mort en 987), dont certains fragments de l'oeuvre arithmétique viennent d'être identifiés.

يعرض هذا المقال لبحوث الرياضيين العرب في نظرية الأعداد ؛ ففيه نبيّن أن ابن الهيثم (٩٦٥-١٠٤٠م) قد صاغ عكس الشكل ٣٦ من المقالة ٩ من **الأصول** حول الأعداد التامة كما حاول البرهان عليه، وفيه نناقش حساب بعض الرياضيين المتأخرين لتلك الأعداد ، وفيه نذكر بعض النتائج التي وصل إليها الأنطاكي (المتوفى سنة ٩٨٧) بعد أن عثرنا على فقرات من رسائله الحسابية .

AMS 1985 subject classifications: 01A30, 10-03.
KEY WORDS: Ibn al-Haytham, al-Anṭākī, Euclid, perfect numbers, synthesis, Ibn Fallūs, Ibn al-Malik.

Dans deux précédentes études sur l'histoire de la théorie des nombres dans les mathématiques arabes [Rashed 1982, 1983, 1984], nous exposions comment, à partir du IXème siècle et avec Thābit ibn Qurra, s'est construit un vaste ensemble de recherches autour des nombres abondants, déficients, parfaits, amiables, équivalents, etc. Au sein de cet ensemble, les nombres parfaits—cf. *infra*—faisaient, à première vue, figure de parent pauvre: comparés aux écrits dont nous disposons aujourd'hui sur les nombres amiables, ceux qui traitent des nombres parfaits et qui nous sont parvenus sont moins nombreux et moins importants [Rashed 1982, 1983, 1984].

A l'encontre de cette impression, nous avons cependant conjecturé que la recherche sur les nombres parfaits avait dû être plus considérable que ne le suggéraient les documents disponibles, et, bien plus, qu'on avait, avant le XIIème siècle, tenté de démontrer la réciproque du théorème d'Euclide. Deux groupes de faits étayaient alors cette conjecture: les résultats obtenus par le mathématicien al-Baghdādī (mort en 1037) [Rashed 1984, 263, 267–268], et l'écho transmis par un mathématicien du XIIème siècle, al-Zanjānī, dont l'oeuvre arithmétique demeure peu frayée en dépit de l'importance qui est la sienne.

Les résultats obtenus par al-Baghdādī attestent que les mathématiciens de ce temps sont allés plus loin qu' Euclide et Nicomaque dans la connaissance des nombres parfaits. Quant au témoignage d'al-Zanjānī, il suggère que l'on avait tenté de *caractériser* ces nombres. Mais qui menait alors la recherche en ce domaine, pour être en mesure de concevoir une telle caractérisation? Plusieurs candidats des X–XIèmes siècles se présentent, sur lesquels nous sommes toujours très peu informés. Il suffit d'évoquer l'exemple d'al-Anṭākī, qui poursuivait ses recherches en arithmétique, et dont nous venons d'identifier certains fragments [1], indices du chemin qui nous reste à parcourir pour parfaire notre connaissance de l'histoire de la théorie des nombres à l'époque. Mais, malgré les lacunes de notre information sur cette histoire, c'est grâce à Ibn al-Haytham que nous allons prouver notre conjecture, en montrant que celui-ci n'a pas caractérisé les seuls nombres premiers en énonçant le théorème de Wilson [Rashed 1984, 227–243], mais aussi les nombres parfaits. Sept siècles avant Euler, il énonce et tente de démontrer la réciproque du théorème IX-36 des *Eléments* sur les nombres parfaits. Plus précisément encore, il énonce et tente de prouver un théorème que l'on peut ainsi réécrire:

THÉORÈME. *Soit n un nombre pair, s(n) la somme des diviseurs propres de n; les conditions suivantes sont équivalentes:*

(a) *si* $n = 2^p(2^{p+1} - 1)$, *avec* $(2^{p+1} - 1)$ *premier, alors* $s(n) = n$,
(b) *si* $s(n) = n$, *alors* $n = 2^p(2^{p+1} - 1)$, *avec* $(2^{p+1} - 1)$ *premier.*

On sait que (a) n'est autre que IX-36 des *Eléments*. Ibn al-Haytham a, à deux reprises, commenté cette proposition d'Euclide, et il a repris la démonstration de celui-ci. Dans ses *Commentaires des postulats d'Euclide* il évoque cette proposition dans ces termes: "Euclide a dit ensuite que le nombre parfait est égal à la somme des parties qui le divisent. Cette affirmation est une définition du nombre parfait. Qu'il existe un nombre qui vérifie cette propriété. Euclide a en effet montré à la fin du neuvième livre comment trouver des nombres qui vérifient cette propriété" [2]. Dans un second livre, *Sur la solution des doutes à propos d'Euclide* [3], Ibn al-Haytham s'attarde davantage sur cette proposition d'Euclide, dont il reprend la démonstration. Il s'interroge cette fois sur "la cause"—*al-ʿilla*— pour laquelle n a pour seuls diviseurs propres

$$\{1, 2, \ldots, 2^p, (2^{p+1} - 1), 2(2^{p+1} - 1), \ldots, 2^{p-1}(2^{p+1} - 1)\}.$$

Il retient comme "première cause" le fait "que la somme des parties qui sont pairement paires est un nombre impair" [4]. C'est en effet cette propriété qu'Ibn al-Haytham exploite pour montrer qu'il n'existe pas d'autre nombre qui divise n en dehors de ceux notés ci-dessus.

Mais la vraie contribution d'Ibn al-Haytham est exposée ailleurs. Nul avant lui, à ma connaissance, n'avait énoncé le théorème mentionné, ni tenté d'en offrir une démonstration. Dans un traité sur *L'analyse et la synthèse,* Ibn al-Haytham choisit entre autres exemples celui des nombres parfaits. Il commence par rappeler qu'Euclide a procédé seulement par synthèse, et propose d'entreprendre lui-même l'analyse. Avant tout commentaire, nous présentons ce paragraphe du traité d'Ibn al-Haytham, que nous avons établi et traduit ailleurs [5].

. . . *Trouver le nombre parfait:* le nombre parfait est celui qui est égal à la somme des parties qui le mesurent. Ce problème est celui exposé par Euclide à la fin des livres arithmétiques de son ouvrage. Il n'a pas cependant proposé son analyse, et rien dans ses propos ne montre comment il a trouvé le nombre parfait par l'analyse. Il l'a proposé par synthèse seulement, comme pour les autres problèmes qu'il a inclus dans son ouvrage. Nous montrons ici comment on trouve le nombre parfait par l'analyse, pour composer ensuite cette analyse.

(1) Voie de l'analyse de ce problème: on pose qu'on a trouvé le nombre parfait; qu'il soit par exemple le nombre *AB*, et que les parties qui le mesurent soient les nombres *C, D, E, G, H, I, L, M, N*. Que l'on pose que *AB* est égal à la somme des nombres *C, D, E, G, H, I, L, M, N*. Nous examinons ensuite les propriétés des nombres ayant des parties. Si on examine les propriétés des nombres ayant des parties, on trouve qu'il a été montré, dans la proposition 36 [6] du Livre 9, que si des nombres en nombre quelconque se succèdent suivant le même rapport, et si on sépare du second et du dernier un nombre égal au premier, alors le rapport du reste du second au premier est égal au rapport du reste du dernier à la somme de tous les nombres qui le précèdent. Il s'ensuit que, étant donnés des nombres successifs proportionnels, qui sont dans le rapport du double, si on retranche de leur second et de leur dernier un nombre égal au premier, alors le reste du second sera égal au premier, et le reste du dernier sera égal à la somme de tous les nombres qui le précèdent. Mais pour les nombres successifs qui sont dans le rapport du double, chacun d'eux mesure le plus grand nombre, et chacun d'eux est une partie du plus grand nombre. De tout cela il s'ensuit que si les nombres *AB, C, D, E, G, H, I, L, M, N* sont dans le rapport du double et sont successifs, alors chacun des nombres *C, D, E, G, H, I, L, M, N* est une partie de *AB*, et si on retranche de *AB* un nombre * égal à *N*, le reste de *AB* est égal à la somme des nombres qui sont des parties de *AB*. Mais *AB* est égal à la somme des parties, donc le nombre *AB* n'est pas dans le rapport du double avec tous les nombres restants successifs.

(2) De même parmi les propriétés des nombres successifs proportionnels qui sont dans le rapport du double et qui commencent par un, si on retranche de chacun d'eux un, chaque reste sera égal à la somme des nombres qui le précèdent, car si on retranche du second un nombre égal au premier, qui est un, le reste sera un . Il s'ensuit que pour les nombres *C, D, E, G, H, I, L, M, N*, si quelques-uns sont successifs dans le rapport du double en commençant par *AB*, et si le dernier de (ceux-là) qui est le plus petit d'entre eux est inférieur de un au double de celui qui le précède, alors tous les nombres qui succèdent à *AB* sont des parties de * *AB*, et *AB* sera leur somme.

*Que les nombres *AB, C, D, E, G* soient successifs dans le rapport du double, et que le nombre *G* soit inférieur de un au double du nombre *H;* séparons (de *AB*) *KB* égal à *G*, alors *AK* sera égal à la somme des nombres *C, D, E, G;* mais *G* est inférieur de un au double de *H;* il est donc égal à la somme de *H, I, L, M, N;* or *KB* est égal à *G*, et *KB* est égal à la somme de *H, I, L, M, N*. Donc *AB* tout entier est égal à la somme des nombres *C, D, E, G, H, I, L, M, N**. Mais les nombres *H, I, L, M, N* sont des nombres successifs dans le rapport du double commençant par un, et *N* est un. Mais puisque *C* est la moitié de *AB*, alors *C* mesure *AB* par les unités de *M*, et *D* mesure *AB* par les unités de *L*, et *E* mesure *AB* par les unités de *I*, et de même pour les nombres restants. Si donc les nombres *C, D, E, G* sont en même nombre que les nombres *H, I, L, M*, alors chacun des nombres qui succèdent à *AB* mesure *AB* par les unités de l'un des nombres qui succèdent à *N*, et chacun des nombres qui succèdent à *N* mesure *AB* par les unités de l'un des nombres qui succèdent à *AB*. Ainsi tous les nombres sont parties de *AB*, et aucun autre nombre ne mesure *AB* . Si les nombres qui succèdent à *AB* sont plus nombreux que les nombres qui succèdent à *N*, et si certains des nombres qui succèdent à *AB* mesurent *AB* par les unités des nombres qui succèdent à *N*, et si les nombres qui restent qui succèdent à *AB* mesurent *AB* par les unités d'autres nombres, alors ces autres nombres sont des parties de *AB*. Mais *AB* n'a d'autres parties que les nombres *C, D, E, G, H, I, L, M, N*. Donc les nombres qui succèdent à AB ne sont pas plus nombreux que les nombres qui succèdent à *N*. Si les nombres qui succèdent à *AB* sont moins nombreux que les nombres qui succèdent à *N*, alors certains nombres qui succèdent à *N* mesurent *AB* par les unités des nombres qui succèdent à *AB*, et les nombres restants qui succèdent à *N* mesurent *AB* par les unités d'autres nombres; ces autres nombres sont donc des parties de *AB*. Mais *AB* n'a pas d'autres parties que les nombres donnés. Les nombres qui succèdent à *AB* suivant le rapport du double sont en même nombre que ceux qui succèdent à *N*. Ainsi les nombres *C, D, E, G* sont en nombre égal aux nombres *H, I, L, M*.

De même si le nombre *G* a une partie ou des parties, alors cette partie ou ces parties mesurent *AB* puisque *G* mesure *AB*. Cette partie ou ces parties sont une partie ou des parties de *AB*, et aucune n'est l'un des nombres *C, D, E, G, H, I, L, M*, car aucun des nombres *C, D, E* n'est une partie de *G* puisque chacun d'eux est plus grand que *G*, et aucun des nombres *H, I, L, M* ne mesure *G*, car si on ajoute un à *G*, alors les nombres *H, I, L, M* le mesurent, et aucun des nombres *H, I, L, M* ne mesure le nombre un ajouté, car chacun d'eux est plus
* grand que un, donc aucun des nombres *H, I, L, M* ne mesure le nombre, donc aucun d'eux n'est partie du nombre *G*; si donc le nombre *G* a une partie ou des parties différentes de l'unité, alors cette partie ou ces parties sont parties de *AB*, et chacune d'elles est autre que les nombres *C, D, E, G, H, I, L, M*. Mais *AB* n'a d'autres parties que ces nombres et l'unité, donc le nombre *G* est un nombre premier.

L'analyse a abouti à ce qu'il y a entre le nombre *AB* et le nombre *G* des nombres successifs dont le rapport est le double, que le nombre *G* parmi eux est premier, et que le nombre *G* est inférieur d'une unité au double de l'un des nombres successifs proportionnels commençant par un dont le rapport est double. Cette notion est possible, c'est-à-dire l'existence d'un nombre parmi les nombres successifs dont le rapport est le double et commençant par un, et tel que si on en retranche un on a un nombre premier.

(3) La synthèse de ce problème se fera comme nous allons le décrire. Nous considérons par induction les nombres pairement pairs, c'est-à-dire ceux qui sont dans le rapport du double en commençant par un. Nous retranchons un de chacun d'eux, celui qui sera premier, nous le doublons autant de fois jusqu'à ce que le nombre des nombres ainsi doublés soit égal au nombre des nombres successifs proportionnels qui précèdent ce nombre en comptant avec l'unité qui est leur premier nombre. Le plus grand nombre auquel aboutit le doublement est un nombre parfait.

Exemple. Les nombres *A, B, C, D, E, GH* sont des nombres successifs dont le rapport est le double. Parmi eux *A* est égal à un, et si on retranche de *GH* un, le reste sera un nombre premier. Retranchons de *GH* le nombre un qui est *SH*, il reste *GS*, un nombre premier; nous doublons *GS* autant de fois, jusqu'à ce que le nombre des doublements soit égal au nombre des nombres *A, B, C, D, E*. Soit les nombres *GS, I, K, L, NO*, je dis que *NO* est un nombre parfait.

Démonstration. Séparons *OP* égal à *GS; NP* est donc égal à la somme des nombres *L, K, I, GS;* mais le nombre *PO* est égal à la somme des nombres *E, D, C, B, A;* le nombre *NO* sera donc égal à la somme des nombres *A, B, C, D, E, GS, I, K, L*. Mais les nombres *L, K, I, GS* mesurent *NO* par les unités de l'un des nombres *E, D, C, B*, et chacun des nombres *B, C, D, E* mesure *NO* par les unités de l'un des nombres *GS, I, K, L*. Tous les nombres *B, C, D, E, GS, I, K, L* sont des parties de *NO*, mais on a montré que *NO* est égal à la somme de ces nombres (plus *A* qui est égal à un). Il nous reste à démontrer que aucun nombre autre que ces nombres ne mesure NO. Que le nombre M mesure NO; je dis que M est l'un des nombres B, C, D, E, GS, I, K, L. Que le nombre M mesure NO par les unités du nombre Q. Si on le multiplie ensuite par Q, on a NO; mais le nombre GS mesure NO par les unités du nombre E; si donc on multiplie GS par E, on a NO, le produit de E par GS est donc égal au produit de M par Q. Le rapport de GS à Q est donc égal au rapport de M à E. Ou bien GS mesure Q, ou bien il ne le mesure pas. Si GS mesure Q, alors M mesure E; mais les nombres A, B, C, D, E sont successifs à partir de l'unité et proportionnels; celui qui succède à l'unité est un nombre premier, puisqu'il est deux; donc aucun nombre ne mesure le plus grand que l'un d'entre eux comme il a été montré dans la proposition 13 du livre 9; le nombre M est donc l'un des nombres [A], B, C, D. Si le nombre GS ne mesure pas Q, alors ils sont premiers entre eux, * comme il a été montré dans la proposition 31 du livre 7; s'ils sont premiers entre eux, alors ils sont les deux plus petits nombres suivant leur rapport, comme il a été montré dans la proposition 22 [7] du livre 7, et si les deux nombres GS et Q sont les deux plus petits nombres suivant leur rapport, alors ils mesurent les nombres qui sont suivant leur rapport comme il a été montré dans la proposition 20 du livre 7. Si donc le nombre GS ne mesure pas Q, ils sont les deux plus petits nombres suivant leur rapport, et ils mesurent les nombres qui sont suivant leur rapport. Mais le rapport de GS à Q est égal au rapport de M à E. Donc le nombre Q mesure E; donc le nombre Q est l'un des nombres [A], B, C, D. Donc le nombre Q mesure NO par le nombre des unités de l'un des nombres GS, I, K, L. Mais Q mesure NO par le nombre des unités de M; le nombre M est donc l'un des nombres GS, I, K, L.

Tout nombre qui mesure NO est donc l'un des nombres B, C, D, E, GS, I, K, L. Et aucun nombre, autre que les nombres B, C, D, E, GS, I, K, L, et A qui est l'unité, ne mesure NO. Mais le nombre NO est égal à la somme de ces nombres; donc le nombre NO est un nombre parfait.

L'examen du texte précédent ne laisse planer aucune ambiguïté sur le dessein d'Ibn al-Haytham: il veut démontrer que tout nombre parfait pair est de la forme euclidienne. Son exposé, on a pu le voir, n'est pas exempt d'obscurités, imputables aussi bien à l'auteur qu'aux avatars de la tradition manuscrite de son traité— il nous faut par exemple déplacer un paragraphe pour retrouver la cohérence de la démarche [8]. Abordons maintenant, selon ses étapes, la démonstration d'Ibn al-Haytham telle qu'elle est menée dans ce texte.

Ibn al-Haytham montre d'abord que

$$s(2^p) = 1 + 2 + \ldots + 2^{p-1} = 2^p - 1, \tag{1}$$

d'où, pour n un nombre parfait pair

$$n = s(n) \neq 2^p. \tag{2}$$

Il démontre (2) par l'absurde: si $n = 2^p$, alors $n - 1 = 1 + 2 + \ldots + 2^{p-1}$; et, d'après (1), on obtient $n = n - 1$. Il montre ensuite que si $n = 2^p g$ avec $g = 2^{q+1} - 1$, alors

$$n - g = g + 2g + \ldots + 2^{p-1}g \tag{3}$$

et

$$g = 1 + 2 + \ldots + 2^q;$$

pour n parfait, on obtient

$$s(n) = n = (2^{p-1}g + \ldots + 2g + g) + (2^q + \ldots + 2 + 1). \tag{4}$$

Notons par D_1 et D_2 respectivement les deux ensembles de diviseurs

$$\{2^{p-1}g, \ldots, 2g, g\} \qquad \text{et} \qquad \{2^q, \ldots, 2, 1\};$$

Ibn al-Haytham montre alors que

$$q = p. \tag{5}$$

Il raisonne également par l'absurde: à tout $d_1 \in D_1$ doit correspondre $d_2 \in D_2$, et inversement. Si donc on suppose $q < p$ ou $q > p$, on aboutit à une contradiction avec l'une des deux précédentes conditions; d'où les résultats. Il montre enfin

$$g \text{ est premier.} \tag{6}$$

En effet, supposons que g n'est pas premier, alors il existe $d|g$, $d \neq 1$. Mais $d|n$, donc $d \in D_1 \cup D_2$. Or $d < g$, donc $d \notin D_1$; et d'autre part $d \neq 2^k$, donc $d \notin D_2$, car les termes de D_2 sont les diviseurs de $2^{q+1} = g + 1$; il s'ensuit que $d = 1$. Il est donc clair qu'Ibn al-Haytham ne donne en fait qu'une réciproque partielle du théorème d'Euclide. Il ne montre pas que parmi *tous* les nombres pairs, seuls ceux d'Euclide sont parfaits; mais seulement que parmi les nombres pairs de la forme $2^p(2^{q+1} - 1)$ seuls ceux d'Euclide sont parfaits.

Ibn al-Haytham procède ensuite à la synthèse. Il se donne un nombre

$$n = 2^p g$$

avec g un nombre premier tel que

$$g = 2^{p+1} - 1 = \sum_{k=0}^{p} 2^k.$$

On a

$$n = g \sum_{k=0}^{p-1} 2^k + \sum_{k=0}^{p} 2^k.$$

Chaque nombre de D_1 ou de D_2 (pour $q = p$) est bien un diviseur de n. Supposons que d soit un diviseur de n, alors il existe e diviseur de n tel que

$$d \cdot e = n = 2^p g;$$

on a

$$e/g = 2^p/d.$$

Si g divise e, alors d divise 2^p et $d \in D_2$. Si g ne divise pas e, $(g,e) = 1$ car g est premier; alors e divise 2^p, et $e = 2^k$ $(1 \leq k \leq p)$; donc $d = g2^{p-k}$, $d \in D_1$. Tout diviseur de n figure dans D_1 ou dans D_2. On conclut que n est égal à la somme de ses diviseurs; donc n est parfait.

Mais ce semi-échec ne devrait pas occulter l'essentiel: la tentative délibérée de caractériser l'ensemble des nombres parfaits. Or non seulement cette démarche est datée, mais elle est "localisée": elle est fille de la tradition euclidienne arabe en théorie des nombres. Successeur de Thābit ibn Qurra, Ibn al-Haytham, tout comme lui, prend pour modèle en théorie des nombres les livres arithmétiques des *Eléments*. Aussi s'intéressent-ils bien davantage à établir et à démontrer certaines propriétés des entiers ou des classes d'entiers qu'à calculer sur des nombres particuliers; ni l'un ni l'autre, soulignons-le encore, n'a voulu prolonger sa recherche par le calcul des nombres ignorés des anciens, qu'il s'agisse des nombres parfaits ou des nombres amiables. Cette indifférence au calcul éclate du reste plus évidemment encore dans l'étude d'Ibn al-Haytham sur les nombres parfaits, dans la mesure où celle-ci est invoquée à titre d'exemple dans un traité sur l'analyse et la synthèse dans l'ensemble des disciplines mathématiques à vocation propédeutique et méthodologique.

On s'attend donc à rencontrer ce calcul dans les recherches des mathématiciens qui optaient, globalement ou en partie seulement, pour le style néo-pythagoricien, autrement dit dans la lignée de l'*Introduction Arithmétique* de Nicomaque de Gérase. Les documents manuscrits dont nous disposons viennent confirmer cette interprétation, et nous autorisent de surcroît à supposer que ce calcul a été mené assez tôt: nous ne serions pas surpris de voir apparaître le calcul des nouveaux nombres parfaits dans les travaux des Xème–XIème siècles, même si pour l'heure nous ne le trouvons qu'à partir du XIIIème siècle, dans les écrits de néo-pythagoriciens arabes.

Nous allons considérer ici très brièvement l'œuvre d'Ibn Fallūs (mort en 1240 environ), récemment examinée à ce même titre [Brentjes 1987], ainsi que celle d'un autre savant bien plus tardif, Ibn al-Malik al-Dīmashqī. Par ce choix, nous voulons encadrer la période, en attendant de la couvrir par un examen systématique.

L'écrit d'Ibn Fallūs n'est qu'un commentaire résumé du livre de Nicomaque, et de fait il déclare lui-même s'être "appuyé sur le livre de Nicomaque" [9]. Il commence par donner la règle euclidienne de formation des nombres parfaits, avant de consigner dans un tableau les nombres suivants [10]—à quelques erreurs près commises par le copiste: 6; 28; 496; 8 128; 130 816; 2 096 128; 33 550 336; 8 589 869 056; 137 438 691 328; 35 184 367 894 528.

Mais le texte d'Ibn Fallūs appelle plusieurs remarques. De même que dans la tradition néo-pythagoricienne, il ne démontre pas, mais procède par induction incomplète et énonce des règles. On observe d'autre part que, dans la liste ci-dessus des termes donnés comme nombres parfaits, se mêlent en fait des nombres qui ne le sont pas. On note enfin la présence de trois nouveaux nombres parfaits: le cinquième, le sixième et le septième, dont on a coutume de dater la découverte au milieu du XVème siècle pour le premier et à la fin du XVIème siècle pour les deux derniers. L'introduction dans la liste des nombres parfaits de nombres qui ne le sont pas ne peut d'autant moins être négligée qu'Ibn Fallūs n'a jamais explicitement exposé son calcul, et notamment celui par lequel il vérifie que $(2^p - 1)$ est premier. Les nombres apparaissent sur deux lignes d'un tableau dénué de tout commentaire. Mais, avant d'élucider ce point, faisons un rapprochement avec la présentation explicite d'Ibn al-Malik, lui-même héritier dans ce chapitre de la théorie des nombres de ses prédécesseurs. Dans le septième livre de son traité [11], après avoir donné la règle de formation des nombres parfaits, Ibn al-Malik propose un tableau que nous reproduisons en partie:

Divisibles en deux moitiés [2^p]	Impairs non successifs [$2^{p+1} - 1$]	Parfaits successifs [$2^p(2^{p+1} - 1)$]
2	3	6
4	7	28
8	15	0
16	31	496
32	63	0
64	127	8.128
128	255	0
256	511	130.816
512	1023	0
1024	2047	2.096.128
2048	4095	0
4096	8191	33.550.336

Or, bien qu'Ibn al-Malik s'arrête au cinquième nombre parfait, lui aussi mêle à la liste des nombres qui ne le sont pas: cette erreur, qui n'est donc pas propre à Ibn Fallūs, n'est pas non plus l'effet d'une simple faute de calcul. D'ailleurs, aux yeux de celui qui est un tant soit peu coutumier des écrits des mathématiciens de l'époque, fussent-ils de second ordre, il est inconcevable que ceux-ci fussent incapables de reconnaître si 511 ou 2047, par exemple, sont, ou non, des nombres premiers. L'erreur relève, selon nous, d'une tout autre explication, et renvoie à l'affirmation de Nicomaque selon laquelle il y a un nombre parfait dans chaque rang décimal. Déjà réfutée par al-Baghdādī au début du XIème siècle [Rashed 1984, 267], cette opinion a néanmoins survécu à la critique, comme on peut le lire sous la plume d'Ibn Fallūs: "Tous ces nombres (à savoir les nombres parfaits) ont deux propriétés nécessaires, *lāzimān;* l'une est qu'il en existe un dans chacun des rangs du calcul: un pour les unités, à savoir six, un pour les dizaines, à savoir vingt-huit, et ainsi de suite pour les autres rangs; la seconde est que leur extrémité la plus petite est deux nombres successifs qui sont six et huit" [12]. C'est, semble-t-il, dans de telles affirmations que les mathématiciens ont un peu vite puisé leur conviction que ($2^{p+1} - 1$) est premier ou non pour $p = 8, 10, 22$, sans procéder aux vérifications nécessaires, et sans s'apercevoir qu'elles sont d'ailleurs contradictoires avec leurs propres calculs: il n'y a aucun nombre parfait entre 10,000 et 100,000.

Ainsi l'histoire de la théorie des nombres dans les mathématiques arabes, que nous nous efforçons de constituer, s'enrichit d'un chapitre sur les nombres parfaits. La recherche théorique entreprise par Ibn al-Haytham, par son contemporain al-Baghdādī, de même que le calcul des nouveaux nombres parfaits, témoignent par-delà des erreurs que ces nombres furent alors l'objet d'une recherche active. Les travaux historiques à venir ne manqueront pas d'enrichir ce chapitre, dont nous établissons aujourd'hui l'existence. Mais d'ores et déjà Ibn al-Haytham s'impose, grâce à sa découverte du théorème de Wilson et à son énoncé du théorème d'Euler, comme une importante figure dans l'histoire de la théorie des nombres.

NOTES

1. D'après les anciens bio-bibliographes, Ibn al-Nadīm notamment, nous savons qu'al-Anṭākī (mort en 376 H, c'est-à-dire en 987) est un mathématicien dont les travaux portent principalement sur l'arithmétique et sur la théorie des nombres. Ibn al-Nadīm lui attribue un commentaire de l'*Introduction arithmétique* de Nicomaque de Gérase, ainsi qu'un commentaire des *Eléments* d'Euclide. Ne serait-ce que par ses dates, on conçoit l'importance des travaux d'al-Anṭākī pour l'histoire de la théorie des nombres. Mais ses travaux sont demeurés introuvables. Notre bonne fortune a mis sur notre chemin un livre tardif qui reproduisait de longues citations de son commentaire des *Eléments*. L'analyse de ces fragments cités, qui pour l'heure sont les seuls textes de l'auteur dont nous disposions, montre que c'est là un travail important, comparable à ceux d'al-Nairīzī ou de son successeur Ibn al-Haytham. Nous reprendrons dans une étude ultérieure l'examen de ces textes, ainsi que de l'ensemble du manuscrit qui les renferme [Mss. 992 de la Bibliothèque d'Osmania University, Hayderabad]. Retenons pour le moment l'intérêt d'al-Anṭākī pour l'étude des nombres amiables. Il résout le problème suivant: trouver deux entiers a et b tels que

$$a - s(a) = k,$$

$$s(b) - b = k',$$

et résoud le cas où

$$k = k'.$$

Quant au calcul des nombres amiables, al-Anṭākī, si l'on en croit l'auteur qui a consulté son livre, n'a donné que le couple 220, 284; ce qui indique que, tout comme Thābit ibn Qurra, il s'attachait bien davantage à la recherche théorique qu'au calcul de nouveaux couples.

Outre ces passages d'al-Anṭākī, on rencontre dans le même manuscrit des fragments d'al-Nairīzī, d'al-Dīmashqī, d'Ibn al-Haytham, et aussi du livre *Al-Istikmāl* d'Ibn Hūd. Enfin, il nous livre le calcul du couple des nombres amiables 17,296, 18,416, dit de Fermat, que nous avons déjà trouvé dans quatre écrits différents; ce qui prouve bien que ce couple faisait partie de la connaissance commune des mathématiciens arabes dès la fin du XIIIème siècle.

2. Ibn al-Haytham: *Sharḥ Muṣādrāt Uqlīdis*, Mss. Feyzullah 1359, Istanbul: f. 223^{r}. *

3. Ibn al-Haytham: *Kitāb fī Ḥall Shukūk Kitāb Uqlīdis fī al-Uṣūl*, Université d'Istanbul n° 800: ff. 140^{v}–142^{r}.

4. *Op. cit.*: f. 142^{r}.

5. Le texte arabe traduit ici a été établi à partir de tous les manuscrits disponibles, et sera publié dans les *Œuvres mathématiques d'Ibn al-Haytham* (à paraître aux Belles Lettres, Paris). Nous avons ajouté entre (. . .) la numérotation des paragraphes.

6. 35, dans l'édition de Heiberg.

7. 21, dans l'édition de Heiberg.

8. Cette histoire est retracée dans les *Œuvres mathématiques d'Ibn al-Haytham*. Remarquons seulement ici que le paragraphe indiqué entre *. . .* aurait dû se placer quelques lignes avant, c'est-à-dire avant la phrase qui commence par "il s'ensuit que". Cet endroit correspond du reste à une rupture du texte.

9. Ibn Fallūs: *Kitāb Iʿdād al-Isrār fī Asrār al-Aʿdād*, Mss. Dār al-Kutub, n° 23317/B: ff. 62^{r}–72^{r}; cf. f. 62^{v}.

10. *Op. cit.*: 70v.

11. Ibn al-Malik al-Dīmashqī: *Al-Isʿāf al-ʾAtamm bi Ḥisāb al-Qalam*, Mss. Dār al-Kutub, Ryāḍyyāt, 182: 279.

12. Ibn Fallūs: *op. cit.*: f. 65v.

RÉFÉRENCES

Brentjes, S. 1987. Die ersten sieben volkommenen Zahlen und drei Arten befreundeter Zahlen in einem Werk zur elementaren Zahlentheorie von Ismāʿīl b. Ibrāhīm b. Fallūs. *NTM-Schriftenreihe für Geschichte der Naturwissenschaften, Technik und Medizin* **24**(1), 21–30.

Euclidis Elementa. 1970. Vol. II. Post I. L. Heiberg edidit E. S. Stamatis. Berlin: Teubner.

Rashed, R. 1982. Matériaux pour l'histoire des nombres amiables et de l'analyse combinatoire. *Journal for the History of Arabic Science* **6**, 209–278.

——— 1983. Nombres amiables, parties aliquotes et nombres figurés aux XIIIème et XIVème siècles. *Archive for History of Exact Sciences* **28**, 107–147; repris dans [Rashed 1984, 259–299].

——— 1984. *Entre arithmétique et algèbre: Recherches sur l'histoire des mathématiques Arabes*. Paris: Les Belles Lettres.

XII

AL-SAMAW'AL, AL-BĪRŪNĪ ET BRAHMAGUPTA: LES MÉTHODES D'INTERPOLATION*

INTRODUCTION

A partir de la seconde moitié du Xe siècle, les mathématiciens s'intéressent bien plus qu'auparavant aux méthodes d'analyse numérique, et ceci pour des raisons multiples et d'origine diverse: certaines renvoient à l'algèbre, d'autres à l'astronomie, d'autres encore tiennent à la présence des mathématiques indiennes en arabe. Chacun sait en effet quelle était alors l'actualité de celles-ci, particulièrement avec Abū al-Rayḥān al-Bīrūnī [973–mort après 1050].[1]

Les algébristes – nous le savons mieux aujourd'hui[2] – préoccupés par le développement du calcul algébrique, ont cherché des méthodes pour l'extraction de la racine $n^{\text{ième}}$, et plus généralement pour la résolution numérique des équations algébriques. La découverte de la formule du binôme, du tableau des cœfficients binomiaux et de l'algèbre des polynômes par al-Karajī à la fin du Xe siècle, ont rendu possible l'élaboration des méthodes directement liées à ces problèmes posés par les arithméticiens et les algébristes. Rappelons qu'à cette recherche

* Cette étude fait partie d'un projet de recherche conjoint entre le C.N.R.S. et la N.S.F., consacré à l'histoire des méthodes mathématiques en astronomie ancienne et classique.

Ce texte a été relu par le Professeur Martin Zerner [Université de Nice et CNRS-REHSEIS], qui a suggéré quelques améliorations. Qu'il soit ici remercié.

[1] Sur la vie et les travaux d'al-Bīrūnī, cf. D. J. Boilot, "L'Œuvre d'al-Bērūnī: Essai bibliographique," *Mélanges de l'Institut d'Etudes Orientales du Caire (MIDEO)* 2 (1955), pp. 161–256 et "Corrigenda et addenda," *Mélanges de l'Institut d'Etudes Orientales du Caire (MIDEO)* 3 (1956), pp. 391–6; E. S. Kennedy, article sur al-Bīrūnī dans *Dictionary of Scientific Biography* (New York, 1970), vol. 2, pp. 147–58; et le livre d'al-Bīrūnī, *Fī Fihrist Kutub al-Rāzī*, établi et traduit en persan par M. Muḥaqqiq, Publication 1406 des Presses de l'Université de Téhéran (Téhéran, 1973).

[2] R. Rashed, *Entre arithmétique et algèbre: Recherches sur l'histoire des mathématiques Arabes*, Les Belles Lettres (Paris, 1984).

ont pris part, parmi tant d'autres, al-Bīrūnī, al-Khayyām, al-Samaw'al, Sharaf al-Dīn al-Ṭūsī.[3]

Les astronomes ont, pour leur part, recherché des méthodes pour former et utiliser des tables astronomiques et trigonométriques, et, à cette occasion, ont développé des concepts et des méthodes d'interpolation. La voie la plus naturelle fut, semble-t-il, l'amélioration de l'interpolation linéaire, connue déjà des Anciens. Dans la seconde moitié du Xe siècle, cette recherche s'élabore en liaison étroite avec l'astronomie, comme l'illustre l'exemple d'Ibn Yūnus et d'al-Khāzin, qui avaient proposé des procédés d'interpolation du second ordre.[4] A la fin du même siècle, al-Bīrūnī revient plus d'une fois à ces procédés d'interpolation, et sa contribution est des plus importantes.

Al-Bīrūnī a ainsi participé au développement des deux domaines de recherche qui partageaient en son temps l'analyse numérique. D'autres mathématiciens ont à sa suite poursuivi cette double recherche, comme al-Samaw'al au XIIe siècle et, plus tard, al-Kāshī. La recherche des procédés d'interpolation, toujours menée en liaison étroite avec l'astronomie, l'était également avec les disciplines physiques mathématisées de l'époque, comme l'optique.[5] C'est en effet à l'aide d'une méthode d'interpolation qu'al-Fārisī a conçu son important tableau d'étude de la réfraction.

[3] Al-Bīrūnī a composé un traité de cent folios sur *L'extraction des racines cubiques et des côtés de puissances supérieures du calcul.* Ce traité, mentionné dans la liste des œuvres établie par lui-même [cf. Boilot, "L'Œuvre d'al-Bērūnī," p. 187], est perdu. Al-Khayyām, nous l'apprenons de l'introduction de son algèbre, a également composé un traité sur le même thème. Pour al-Samaw'al, cf. R. Rashed, *Entre arithmétique et algèbre*, et pour al-Ṭūsī, cf. R. Rashed, *L'Œuvre mathématique de Sharaf al-Dīn al-Ṭūsī. Algèbre et géométrie au XIIe siècle*, Les Belles Lettres (Paris, 1986).

[4] Dans *al-Zīj al-Ḥākimī*, chapitre 10, Ibn Yūnus (950–1009 environ) – cf. C. Schoy, "Beiträge zur arabischen Trigonometrie," *Isis* 5 (1923), pp. 364–99 (pp. 390–1) et D. King, "The Astronomical Works of Ibn Yūnus," Ph.D. (Yale University, 1972), p. 82 – donne une méthode d'interpolation quadratique qui peut s'écrire (pour le sens des notations, voir la fin de l'introduction)

$$y = y_{-1} + \left(\frac{x - x_{-1}}{d}\right)\left[\frac{1}{2}(\Delta y_{-1} + \Delta y_0) + \frac{1}{2}\left(\frac{x - x_{-1}}{d}\right)\Delta^2 y_{-1}\right].$$

Il est évident que la parabole définie par cette équation passe par le point A_{-1}.

Al-Khāzin (milieu du Xe siècle) a également donné une formule d'interpolation quadratique. Cf. J. Hamadanizadeh, "Interpolation Schemes in Dustūr al-Munajjimīn," *Centaurus* 22.1 (1978), pp. 44–52.

[5] Cf. R. Rashed, *Géométrie et dioptrique au Xe siècle. Ibn Sahl, al-Qūhī et Ibn al-Haytham*, Les Belles Lettres (Paris, 1992).

Tout aussi remarquable que ces traits de l'analyse numérique, que nous venons d'évoquer, est l'apparition à la même période de la *comparaison* entre les méthodes. Avec al-Bīrūnī et, d'une manière plus éclatante encore, avec al-Samaw'al, on se met à comparer les méthodes d'interpolation, afin de faire le meilleur choix, compte tenu de la fonction tabulaire considérée. Cette étude comparative, ainsi que les tentatives d'al-Bīrūnī de justifier mathématiquement ses méthodes,[6] montrent assez que la recherche consacrée à ces dernières s'est efforcée de se tailler un chemin combinant les préoccupations empiriques à un certain souci théorique. Aussi modeste soit-il, cet effort théorique, encore sur un fond de recherche qui ne pouvait être qu'empirique, reflète déjà néanmoins un changement du style de ces études consacrées au calcul aux différences finies.

Notre but ici n'est bien sûr pas d'écrire l'histoire de l'analyse numérique en arabe, encore moins celle du calcul aux différences finies chez les mathématiciens qui ont écrit en cette langue. Nous nous proposons de nous arrêter une fois encore à la contribution d'al-Bīrūnī, dont nul n'ignore le rôle magistral, pour mieux la placer dans l'histoire. Celle-ci a attiré, et à juste titre, l'attention des historiens, depuis longtemps déjà. Leurs raisons se situent sur deux plans. Les premières sont d'ordre théorique: al-Bīrūnī n'énonce pas seulement les méthodes d'interpolation pour telle ou telle fonction trigonométrique, mais les généralise à toutes les fonctions considérées. Il s'efforce en outre d'établir chaque formule d'interpolation. Les secondes raisons sont en quelque sorte "archéologiques": il s'agit de la connaissance qu'avaient les mathématiciens arabes des méthodes indiennes. Plus précisément, dans le *Khaṇḍakhādayka*, Brahmagupta[7] donne une interpolation parabolique. Mais, comme chacun sait, bon connaisseur des mathématiques et de l'astronomie indiennes, al-Bīrūnī l'était tout particulièrement de ce livre. Ne le cite-t-il pas dans son grand ouvrage: *Al-Qānūn al-Mas'ūdī*, comme dans son grand

[6] Al-Bīrūnī s'efforce en effet de justifier géométriquement l'interpolation linéaire, ainsi que la non-égalité des différences. Cf. par exemple le troisième livre, *Al-Maqāla al-Thālitha min al-Qānūn al-Mas'ūdī* (Livre 3), établi par Dr Imām Ibrāhīm Aḥmad (Le Caire, 1965), pp. 360 sqq. Coll. "Lajnat Iḥyā' al-Turāth al-Islāmī."

[7] Cf. Brahmagupta, *The Khaṇḍakhādayka. An Astronomical Treatise of Brahmagupta*; traduit par P. C. Sengupta (University of Calcutta, 1934); voir plus loin.

livre sur l'Inde? Ne l'a-t-il pas d'ailleurs commenté en propre?[8] Or al-Bīrūnī ne dit mot de cette interpolation parabolique de Brahmagupta, mais a recours dans son *al-Qānūn* à une autre méthode d'interpolation du second ordre. Aussi les historiens se sont-ils demandé si al-Bīrūnī connaissait la méthode de Brahmagupta. La réponse la plus récente revenait à constater ce fait paradoxal: bien qu'il connût le livre de Brahmagupta, al-Bīrūnī aurait ignoré la méthode qui s'y trouve exposée.[9] Et de fait, cette conclusion, pour le moins invraisemblable, demeurait la seule recevable aussi longtemps qu'*al-Qānūn* était la seule source d'information sur la recherche d'al-Bīrūnī en ce domaine. Or une autre source existe, qui avait échappé à l'attention des historiens, et qui nous permettra de répondre plus précisément à cette question de la connaissance qu'al-Bīrūnī pouvait avoir de la méthode de Brahmagupta. Nous pourrons, bien plus, reprendre l'ensemble des méthodes d'interpolation chez al-Bīrūnī, et examiner la connaissance qu'il avait de l'apport des mathématiques indiennes. L'examen de cette source nous aidera à montrer que:

1 al-Bīrūnī, aussi bien que ses successeurs, connaissait parfaitement la méthode de Brahmagupta;
2 al-Bīrūnī a emprunté, également aux mathématiciens indiens, une seconde méthode d'interpolation parabolique,

[8] D'al-Bīrūnī lui-même, nous savons qu'il avait composé une rédaction du *Zīj* de Brahmagupta, avant d'avoir achevé la mise au propre de son *al-Qānūn*. Ainsi, il écrit dans la liste de ses ouvrages:

وهذبت زيج الأركند وجعلته بألفاظي، إذْ كانت الترجمة الموجودة منه غير مفهومة وألفاظُ الهند بحالها متروكة،

"J'ai corrigé le *zīj* d'al-Arkand (c'est-à-dire le *Khaṇḍakhādayka* de Brahmagupta), et je l'ai rendu dans mes termes, car la traduction qui en existe est incompréhensible, et les termes indiens y sont laissés dans leur état." [Cf. al-Bīrūnī, *Fī Fihrist*, p. 27; Boilot, "L'Œuvre d'al-Bērūnī," p. 178]. Quelques pages plus loin de ce même écrit, al-Bīrūnī nous informe qu'il lui reste encore à mettre au propre certains livres, dont *al-Qānūn al-Mas'ūdī* [al-Bīrūnī, *Al-Qānūn al-Mas'ūdī* (Canon Masudicus), Osmania Oriental Publication Bureau (Hyderabad–Deccan, 1955)]. Cf. M. Muḥaqqiq dans son édition de *Fī Fihrist* p. 38; il n'y a donc aucun doute qu'al-Bīrūnī connaissait la méthode de Brahmagupta avant d'achever son *al-Qānūn*.

[9] E. S. Kennedy s'étonne en effet de "the curious fact that a book by Brahmagupta which was well known to al-Bīrūnī contains a legitimate parabolic interpolation ignored by him [al-Bīrūnī] although he mentions the book many times in his writings," dans "The Motivation of Al-Bīrūnī's Second Order Interpolation Scheme," *Proceedings of the First International Symposium for the History of Arabic Science* 2 (Aleppo, 1978), pp. 67–71 (p. 67).

dite la méthode *sankalt*, jusqu'ici absente de la littérature historique;

3 tout comme ses successeurs, al-Bīrūnī n'appliquait pas de manière aveugle les différentes méthodes, mais les comparait, pour choisir celle qui approche le mieux la fonction considérée; cette comparaison a donné sa première dimension théorique à une recherche essentiellement empirique;

4 al-Bīrūnī, ainsi que certains de ses successeurs, comme al-Samaw'al, s'occupait de deux domaines qui partageaient alors l'analyse numérique: la résolution numérique des équations, et le calcul aux différences finies.

La nouvelle source qui permet d'établir les points qui viennent d'être exposés n'est autre qu'un livre d'al-Samaw'al, encore manuscrit.[10] Al-Samaw'al entendait dans ce livre réfuter l'astrologie. Au septième chapitre, établi et traduit ici, il s'attaque aux méthodes du calcul des tableaux astronomiques pour montrer que les astrologues établissaient leur calcul des horoscopes sur des bases incertaines. Ce chapitre s'ouvre sur une citation d'un fragment d'al-Bīrūnī. Après avoir reproduit les propos d'al-Bīrūnī, al-Samaw'al les soumet à une critique exemplaire tant par son objectivité que par son style. Il commence par comparer les différentes méthodes proposées par al-Bīrūnī dans le fragment qu'il cite, pour d'autres valeurs que celles choisies par ce dernier: l'interpolation linéaire appelée méthode des astronomes, la méthode de Brahmagupta et la méthode des monômes, ou *sankalt*. Al-Samaw'al reprend alors l'exposé d'al-Bīrūnī, critique ses choix, et tente d'améliorer les différentes méthodes. Mais, de quel livre d'al-Bīrūnī al-Samaw'al a-t-il extrait ce fragment? Il ne nous donne aucune indication sur sa source. Le perte, momentanée ou définitive, d'un grand nombre d'écrits d'al-Bīrūnī, dont les titres ont cependant survécu, nous empêche de répondre de manière certaine. Mais une liste établie par al-Bīrūnī de ses propres écrits,[11] rédigée avant 427/1035-6 alors qu'il avait soixante-trois ans environ, nous apprend qu'il a amélioré la rédaction du *zīj* de Brahmagupta et qu'il a composé un court traité de trente pages sur le "*sankalt des nombres.*"[12] A cette date, al-Bīrūnī s'apprêtait par ailleurs à mettre au

[10] Cf. plus loin.

[11] Cf. Note 8.

[12] D. J. Boilot, "L'Œuvre d'al-Bērūnī," pp. 188–9; al-Bīrūnī, *Fī Fihrist*, p. 31. Le mot *sankalt* est la translittération arabe par al-Bīrūnī d'un terme sanskrit; cf. la note suivante.

propre son brouillon d'*al-Qānūn al-Mas'ūdī*; il est vraisemblable que le passage cité par al-Samaw'al provient de l'un des deux premiers titres. Quoi qu'il en soit, il n'est pas dans *al-Qānūn*. Or les dates données par al-Bīrūnī nous ont appris qu'il connaissait la méthode de Brahmagupta, ainsi que celle des monômes – du *sankalt* – avant d'avoir copié au propre son *al-Qānūn*, où il présente une troisième méthode d'interpolation. Déjà on entrevoit les questions suscitées par les méthodes d'interpolation, ainsi que par les préférences d'al-Bīrūnī. Nous savons qu'outre la méthode d'interpolation linéaire, al-Bīrūnī connaissait la méthode de Brahmagupta; celle dite *sankalt*, terme sanscrit[13] qui désigne une méthode monomiale que nous rendons par la "méthode des monômes"; et, enfin, la méthode qui porte son nom, exposée dans *al-Qānūn*. Avant de reprendre ces méthodes d'al-Bīrūnī, et notamment les trois premières qu'il présente lui-même dans le fragment – ainsi que la critique d'al-Samaw'al – fixons d'abord la terminologie et les notations que nous allons utiliser.

– Par, "la différence entre les lignes parmi les lignes de nombres," al-Bīrūnī et al-Samaw'al entendent l'intervalle d entre deux valeurs de la variable, c'est-à-dire les valeurs inscrites dans la première colonne du tableau. Nous désignerons ces valeurs par: $x_{-2}, x_{-1}, x_0, \ldots, x_n$.

– Les "valeurs prises," qui rend l'expression littérale "les lignes de ce qui est pris," seront notées par $y_{-2}, y_{-1}, y_0 \ldots y_n$.

– "La différence entre deux lignes parmi les lignes de valeurs prises" sera notée par $\Delta y_i = y_{i+1} - y_i$.

– "La différence des différences": c'est $\Delta^2 y_i = \Delta y_{i+1} - \Delta y_i$.

[13] Dans d'autres textes d'al-Bīrūnī, le terme *sankalt* ou *sankalita* signifie strictement somme ou addition, comme dans la somme des carrés d'entiers successifs ou la somme des cubes d'entiers successifs. La traduction exacte sera alors la méthode de l'addition ou la méthode de sommation. Il reste que cette méthode est aussi appelée monomiale, *al-mufrad*. Voir *Kitāb al-Tafhīm li-awā'il ṣinā'at al-tanjīm*, traduit par R. Ramsay Wright (London, 1934), p. 31. Voici ce que D. Pingree a bien voulu nous écrire à propos du sens de ce terme: "The word *saṅkal* in Sanskrit means "add together, heap together." As a technical term in mathematics, *saṅkalita* (the past passive participle) means "the sum of a series" – usually of arithmetic progression. I have never seen it used in Sanskrit to mean "a quadratic interpolation method." The only relationship of *saṅkalita* to interpolation methods that I can think of is with respect to the Sine-tables, whose entries are regarded as the sums of the sums of the second differences, subtracted from the angles, and where interpolations between entries are based on second differences."

– "La correction": c'est la valeur absolue de $c = y - y_i$, qui est tantôt additive, et tantôt soustractive, où *y* désigne la valeur obtenue par interpolation.

– Le calcul est fait dans le système sexagésimal, donc en degrés, minutes, secondes, etc.; auxquels on ajoute l'unité "doigt," qui est un douzième de degré. Ainsi les cotangentes sont évaluées en doigts. Par exemple, on aura cotg 2° = 28,636, qu'on calcule en degrés, minutes, secondes; on aura 28° 38′ 9″, 6. Pour obtenir la valeur en doigts, on multiplie le résultat par 12; on aura 343d 37′ 55″. Enfin, les arcs ou les angles appelés *hauteurs* sont mesurés en degrés de 0° à 90°.

1 L'INTERPOLATION LINÉAIRE ET LES TROIS MÉTHODES D'INTERPOLATION DU SECOND ORDRE

Les trois méthodes exposées par al-Bīrūnī dans le fragment cité par al-Samaw'al sont toutes destinées au calcul de la valeur approchée de $y = \text{cotg}\, x$. Nous allons considérer ces méthodes ainsi que celle donnée par al-Bīrūnī dans *al-Qānūn* que, pas plus qu'al-Samaw'al, il n'évoque dans ce contexte. Il s'agit là de l'ensemble des méthodes qui se trouvent dans les écrits connus d'al-Bīrūnī.

Supposons que $x_{-1} < x < x_0$ et $d = x_0 - x_{-1} = x_i - x_{i-1}$ pour $i = -2, -1, \ldots, n$.

La première méthode est celle de l'interpolation linéaire, connue des anciens, en usage chez les astronomes, qui se réécrit

$$(\alpha) \qquad y = y_{-1} + \left(\frac{x - x_{-1}}{d}\right)\Delta y_{-1}.$$

La seconde méthode est celle donnée par al-Bīrūnī dans *al-Qānūn*, qui se réécrit

$$(\beta) \qquad y = y_{-1} + \left(\frac{x - x_{-1}}{d}\right)\left[\Delta y_{-2} + \left(\frac{x - x_{-1}}{d}\right)\Delta^2 y_{-2}\right];$$

notons que l'application de cette formule exige pour le calcul de Δy_{-2} et $\Delta^2 y_{-2}$ que

$$x_{-2} = (x_{-1} - d) \in \left]0, \frac{\Pi}{2}\right[,$$

c'est-à-dire que $x_{-1} > d$.

La troisième méthode est celle de Brahmagupta. Or la présentation de cette méthode par al-Bīrūnī comporte une légère différence par rapport au texte de Brahmagupta, autant que la traduction anglaise de son texte nous permet d'en juger.[14] En effet, l'explication d'al-Bīrūnī nous permet de réécrire la formule de Brahmagupta de la manière suivante

$$(\gamma) \qquad y = y_0 + \left(\frac{x - x_0}{d}\right)\left[\frac{\Delta y_{-1} + \Delta y_0}{2} + \frac{1}{2}\left(\frac{x - x_0}{d}\right)\Delta^2 y_{-1}\right].$$

Or, d'après le texte d'al-Bīrūnī, cette méthode suppose que $x < x_0$ et conduit à la formule

$$y = y_0 + \left(\frac{x_0 - x}{d}\right)\left[\frac{\Delta y_{-1} + \Delta y_0}{2} + \frac{1}{2}\left(\frac{x_0 - x}{d}\right)\Delta^2 y_{-1}\right],$$

mais cette expression donne (γ) en tenant compte de $(x_0 - x) > 0$, $\Delta y_{-1} < 0$, $\Delta y_0 < 0$ et $\Delta^2 y_{-1} > 0$. Autrement dit pour al-Bīrūnī, la méthode de Brahmagupta suppose que $x < x_0$ et que la correction est additive. Ces conditions ne semblent pas ressortir du texte de Brahmagupta tel qu'il nous est parvenu.[15]

La quatrième méthode est également d'origine indienne de l'aveu même d'al-Bīrūnī et dite *sankalt*, ou la méthode des monômes, qui se réécrit

$$(\delta) \qquad y = y_0 - \frac{(x_0 - x)(x_0 - x + 1)}{d(d + 1)}\Delta y_{-1};$$

cette méthode procède par le calcul des accroissements de x_i vers x_{i-1}.

Rappelons encore quelques autres traits de la contribution d'al-Bīrūnī. Dans *al-Qānūn*, al-Bīrūnī détermine les expressions des interpolations, inverses, linéaire et du second ordre, et s'efforce d'autre part de justifier géométriquement ses formules.

[14] Voici la traduction que donne Sengupta du texte de Brahmagupta: "Multiply the residual arc left after division by 900′ [d] (i.e. by 15°), by half the difference of the tabular difference passed over and that to be passed over and divide by 900′ (i.e. by 15°); by the result increase or decrease, as the case may be, half the sum of the same two tabular differences; the result which, whether less or greater than the tabular difference to be passed, is the true tabular difference to be passed over," *The Khaṇḍakhādayka*, p. 141.

[15] Cf. note précédente.

Ainsi, il donne pour (α) et (β) les interpolations inverses:[16]

$$x = x_{-1} + \frac{d.(y - y_{-1})}{\Delta y_{-1}},$$

$$x = x_{-1} + \frac{d.(y - y_{-1})\,\Delta y_{-1}}{\Delta y_{-1}\Delta y_{-2} + (y - y_{-1})\,\Delta^2 y_{-2}}.$$

Or, dans le fragment cité par al-Samaw'al, al-Bīrūnī n'évoque pas la méthode (β). S'agissait-il d'une omission délibérée? Ou ne l'avait-il pas encore formulée au moment d'écrire le livre dont le fragment est extrait? Pour l'heure nous ne pouvons pas répondre. Nous savons, en revanche que dans *al-Qānūn*, il ne mentionne pas la formule (γ) qu'il connaissait pourtant. D'autre part, toujours dans le fragment, al-Bīrūnī se prononce en faveur de la méthode des monômes, choix qui lui sera reproché par al-Samaw'al.

Pour comprendre cette absence – à supposer qu'al-Bīrūnī connût alors la formule (β) – et surtout ses préférences ainsi que les critiques d'al-Samaw'al, il nous faut comparer les différentes méthodes et les considérer toutes pour les intervalles choisis.

Or, dans sa présentation, al-Bīrūnī suggère que la méthode de Brahmagupta et, moins explicitement, celle des monômes sont des améliorations de l'interpolation linéaire. En effet, après avoir rappelé "la méthode des astronomes," c'est-à-dire l'interpolation linéaire, il introduit la méthode de Brahmagupta comme une amélioration de celle-ci. Il applique cette méthode à l'intervalle $[2°, 5°]$ et montre sa supériorité par rapport à l'interpolation linéaire. Il introduit ensuite la méthode des monômes toujours appliquée à cet intervalle comme "plus proche encore de la raison et de l'exactitude." Or les tables de cotangentes, pour se limiter à ce cas sans diminuer d'ailleurs la portée de la discussion, laissent voir d'une part que l'interpolation linéaire donne des valeurs par excès et que la différence du premier ordre ne varie pas de façon uniforme. Ainsi, pour améliorer les corrections, l'idée d'al-Bīrūnī, de Brahmagupta avant lui, aussi bien que de l'inventeur de la méthode des monômes, avait été de remplacer Δy_0 dans (α) par Δ qui dépend de x. On procède alors en partant de Δy_{-1} par interpolation linéaire; pour $x = x_0$, on a $\Delta = \Delta_{y_{-1}}$ et pour $x = x_1$, $\Delta = \Delta y_0$.

[16] Pour l'interpolation inverse des sinus par exemple, cf. *Al-Maqāla al-Thālitha min al-Qānūn al-Mas'ūdī*, pp. 269–70.

Cette interpolation linéaire faite sur $[x_0, x_1]$ donne

$$\Delta = \Delta y_{-1} + \left(\frac{x - x_0}{d}\right)(\Delta y_0 - \Delta y_{-1})$$

d'où

$$y = y_0 + \left(\frac{x - x_0}{d}\right)\Delta = y_0 + \left(\frac{x - x_0}{d}\right)\left[\Delta y_{-1} + \left(\frac{x - x_0}{d}\right)\Delta^2 y_{-1}\right];$$

et on obtiendra ainsi la formule (β) d'al-Bīrūnī si on reprend cette interpolation sur $[x_{-1}, x_0]$.

Considérons maintenant l'interpolation linéaire sur $[x_{-1}, x_1]$; on a cette fois

$$\Delta = \Delta y_{-1} + \frac{1}{2}\left(\frac{x - x_{-1}}{d}\right)\Delta^2 y_{-1}$$

$$= \Delta y_{-1} + \frac{1}{2}\left(\frac{x - x_0}{d}\right)\Delta^2 y_{-1} + \frac{1}{2}(\Delta y_0 - \Delta y_{-1})$$

d'où

$$\Delta = \left(\frac{\Delta y_{-1} + \Delta y_0}{2}\right) + \frac{1}{2}\left(\frac{x - x_0}{d}\right)\Delta^2 y_{-1}$$

et on a

$$y = y_0 + \left(\frac{x - x_0}{d}\right)\Delta$$

$$= y_0 + \left(\frac{x - x_0}{d}\right)\left[\left(\frac{\Delta y_{-1} + \Delta y_0}{2}\right) + \frac{1}{2}\left(\frac{x - x_0}{d}\right)\Delta^2 y_{-1}\right]$$

qui est la formule de Brahmagupta.

Venons-en maintenant à la méthode des monômes sur $[x_0, x_1]$. Partageons l'intervalle $[x_0, x_1]$ en *d* parties égales. Pour tenir compte de la décroissance de la fonction, plus rapide au voisinage de x_0 qu'au voisinage de x_1, ce que l'on constate en regardant les tables, on considère les accroissements cumulatifs de x_1 vers x_0:

$$\varepsilon + 2\varepsilon + \ldots + d\varepsilon = \frac{d(d+1)}{2}\varepsilon = |\Delta y_0|$$

d'où

$$\varepsilon = \frac{2|\Delta y_0|}{d(d+1)}.$$

La correction à faire sur y_1 est additive, elle correspond à un accroissement cumulatif sur $(x_1 - x)$, $(x_1 - x)$ étant un entier, d'où

$$y = y_1 + c$$

avec

$$c = \frac{(x_1 - x)(x_1 - x + 1)}{2}\varepsilon = \frac{(x_1 - x)(x_1 - x + 1)}{d(d+1)}|\Delta y_0|$$

et

$$y = y_1 - \frac{(x_1 - x)(x_1 - x + 1)}{d(d+1)}\Delta y_0.$$

Si on pose $x_1 - x = x_1 - x_0 + x_0 - x = d + x_0 - x$, on a

$$y = y_1 + \left(\frac{x - x_0}{d} - 1\right)\left(1 - \frac{x - x_0}{d+1}\right)\Delta y_0$$

d'où

$$y = y_0 + \frac{x - x_0}{d}\left[\frac{2d+1}{d+1}\Delta y_0 - \left(\frac{x - x_0}{d}\right)\frac{d}{d+1}\Delta y_0\right]$$

relation de la forme

$$y = y_0 + \frac{x - x_0}{d}\Delta$$

avec Δ du premier degré en

$$\frac{x - x_0}{d}.$$

On obtiendra la formule (δ) si on considère l'interpolation sur $[x_{-1}, x_0]$.

Les trois méthodes se présentent donc comme trois procédés différents pour améliorer l'interpolation linéaire. A ce titre, la méthode d'al-Bīrūnī ne diffère ni de celle de Brahmagupta ni de celle des monômes. Mais pour comprendre, en quelque sorte *a posteriori*, le choix d'al-Bīrūnī, il nous faut comparer la courbe définie par chacune des trois méthodes avec celle de la cotangente, avant de comparer ces mêmes méthodes deux à deux. La rareté des informations historiques nous réduit à emprunter cette unique voie.

2 LES POSITIONS RELATIVES DES COURBES

Avant d'engager cette comparaison, notons que si A_{-1}, A_0, A_1 sont les points d'abscisses x_{-1}, x_0, x_1 de la courbe **C** définie par l'équation $y = \operatorname{cotg} x$, l'équation ($\alpha$) définit le segment de droite $A_{-1}A_0$, les équations (β), (γ) et (δ) définissent chacune un arc $A_{-1}A_0$ de la parabole correspondante $\mathbf{P}_\beta$, $\mathbf{P}_\gamma$ et $\mathbf{P}_\delta$. La parabole $\mathbf{P}_\gamma$ passe en plus par le point A_1.

Toutes les courbes considérées ont une concavité positive. Pour comparer leurs positions relatives, nous aurons besoin parfois de connaître les cœfficients directeurs de leurs tangentes en A_{-1} et A_0.[17]

[17] On a successivement

$$y'_\beta = \frac{\Delta y_{-2}}{d} + \frac{2}{d^2}(x - x_{-1})\,\Delta^2 y_{-2},$$

$$y'_\gamma = \frac{\Delta y_{-1} + \Delta y_0}{2d} + \frac{\Delta^2 y_{-1}}{d^2}(x - x_0),$$

$$y'_\delta = \frac{\Delta y_{-1}}{d(d+1)} - \frac{2\Delta y_{-1}}{d(d+1)}(x - x_0),$$

$$y'_c = -(1 + y^2).$$

Soient a_β, a_γ, a_δ et a_c les cœfficients directeurs des tangentes de ces courbes, il vient en A_{-1}

$$a_\beta = \frac{\Delta y_{-2}}{d}, \quad a_\gamma = \frac{1}{2d}(3\Delta y_{-1} - \Delta y_0), \quad a_\delta = \frac{2d+1}{d(d+1)}\Delta y_{-1}$$

en A_0

$$a_\beta = \frac{1}{d}(2\Delta y_{-1} - \Delta y_{-2}), \quad a_\gamma = \frac{\Delta y_{-1} + \Delta y_0}{d}, \quad a_\delta = \frac{\Delta y_{-1}}{d(d+1)}.$$

D'autre part, le cœfficient directeur de la corde $A_{-1}A_0$ est $\frac{\Delta y_{-1}}{d}$ celui de la corde $A_{-2}A_{-1}$ est $\frac{\Delta y_{-2}}{d}$ (si Δy_{-2} est défini), et celui de la tangente au point A_{-1} est $-(1 + y^2_{-1})$. Ce dernier vérifie

$$\frac{\Delta y_{-2}}{d} < a_c < \frac{\Delta y_{-1}}{d}.$$

Comparaison de $\boldsymbol{P}_\gamma$ et $\boldsymbol{C}$

La parabole $\mathbf{P}_\gamma$ passe par les points A_{-1} (x_{-1}, y_{-1}), A_0 (x_0, y_0) et A_1 (x_1, y_1). Les deux courbes ayant donc trois points communs, on a d'après la formule classique de l'erreur d'interpolation[18]

$$y_c - y_\gamma = \frac{1}{6}(x - x_{-1})(x - x_0)(x - x_1)\,y'''(x^*), \qquad x^* \in [x_{-1}, x_1],$$

on vérifie que pour $x \in [x_{-1}, x_0]$, $y_c - y_\gamma < 0$.

Ainsi l'arc $A_{-1}A_0$ de $\mathbf{P}\gamma$ est au-dessus de $\mathbf{C}$, la méthode (γ) donne donc une valeur approchée par excès de cotg x. Ceci correspond exactement à la méthode de Brahmagupta telle qu'elle fut formulée par al-Bīrūnī.

Si l'on veut étendre cette méthode à l'intervalle $[x_0, x_1]$, on aura $y_c - y_\gamma > 0$, l'arc A_0A_1 de $\mathbf{P}\gamma$ est au-dessus de $\mathbf{C}$, et (γ) donnera une valeur approchée par défaut [fig. 1].

Comparaison de $\boldsymbol{P}_\beta$ et $\boldsymbol{C}$

La parabole $\mathbf{P}_\beta$ passe par les deux points A_{-1} et A_0, et on a en A_{-1}

$$a_\beta = \frac{\Delta y_{-2}}{d} \quad \text{et} \quad \frac{\Delta y_{-2}}{d} < a_c < \frac{\Delta y_{-1}}{d}$$

donc $a_\beta < a_c$.

A l'aide de la formule de Taylor, on peut préciser que

$$\frac{\Delta y_{-2} + \Delta y_{-1}}{2d} < a_c < \frac{\Delta y_{-1}}{d}.$$

et plus généralement

$$\frac{\Delta y_{i-1}}{d} < \frac{\Delta y_{i-1} + \Delta y_i}{2d} < a_c < \frac{\Delta y_i}{d} \quad \text{pour } i = -1, 0, 1.$$

Pour la courbe cotangente $\Delta y_i < 0$ et Δy_i croissent, $\Delta^2 y_i > 0$ et $\Delta^2 y_i$ décroissent.

Les valeurs x qui annulent y'_β, y'_γ, y'_δ donnent les abscisses de sommets respectifs S des paraboles $\mathbf{P}_\beta$, $\mathbf{P}_\gamma$ et $\mathbf{P}_\delta$ et on vérifie que pour:

$\mathbf{P}_\gamma$, $x_s > x_0$

$\mathbf{P}_\delta$, $x_s > x_0$ et que le sommet est dans ce cas très proche de A_0

$\mathbf{P}_\beta$, $x_s > x_{-1}$ et que $x_s - x_0 > 0 \Leftrightarrow \dfrac{\Delta y_{-2}}{\Delta y_{-1}} < 2$,

et ainsi la position du sommet de $\mathbf{P}_\beta$ par rapport à A_0 dépend du rapport $\Delta y_{-2}/\Delta y_{-1}$.

[18] P. Henrici, *Elements of Numerical Analysis*, John Wiley (New York, 1964), pp. 196 sqq.

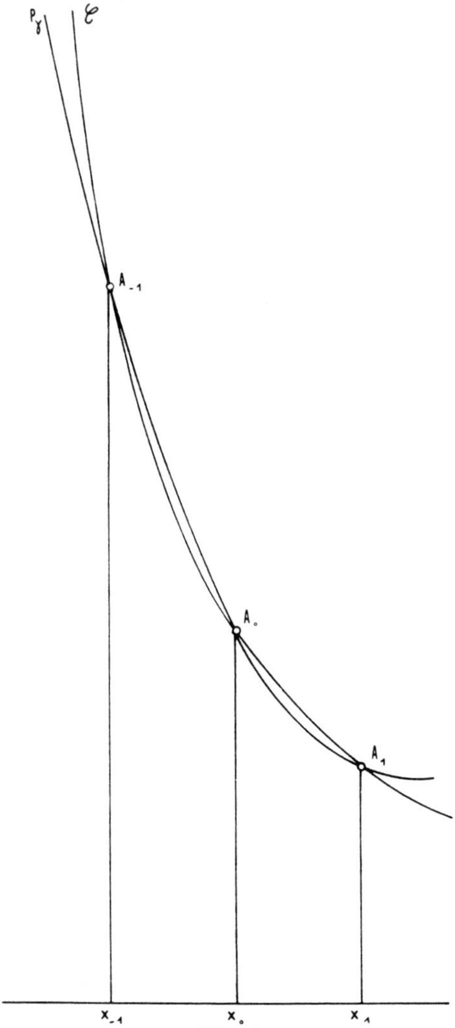

Fig. 1.

En A_0, on a

$$a_\beta = \frac{2\Delta y_{-1} - \Delta y_{-2}}{d} \quad \text{et} \quad \frac{\Delta y_{-1}}{d} < a_c < \frac{\Delta y_0}{d},$$

il vient

$$a_\beta - a_c > a_\beta - \frac{\Delta y_0}{d} = \frac{1}{d}(\Delta y_{-1} - \Delta y_{-2} + \Delta y_{-1} - \Delta y_0)$$

d'où

$$a_\beta - a_c > \frac{1}{d}[\Delta^2 y_{-2} - \Delta^2 y_{-1}] > 0.$$

Donc

$$a_c < \frac{\Delta y_0}{d} < a_\beta .$$

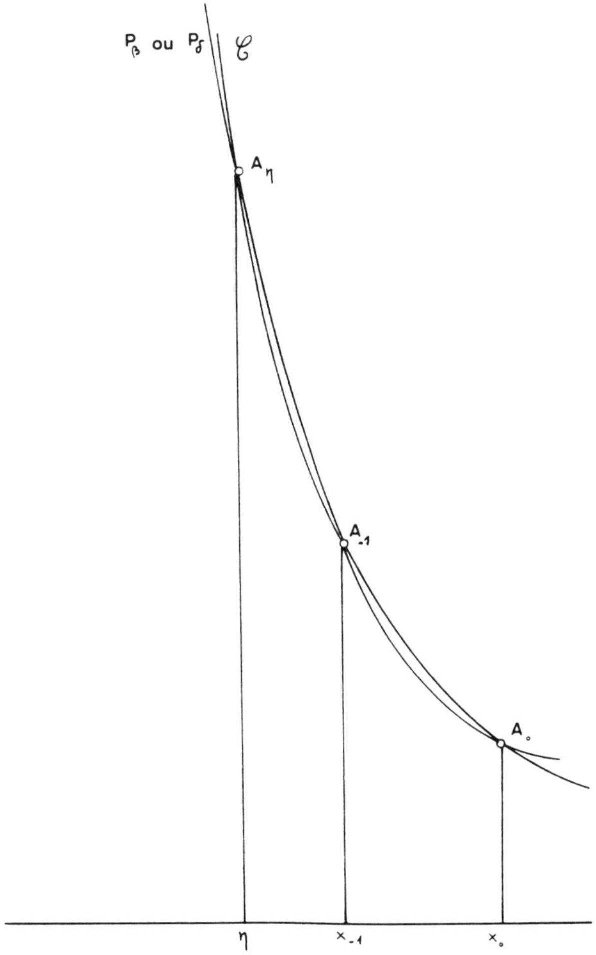

Fig. 2.

Sur l'intervalle $[x_{-1}, x_0]$, au voisinage de x_{-1} la parabole $\mathbf{P}_\beta$ est au-dessous de **C**, il en est de même au voisinage de x_0; elle traverse **C** en A_{-1} et passe au-dessus de **C** pour $x < x_{-1}$. Mais la courbe **C** admet Oy comme asymptote et $\mathbf{P}_\beta$ coupe Oy, donc $\mathbf{P}_\beta$ recoupe **C** en un point A_η d'abscisse η, $0 < \eta < x_{-1}$.[19]

Les courbes $\mathbf{P}_\beta$ et **C** ont donc en commun trois points exactement sur $]0, 90°[$, A_{-1}, A_0, A_η. En effet, si *i* est un des indices $\alpha \ldots \delta$, la fonction $y_c''' - y_i'''$ ne s'annule pas; $y_c - y_i$ ne peut donc avoir plus de trois zéros (application répétée du théorème de Rolle). On peut alors écrire

$$y_c - y_\beta = \frac{1}{6}(x - x_\eta)(x - x_{-1})(x - x_0)\,y'''(x^*), \quad x^* \in [0, x_0].$$

Pour $x \in [x_{-1}, x_0]$, on a $y_c - y_\beta > 0$. Pour tout intervalle $[x_{-1}, x_0]$ où $x_{-1} > d$, l'arc $A_{-1}A_0$ de $\mathbf{P}_\beta$ est tout entier au-dessous de **C**, et la méthode (β) donne une valeur approchée par défaut de cotg x [fig. 2].

Comparaison de $\mathbf{P}_\delta$ et C

Ces deux courbes ont en commun les deux points A_{-1} et A_0 et on a

$$\text{en } A_{-1} \qquad a_\delta = \frac{2d+1}{d(d+1)}\Delta y_{-1} \quad \text{et} \quad \frac{\Delta y_{-2} + \Delta y_{-1}}{2d} < a_c < \frac{\Delta y_{-1}}{d};$$

(nous verrons plus loin comment traiter le cas où y_{-2} n'est pas disponible); une condition *suffisante* pour que $a_\delta < a_c$ est que

$$(*) \qquad a_\delta \le \frac{\Delta y_{-2} + \Delta y_{-1}}{2d} \Leftrightarrow \frac{2d+1}{d(d+1)}\Delta y_{-1} \le \frac{\Delta y_{-2} + \Delta y_{-1}}{2d} \Leftrightarrow \frac{\Delta y_{-2}}{\Delta y_{-1}} \le \frac{3d+1}{d+1};$$

$$\text{en } A_0 \qquad a_\delta = \frac{\Delta y_{-1}}{d(d+1)} \quad \text{et} \quad \frac{\Delta y_{-1} + \Delta y_0}{2d} < a_c < \frac{\Delta y_0}{d};$$

une condition *suffisante* pour que $a_\delta > a_c$ est que

$$(**) \qquad a_\delta \ge \frac{\Delta y_0}{d} \Leftrightarrow \frac{\Delta y_{-1}}{d(d+1)} \ge \frac{\Delta y_0}{d} \Leftrightarrow \frac{\Delta y_{-1}}{\Delta y_0} \le d + 1.$$

[19] Pour $x = x_{-2}$, $y_\beta = y_{-1} - \Delta y_{-2} + \Delta^2 y_{-2} = y_{-2} + \Delta^2 y_{-2} > y_{-2}$; le point A_{-2} de **C** est au-dessous de $\mathbf{P}_\beta$, donc $0 < \eta < x_{-2}$.

Les conditions (*) et (**) font intervenir les rapports

$$\frac{\Delta y_{-2}}{\Delta y_{-1}} \quad \text{et} \quad \frac{\Delta y_{-1}}{\Delta y_0}$$

qui dépendent de l'intervalle considéré; c'est-à-dire à la fois de x_{-1} et d. Sur l'intervalle [2,3] par exemple, c'est-à-dire avec $x_{-1} = 2$ et $x_0 = 3$, $d = 60'$, on a

$$\begin{aligned} \Delta y_{-2} &= -343 \text{ doigts } 51', \\ \Delta y_{-1} &= -114 \text{ doigts } 40', \\ \Delta y_0 &= -57 \text{ doigts } 21', \end{aligned}$$

$$\frac{\Delta y_{-2}}{\Delta y_{-1}} \approx 2{,}999 \quad \text{et} \quad \frac{3d+1}{d+1} = \frac{181}{61} \approx 2{,}967$$

valeurs très voisines, d'où

$$a_\delta = \frac{\Delta y_{-2} + \Delta y_{-1}}{2d} \Rightarrow a_\delta < a_c \quad \text{en } A_{-1}.$$

On a également

$$\frac{\Delta y_{-1}}{\Delta y_0} \approx 2, \quad d+1 = 61, \quad \text{d'où} \quad a_\delta > a_c \text{ en } A_0.$$

Donc sur l'intervalle [2,3] au voisinage de A_{-1} et au voisinage de A_0 l'arc $A_{-1}A_0$ de $\mathbf{P}_\delta$ est au-dessous de **C**. Comme le rapport

$$\frac{\Delta y_{i-1}}{\Delta y_i}$$

décroît quant x_i croît, les intervalles $[x_{i-1}, x_i]$ étant égaux d'amplitude 1°, alors pour $x_{i-1} > 2$ les conditions (*) et (**) sont vérifiées, la conclusion pour l'arc correspondant de $\mathbf{P}_\delta$ est la même.

Comme dans le cas de la courbe $\mathbf{P}_\beta$, le prolongement de $\mathbf{P}_\delta$ rencontrera **C** en un point d'abscisse η tel que $0 < \eta < x_{-1} < x_0$, l'arc A_0A_1 de $\mathbf{P}_\delta$ sera comme l'arc A_0A_1 de $\mathbf{P}_\beta$ au-dessous de **C** [fig. 2].

Reprenons l'intervalle [2,5] considéré par al-Bīrūnī. On ne peut pas calculer Δy_{-2}; et on a $\Delta y_{-1} = -205$ doigts 13′, $\Delta_0 = -53$ doigts 3′, la condition (**)

$$\frac{\Delta y_{-1}}{\Delta y_0} < 61$$

est vérifiée, donc au voisinage de A_0 l'arc $\mathbf{P}_\delta$ est *au-dessous* de **C**.

Maintenant, pour préciser le voisinage du point A_{-1}, considérons le cœfficient $a_c = -(1 + y_{-1}^2)$ de la tangente à **C**. Comparer a_δ et a_c revient à comparer[20]

$$d\,a_\delta \quad \text{à} \quad d\,a_c \quad \text{ou} \quad \frac{2d+1}{d+1}\Delta y_{-1} \quad \text{à} \quad -d(1 + y_{-1}^2).$$

Or

$$\frac{2d+1}{d+1}\Delta y_{-1} = -\frac{361}{181}\,.\,17{,}21 = -34{,}32, \quad \text{car } d = 180$$

et

$$-d(1 + y_{-1}^2) = -0{,}0525\,.\,821{,}25 = -43{,}11,$$
$$\text{car } d = 3^\circ = 0{,}0525 \text{ radian.}$$

On a donc $a_\delta > a_c$, et par conséquent au voisinage du point A_{-1} la courbe $\mathbf{P}_\delta$ est *au-dessus* de la courbe **C**. La courbe $\mathbf{P}_\delta$ a donc au moins un point commun avec **C** sur l'arc $A_{-1}A_0$, soit η son abscisse, on a $x_{-1} < \eta \approx 3^\circ\ 1' < x_0$, [fig. 3].

On peut alors écrire

$$y_c - y_\delta = \frac{1}{6}(x - x_{-1})(x - \eta)(x - x_0)\,y'''(x^*), \quad x^* \in [x_{-1}, x_0];$$

sur $[x_{-1}, x_0]$, cette expression s'annule et change de signe pour $x = \eta$, d'où:

$$x_{-1} < x < \eta \Rightarrow y_c - y_\delta < 0 \Rightarrow y_\delta > y_c$$
$$\eta < x < x_0 \Rightarrow y_c - y_\delta > 0 \Rightarrow y_\delta < y_c.$$

Sur l'intervalle [2,5] l'arc $A_{-1}A_0$ de $\mathbf{P}_\delta$ coupe **C** en un point A_η, l'arc $A_{-1}A_\eta$ de $\mathbf{P}_\delta$ est au-dessus de **C** et l'arc $A_\eta A_0$ de $\mathbf{P}_\delta$ est au-dessous de **C**. Ainsi sur $[x_{-1}, \eta]$, la méthode (δ) donne une approximation par excès et sur $[\eta, x_0]$ elle donne une approximation par défaut.

[20] Ces deux nombres seraient les cœfficients directeurs des tangentes de $\mathbf{P}_\delta$ et **C** au point A_{-1}, si l'on faisait le changement de variable $\frac{x - x_0}{d} = X$.

Dans $\frac{2d+1}{d+1}\Delta y_{-1}$, $d = 180$ comme dans la formule des monômes; dans $-d(1 + y_{-1}^2)$, d doit être exprimé en radians, car $-d(1 + y^2)$ est la dérivée de $y = \mathrm{cotg}\,(dX + x_0)$.

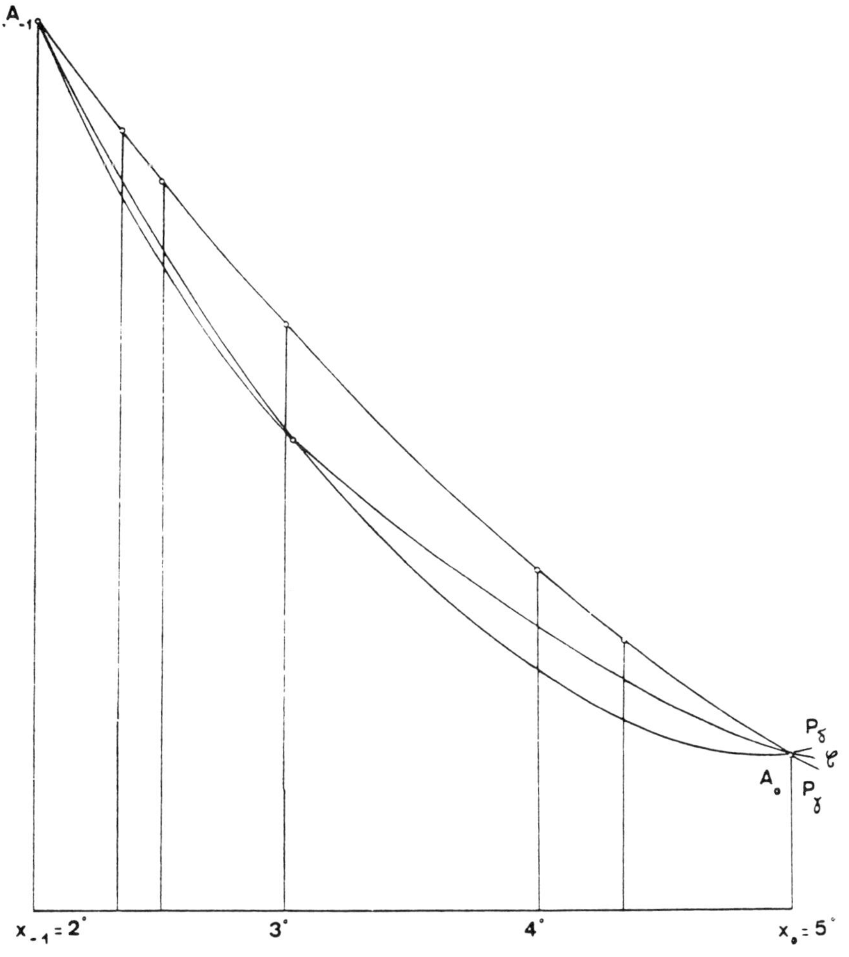

Fig. 3.

On comprend au moins en partie le choix d'al-Bīrūnī pour la méthode (δ) appliquée à cet intervalle. Notons que sur l'intervalle [3,6] on a un résultat analogue et on trouve que l'arc $\mathbf{P}_\delta$ coupe **C** en un point voisin de A_{-1}. En revanche sur les intervalles [4,7], [5,8] et par suite sur les intervalles toujours d'amplitude 3°, l'arc $A_{-1}A_0$ de $\mathbf{P}_\delta$ cesse de couper **C** en un troisième point pour être entièrement au-dessous de **C**. Pour les intervalles d'amplitude 1°, nous avons vu que sur [1,2] l'arc

$A_{-1}A_0$ de $\mathbf{P}_\delta$ coupe $\mathbf{C}$ en un point très voisin de A_{-1} et que sur [2,3], [3,4] ... l'arc $A_{-1}A_0$ de $\mathbf{P}_\delta$ est au-dessous de $\mathbf{C}$. En résumé:

pour $d = 1°$

si $x_{-1} = 1$ l'arc $A_{-1}A_0$ de $\mathbf{P}_\delta$ coupe $\mathbf{C}$;
si $x_{-1} \geq 2$ l'arc $A_{-1}A_0$ de $\mathbf{P}_\delta$ ne coupe pas $\mathbf{C}$,
il est au-dessous de $\mathbf{C}$;

pour $d = 3°$;

si $x_{-1} = 2$ ou 3, l'arc $A_{-1}A_0$ de $\mathbf{P}_\delta$ coupe $\mathbf{C}$;
si $x_{-1} \geq 4$, l'arc $A_{-1}A_0$ ne coupe pas $\mathbf{C}$,
il est au-dessous de $\mathbf{C}$.

Reprenons encore cette comparaison de $\mathbf{P}_\delta$ et $\mathbf{C}$ d'une manière plus rigoureuse et sans faire intervenir y_{-2}. On a

$$y'_c = -\varepsilon(1 + y_c^2)$$

où

$$\varepsilon = \pi/180.60$$

est l'expression en radians d'une minute d'angle (la variable est exprimée en minutes).

D'autre part, en utilisant la formule

$$\operatorname{cotg}(x + d) = \frac{\operatorname{cotg} x \operatorname{cotg} d - 1}{\operatorname{cotg} x + \operatorname{cotg} d},$$

il vient successivement

$$\Delta y_{-1} = \frac{y_{-1}^2 + 1}{y_{-1} + \operatorname{cotg} d},$$

$$y'_\delta - y'_c = \frac{y_{-1}^2 + 1}{d(d+1)(y_{-1} + \operatorname{cotg} d)} [\varepsilon d(d+1) y_{-1} + \varepsilon d(d+1)\operatorname{cotg} d - 2d - 1]$$

qui est positif si, et seulement si, $y > y_{\text{lim}}$, où

$$y_{\text{lim}} = \frac{2d + 1}{\varepsilon d(d+1)} - \operatorname{cotg} d.$$

Les valeurs correspondantes de la variable sont pour $d = 1°$ et $d = 3°$, $x_{\text{lim}} = 1°\,1'$ et $x_{\text{lim}} = 3°\,1'$, toutes les deux par excès. Sur les deux intervalles $[1°, 2°]$ et $[3°, 6°]$, le polynôme des monômes doit être très proche du polynôme du second degré qui vaut y_0 en x_0, y_{-1} en x_{-1} et dont la dérivée coïncide avec celle de y_c en x_{-1} (interpolation de Hermite). La méthode du monôme est, en effet, meilleure que celle de Brahmagupta sur ces intervalles surtout au voisinage de l'extrémité inférieure.

Examinons ce qui se passe au point A_0. Pour cela, nous transformons la condition (**)

$$\Delta y_0 = \frac{y_0^2 + 1}{y_0 + \operatorname{cotg} d},$$

$$\Delta y_{-1} = \frac{y_0^2 + 1}{\operatorname{cotg} d - y_0},$$

$$\frac{\Delta y_{-1}}{\Delta y_0} = \frac{\operatorname{cotg} d + y_0}{\operatorname{cotg} d - y_0},$$

expression qui diminue quand x_{-1} augmente (d étant fixé).

Pour $x_{-1} = 1°$, ce rapport est égal à 3 si $d = 1°$ et à 7 si $d = 3°$. La condition (**) est donc vérifiée dans les deux cas dès que x_{-1} est au moins égal à 1°.

En résumé, pour les valeurs de *d* considérées ici, le point η est dans l'intervalle $[x_{-1}, x_0]$ si, et seulement si, x_{-1} est inférieur aux valeurs $x_{\lim}$ données ci-dessus.

3 LA COMPARAISON ENTRE LES RÉSULTATS DES TROIS MÉTHODES D'INTERPOLATION DU SECOND ORDRE

Pour comprendre finalement les choix d'al-Bīrūnī ainsi que la portée des critiques d'al-Samaw'al, il nous reste à examiner les positions relatives des courbes définies par (β), (γ) et (δ) deux à deux sur les intervalles considérés par les auteurs.

Comparaison de (β) et (δ)

Or nous avons vu que, pour que (β) soit définie, il faut que $x_{-1} > d$. Ainsi pour $d = 1$, la parabole $\mathbf{P}_\beta$ est définie si $x_{-1} \geq 2$, et elle n'est pas définie sur l'intervalle [1,2] pour lequel l'arc utile de $\mathbf{P}_\delta$ coupe **C**. Pour $d = 3$, $\mathbf{P}_\beta$ est définie si $x_{-1} \geq 4$; elle n'est pas définie sur [2,5] ou [3,6]; or sur ces intervalles l'arc utile de $\mathbf{P}_\delta$ coupe **C**. Mais sur tout intervalle où $\mathbf{P}_\beta$ et $\mathbf{P}_\delta$ sont définies, les arcs $A_{-1}A_0$ de ces deux courbes sont tous deux au-dessous de **C**, et les méthodes (β) et (δ) donnent alors des résultats par défaut.

On comprend que la méthode (β) fût absente du fragment d'al-Bīrūnī. Cette explication se renforce encore si l'on montre que dans le cas de la fonction cotangente sur l'intervalle considéré dans le fragment d'al-Bīrūnī, (δ) donne une meilleure approximation que (β), alors définie au sens moderne.

Or ces deux paraboles se coupent en A_{-1} et A_0, il suffit donc de comparer leurs tangentes au point A_{-1} par exemple. On a

$$a_\beta = \frac{\Delta y_{-2}}{d}, \quad a_\delta = \frac{2d+1}{d(d+1)}\Delta y_{-1},$$

$$(*) \qquad a_\beta > a_\delta \Leftrightarrow \Delta y_{-2} > \frac{2d+1}{d+1}\Delta y_{-1} \Leftrightarrow \frac{\Delta y_{-2}}{\Delta y_{-1}} < \frac{2d+1}{d+1},$$

on trouve la même condition en étudiant le signe de $y_\beta - y_\delta$.

Considérons maintenant les deux cas évoqués:

Si $d = 1$

pour $x_{-1} = 2$, $x_0 = 3$, on a

$$\frac{\Delta y_{-2}}{\Delta y_{-1}} \approx \frac{342}{114} \approx 3, \quad \text{or } \frac{2d+1}{d+1} \text{ est voisin de 2}$$

sur cet intervalle la condition (*) n'est pas vérifiée, l'arc $A_{-1}A_0$ de $\mathbf{P}_\beta$ est au-dessous de l'arc $A_{-1}A_0$ de $\mathbf{P}_\delta$, la méthode (δ) est meilleure que (β);

pour $x_{-1} = 3$, $x_0 = 4$, on a

$$\frac{\Delta y_{-2}}{\Delta y_{-1}} \approx \frac{114}{57} = 2,$$

donc $a_\beta \approx a_\delta$, les deux arcs sont pratiquement confondus, les deux méthodes (β) et (δ) sont équivalentes;

pour $x_{-1} \geqslant 4$ on aura

$$\frac{\Delta y_{-2}}{\Delta y_{-1}} < 2,$$

car ce dernier rapport décroît quand x_{-1} croît, donc l'arc $A_{-1}A_0$ de $\mathbf{P}_\beta$ est au-dessus de l'arc $A_{-1}A_0$ de $\mathbf{P}_\delta$ et la méthode (β) est meilleure que (δ).

Si d = 3

pour $x_{-1} = 4$, $x_0 = 7$, on a

$$\frac{\Delta y_{-2}}{\Delta y_{-1}} \approx 6{,}98 \quad \text{et} \quad \frac{2d+1}{d+1} \approx 2,$$

la condition (ᴧ) n'est pas vérifiée, donc la méthode (δ) est meilleure que (β);

pour $x_{-1} = 5, 6, 7, 8$ et $x_0 = 8, 9, 10, 11$, on montre que (δ) est toujours meilleure que (β);

pour $x_{-1} = 9$, $x_0 = 12$, on a

$$\frac{\Delta y_{-2}}{\Delta y_{-1}} \approx 2$$

et les arcs de $\mathbf{P}_\beta$ et $\mathbf{P}_\delta$ sont pratiquement confondus; les deux méthodes donnent la même précision.

Mais comme

$$\frac{\Delta y_{-2}}{\Delta y_{-1}}$$

décroît quand x_{-1} croît, pour $x_{-1} \geq 10°$ avec $d = 3°$; la méthode (β) sera meilleure que la méthode (δ).

Ainsi dans l'intervalle considéré par al-Bīrūnī [2°,5°], ou même dans l'intervalle de base $x_{-1} = 2°$ d'amplitude 3° ou 1° la méthode (δ) est meilleure que la méthode (β). Si on ajoute ce résultat à ceux évoqués plus haut, on comprend les raisons probables pour lesquelles cette méthode (β) était absente du fragment. Ces résultats concordent avec ceux soulignés auparavant sur la position des sommets des paraboles. En effet S_δ est toujours proche de A_0 et S_β est avant A_0.

Si

$$\frac{\Delta y_{-2}}{\Delta y_{-1}} > 2$$

alors l'arc $A_{-1}A_0$ de $\mathbf{P}_\beta$ est au-dessous de $\mathbf{P}_\delta$. D'autre part on a $S_\beta \approx A_0 \approx S_\delta$ si

$$\frac{\Delta y_{-2}}{\Delta y_{-1}} \approx 2$$

$\mathbf{P}_\beta$ et $\mathbf{P}_\delta$ sont pratiquement confondues. Enfin S_β est au-delà de A_0, si

$$\frac{\Delta y_{-2}}{\Delta y_{-1}} < 2,$$

l'arc $A_{-1}A_0$ de $\mathbf{P}_\beta$ est alors au-dessus de $\mathbf{P}_\delta$.

Comparaison de (γ) et (δ)

On a

(1) $$y_c - y_\gamma = \frac{1}{6}(x - x_{-1})(x - x_0)(x - x_1)\, y'''(x_1^*), \quad x_1^* \in [x_{-1}, x_1].$$

Nous pouvons déduire une limite supérieure de l'erreur e_γ,

$$|y_c - y_\gamma| < e_\gamma.$$

Posons $f(x) = (x - x_{-1})(x - x_0)(x - x_1)$ et $x - x_0 = X$, on a

$$f(x) = g(X) = (X - d) . X . (X + d)$$
$$g'(x) = 3X^2 - d^2.$$

Les racines de g'(X) sont

$$\pm \frac{d}{\sqrt{3}};$$

par symétrie le minimum et le maximum de g(X) sont opposés, soit M le maximum; on a

$$M = \frac{2d^3}{3\sqrt{3}}$$

M est aussi le maximum de f(x). Il vient donc

$$e_\gamma = \frac{1}{6} \cdot \frac{2d^3}{3\sqrt{3}} |y'''(x_1^*)|.$$

Mais

$$y'''(x) = -(6y^4 + 8y^2 + 2).$$

Si μ représente le maximum de $|y'''(x_1^*)|$, on peut prendre pour x suffisamment petit $\mu = 6y_{-1}^4$, d'où

$$e_\gamma = \frac{2d^3}{3\sqrt{3}} \cdot y_{-1}^4 = \frac{2d^3\sqrt{3}}{9} \cdot y_{-1}^4.$$

Venons-en maintenant à la méthode (δ) et considérons

$$(2) \qquad y_c - y_\delta = \frac{1}{6}(x - x_{-1})(x - \eta)(x - x_0)\, y'''(x_2^*),$$

et considérons le cas où $\eta \in [x_{-1}, x_0]$, dans ce cas on a également $x_2^* \in [x_{-1}, x_0]$ et déterminons une limite supérieure de l'erreur e_δ

$$|y_c - y_\delta| < e_\delta.$$

Par hypothèse $|x - \eta| < d$ et d'autre part $|(x - x_{-1})(x - x_0)|$ est maximum pour

$$x = x_0 - \frac{d}{2},$$

ce maximum est $d^2/4$, il vient

$$\frac{1}{6}|(x - x_{-1})(x - \eta)(x - x_0)| < \frac{d^3}{24}$$

d'où

$$e_\delta = \frac{d^3}{24}|y'''(x_2^*)|.$$

La fonction cotangente étant décroissante, le maximum μ de $|y'''(x_2^*)|$ est obtenu comme précédemment, on aura donc pour x suffisamment petit $\mu \approx 6y_{-1}^4$,

d'où

$$e_\delta = \frac{d^3}{4} y_{-1}^4.$$

Sur l'intervalle $[x_{-1}, x_0]$ pour lequel la condition $x_{-1} < \eta < x_0$ est vérifiée, la méthode (δ) donne une meilleure approximation de cotg x que la méthode (γ). Malheureusement, les expressions trouvées pour e_γ et e_δ n'apportent pas de précision. On a vu en effet que la condition $x_{-1} < \eta < x_0$ n'est vérifiée que pour $x_{-1} = 1$ lorsque $d = 1°$ et pour $x_{-1} = 2$ ou $x_{-1} = 3$ lorsque $d = 3$, le nombre $\mu \approx 6y_{-1}^4$ est alors très grand. Etudions le cas considéré par al-Bīrūnī où $x_{-1} = 2$ et $x_0 = 5$. Prenons quelques valeurs dans cet intervalle et traçons les arcs $A_{-1}A_0$ des courbes **C**, $\mathbf{P}_\gamma$ et $\mathbf{P}_\delta$ [fig. 3].

x	2° 20′	2° 30′	3°	4°	4° 20′
y_c	24,542	22,9037	19,081	14,301	13,1970
y_δ	25,0325	23,3126	19,098	13,3629	12,2961
e_δ	0,4905 +	0,4022 +	0,017 +	0,9381 −	0,9009 −
y_γ	26,0836	24,8672	21,4585	15,7230	14,1317
e_γ	1,5416 +	1,9568 +	2,3775 +	1,4220 +	0,9347 +

Ainsi sur l'intervalle [2,5] considéré par al-Bīrūnī, la méthode (δ) est meilleure que (γ) et on comprend la préférence d'al-Bīrūnī dans ce cas. Mais avant d'aller plus en avant, examinons l'extension de la méthode (γ) sur l'intervalle $[x_0, x_1]$.

On a vu que la parabole $\mathbf{P}_\gamma$ passe par les trois points A_{-1}, A_0, A_1 et que la méthode (γ) donne une approximation par excès sur l'intervalle $[x_{-1}, x_0]$ sur lequel nous avons étudié également (β) et (δ).

Sur l'intervalle $[x_0, x_1]$ la même formule (γ) est applicable et donne une valeur approchée par défaut. Il nous faut lui comparer les approximations données par (α), (β) et (δ) sur le même intervalle. Réécrivons les formules:

$$(\alpha) \qquad y = y_0 + \left(\frac{x - x_0}{d}\right)\Delta y_0$$

$$(\beta) \qquad y = y_0 + \left(\frac{x - x_0}{d}\right)\left[\Delta y_{-1} + \left(\frac{x - x_0}{d}\right)\Delta^2 y_{-1}\right]$$

$$(\gamma) \qquad y = y_0 + \left(\frac{x - x_0}{d}\right)\left[\frac{\Delta y_{-1} + \Delta y_0}{2} + \frac{1}{2}\left(\frac{x - x_0}{d}\right)\Delta^2 y_{-1}\right]$$

$$(\delta) \qquad y = y_1 - \frac{(x_1 - x)(x_1 - x + 1)}{d(d + 1)}\Delta y_0.$$

On remarquera immédiatement que l'on a dans ce cas

$$y_\gamma = \frac{y_\alpha + y_\beta}{2}.$$

Cette expression n'est valable toutefois que si on applique (γ) sur l'intervalle $[x_0, x_1]$ qui n'est pas celui que Brahmagupta avait considéré selon le texte d'al-Bīrūnī où l'on recontre la condition $x < x_0$.

(α) donne une approximation par excès,
(β) donne une approximation par défaut,
(γ) donne, on l'a vu, une approximation par défaut, et cette approximation est meilleure que chacune des deux autres.

Maintenant pour comparer (γ) et (δ) sur cet intervalle, posons

$$x - x_1 = x - x_0 + x_0 - x_1 = x - x_0 + d$$

et réécrivons

$$(\delta)\quad y = y_0 + \left(\frac{x - x_0}{d}\right)\left[\frac{2d+1}{d+1}\Delta y_0 - \left(\frac{x - x_0}{d}\right).\frac{d}{d+1}.\Delta y_{-1}\right].$$

Les deux formules (γ) et (δ) donnent des approximations par défaut pour $x \in [x_0, x_1]$. Il vient

$$y_\gamma - y_\delta = \left(\frac{x - x_0}{d}\right)\left[\frac{\Delta y_{-1} + \Delta y_0}{2} - \frac{2d+1}{d+1}\Delta y_0 + \left(\frac{x - x_0}{d}\right)\left(\frac{1}{2}.\Delta^2 y_{-1} + \frac{d}{d+1}\Delta y_0\right)\right]$$

$$y_\gamma - y_\delta = \left(\frac{x - x_0}{d}\right)\left(\frac{3d+1}{2(d+1)}\Delta y_0 - \frac{1}{2}\Delta y_{-1}\right)\left(\frac{x - x_1}{d}\right).$$

Pour $x \in [x_0, x_1]$, $y_\gamma - y_\delta$ a le signe de

$$\left(\frac{1}{2}\Delta y_{-1} - \frac{3d+1}{2(d+1)}\Delta y_0\right)$$

et il vient

$$y_\gamma - y_\delta > 0 \Leftrightarrow \Delta y_{-1} > \frac{3d+1}{d+1}\Delta y_0 \Leftrightarrow \frac{\Delta y_{-1}}{\Delta y_0} < \frac{3d+1}{d+1} \approx 3.$$

Ainsi, si $d = 1°$, cette condition est vérifiée pour tout intervalle $[x_0, x_1]$, la méthode (γ) est meilleure que (δ). Mais si $d = 3°$, cette condition n'est pas vérifiée sur les intervalles [4,7], [5,8], [6,9]; sur ces trois intervalles la méthode (δ) est meilleure que

(γ). Mais si $x_0 \geq 7°$, la condition est vérifiée et la méthode (γ) est meilleure que (δ).

Il est également intéressant de noter que sur un même intervalle $[x_0, x_1]$ on peut utiliser la méthode (γ) de deux façons. En effet,

$$(\gamma_1)\ y = y_1 + \left(\frac{x - x_1}{d}\right)\left[\frac{\Delta y_0 + \Delta y_{-1}}{2} + \frac{1}{2}\left(\frac{x - x_1}{d}\right)\Delta^2 y_0\right]$$

définit une parabole $\mathbf{P}_1$ qui passe par A_0, A_1 et A_2 et donne sur $[x_0, x_1]$ une approximation par excès; alors que

$$(\gamma_2)\ y = y_0 + \left(\frac{x - x_0}{d}\right)\left[\frac{\Delta y_{-1} + \Delta y_0}{2} + \frac{1}{2}\left(\frac{x - x_0}{d}\right)\Delta^2 y_{-1}\right]$$

définit une parabole $\mathbf{P}_2$ qui passe par les points A_{-1}, A_0 et A_1 et donne sur $[x_0, x_1]$ une approximation par défaut, meilleure en général que l'approximation, également par défaut, donnée par la méthode (δ), comme on vient de le voir.

Maintenant en appliquant γ_1 et γ_2 on a un bon encadrement de cotg x pour $x \in [x_0, x_1]$. Revenons au texte et prenons le calcul de cotg 3° 10′ et cotg 3° 30′ sur l'intervalle [3,4]. Prenons pour (γ_1) et (δ) les résultats d'al-Samaw'al corrigés. Al-Samaw'al a en effet fait cette extension de (γ) mais, avec une erreur de signe sur un cœfficient.

cotg 3° 10′ = 216 doigts 54′ et on trouve

par (γ_1) cotg 3° 10′ = 217 d 49′ 33″ et e = 55′ 33″ par excès
par (γ_2) cotg 3° 10′ = 215 d 26′ 5″ et e = 1 d 28′ par défaut
par (δ) cotg 3° 10′ = 211 d 34′ 50″ et e = 5 d 19′ 10″ par défaut.

cotg 3° 30′ = 196 d 11′ et on trouve

par (γ_1) cotg 3° 30′ = 197 d 26′ 77″ et e = 1 d 15′ par excès
par (γ_2) cotg 3° 30′ = 193 d 7′ 55″ et e = 3 d 3′ par défaut
par (δ) cotg 3° 30′ = 186 d 11′ 46″ et e = 10 d par défaut.

Partant de cotg 3° = 228 d 58′ (A_0) et cotg 4° = 171 d 36′ (A_1), on a les arcs A_0A_1 de **C**, P_1, $\mathbf{P}_2$ et $\mathbf{P}_\delta$. Nous avons vu en outre que sur cet intervalle $\mathbf{P}_\beta$ est pratiquement confondue avec $\mathbf{P}_\delta$.

L'encadrement de y_c par $(y_\gamma)_1$ et $(y_\gamma)_2$ donne une bonne précision; la valeur

$$y = \frac{(y_\gamma)_1 + (y_\gamma)_2}{2}$$

est encore meilleure.

On a ainsi montré que si sur [2,5], l'intervalle considéré par al-Bīrūnī – et aussi sur quelques autres intervalles [4,7], [5,8], [6,9] que ce dernier n'évoque pas – la méthode (δ) est meilleure que la méthode (γ), cette dernière est cependant meilleure pour les intervalles d'amplitude 1° et aussi pour les autres intervalles d'amplitude 3°. Bien plus la méthode (γ) a plus de possibilité pour encadrer la fonction cotangente que la méthode (δ). La critique d'al-Samaw'al est donc justifiée si toutefois nous admettons qu'al-Bīrūnī avait préféré absolument la méthode (δ) à (γ) et non seulement dans le cas particulier de l'intervalle [2,5] où l'interpolation de la fonction cotangente est malaisée puisqu'elle est au voisinage du pôle. Il est difficile à partir du seul fragment de concevoir avec exactitude la position d'al-Bīrūnī. C'est dire que, ou bien al-Bīrūnī avait introduit la méthode des monômes pour l'interpolation de la fonction cotangente au voisinage du pôle et pour cet intervalle d'amplitude 3°, et ainsi a préféré localement cette méthode à celle de Brahmagupta; ou bien il l'avait introduite pour remplacer globalement cette dernière et dans ce cas, la critique d'al-Samaw'al serait justifiée. Il nous faudrait l'ensemble du texte d'al-Bīrūnī d'où a été emprunté le fragment pour pouvoir répondre en toute rigueur.

4 AL-SAMAW'AL ET SES ESSAIS D'AMÉLIORATION DES DIFFÉRENTES MÉTHODES

Al-Samaw'al ne s'est pas arrêté à comparer les différentes méthodes existantes mais a également tenté d'améliorer celles mentionnées par al-Bīrūnī dans son fragment. Il commence ainsi par l'interpolation linéaire sur $[x_{-1}, x_0]$, qui se réécrit

$$(\alpha) \qquad y = y_{-1} + \left(\frac{x - x_{-1}}{d}\right) . \Delta y_{-1} .$$

Dans le calcul de cotg 3° 30′, la valeur exacte est 196 d 11′, on a $y_\alpha = 200\,d\,17'\,55''$ valeur par excès avec $e = 4\,d\,6'\,2''$. Al-Samaw'al remplace d'abord Δy_{-1} dans (α) par

$$(*) \qquad \frac{\Delta y_{-2} + \Delta y_{-1}}{2}$$

et obtient

$$(\alpha_1) \qquad y = y_{-1} + \left(\frac{x - x_{-1}}{d}\right).\frac{\Delta y_{-2} + \Delta y_{-1}}{2}$$

qui donne $y = 185\,d\,57'\,30''$ valeur par défaut avec $e = 10\,d\,13'\,30''$. Il remplace ensuite Δy_{-1} par

$$\frac{\Delta y_{-1} + \Delta y_0}{2}$$

mais en faisant la correction à partir de y_0 et obtient

$$(\alpha_2) \qquad y = y_0 + \left(\frac{x - x_0}{d}\right).\frac{\Delta y_{-1} + \Delta y_0}{2}$$

qui donne $y = 194\,d\,34'\,40''$, valeur par défaut avec $e = 1\,d\,37'$.

Ainsi al-Samaw'al après avoir constaté que la correction

$$\left(\frac{x - x_{-1}}{d}\right)\Delta y_{-1}$$

donnée par (α) était insuffisante, a voulu augmenter cette correction dans (α_1), mais le poids de Δy_{-2} dans (*) a été trop fort, d'où le mauvais résultat dans (α_1).

Il est donc parti de l'idée de pondération et a proposé l'utilisation des moyennes pondérées en tenant compte de l'importance relative de Δy_{i-1} et Δy_i.

Si $x \in [x_{-1}, x_0]$ avec $x = x_{-1} + \theta$ (θ en minutes) et $d = 1^\circ$, al-Samaw'al distingue trois cas

$$0 < \theta \leq 20 \qquad y = y_{-1} + \left(\frac{x - x_{-1}}{d}\right).\frac{\Delta y_{-2} + \Delta y_{-1}}{3}$$

$$20 < \theta \leq 40 \qquad y = y_{-1} + \left(\frac{x - x_{-1}}{d}\right)\Delta y_{-1} \qquad \text{méthode } (\alpha)$$

$$40 < \theta < 60 \qquad y = y_{-1} + \left(\frac{x - x_{-1}}{d}\right).\frac{\Delta y_0 + 2\Delta y_{-1}}{3}.$$

L'idée de la pondération délibérement appliquée par al-Samaw'al est sans aucun doute intéressante lorsque les différences entre les Δy_i sont importantes, ce qui est le cas pour les intervalles étudiés dans le texte: [2,3], [3,4] ou [2,5]; mais n'offre plus le même intérêt lorsque la cotangente décroît moins vite. Dans ce dernier cas la moyenne pondérée devient alors de plus en plus voisine de la moyenne arithmétique.

Outre l'interpolation linéaire, al-Samaw'al a également tenté d'améliorer la méthode des monômes. On a sur l'intervalle $[x_{-1}, x_0]$

$$(\delta) \qquad y = y_0 - \frac{(x_0 - x)(x_0 - x + 1)}{d(d+1)} \Delta y_{-1}$$

qui donne une correction additive.

Dans le calcul de cotg 3° 30′, on trouve[21]

$$y = y_0 + \frac{m(30)}{m(60)} \cdot |\Delta y_{-1}| = y_0 + c$$

et on obtient

$$y_\delta = 186\,d\,11'\,46'' \text{ valeur par } \textit{défaut} \text{ avec } e = 10\,d.$$

L'idée d'al-Samaw'al est de faire une correction soustractive à partir de y_{-1} à l'aide de Δy_{-2} de la manière suivante

$$(\delta_1) \qquad y = y_{-1} + \frac{m(30)}{m(60)} \cdot \Delta y_{-2} = y_{-1} - c'$$

$$y = 199\,d\,50' \text{ valeur par } \textit{excès} \text{ avec } e = 3\,d\,39'.$$

Ces deux corrections c et c′, l'une additive et l'autre soustractive, ont été insuffisantes en valeur absolue. Al-Samaw'al propose alors une correction c″ calculée à partir de

$$\frac{\Delta y_{-1} + \Delta y_{-2}}{2},$$

$$c'' = \frac{m(30)}{m(60)} \cdot \left| \frac{\Delta y_{-1} + \Delta y_{-2}}{2} \right|$$

et il trouve

$$c'' = 21\,d\,51'\,24'';$$

et calcule d'une part

$$(\delta_2)\ y = y_{-1} - c'' = 207\,d\,7'\,1'', \text{ par excès, } \quad \text{avec } e = 10\,d\,56'$$

et d'autre part

$$(\delta_3)\ y = y_0 + c'' = 193\,d\,28'\,49'', \text{ par défaut, } \quad \text{avec } e = 2\,d\,43';$$

[21] Cf. le texte d'al-Samaw'al.

ce dernier calcul (δ_3) est le meilleur, il correspond à la formule (δ) dans laquelle $|\Delta y_{-1}|$ a été remplacée par

$$(**) \qquad \left|\frac{\Delta y_{-1} + \Delta y_{-2}}{2}\right|;$$

car $|\Delta y_{-1}|$ donnait une correction trop faible, et

$$\left|\frac{\Delta y_{-1} + \Delta y_{-2}}{2}\right| > |\Delta y_{-1}|.$$

Si nous comparons (δ_1) et (δ_2), on constate que le remplacement de $|\Delta y_{-2}|$ par (**) dans une correction soustractive a agi en sens inverse, (δ_2) est moins bonne que (δ_1).

Al-Samaw'al donne l'exemple du calcul de cotg $3°\,10'$ (dont la valeur exacte est $216\,\mathrm{d}\,54'$) de deux manières:

$$(\delta) \qquad y = y_0 + \frac{m(50)}{m(60)}\,|\Delta y_{-1}|$$

et donne

$$y = 211\,\mathrm{d}\,34'\,50'', \text{ valeur par défaut,} \qquad \text{avec } e = 5\,\mathrm{d}\,19'\,10''.$$

$$(\delta_1) \qquad y = y_{-1} - \frac{m(10)}{m(60)}\,|\Delta y_{-1}|$$

qui donne

$$y = 227\,\mathrm{d}\,14', \text{ valeurs par excès,} \qquad \text{avec } e = 10\,\mathrm{d}\,20'.$$

Dans la formule (δ_1), il a ainsi considéré des accroissements cumulés de x_{-1} vers x_0, ce qui ne correspond pas à la décroissance de $|\Delta y_i|$, d'où le mauvais résultat.

Al-Samaw'al tente également de dériver d'autres expressions de la formule de Brahmagupta. Mais ses résultats cette fois sont beaucoup moins convaincants. Reprenons brièvement son calcul de cotg $3°\,30'$. Il applique d'abord la formule (γ) pour $x_{-1} = 3°$ et $x_0 = 4°$ et trouve

$$y = 197\,\mathrm{d}\,26'\,17'', \text{ valeur par excès,} \qquad \text{avec } e = 1\,\mathrm{d}\,15'.$$

Par le procédé (γ) on fait une correction additive en partant de y_0, et le calcul de Δy_{-1}, Δy_0 et $\Delta^2 y_{-1}$ fait intervenir $x_{-1} = 3$, $x_0 = 4$ et $x_1 = 5$.

Al-Samaw'al propose ensuite une méthode qui, dit-il, "découle de ce qui a été mentionné par Brahmagupta." Il fait alors intervenir $x_{-2} = 2$, $x_{-1} = 3$ et $x_0 = 4$ et utilise la formule

$$(\gamma_1) \qquad y = y_{-1} - \left(\frac{x - x_{-1}}{d}\right)\left[\frac{|\Delta y_{-2} + \Delta y_{-1}|}{2} + \frac{1}{2}\left(\frac{x - x_{-1}}{d}\right)\Delta^2 y_{-2}\right]$$

qui donne une correction soustractive et se réécrit

$$y = y_{-1} + \left(\frac{x - x_{-1}}{d}\right)\left[\frac{\Delta y_{-2} + \Delta y_{-1}}{2} - \frac{1}{2}\left(\frac{x - x_{-1}}{d}\right)\Delta^2 y_{-2}\right]$$

et qui donne

$y = 178\,d\,47'\,55''$, valeur par *défaut*, avec $e = 17\,d\,23'\,5''$.

Ce résultat est beaucoup moins bon que le précédent, celui de (γ). L'erreur d'al-Samaw'al a été de retrancher le terme

$$\frac{1}{2}\left(\frac{x - x_{-1}}{d}\right)\Delta^2 y_{-2}.$$

Par la formule (γ_1), $x = x_{-1}$ donne $y = y_{-1}$, mais $x = x_0$ ne donne plus $y = y_0$ et $x = x_{-2}$ ne donne plus $y = y_{-2}$. Il suffit de changer le signe devant l'expression précédente et on trouve

$$(\gamma_2) \qquad y = y_{-1} + \left(\frac{x - x_{-1}}{d}\right)\left[\frac{\Delta y_{-2} + \Delta y_{-1}}{2} + \frac{1}{2}\left(\frac{x - x_{-1}}{d}\right)\Delta^2 y_{-2}\right]$$

qui est la formule de Brahmagupta pour l'intervalle $[x_{-2}, x_{-1}]$ et qui donne $y = y_{-2}$ pour $x = x_{-2} = x_{-1} - d$ et $y = y_0$ pour $x = x_0 = x_{-1} + d$. Elle donnerait sur l'intervalle $[x_{-2}, x_{-1}]$ des valeurs approchées par excès et sur l'intervalle $[x_{-1}, x_0]$ des valeurs approchées par défaut. Elle donne pour le calcul de cotg $3^\circ\,30'$, $y = 193\,d\,7'\,55''$, valeur par *défaut*, avec $e = 3\,d\,3'$.

Grâce au texte d'al-Samaw'al, nous connaissons mieux la contribution d'al-Bīrūnī ainsi que la recherche sur les méthodes d'interpolation dans les mathématiques indiennes. Al-Bīrūnī, contrairement à ce que l'on croyait jusqu'ici, ne disposait pas d'une méthode d'interpolation quadratique seulement, mais de trois. Les deux autres venaient des mathématiciens de l'Inde. Grâce au même texte, les successeurs d'al-Bīrūnī au XIIe siècle apparaissent sous un jour nouveau: critiques au sens propre du terme. Les propos d'al-Bīrūnī comme ceux de son critique, al-Samaw'al, nous ont permis de dégager l'intention des chercheurs de l'époque en ce domaine: améliorer l'interpolation linéaire, sachant que les premières différences ne sont pas égales. Deux voies se sont alors présentées: ou bien remplacer l'interpolation linéaire par une interpolation quadratique, qui, en quelque sorte, la généralise; ou bien trouver une pondération convenable. Le premier chemin a été emprunté par al-Bīrūnī, alors que le second est celui d'al-Samaw'al. Il est d'ailleurs intéressant de remarquer qu'al-Bīrūnī lui-même a compris et interprété de la sorte la démarche de Brahmagupta. Mais la présence de plusieurs méthodes d'interpolation a conduit les mathématiciens à s'interroger sur la performance de chacune afin d'opter pour la meilleure. Interrogation théorique, qui, comme telle, les a conduits face à d'autres problèmes, comme celui indiqué par al-Samaw'al à propos de "la vitesse" des différences. Sans doute, les mathématiciens n'avaient-ils pas encore inventé les moyens conceptuels pour poser ces problèmes; il reste qu'ils ont tenté de répondre à certains d'entre eux d'une manière "empirique" ou "expérimentale." Ainsi pour juger de la performance de chacune des méthodes d'interpolation, ils ont déterminé à propos de chacune d'elles la grandeur approximative de l'erreur pour différents intervalles. L'examen de ces déterminations empiriques montre cependant qu'elles n'ont pas été menées d'une manière aveugle, mais qu'elles étaient guidées par une connaissance du comportement du polynôme d'interpolation dans chaque intervalle considéré par rapport à la fonction étudiée. Dans le texte cependant cette connaissance qui ne se présente que sous forme numérique, semble pourtant déterminer le choix d'une méthode plutôt que d'une autre dans l'un ou l'autre cas. Il reste qu'en dépit du poids empirique et du manque du symbolisme permettant de saisir en toute généralité les méthodes proposées, la connaissance de ces méthodes et des discussions qui s'y rapportent constitue déjà l'un des premiers pas du calcul aux différences finies.

TEXTE

Comme l'indique son titre, il s'agit du septième chapitre du livre d'al-Samaw'al intitulé *A la découverte des défauts des astrologues et leur erreur dans la plupart des procédés et des édits* في كشف عوار المنجمين وغلطهم في أكثر الأعمال والأحكام.

Rédigé par al-Samaw'al en 561/1165-6, ce livre, jamais établi auparavant, nous est parvenu en deux manuscrits:

1 Le premier est le Or. 98 de la Bibliothèque de l'Université de Leiden. Le colophon nous informe que le copiste a achevé la transcription dans la nuit de samedi à dimanche 10 novembre 1283 – le 19 ramaḍān 682 H. Ce copiste est Nūr al-Dīn b. Muḥammad b. 'Izzat al-Taflīsī al-Maġribī. Nous avons désigné ce manuscrit par "ل."

2 Le second est Hunt. 539 de la Bodleian. D'après le colophon, la transcription fut achevée le mercredi 22 avril 1580 – très vraisemblablement la nuit du 6 rabī' al-'awwal 988, par Muḥammad b. Yūsuf b. 'Abd al-Qāḍī b. Muḥammad al-Dumyāṭī. Ce manuscrit est désigné ici par "ا."

L'examen de ce chapitre établi ici nous conduit à conjecturer que le second manuscrit fut copié sur le premier. Toutefois, il reste à comparer tout le texte avant de prouver définitivement cette conjecture.

Pour établir le texte, nous avons suivi la méthode dont nous avons détaillé les règles ailleurs.[22]

CHAPITRE SEPT

Sur l'explication de l'erreur qui entache <les calculs> des astronomes,[23] à partir de la méthode qu'ils suivent pour corriger ce qui est entre deux lignes, et sur l'indication de la méthode qu'il convient de suivre et son amélioration dans la mesure du faisable et du possible.

L'une des choses les plus importantes dont ont pris soin certains auteurs de cet art qui désiraient l'exactitude dans les calculs, est la connaissance des quote-parts <revenant> aux fractions de la différence entre deux lignes pour tous les tableaux. En effet, on construit les *Zījs* et autres tableaux à partir du fait que le rapport de ce qui reste des quote-parts[24] à

[22] Cf. R. Rashed, *L'Œuvre mathématique*, vol. 1, pp. XLI sqq.

[23] Il s'agit en fait des "astrologues" comme on le sait par le titre du livre d'al-Samaw'al. Mais comme il s'agit ici des techniques utilisées par les astronomes et non pas seulement par les astrologues, nous optons pour cette traduction.

[24] L'usage de l'expression "ce qui reste des quote-parts" n'est pas clair. L'auteur semble vouloir désigner $|x - x_i|$ dans le rapport $\frac{|x - x_i|}{d} = \frac{|c|}{|\Delta y_i|}$ ce qui exprime d'une manière évidente une approximation linéaire sur l'intervalle $[x_i, x_{i+1}]$.

la différence entre deux lignes – parmi les lignes de nombres – est égal au rapport de sa correction à la différence entre deux lignes parmi celles des valeurs prises.[25] Cette proportionnalité est exacte si les différences entre les lignes des valeurs prises L-26r sont égales, comme c'est le cas dans les lignes de nombres./ Mais ces différences n'étant pas égales, les valeurs prises pour les fractions ne sont donc pas exactes dans l'ensemble des tableaux des *Zījs* car l'égalité des différences n'y existe pas. Il s'agit là de l'une des manières par lesquelles l'erreur se glisse dans les procédés de calcul des astronomes et dont ils ne peuvent pas se débarrasser en raison de leurs fréquents besoins pour connaître les quote-parts des fractions. C'est pourquoi, ils en sont venus à ce que, lorsque l'un d'eux procède à un des calculs qui le préoccupe et qu'il le vérifie d'une autre manière – c'est-à-dire qu'il le fait par une deuxième méthode – ; il résulte un écart de secondes et de tierces entre les deux calculs. Abū al-Rayḥān al-Bīrūnī les a accusés de s'être trompés et a choisi délibérément une méthode qu'il a imaginée bonne; il l'a crue plus proche de la valeur exacte que tout ce qui a été mentionné A-29v / par les anciens. Nous allons l'exposer maintenant.

Abū al-Rayḥān a dit: Si on utilise dans la correction entre deux lignes le monôme[26] que les Indiens appellent *sankalt*, celui-ci sera plus proche de la valeur exacte.

<a> Exemple: Si nous entrons dans le tableau des cotangentes[27] en doigts qui croît de trois parties en trois parties,[28] nous trouvons que les doigts de la cotangente de deux parties de la hauteur est de 343 doigts 38 minutes et pour cinq parties de la hauteur elle est de 138 doigts 25 minutes, dont la différence est de 205 doigts 13 minutes. Si nous voulons les doigts de la cotangente de quatre parties de la hauteur par la méthode célèbre chez les astronomes et sur laquelle ils sont unanimes, alors nous multiplions les deux parties $[x - x_{-1}]$ par la différence mentionnée $[|y_0 - y_{-1}|]$ et nous divisons le produit par

[25] Littéralement: les lignes de ce qui est pris, dans tout le texte.

[26] Monôme traduit *al-mufrad* qui veut dire singulier ou terme unique. Il est associé à chaque nombre entier n; $m(n) = n(n + 1)/2$. Notons qu'il s'agit d'un singulier qui exprime le pluriel; au cours de la traduction nous opterons pour l'une ou l'autre forme suivant le contexte.

[27] Le terme utilisé ici est *ẓill* qui signifie ombre et qui désigne, selon le cas, la tangente de l'arc ou la tangente de l'arc complémentaire, c'est-à-dire la cotangente.

[28] Les angles sont exprimés en parties, c'est-à-dire en degrés, et les cotangentes en doigts. A propos de ces unités, voir commentaire.

trois [$x_0 - x_{-1}$], nombre par lequel croissent les nombres de la hauteur, et nous retranchons le quotient de cette division

$$\left[(x - x_{-1}) \cdot \frac{|y_0 - y_{-1}|}{x_0 - x_{-1}}\right]$$

des doigts de deux parties [y_{-1}], on obtient 206 doigts 49 minutes et 20 secondes

$$\left[y = y_{-1} + \left(\frac{x - x_{-1}}{x_0 - x_{-1}}\right) \cdot (y_0 - y_{-1}) = y_{-1} + \left(\frac{x - x_{-1}}{d}\right) \cdot \Delta y_{-1}\right].$$

6v Mais les doigts de quatre parties / sont exactement 171 doigts plus trois cinquièmes de doigt;[29] l'erreur par cette méthode est donc de 35 doigts 13 minutes et 20 secondes.

C'est en raison de la différence qui se produit entre les différences – dans le tableau des sinus, de l'inclinaison et des corrections – que Brahmagupta a abandonné dans le *Zīj khaṇḍakhādayka* connu chez nous par al-'Arkand, la correction de la différence entre les deux lignes par <accroissements> égaux pour adopter la méthode que nous allons introduire.

On pose vis-à-vis de la première ligne [y_{-1}], la différence entre elle et la seconde ligne [$y_{-1} - y_0$], et on pose vis-à-vis de la seconde ligne [y_0] la différence entre la seconde et la troisième [$y_0 - y_1$]; nous multiplions la moitié de la différence entre ces deux <nombres> posés [$|\Delta y_{-1}| = y_{-1} - y_0$, $|\Delta y_0| = y_0 - y_1$] par la différence entre le nombre au moyen duquel nous sommes entrés dans le tableau [x] et le nombre, parmi ceux du tableau, qui lui est supérieur [x_0], après avoir transformé en minutes les <termes> multipliés. Nous divisons le produit par ce dont s'accroissent les lignes de nombres,[30] transformé en minutes, et on ajoute le résultat obtenu

$$\left[\frac{x_0 - x}{d} \cdot \frac{|\Delta^2 y_{-1}|}{2}\right]$$

à la moitié de la somme des deux nombres posés

$$\left[\frac{|\Delta y_{-1}| + |\Delta y_0|}{2}\right]$$

[29] Il s'agit ici de la valeur calculée à partir du quotient du cosinus par le sinus.

[30] Littéralement: la ligne du nombre; singulier ayant le sens d'un pluriel nous l'avons donc traduit par "les lignes de nombres" tout au long du texte.

si cette moitié est plus petite que le nombre posé vis-à-vis du plus petit nombre [$|\Delta y_{-1}|$], ou on l'en retranche si la moitié est plus grande que le nombre mentionné.[31] Nous multiplions ensuite le résultat par ce qui a été multiplié, qui a été transformé en minutes; nous divisons le produit par ce dont s'accroissent
A-30r les lignes de nombres, une fois transformé en minutes; / on obtient alors ce qu'il faut ajouter à la seconde ligne.

<b> Son examen dans notre exemple; Abū al-Rayḥān dit: Posons en effet vis-à-vis des deux parties: 205 doigts 13 minutes – c'est-à-dire la différence entre les cotangentes de deux parties et de cinq parties – et vis-à-vis de cinq parties: 53 doigts 3 minutes – c'est-à-dire la différence entre les cotangentes de cinq et de huit – et ceci pour qu'elles soient semblables aux *Kardajat*[32]

[31] Comme nous l'avons noté, on considère ici les valeurs absolues des différences; la condition est donc

$$\frac{|\Delta y_{-1}| + |\Delta y_0|}{2} < |\Delta y_{-1}| \Leftrightarrow |\Delta y_0| < |\Delta y_{-1}|.$$

Si cette condition est vérifiée, alors la quantité

$$\frac{|x - x_0|\,|\Delta^2 y_{-1}|}{2} \quad \text{sera ajoutée à} \quad \frac{|\Delta y_{-1}| + |\Delta y_0|}{2};$$

elle en sera en revanche retranchée dans le cas contraire. Ceci revient à tenir compte de la concavité de la courbe et du signe de $(x - x_0)$. Dans le texte, on prend par hypothèse $x < x_0$.

Si la fonction considérée est décroissante, on a deux cas

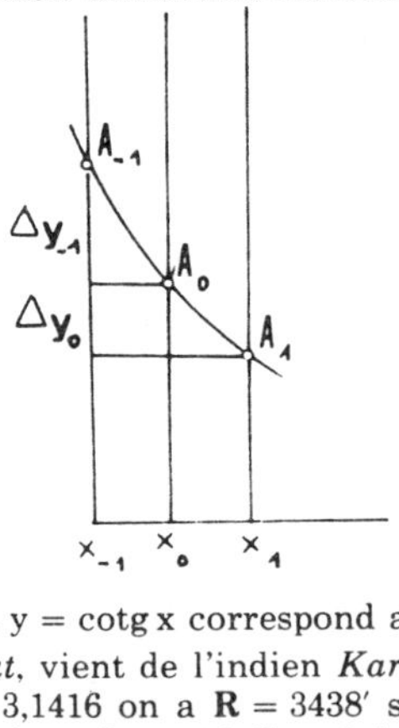

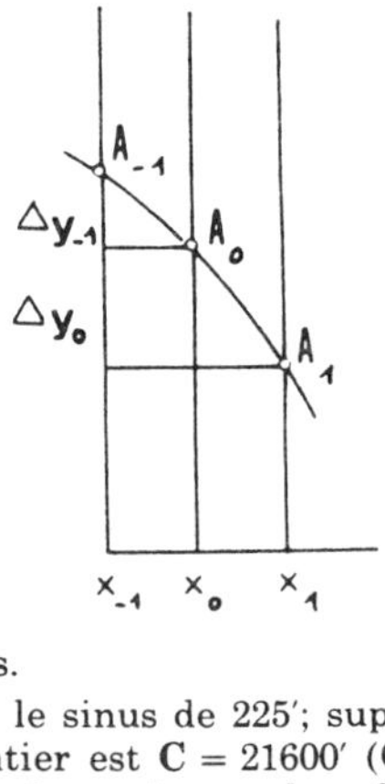

La fonction y = cotg x correspond au premier cas.

[32] *Kardajat*, vient de l'indien *Karmajia* qui est le sinus de 225'; supposant que p soit égal à 3,1416 on a **R** = 3438' si le cercle entier est **C** = 21600' (C = 2 p R), on identifie le sinus de 225' à l'arc lui-même, on leur donne à tous deux le même nom, voir C. Nallino, *'Ilm al-Falak. Tārīḫuhu 'anda al-'Arab fī-l-Qurūn al-Usṭa*, (Roma, 1911), pp. 168 sqq. Pour tout arc inférieur à 225' on a identifié les valeurs de l'arc et de son sinus. Il semble que l'auteur exprime que 5° et cotg. 5° pris ainsi comme point de départ, jouent le rôle de 225' et sinus 225' dans le calcul des sinus par la méthode de Brahmagupta.

7[r] des sinus. Ce qui a été pris pour *Kardajat* complets / est ici la cotangente de cinq parties et le reste est de 60 minutes que nous multiplions par la moitié de la différence qui est 76 doigts 5 minutes; nous divisons le résultat par 180 minutes: on obtient 25 doigts 22 minutes que nous ajoutons à la moitié de la somme qui est de 129 doigts 8 minutes, car ceci – c'est-à-dire la moitié de la somme – est inférieur à ce qui est posé vis-à-vis de deux parties – à savoir 205 <doigts> 13 <minutes>. Il en résulte donc 154 doigts et un demi que nous multiplions par le reste qui est 60 minutes, car le recherché est la part de 4 et ce qui existe est la part de 5 et leur différence est ce que nous avons appelé le reste. Nous divisons le résultat de la multiplication par 180 – qui est la différence des deux lignes de nombres transformée <en minutes>, on obtient 51 doigts et un demi que nous ajoutons à la cotangente de cinq parties; on obtient 189 <doigts> 55 <minutes>. L'erreur est donc de 18 doigts 19 minutes. Cette méthode est plus proche de la valeur exacte que la première sur laquelle les auteurs des *Zījs* grecs et islamiques sont convenus.

<c> Plus proche encore de la raison et de l'exactitude, est de poser le rapport de la correction cherchée à la différence entre deux lignes égal au rapport du monôme de soixante – c'est-à-dire les minutes d'une seule partie, soit 1830 – au monôme de 180 – les minutes de trois parties – ce qui fait 16290. Nous ajoutons la correction obtenue aux doigts de cinq parties,[33] il en résulte 161 doigts 28 minutes, et ceci est plus proche du recherché que ce qui précède, car l'écart de la valeur exacte est de dix doigts et 8 minutes. On a donc montré que cette méthode pour corriger ce qui est entre deux lignes est plus proche de la vérité que celle qu'ils ont retenue. Ici s'achèvent
[v] les propos d'Abū al-Rayḥān al-Bīrūnī. /

Al-Samaw'al a dit que Abū al-Rayḥān s'est leurré en préférant cette méthode où il a suivi la voie du *sankalt* et l'usage du
)[v] monôme. / Peut-être ne s'est-il pas préoccupé de vérifier cette méthode et ne l'a-t-il appliquée qu'à cet exemple qui l'a conduit à se leurrer et à tomber dans l'erreur. Nous allons maintenant le montrer bien clairement – Il n'y a de puissance que par Dieu.

Nous disons que le premier leurre – et la première erreur – est qu'il a pris l'exemple d'un tableau qui croît de trois parties en trois parties. La différence, en effet, entre la cotangente de deux parties et la cotangente de cinq parties n'est pas

[33] C'est-à-dire 138 doigts 25 minutes.

la différence entre deux lignes successives, mais la somme de la différence entre la cotangente de 2 et la cotangente de 3, la différence entre les cotangentes de 3 et de 4 et la différence entre les cotangentes de 4 et de 5. Ces différences ne sont pas près d'être égales, en revanche la seconde différence est très inférieure à la première et, de même, la troisième est inférieure à la seconde. Comme ces trois différences – les lentes et les rapides – se sont mélangées, la vérité des méthodes dont il en a dénoncées certaines et en a préférées d'autres, ne s'est pas manifestée.

Donnons-nous trois exemples que nous allons introduire sachant que le tableau des cotangentes est complet de partie en partie, comme c'est la coutume dans les *Zījs*.

<a> En effet les doigts de la cotangente pour deux parties de la hauteur sont 343 <doigts> 39 <minutes>.[34] Si nous entrons <dans le tableau> par deux parties et demie que nous corrigeons par la différence entre les deux lignes, comme le font les auteurs des *Zījs*, on obtient 286 <doigts> 18 <minutes> et 30 <secondes> car la différence entre les deux lignes est de 114 <doigts> 41 <minutes>.[35] Si nous le vérifions par le calcul, auquel nous a amené la géométrie, et divisons le cosinus de l'arc par le sinus de l'arc, compté vers le bas[36] – c'est-à-dire le sinus de 87 <degrés> 30 <minutes>, soit 59 <minutes> 56 <secondes> 8 <tierces>, par le sinus de 2 <degrés> 30 <minutes>, soit 2 <minutes> 37 <secondes> 2 <tierces> – on obtient de la division 22 degrés – comptés vers
L-28r le haut – 54 minutes, une seule seconde et 36 / tierces que nous multiplions par douze doigts – de ceux de la mesure – comptés vers le bas; on obtient alors la cotangente recherchée, soit 274 <doigts> 48 <minutes> 19 <secondes>. L'erreur survenue dans la correction entre les deux lignes d'après la méthode des astronomes est de onze doigts et demi et 11 secondes approximativement.

<b> *Son calcul par la méthode de Brahmagupta*

Nous imaginons vis-à-vis de deux parties 114 <doigts> 41 <minutes>, soit la différence entre les cotangentes de deux

[34] Valeur par excès, l'auteur a donné précédemment cotg 2° = 343 d 38′.

[35] L'auteur néglige ici les secondes, on verra plus loin cotg 3° = 228 d 58′ 25″.

[36] C'est-à-dire exprimé en degrés, minutes, et secondes.

parties et de trois parties, et vis-à-vis de trois parties, 57 <doigts> 21 <minutes> qui est la différence entre les deux cotangentes de 3 et de 4. Nous retranchons ensuite 2 <degrés> 30 <minutes> du plus grand des deux nombres, qui est 3; il reste 0 <degré> 30 <minutes> que nous transformons en minutes; on a 30 <minutes> que nous multiplions par la moitié de la différence entre 114 <doigts> 41
1r <minutes> et / 57 <doigts> 21 <minutes> – c'est-à-dire 57 <doigts> 20 <minutes> – ; il résulte de la multiplication 28 <doigts> 40 <minutes>[37] que nous divisons par la différence des lignes de nombres transformée en minutes, ce qui fait 60 minutes; on obtient 0 <doigt> 28 <minutes> 40 <secondes> que nous ajoutons à la demi-somme de la différence des cotangentes de 2 et de 3 et de la différence des cotangentes de 3 et de 4, c'est-à-dire 86 <doigts> 1 <minute>, car la demi-somme est plus petite que le <nombre> posé vis-à-vis de deux parties. Le résultat est donc: 86 <doigts> 29 <minutes> 40 <secondes> que nous multiplions par le reste qui est 30 <minutes>, compté vers le bas. On obtient 43 <doigts> 14 <minutes> 50 <secondes> que nous ajoutons à la cotangente de 3 qui est 228 <doigts> 58 <minutes>, on obtient 272 <doigts> 12 <minutes> 50 <secondes>. L'erreur est donc, par ce procédé, de deux doigts 35 minutes 29 secondes, procédé plus proche de la valeur exacte que le premier.

3v <c> *Sa solution par la méthode des monômes, préférée / par Abū al-Rayḥān*

Nous posons le rapport de la correction cherchée à la différence entre les deux lignes, qui est 114 41, égal au rapport du monôme de trente minutes, soit 465, au monôme de 60 minutes – c'est-à-dire la différence des lignes de nombres – ce qui est 1830. Nous multiplions le second par le troisième, on obtient 53327 44 minutes que nous divisons par le quatrième,

[37] L'auteur a annoncé une double multiplication de $\Delta^2 y_{-1}$ = 57 d 28′, d'une part par 30′ c'est-à-dire 1/2 et d'autre part par 1/2. Or en fait il n'a multiplié qu'une seule fois par 1/2, les calculs qui vont suivre sont nécessairement faux. Il s'agit d'une manière évidente d'un oubli, car le même calcul est conduit correctement dans un autre exemple traité plus loin. Notons que, malgré l'erreur de calcul, la conclusion reste exacte; dans cet exemple l'erreur est en effet inférieure à celle de la méthode des astronomes.

on obtient alors 29 8 que nous ajoutons à la cotangente de trois parties; on obtient 258 6 qui est la cotangente, à son avis. Il s'y trouve une erreur de seize doigts 42 minutes.

Il a donc été montré que la méthode des astronomes, dénoncée par Abū al-Rayḥān, est plus près de la valeur exacte que la sienne puisque l'erreur dans la méthode qu'il a tenue pour juste est beaucoup plus grande, sauf dans l'exemple qu'il a donné. Il a été montré également que la méthode de Brahmagupta est, de toutes, la plus proche de la vérité.

Pour que nos explications deviennent encore plus claires, citons un autre exemple: nous voulons la cotangente de 3 30. Nous divisons le sinus de 86 30 – soit 59 53 19 – par le sinus de 3 30 – soit 3 39 46 –; on obtient de la division 16 20 59 26 que nous multiplions par 0 12; on obtient alors 3 16 11 – qui est 196 11 –; ceci est la cotangente précise de 3 30 établie par la méthode démontrée exacte.

<a> *Son calcul par la méthode des auteurs des Zījs*

Nous multiplions 30 minutes par la différence entre les deux lignes qui est de 57 21; on obtient de la multiplication 28 40 30 que nous retranchons de la cotangente posée vis-à-vis de 3, il
A-31v reste 200 17 55. L'erreur par cette méthode est de 4 7. /

L-29r <b> *Sa solution par la méthode d'Abū al-Rayḥān* /

Nous posons le rapport de la correction à la différence des deux lignes 3 et 4 égal au rapport du monôme de trente minutes qui est le reste – soit 465 – au monôme de 60, par lequel s'accroissent les lignes de nombres, soit 1830. Nous multiplions le second par le troisième; on obtient 7 – compté vers le haut – 24 – compté vers le haut – 27 <doigts> 45 <minutes>[38] que nous divisons par le quatrième; on obtient pour le premier 14 34 21 que nous ajoutons à la cotangente de 4; on obtient 186 11. L'erreur y est de 10 doigts.

[38] Dans le manuscrit le mot "élevé" au-dessus de 7 et 24 indique que ces deux nombres correspondent à des unités de rang supérieur à celui de l'unité du nombre 27 au-dessus duquel on lit le mot degré. En réalité l'unité qui correspond au nombre 27 est le doigt.

<c> *Sa solution d'une autre manière, plus correcte que la méthode d'Abū al-Rayḥān*

Nous posons le rapport de la correction à la différence entre les deux lignes 2 et 3, soit 11 41, égal au rapport du monôme des minutes – qui sont associées aux entiers – au monôme des minutes de l'unité par laquelle croissent les lignes de nombres. Nous multiplions donc 11 41 par le monôme de 30, ce qui est 465; nous divisons ce que l'on a obtenu par le monôme de 60 qui est 30 30;[39] on obtient 29 8 que nous retranchons de la cotangente de 3, il reste alors 198 10; l'erreur y est de 1 59. Cette méthode est donc de loin meilleure que celle mentionnée par Abū al-Rayḥān.

<d> *Une autre manière qui s'approche de la valeur exacte par les monômes également*

Nous divisons la différence entre les deux lignes <3 et 4> – soit 57 21 – par le monôme de 60 qui sont les minutes de la différence entre les deux lignes; on obtient 0 <doigt> 1 <minute> 52 qui est la part d'une minute – associée à 3 – de la différence que nous multiplions par la différence entre le monôme de 60 et le monôme de 30; on obtient 42 28 que nous retranchons de la cotangente de 3, il reste donc 186 30 ce qui est proche du résultat obtenu par la méthode d'Abū al-Rayḥān.[40]
9v Ainsi l'erreur y est de 9 41. /

<e> *Une autre manière par le sankalt*

Nous posons le rapport de la correction à la moitié de la somme de la différence entre les cotangentes de 2 et de 3 et de la différence entre les cotangentes de 3 et de 4 – soit 86 1 – égal au rapport de 465 – c'est-à-dire le monôme de trente minutes associées à 3 – à 30 30, c'est-à-dire le monôme de soixante; la correction sera de 21 51 24 que nous retranchons de la cotangente de 3: il reste 207 7 30 qui est la cotangente de 3 30. L'erreur y est de 9 56.

[39] Le monôme de 60 qui est 1830 est exprimé ici en notation sexagésimale 30° 30′.

[40] Cette méthode doit redonner exactement le résultat d'Abū al-Rayḥān (voir commentaire).

Si nous ajoutons cette correction à la cotangente de 4, il
A-32r vient 193 28, qui est la cotangente de 3 30. L'écart y est de 2 43. /

<f> *Une autre manière par les monômes également*

On pourrait aussi être porté à croire que si nous posons le rapport de la correction à la demi-somme de la différence des cotangentes de 3 et de 4 et de la différence des cotangentes de 4 et de 5 – soit 45 54 30 – égal au rapport de 465 à 30 30, on obtiendrait une correction valable pour la cotangente, mais ceci n'est pas proche de la vérité car on obtiendrait pour la cotangente 182 56 et l'erreur y serait de 13 15.[41] Notre intention, en rappelant cela, est de montrer que peuvent se présenter à la pensée de multiples méthodes que les esprits trouvent à l'évidence bonnes, mais qui ne mènent pas à la vérité, et de montrer que l'ensemble des méthodes où l'on considère les monômes sont loin d'être correctes et que le calcul du *sankalt* ne doit pas intervenir dans ce calcul.

<g> *Une autre manière parmi celles où les monômes sont utilisés*

Il peut venir à l'esprit également de poser le rapport de la correction au tiers de la somme de la différence des cotangentes de 2 et de 3, de la différence des cotangentes de 3 et de 4 et de la différence des cotangentes de 4 et de 5, ce qui est la différence des cotangentes de 2 et de 5, égal au rapport de 465
L-30r à / 30 30. On obtient la correction 17 29 41; si nous l'ajoutons à la cotangente de 4, il vient 189 8. L'erreur y est de 7 doigts.

<h> *Son examen par la méthode de Brahmagupta*

La différence des deux lignes 3 et 4 est 57 21, la différence des deux lignes 4 et 5 est 34 28 et la différence des différences est 22 53 dont la moitié est 11 26 30 que nous multiplions par la différence entre 3 30 et 4, soit 30 minutes; on obtient 5 43 15 que nous ajoutons à la demi-somme des deux différences, soit 45 54 30; il vient 51 37 45 qui est la différence qu'il convient

[41] e = 12 d 54′, résultat légèrement différent.

d'utiliser et que nous multiplions par 30 minutes qui restent de quatre parties; nous divisons le tout par 60 minutes, on obtient 25 48 52 que nous ajoutons à la cotangente de 4; on obtient alors 197 26 45 qui est la cotangente de 3 30. L'erreur y est d'un doigt 15 minutes.

<i> *Une autre manière découlant de ce que Brahmagupta a exposé*

La différence des deux lignes 2 et 3 est de 114 41, la différence des deux lignes 4 et 3 est 57 21 et la différence de ces différences est de 57 20; sa moitié est 28 40 que nous multiplions par la
32ᵛ différence entre 3 30 et 3 transformée / en minutes, soit 30; nous divisons le tout par 60 – c'est-à-dire les minutes de la différence des lignes de nombres – on obtient 14 20 que nous ajoutons à la demi-somme des deux différences, soit 86 1; il en résulte 100 21 que nous multiplions par 0 30; on obtient 50 10 30 que nous retranchons de ce qui est vis-à-vis de 3, c'est-à-dire 228 58; il reste alors 178 47 20 qui est la cotangente de 3 30, selon sa propre affirmation. L'erreur y est de 17 24.

<j> *Sa solution par une autre méthode, analogue à celle de*
30ᵛ *Brahmagupta* /

Nous additionnons la différence <des cotangentes> de 3 et de 2 et la différence de 3 et de 4 et nous prenons la moitié de la somme; on obtient 86 1 que l'on multiplie par 30; on obtient 43 0 30 que l'on retranche de la cotangente de 3; il reste 185 57 30 où l'erreur est de 10 13 30. Nous additionnons la différence <des cotangentes> de 3 et de 4 et la différence de 4 et de 5, somme que nous partageons en deux moitiés; on obtient 45 54 30 que l'on multiplie par 0 30, on obtient 22 57 15 que l'on ajoute à la cotangente de 4, il vient 194 34 25 où l'erreur est d'un seul doigt 37 minutes.

On peut être porté à croire qu'il est plus correct de partager les soixante minutes par lesquelles s'accroissent les lignes de nombres en trois parties, chacune étant de 20 minutes. Si les fractions associées au nombre par lequel nous sommes entrés dans le tableau – qui est, dans notre exemple, le nombre 3 – ne sont pas plus grandes que 20 minutes, la correction de ce qui est entre les deux lignes se fera ainsi: on ajoute la différence entre <les lignes> 3 et 2 au double de la différence entre <les lignes> 4 et 3 et on prend le tiers de la somme; ce résultat sera la base de la correction du premier tiers, c'est-à-dire celui qu'il convient de multiplier par les fractions qui sont inférieures à 20. Mais si les fractions sont entre 20 minutes et 40 minutes, alors la correction se fera ainsi: nous utiliserons la différence entre les deux lignes telle quelle, selon la méthode des astronomes. Si les fractions sont entre 40 minutes et 60 minutes, on ajoutera la différence <des cotangentes> de 4 et de 5 dans notre exemple – soit 34 28 – au double de la différence entre 3 et 4 et on prendra le tiers de la somme; ce résultat sera la base que l'on multipliera par les fractions pour obtenir la correction correspondante.

De ces méthodes, la vérité de chacune ne peut que l'emporter dans certains esprits; elles s'approchent toutes de la valeur exacte, mais ne s'en écartent pas suivant le même ordre, car elles sont les résultats d'efforts d'interprétation et le fruit de
A33r principes / d'approximation non démontrés; de toutes, la plus proche de la valeur exacte est néanmoins la méthode de Brahmagupta et celle qui s'en éloigne le plus est la méthode des monômes, préférée par Abū al-Rayḥān.

L-31r Nous allons le montrer / par un autre exemple pour encore plus de clarté.

Nous voulons la cotangente de 3 10, c'est-à-dire de 3 degrés et 10 minutes. Nous divisons alors le sinus de 86 50 – soit 59 51 52 – par le sinus de 3 10, c'est-à-dire 3 18 52; on obtient de la division avec un ordre abaissé[42] 18 3 42 3 dont le cinquième est 3 36 45 24; il sera donc 216 44 24 qui est la cotangente de 3 10 exactement.

<a> *Sa solution par la méthode des astronomes*

Nous multiplions la différence entre les deux lignes – soit 57 21 – par 0 10; on obtient 9 38 30[43] que nous retranchons de la cotangente de 3, il reste 219 19 30. L'écart entre cette valeur et la valeur exacte est de 2 35 6.

[42] Dans ce calcul le sinus et le cosinus sont exprimés avec le degré comme unité, et le résultat de la division avec une unité de rang supérieur correspondant à 60°, le résultat en doigts s'obtient donc en divisant par 5.

[43] On obtient en fait pour $\frac{1}{6}\Delta y_{-1}$ 9 d 33′ 30″ au lieu de 9 d 38′ 30″.

<b> *Sa solution par la méthode de Brahmagupta*

La différence entre les cotangentes de 3 et de 4 est de 57 21; la différence entre les cotangentes de 4 et de 5 est 34 28 et la différence entre ces deux différences est de 22 53 dont la moitié est 11 26 30 que nous multiplions par la différence entre 3 10 et 4, c'est-à-dire 0 50.[44] On obtient de la multiplication 9 32 5 que nous ajoutons à la demi-somme des deux différences, soit 45 54 30; on obtient 55 26 35 que nous multiplions par le reste qui est 0 50; on obtient 46 12 9 que nous ajoutons à la cotangente de 4; il vient 217 49 ce qui est la cotangente de 3 10. L'écart y est de 1 5.[45]

<c> *Sa solution par une méthode, découlant des propos de Brahmagupta*

La différence entre la différence des cotangentes de 2 et de 3 et la différence des cotangentes de 3 et de 4 est 57 20 dont la
31v moitié / est 28 40 que nous multiplions par la différence entre 3 10 et 3, soit 0 10; on obtient 9 33 20[46] que nous ajoutons à la demi-somme des différences, soit 86 1; il vient 95 34 20 que nous multiplions par 0 10; on obtient 14 20 1 que nous retranchons de la cotangente de 3; il reste 214 38 qui est la cotangente de 3 10. L'écart y est de 2 6 24.[47]

<d> *Sa solution par une autre méthode, parmi celles de la division*

Nous additionnons la différence entre les lignes 2 et 3 et la
33v différence entre les lignes 3 et 4, il vient 172 2 / dont la moitié est 86 1, qui est la différence qu'il convient d'utiliser; nous la multiplions par 0 10, on obtient 14 20 10 ce qui est la correction. Nous la retranchons de la cotangente de 3, il reste 214 37 50 ce

[44] Il multiplie en réalité par 50/60.

[45] On obtient en fait

$$y = \text{cotg}\, 3^\circ 10' = 217\,\text{d}\, 49'\, 34''$$

d'où

$$e = 217\,\text{d}\, 49'\, 34'' - 216\,\text{d}\, 54' = 55'\, 34'' < 1\,\text{d}.$$

[46] Ces valeurs ne correspondent pas à l'opération indiquée.

[47] On a $e = 216\,\text{d}\, 54' - 213\,\text{d}\, 50'\, 29'' = 3\,\text{d}\, 3'\, 1''.$

qui est la cotangente de 3 10. La grandeur de l'écart y est de 2 6 34.[48]

<e> *Sa solution par la méthode d'Abū al-Rayḥān*

Nous multiplions le monôme de dix – qui sont les minutes des quote-parts – soit 55, par la différence entre les deux lignes 3 et 4, soit 57 21; on obtient de la multiplication 52 34 15 que nous divisons par le monôme de 60, qui est 30 30. On obtient de la division 1 44 24 qui est la correction, choisie par Abū al-Rayḥān, que nous retranchons de la cotangente de 3; il reste 227 14 ce qui est la cotangente <de 3 10>. L'erreur y est de 10 30.[49]

<f> Si nous multiplions le monôme de cinquante minutes qui restent de soixante minutes – soit 21 15[50] – par la différence qui est de 57 21, on obtient 20 18 41 15; et si nous le divisons par le
L-32r monôme de / 60 – soit 30 30 – il vient 39 58 qui est la correction; nous l'ajoutons à la cotangente de 4, il vient 211 35 ce qui est, à son avis, la cotangente de 3 10. L'erreur y est de 5 9.[51]

Il a donc été montré, de ce que nous avons exposé, que la méthode des astronomes, pour connaître les quote-parts des fractions à partir de la différence entre les lignes des tableaux des *Zījs*, est mauvaise et que la méthode élaborée par Abū al-Rayḥān à l'aide des monômes est également mauvaise. Il a été montré aussi que l'affirmation de Brahmagupta l'emporte sur leurs propos à tous. S'il est devenu évident que sa méthode est loin de la vérité et entachée d'erreur, tout en étant plus correcte que les autres méthodes des auteurs des *Zījs*, ceux-ci sont donc dans l'incapacité de venir à bout de la plus grande partie du calcul qu'ils entreprennent de cette manière également.

[48] Al-Samaw'al trouve

$$y = 228\,\mathrm{d}\,58'\,25'' - \frac{1}{6}.\,86\,\mathrm{d}\,1'$$

$$y = \mathrm{cotg}\,3^\circ\,10' = 214\,\mathrm{d}\,38'\,15''.$$

Il néglige les 25″ dans la première expression. D'autre part, la table donne pour cotg 3° 10′ 216 d 54′ au lieu de 216 d 44′ 24″ qu'il utilise; d'où une légère différence dans les résultats. On trouve e = 2 d 15′ 45″.

[49] e = 10 d 20′.

[50] Il s'agit du nombre 50 × 51/2 = 1275 transformé en unités sexagésimales avec comme première unité 60°.

[51] L'erreur est 5 d 19′ 10″.

APPENDICE

Calcul de la cotangente d'un arc dans *al-Qānūn al-Mas'ūdī*[52]

Si nous voulons chercher la cotangente d'un arc, nous retranchons cet arc de quatre-vingt-dix, nous faisons entrer le reste dans la ligne de nombres et nous prenons ce qui lui fait face <dans la ligne> de la tangente et nous multiplions par 12, il vient les doigts de la tangente. Si nous avons un reste de l'arc, nous le multiplions par la différence qui est vis-à-vis de la tangente prise et ensuite par 12; nous ajoutons le résultat à ce que nous avions obtenu de la tangente; on a alors la cotangente du <premier> arc.

Amélioration de la cotangente

Nous retenons la tangente prise par les parties entières de l'arc qui reste de 90^0 comme précédemment. Nous prenons ensuite ce qui lui fait face dans la ligne de la différence, et la différence qui précède la différence vis-à-vis de ce qui a été pris. Nous multiplions ensuite le reste de l'arc par la différence et nous ajoutons le résultat à la différence précédente. Nous multiplions ensuite ce qui a été obtenu par le reste de l'arc également et nous ajoutons le résultat à la tangente prise. Nous multiplions la somme par 12, il vient les doigts de la tangente, approchés autant que possible de la valeur exacte.

[52] Cf. *Al-Maqāla al-Thālitha min al-Qānūn al-Mas'ūdī*, p. 315.

الباب السابع

في إيضاح ما يلزمهم من الخطأ من الطريق الذي يسلكونه في تعديل ما بين السطرين والإشارة إلى الطريق الذي ينبغي أن يُسلك في ذلك وتصحيحه بقدر الطاقة والإمكان.

إن من أهم ما عني به من رغب في صحة الحساب من أصحاب هذه الصناعة معرفة حصص الكسور من فضل ما بين السطرين في سائر الجداول؛ فإنه في الزيجات وغيرها مبني على أن نسبة ما يبقى من الحصص إلى فضل ما بين السطرين في سطور العدد كنسبة تعديله إلى فضل ما بين السطرين من سطور المأخوذ. وهذا التناسب صحيح إذا كان التفاضل بين سطور المأخوذ متساويًا كما هو في سطور العدد./ لكن هذا التفاضل غير متساوٍ، فليس ل - ٢٦ - و المأخوذ للكسور على التحقيق في سائر جداول الزيجات، لأن تساوي الفضلات معدوم فيها. وهذا أحد الوجوه الذي يتطرق على المنجمين منه الخطأ في أعمالهم الحسابية ولا يمكنهم التحرر منه لكثرة احتياجهم إلى معرفة حصص الكسور؛ ولهذا صاروا متى حسب أحدهم حسابًا مما يعانونه وامتحنه بوجه آخر -أعني عمله بطريق ثان - خرج بين الحسابين تفاوت بثوان أو ثوالث.وقد خطأهم في ذلك أبو الريحان البيروني واعتمد طريقًا توهمه حسنًا واعتقد أنه أقرب إلى الحقيقة من سائر ما ذكره / المتقدمون. ونحن الآن ذاكروه. ا - ٢٩ - ظ

قال أبو الريحان : إذا استعمل في تعديل ما بين السطرين المفرد الذي تسميه الهند سنكلت، كان أقرب إلى الحقيقة.

10 متساو : مستو [ا، ل] – 12 الذي : التي [ا، ل]

مثاله : أنّا دخلنا إلى جدول ظل الأصابع المتفاضل بثلاثة أجزاء، فوجدنا أصابع الظل لجزئين من الارتفاع ٣٤٣ إصبعًا ‹و› ٣٨ دقيقة، وأصابعه لخمسة أجزاء من الارتفاع ١٣٨ إصبعًا و٢٥ دقيقة، وتفاضلهما ٢٠٥ إصبعًا و١٣ دقيقة. فإذا أردنا أصابع الظل لأربعة أجزاء من الارتفاع على الطريق المشهور بين المنجمين والذي قد أجمعوا عليه، فإنّا نضرب الجزئين في الفضل المذكور ونقسم المبلغ على ثلاثة، التي تتفاضل بها أعداد الارتفاع، وننقص الخارج من القسمة من أصابع الجزئين، فيحصل ٢٠٦ إصبعًا مط دقيقة ك ثانية. لكن أصابع الأجزاء / الأربعة بالحقيقة ١٧١ إصبعًا وثلاثة أخماس إصبع، فالخطأ بهذا العمل له إصبعًا يج دقيقة ‹و ك ثانية›.

ل - ٢٦ - ظ

ومن أجل هذا الاختلاف العارض بين التفاضل في جداول الجيوب والميل والتعاديل، عدل برهمكوبت - في زيج كندكاتك المعروف عندنا بالأركند - عن تعديل فضل ما بين السطرين فيه بالتساوي، إلى هذا العمل الذي نحن موردُوه.

يوضع بإزاء السطر الأول الفضل بينه وبين السطر الثاني، ويوضع بإزاء السطر الثاني الفضل بين الثاني وبين الثالث، ونضرب نصف تفاضل هذين الموضوعين في الفضل بين العدد الذي دخلنا به إلى الجدول وبين العدد الذي هو أعظم منه من أعداد الجدول، بعد أن نبسط المضروب دقائق، ونقسم المبلغ على ما يتفاضل به سطر العدد مبسوطًا دقائق، ويزاد المبلغ الخارج على نصف مجموع الموضوعين إن كان هذا النصف أصغر من الموضوع بإزاء العدد الأقل، وينقص منه إن كان النصف أعظم من المذكور، ثم نضرب الحاصل في المضروب الذي بسط دقائق، ونقسم المبلغ على تفاضل سطر العدد مبسوطًا دقائق، / فيخرج ما يزاد على السطر الثاني.

ا - ٣٠ - و

6 الارتفاع : الطول [ا، ل] – 7 إصبعًا : أصابع [ا، ل] / ك : م [ا، ل]

واعتباره في مثالنا، يقول أبو الريحان : أنّا وضعنا بإزاء الجزئين ٢٠٥ إصبعًا و ١٣ دقيقة، وهي فضل ما بين ظلي الجزئين والخمسة الأجزاء، وبإزاء الخمسة الأجزاء نجـ إصبعًا جـ دقائق، أعني فضل ما بين ظلي الخمسة والثمانية، وذلك لتصير مشابهة لكردجات الجيوب. فالمأخوذ بالكردجات التامة / هو ظل الخمسة الأجزاء، والبقية س دقيقة، ضربناها في نصف ل - ٢٧ - و الفضل وهو ٧٦ إصبعًا ه دقائق، وقسمنا المجتمع على ١٨٠ دقيقة فخرج كه إصبعًا كب دقيقة، زدناها على نصف المجموع وهو قكط إصبعًا ح دقائق لأنه ـ أعني نصف المجموع ـ أقل من الموضوع بإزاء الجزئين ـ أعني ٢٠٥ يجـ فصار الحاصل قند إصبعًا ونصفًا. ضربناها في البقية التى هي س دقيقة لأن المطلوب نصيب د والموجود نصيب ٥ وتفاضلهما هو الذي سميناه البقية. وقسمنا ما خرج من الضرب على ١٨٠ وهو تفاضل سطري العدد مبسوطًا، فخرج ٥١ إصبعًا ونصفًا، زدناه على ظل خمسة أجزاء فصار قفط نه. فالخطأ إذن ١٨ إصبعًا ١٩ دقيقة ؛ وهو إلى الحقيقة أقرب من الأول الذي اصطلح عليه أصحاب الزيجات اليونانية والإسلامية.

وأقرب من ذلك إلى العقل والتحقيق أنا نجعل نسبة التعديل المطلوب إلى الفضل بين السطرين كنسبة مفرد الستين، أعني دقائق الجزء الواحد وذلك ١٨٣٠ إلى مفرد ١٨٠ : دقائق الثلاثة أجزاء وذلك ١٦٢٩٠، وزدنا التعديل الخارج على أصابع الخمسة الأجزاء فاجتمع ١٦١ إصبعًا كح دقيقة وذلك أقرب إلى المطلوب مما تقدم لأن العدول فيه عن الحق عشر أصابع ح دقائق. فقد تبيّن أن هذا الطريق في تعديل ما بين السطرين أقرب إلى الحق مما اعتمدوه. انقضى كلام أبي الريحان البيروني ./ ل - ٢٧ - ظ

قال السموءل : قد وهم أبو الريحان في تفضيله لهذا الطريق الذي سلك فيه سبيل السنكلت واستعمال المفرد./ ولعله لم يهتم بامتحان ذلك ا - ٣٠ - ظ

2 إصبعًا : أصابع [ا، ل] – 3 والخمسة الأجزاء : تكرر مثل هذا التعبير، والصواب هو "وخمسة الأجزاء" أو الأجزاء الخمسة"، وسنتركه كما هو ولن نشير إلى ذلك مرة أخرى – 5 ضربناها : ضربنا [ا] – 12 ونصفًا : ونصف [ا، ل] /فصار : فصارا [ا، ل] – 13 ١٩ : ٢٩ [ا، ل] – 20 انقضى : انقضا [ا، ل]

الطريق ولم يعمل به إلا هذا المثال الذي أوهمه وأوقعه في الغلط. ونحن الآن نبين ذلك بيانًا شافيًا ولا قوة إلا بالله.

فنقول : إن أول الوهم والمغالطة أنه ضرب مثالاً في جدول يتفاضل بثلاثة أجزاء. فإن الفضل بين ظل جزئين وبين ظل خمسة أجزاء ليس هو تفاضل سطرين متواليين، لكنه مجموع تفاضل ظل ب وظل جـ وتفاضل ظلي جـ د وتفاضل ظلي د ه. وليس في هذه الفضلات ما يقارب التساوي، بل التفاضل الثاني دون الأول بكثير، وكذلك الثالث أقل من الثاني. فلما اختلطت الفضلات الثلاثة، بطيئها وسريعها، لم تظهر حقيقة الطرق التي زيّف بعضها وفضّل بعضًا.

فلنضرب نحن الأمثلة الثلاثة التي نوردها على أن جدول الظل تامٌ لجزءٍ جزءٍ كما هو معهود في الزيجات، وذلك أن أصابع الظل لجزئين من الارتفاع شمجـ لط. وإذا دخلنا بجزئين ونصف وعدلناه بفضل ما بين السطرين كما يصنع أصحاب الزيجات، خرج رفو يح ل، لأن تفاضل السطرين قيد ما. وإذا امتحناه بالحساب الذي أدانا إليه الهندسة، وقسمنا جيب تمام القوس على جيب القوس منحطًا، أعني جيب فز ل وهو نط نو ح على جيب ب ل وهو ب لز ب، خرج من القسمة كب درجة مرفوعة ند دقيقة وثانية واحدة <و> لو / ثالثة، ل - ٢٨ - و ضربناه في اثنتي عشرة < إصبعًا من > أصابع المقياس منحطًا، فخرج الظل المطلوب رعد مح يط. فقد وقع الخطأ في تعديل ما بين السطرين بطريق المنجمين بإحدى عشرة إصبعًا ونصفًا و ١١ ثانية بالتقريب.

حسابه بطريق برهمكوبت

توهمنا بإزاء الجزئين قيد ما وهي فضل ظلي ما بين الجزئين والثلاثة الأجزاء، وبإزاء الثلاثة نز كا وهي فضل ما بين ظلي جـ د، ثم ألقينا ب ل من

8 الطرق : الطريق [ا] – 10 تامٌ : تامًا [ا، ل] – 16 خرج ... واحدة : فخرج من القسمة كب درج مرفوعة بد درجة ودقيقة واحدة [ا، ل]/ثالثة : ثانية [ا، ل] – 17 اثنتي عشرة : اثني عشر [ا، ل] – 19 بإحدى عشرة : بإحدى عشر [ا، ل]/ ونصفًا : ونصف [ا، ل]

العدد الذي هو أعظم منهما، وذلك جـ ، تبقى ٠ ل بسطناه دقائق، فكان ٣٠ ضربناه في نصف الفضل بين قيد ما وبين / نز كا وذلك نز ك، فخرج من الضرب كح م، قسمنا ذلك على تفاضل سطر العدد مبسوطًا دقائق. وذلك س دقيقة. فخرج ٠ كح م، زدناه على نصف مجموع تفاضل ظلي ب جـ وتفاضل ظلي جـ د، وذلك فو آ لأن نصف المجموع أقل من الموضوع بإزاء جزئين، فصار الحاصل فو كط م، ضربناه في البقية التي هي ل منحطًا، فخرج مجـ يد ن زدناه على ظل جـ وهو ركح نح فبلغ ٢٧٢ يب ن، فالخطأ إذن في هذا العمل بإصبعين و له دقيقة و كط ثانية، وهو أقرب إلى الصواب من الأول. ا - ٣١ - و

عمله بطريق المفرد الذي استحسنه /أبو الريحان ل - ٢٨ - ظ

جعلنا نسبة التعديل المطلوب إلى الفضل بين السطرين وهو قيد ما كنسبة مفرد الثلاثين دقيقة ـ وذلك ٤٦٥ ـ إلى مفرد س دقيقة، أعني تفاضل سطر العدد، وذلك ١٨٣٠ . وضربنا الثاني في الثالث فخرج ٥٣٣٢٧ مد دقيقة، قسمناه على الرابع فخرج كط ح زدناه على ظل ثلاثة أجزاء فبلغ رنح و وهو الظل على رأيه وقد وقع فيه الخطأ بست عشرة إصبعًا مب دقيقة.

فقد تبين أن طريق المنجمين التي زيّفها أبو الريحان أقرب إلى الحقيقة من طريقه، لأن الخطأ الواقع في الطريق التي صوبها أكثر مقداراً إلا في المثال الذي مثله. وتبيّن أيضًا أن طريق برهمكويت أقرب الكل إلى الحق.

ولكي يتضح ما أردنا إيضاحه، فلنذكر لذلك مثالاً آخر، فكأنا أردنا ظل جـ ل. قسمنا جيب فو ل وهو نط نجـ يط على جيب جـ ل، وذلك جـ لط مو فخرج من القسمة يو ك نط كو ضربناه في ٠ يب فخرج جـ يو يا وهو قصو يا وذلك ظل جـ ل محرراً بالطريق المبرهن الحقيقي.

12 مد : مة [ا] – 17 وتبين : وبين [ا] – 19 يط : ط [ا، ل] / مو : ناقصة [ا] – 21 الحقيقي : الحقيقي والله أعلم [ا]

حسابه بطريق أصحاب الزيجات

ضربنا ل دقيقة في الفضل بين السطرين وهو نز كا فخرج من الضرب كح م ل نقصناه من الظل الموضوع بإزاء جـ فبقي ر يز نه، فالخطأ في هذا الطريق د ز /.

ا - ٣١ - ظ
ل - ٢٩ - و

عمله بطريق أبي الريحان/

جعلنا نسبة التعديل إلى تفاضل سطري جـ د كنسبة مفرد الثلاثين دقيقة التي هي البقية ـ وذلك ٤٦٥ ـ إلى مفرد س التي يتفاضل بها سطر العدد، وذلك ١٨٣٠. فضربنا الثاني في الثالث فخرج ز ـ مرفوع ـ كد ـ مرفوع ـ كز ـ درج ـ مه ـ ق ـ قسمناه على الرابع، فخرج الأول يد لد كا زدناه على ظل د فخرج قفو يا، وفيه خطأ ١٠ أصابع.

عمله بوجه آخر أصح من طريق أبي الريحان

جعلنا نسبة التعديل إلى الفضل بين سطري ب جـ، وذلك قيد ما مثل نسبة مفرد الدقائق التي مع الصحاح إلى مفرد دقائق الواحد الذي يتفاضل به سطور العدد. فضربنا قيد ‹ما› في مفرد ل وهو ز مه، وقسمنا المبلغ على مفرد س وهو ل ل فخرج كط ح نقصناه من ظل جـ فبقي قصح ي؛ وفيه من الخطأ آ نط. فهو أصلح من الذي ذكره أبو الريحان بكثير.

وجه آخر يحوم حول الحقيقة بالمفرد أيضًا

قسمنا الفضل بين السطرين وهو نز كا على مفرد س التي هي دقائق الفضل بين السطرين فخرج ٠ آ نب وهو نصيب دقيقة من التفاضل، ضربناها في

3 ر يز نه : ره يز ل [ا، ل] – 8-9 مرفوع، مرفوع، درج، ق : كتبها الناسخ فوق الأرقام، وهي ناقصة في [ا] – 13 به : قد تقرأ "فيه" أو "وبه" [ل] – 14 مفرد (الأولى) : ناقصة [ا] – 18 س : ناقصة [ا]

الفضل بين مفرد س ومفرد ل التي مع جـ، فخرج مب كح نقصناه من ظل جـ فبقي قفو ل وهو قريب مما خرج بطريق أبي الريحان. فيه خطأ ط ما. / ل - ٢٩ - ظ

وجه آخر بالسَنْكَلت

جعلنا نسبة التعديل إلى نصف مجموع الفضل بين ظلي ب جـ والفضل بين ظلي جـ د وهو فو ا كنسبة ز مه ـ أعني مفرد الثلاثين دقيقة التي مع جـ ـ إلى ل ل، أعني مفرد الستين ؛ فيخرج التعديل كا نا كد نقصناه من ظل جـ فبقي رز ‹ز› ل وهو ظل جـ ل. الخطأ فيه ط نو.

ولو زدنا هذا التعديل على ظل د، لصار قصجـ كح وهو ظل جـ ل. وفيه من التفاوت ب مجـ ./ ا - ٣٢ - و

وجه آخر بالمفرد أيضًا

وقد يرجع في الظن أيضاً أنا إذا جعلنا نسبة التعديل إلى نصف مجموع تفاضل ‹ظلي› جـ و د وتفاضل ‹ظلي› د و ه، وذلك مه ند ل، كنسبة ز مه إلى ل ل، يخرج التعديل صالحًا للظل، وليس ذلك بقريب من الحق،لأنه يخرج الظل قفب نو، وفيه من الغلط يجـ يه .وإنما قصدنا في ذكر ذلك أن نبين أنه قد يخطر بالبال طرق كثيرة تستحسنها العقول بالبديهة ولا تؤدي إلى حق، وأن نبين أن سائر الطرق المأخوذة بالمفرد بعيدة عن الصواب وأن حساب السنكلت لا ينبغي أن يدخل في هذا الحساب.

وجه آخر مما يستعمل فيه المفرد.

وقد يخطر بالبال أيضًا أنّا نجعل نسبة التعديل إلى ثلث مجموع تفاضل ‹ظلي› ب جـ وتفاضل ‹ظلي› جـ د وتفاضل ‹ظلي› د ه ، وذلك تفاضل ‹ظلي› ب ه كنسبة ز مه إلى / ل ل، فيخرج التعديل يز ‹كط› ما [د] وإذا (ل - ٣٠ - و) زدناه على ظل د، بلغ قفط ح، وفيه خطأ ٧ أصابع.

15 حق : الحق [ا] – 22 قفط ح : قفط يح [ا، ل]

اعتباره بطريق برهمكوبت.

تفاضل سطري جـ د هو نز كا، وتفاضل سطري د ه: لد كح، وتفاضل التفاضل كب نجـ ونصفه يا كو ل ضربناه في الفضل بين جـ ل وبين د، وذلك ٣٠ دقيقة، فخرج ه مجـ يه زدناه على نصف مجموع التفاضلين وذلك مه ند ل لمبلغ نا لز مه وهو التفاضل الذي يصلح استعماله، ضربناه في ل دقيقة التي بقيت من الأربعة الأجزاء وقسمنا المبلغ على س دقيقة فخرج كه مح نب، زدناه على ظل د فبلغ قصز كو مه وهو ظل جـ ل. الخطأ فيه إصبع يه دقيقة.

وجه آخر يلزم مما ذكره برهمكوبت

تفاضل سطري ب جـ هو قيد ما وتفاضل سطري د جـ هو نز كا، وتفاضل هذين نز ك ونصفه كح م، ضربناه في الفضل بين جـ ل وبين جـ

ا - ٣٢ - ظ مبسوطاً /دقائق وذلك ل، وقسمنا المبلغ على س، أعني دقائق تفاضل سطر العدد، فخرج يد ك زدناه على نصف مجموع التفاضلين وذلك فو ا فبلغ ق كا ضربناه في ٠ ل فخرج ن ي ل نقصناه مما بإزاء جـ وهو ركح نح، فبقي قعح مز ك وهو ظل جـ ل على موجب قوله. وفيه خطأ يز كد.

ل - ٣٠ -

عمله بطريق آخر يشبه طريق برهمكوبت/.

نجمع تفاضل جـ ب وتفاضل جـ د وننصف المبلغ فيحصل فو ا يضرب في ل يخرج مجـ ٠ ل ينقص من ظل جـ يبقى قفه نز ل .‹ والخطأ فيه ي يجـ ل ›. ونجمع تفاضل جـ د ‹ وتفاضل › د ه وننصف ذلك يحصل مه ند ل يضرب في ٠ ل يخرج كب نز يه يزاد على ظل د يصير قصد لد كه، والخطأ فيه إصبع واحدة لز دقيقة.

4 ه مجـ يه : ه محـ ه [ا، ل] – 5 نا لز مه : نالزله [ا، ل] – 6 كه مح نب : كه مح مه [ا، ل] – 7 قصز كو مه : صر كه مه [ا، ل] – 9 ب د : ب ح ه [ا] – 12 ق كا : ق ك [ا، ل] – 14 يز كد : زكد [ا، ل] – 17 ينقص : مكررة [ا] – 19 قصد لد كه : قصد لد يه [ا، ل]

وقد يرجع في الظن أن الصواب قسمة هذه الستين دقيقة التي يتفاضل بها سطر العدد ثلاثة أقسام كلّ قسم ٢٠ دقيقة. وإذا كانت الكسور التابعة للعدد الذي دخلنا به إلى الجدول، وهو في مثالنا عدد جـ، ليست بأعظم من ٢٠ دقيقة كان تعديل ما بين السطرين هكذا: يزاد التفاضل بين جـ ب على ضعف تفاضل د جـ ويؤخذ ثلث المبلغ فهو أصل تعديل الثلث الأول، أعني أنه الذي يصلح ضربه في الكسور التي هي أقل من ك. وأما إن كانت الكسور فيما بين ك دقيقة و م دقيقة فالتعديل هكذا: نستعمل الفضل بين السطرين بحاله، بطريق المنجمين. فإن كانت الكسور فيما بين م دقيقة و س دقيقة يزاد تفاضل د ه في مثالنا، وذلك لد كح على ضعف تفاضل جـ د ويؤخذ ثلث المبلغ فهو الأصل يضرب في الكسور لنخرج تعديلها.

وما من هذه الطرق طريق إلا ويرجع في بعض العقول صحته، وكلها تحوم حول الصواب، وليست بلازمة نظام واحد في البعد عنه لأنها نتائج الاجتهادات الظنية وثمرة أصول / تقريبية غير مبرهنة إلا أن أقربها جميعًا إلى الصواب طريق برهمكويت وأبعدها منه طريق المفرد التي رجحها أبو الريحان. ا - ٣٣ - و

وسنبين / ذلك بمثال آخر ليزداد إيضاحًا. ل - ٣١ - و

أردنا ظل جـ ي، أعني ٣ درج و ١٠ دقائق. فقسمنا جيب فو ن وهو نط نا نب على جيب جـ ي وهو جـ يح نب فخرج من القسمة منحطًا يح جـ مب جـ، وخمس ذلك جـ لو مه كد، فكان ٢١٦ مد كد وهو ظل جـ ي بالتحقيق.

عمله بطريق المنجمين.

ضربنا الفضل بين السطرين وهو نز كا في ٠ ي فخرج ط لح ل نقصناه من ظل جـ فبقي ربط يط ل، وبينه وبين الحق من التفاوت ب له و.

14 التي : الذي [ا، ل] – 16 فو ن : نون [ا] – 18 جـ لو مه كد : حـ لومد كد [ا، ل]/ مد : ناقصة [ا]

عمله بطريق برهمكويت.

الفضل بين ظلي جـ د: نز كا، والفضل بين ظلي د ه هو لد كح، وتفاضل هذين: كب نجـ ونصفه يا كو ل ضربناه في الفضل بين جـ ي وبين د وهو ٠ ن فخرج من الضرب ط لب ه زدناه على نصف مجموع ما بين التفاضلين وذلك مه ند ل فبلغ نه كو له ضربناه في البقية وهي ٠ ن فخرج مو يب ط زدناه على ظل د فبلغ ٢١٧ مط، وهو ظل جـ ي. وفيه من التفاوت آ ه.

عمله بالطريق الذي يلزم من كلام برهمكويت.

تفاضل الفضل بين ظلي ب جـ والفضل بين ظلي جـ د: نز ك ونصفه / ل - ٣١ - ظ
كح م ضربناه في الفضل بين جـ ي وبين جـ وذلك ٠ ي فخرج ط لجـ ك زدناه على نصف مجموع التفاضلين وذلك فو آ فبلغ صه لد ك ضربناه في ٠ ي فخرج يد ك آ نقصناه من ظل جـ فبقي ٢١٤ لح، وهو ظل جـ ي. وفيه من التفاوت ب و كد.

عمله بطريق آخر من طرق التقسيم.

جمعنا الفضل بين سطري ب جـ والفضل بين سطري جـ د فكانا قعب ب
/ونصفه فو آ وهو الفضل الذي يصلح استعماله، ضربناه في ٠ ي فخرج يد ك ا - ٣٣ - ظ
ي، وهو التعديل، نقصناه من ظل جـ فبقي ٢١٤ لز ن وهو ظل جـ ي. وقدر ما فيه من التفاوت ب و لد.

عمله بطريق أبي الريحان.

ضربنا مفرد العشرة التي هي دقائق الحصص، وذلك نه، في الفضل بين سطري جـ د، وذلك نز كا، فخرج من الضرب نب لد يه قسمناه على مفرد س، وذلك ل ل، فخرج من القسمة آ مد كد وهو التعديل الذي اختاره أبو الريحان،

نقصناه من ظل جـ فبقي ٢٢٧ يد، وهو الظل. وفيه من الخطأ ي ل. وإن ضربنا مفرد الخمسين دقيقة التي بقيت من الستين دقيقة ـ وذلك كا يه ـ في التفاضل وهو نز كا، خرج ك يح ما يه، وإذا قسمناه على مفرد / س وهو ل ل خرج لط نح وهو التعديل، فنزيده على ظل د فيحصل ٢١١ له، وهو ظل جـ ي على رأيه. وفيه من الخطأ ه ط؛ ل - ٣٢ - و

فقد تبين مما ذكرناه فساد طريق المنجمين في علم حصص الكسور من فضل ما بين سطور جداول الزيجات وفساد الطريق الذي عمله أبو الريحان بالمفرد، وتبين رجحان قول برهمكوبت في ذلك على أقوالهم جميعًا. وإذا كان قد اتضح أن طريقه مغادرة للحق ومنوطة بالخطأ وهي أصح من سائر الطرق لأصحاب الزيجات، فقد لزمهم العجز عن كثير مما يتولون حسابه من هذا الوجه أيضًا.

3 يح : لح [ا] – 4 ل ل : ز ل [ا] – 10 يتولون : يقولون [ا]

XIII

AL-SIJZĪ ET MAÏMONIDE: COMMENTAIRE MATHÉMATIQUE ET PHILOSOPHIQUE DE LA PROPOSITION II-14 DES *CONIQUES* D'APOLLONIUS *

Pendant bien longtemps, l'histoire de la philosophie arabe se limitait à l'histoire de la philosophie des philosophes. Deux classes de problèmes dominaient alors tous les autres: les uns, de nature philosophique, portaient, d'une manière ou d'une autre, sur l'accord entre le savoir philosophique et la connaissance révélée, entre la philosophie et la religion. Les autres, plutôt historiques, avaient notamment pour objet la survivance et les développements des doctrines et des thèmes traditionnels de la philosophie grecque, au sein de la nouvelle philosophie. Certains historiens, il est vrai, n'ont pas manqué d'être plus sensibles aux apports novateurs de cette philosophie en ontologie, en psychologie ou en logique. Mais, pour eux comme pour les autres, son histoire se concentrait sur quelques grands noms: al-Kindī, al-Fārābī, Ibn Sīnā, Ibn Rushd, Ibn Bājja, etc.

Peu à peu cependant, pour des raisons philosophiques aussi bien que sociologiques, le champ de l'historien s'est étendu et ses horizons ont reculé: il a peu à peu intégré la philosophie des théologiens rationalistes, celle des mystiques 'existentialistes', et même des juristes logiciens. C'est ainsi qu'il y a un demi-siècle environ, un théologien comme al-Naẓẓām, un mystique comme Ibn 'Arabī, des juristes-logiciens comme Ibn Taymiyya ou Ibn Ḥazm de Cordoue, se sont trouvés accueillis dans la cité philosophique, et, partant, dans l'histoire. Une telle intégration commence à rectifier l'image gauchie que l'on se faisait de cette philosophie, en restituant à leur milieu intellectuel l'activité des philosophes. Mais, s'il est vrai que théologiens, mystiques et juristes-logiciens voient d'ores et déjà leur temps revenir, les savants, et plus précisément les mathématiciens,

* Cet article a fait l'objet d'une conférence au Centre d'histoire des sciences et de la philosophie arabes, en mars 1986. Nous remercions MM. M. Clagett et A. Hasnaoui d'avoir bien voulu en relire le manuscrit, ainsi que Mme C. Baffioni, qui a révisé les épreuves de l'opuscule d'al-Sijzī. (Le texte a été rédigé en octobre 1986.)

demeurent encore à l'écart de l'histoire de la philosophie. Si, en effet, on excepte quelques contributions à la philosophie naturelle, on observe que la pensée philosophique de ces savants n'a pas reçu l'attention qu'elle mérite: cette carence renvoie sans doute à la séparation de fait qui isole les historiens des sciences des historiens de la philosophie, entretenue du reste par la nature même de cette philosophie des savants. Celle-ci, en effet, de souffle souvent très court, thématique et non systématique, d'architecture sommaire, souvent faible, ne présente, comparée aux systèmes métaphysiques des philosophes, que peu d'attraits pour l'historien de la philosophie. Les historiens des sciences arabes, pour leur part, et à quelques rares exceptions près, s'attachent aux problèmes techniques traités par les savants, et s'intéressent beaucoup moins aux thèmes philosophiques abordés; la grande difficulté syntaxique et lexicale de la langue philosophique ne les y incite d'ailleurs guère. Or, ce parti-pris non seulement fausse la perspective sur les rapports entre la science et la philosophie à cette époque – rapports qui ne sont pas notre objet ici – mais nous prive également d'un moyen efficace de détecter les obstacles devant lesquels ont achoppé les savants. Et de fait l'apport philosophique des savants de ce temps est essentiel à la compréhension de certaines inventions scientifiques, aussi bien qu'à la saisie de l'émergence de nouvelles problématiques philosophiques. Leur contribution philosophique est donc partie intégrante et de l'histoire des sciences et de l'histoire de la philosophie.

Nous entendons entreprendre dans quelques études l'histoire de la philosophie des mathématiciens, celle des savants réfléchissant sur leur pratique, et qui n'a pas souvent osé se réclamer de la philosophie. Nous nous en tiendrons ici à un premier exemple, à un thème unique, celui de l'asymptote, et à deux auteurs seulement, al-Sijzī et Maïmonide.

* * *

Dans la proposition 14 du second livre des *Coniques*, Apollonius se propose de démontrer que les asymptotes et l'hyperbole se rapprochent indéfiniment sans se rencontrer [1]. Cette proposition fait évidemment appel à la notion, redoutable, de l'infini. Tout d'abord, l'infini se présente comme objet de connaissance, dans la mesure où il s'agit d'êtres mathématiques dont l'existence implique des processus infinis: c'est en effet le propre de tout comportement asymptotique. Mais l'idée d'infini est également à l'oeuvre comme moyen de la

[1] Voici l'énoncé de cette proposition: "Les asymptotes et la section, prolongées à l'infini, se rapprochent toujours davantage les unes des autres, et elles en arrivent à un intervalle moindre que tout intervalle donné"; voir *Les* Coniques *d'Apollonius de Perge*, trad. par Paul Ver Eecke (Paris, 1959), 130.

connaissance, appelée par les constructions mathématiques infinies, telles que la construction infinie de la suite des distances entre la courbe et son asymptote: il faut s'assurer que l'on peut toujours réitérer la même construction.

Mais, on comprendra sans peine que, ainsi entendue par Apollonius, cette notion de l'infini devait heurter mathématiciens et philosophes. Si en effet les premiers ne pouvaient rester indifférents à une difficulté apparente de la démonstration, principalement liée à l'usage d'une notion jamais clairement dégagée, les seconds, quant à eux, devaient être sensibles à un nouveau problème, qui surgit précisément à cette occasion, et dont les traces persistent au XVIIIème siècle encore: l'écart entre notre pouvoir de concevoir une propriété et notre capacité de l'établir rigoureusement. Pouvons-nous établir une propriété mathématique que nous sommes incapables de concevoir distinctement? Il nous faut revenir un peu en arrière pour localiser le commencement de cette interrogation philosophique.

Dans les *Commentaires sur le premier livre des* Éléments *d'Euclide*, Proclus rapporte la célèbre opinion de Geminius, relative à quelques courbes, dont l'hyperbole. L'hyperbole, écrit-il [2], est

> à l'égard de la ligne droite et la conchoïde en présence de la ligne droite; car ces lignes, bien que leur distance diminue continuellement, sont toujours asymptotes, se rapprochent les unes des autres, mais jamais entièrement: fait constituant le théorème le plus paradoxal en géométrie – ὃ καὶ παραδοξότατόν ἐστιν ἐν γεωμετρίᾳ.

Proclus ne commente pas ces propos de Geminius, ni n'élucide ce 'caractère paradoxal'; il semble néanmoins, d'après le contexte, que celui-ci renvoie au statut même de l'infini mathématique.

Pour Proclus, en effet,

> l'infini ne s'établit que dans l'imagination, sans que celle-ci le conçoive; car l'imagination conçoit et applique en même temps une forme et une limite à ce qui est conçu; elle arrête l'évolution du phénomène. [3]

Comment, dans ces conditions, l'entendement peut-il s'appliquer à l'infini comme objet d'une connaissance démontrable? Or, selon Proclus, ceci est

[2] Procli Diadochi, *In primum Euclidis Elementorum librum commentarii*, éd. par G. Friedlein (Leipzig, 1873; reproduction Olms, 1967), 177; et la traduction de Ver Eecke: Proclus de Lycie, *Les Commentaires sur le premier livre des* Éléments *d'Euclide* (Paris, 1948), 144-145.

[3] Proclus, trad. Ver Eecke, *op. cit.*, 245-246.

possible, si l'infini est considéré comme hypothèse et s'il est utilisé en tant que fini dans les démonstrations mathématiques; ou, pour reprendre ses propres termes,

> d'autre part, la connaissance raisonnée – διάνοια – d'où proviennent les raisonnements et les démonstrations, ne fait pas usage de l'infini en vue de le connaître car l'infini n'est généralement pas un comportement de la science – mais, adoptant l'infini par hypothèse, elle n'utilise que le fini dans la démonstration.[4]

Comme on ne peut cependant éviter le recours à l'infini dans la démonstration de cette proposition d'Apollonius, non plus que dans les propositions analogues, il en résulte le 'caractère paradoxal' de ce théorème, si l'on opte pour l'analyse de Proclus.

Mais cette difficulté rencontrée par Geminius, puis par Proclus, leur a survécu pour renaître plus tard; cinq siècles après Proclus, en effet, mathématiciens et philosophes considèrent à nouveau la même proposition, pour en reprendre la rédaction et le commentaire. C'est ainsi qu'en arabe, à notre connaissance, six mémoires consacrés à cette proposition nous sont parvenus: cinq sont conservés en cette langue, et un autre dans une traduction latine de l'arabe[5]; trois sont
* l'oeuvre des mathématiciens du Xème siècle al-Sijzī, al-Qumī et Ibn al-Haytham; les deux autres ont été composés par le mathématicien du XIIème siècle Sharaf al-Dīn al-Ṭūsī[6]. Mais, en dépit de l'identité du titre et du sujet, ces mémoires sont animés de visées différentes, et leurs styles sont donc dissemblables. Alors qu'al-Sijzī cherche à fonder la propriété de l'asymptote à une hyperbole sur des
* bases solides, al-Qumī entend généraliser les résultats d'al-Sijzī, ainsi que la notion d'asymptote, à celle de deux courbes asymptotes. Ibn al-Haytham est, en revanche, bien plus soucieux de la consistance de la démonstration d'Apollonius, et reprend donc l'exposé de l'ensemble du problème. Al-Ṭūsī, enfin, cherche à établir l'équation d'une hyperbole équilatère par rapport à un système d'axes, lequel est précisément constitué par les asymptotes à cette hyperbole.
* Nous étudions ailleurs les mémoires d'Ibn al-Haytham, d'al-Qumī[7] et d'al-Ṭūsī.

[4] *Ibid.*

[5] Voir M. Clagett, *Archimedes in the Middle Ages* (Philadelphia, 1980), t. IV.

[6] Voir *Sharaf al-Dīn al-Ṭūsī, Oeuvres mathématiques. Algèbre et géométrie au XIIème siècle*, édition, traduction, commentaire par R. Rashed (Paris: Les Belles Lettres, 1986), t. I, cxxviii-cxxxi, 7-10 et 126; t. II, 130 sqq.

[7] *Ibn al-Haytham, Oeuvres mathématiques*, à paraître aux Belles Lettres.

Ici nous nous en tenons au texte d'al-Sijzī, où se manifeste le problème précédemment évoqué.

* * *

Aḥmad ibn ʿAbd al-Jalīl al-Sijzī est un mathématicien célèbre de la fin du Xème siècle. Connu des historiens pour ses seuls titres mathématiques, il n'était pourtant pas indifférent aux problèmes philosophiques que lui suggérait sa propre pratique. Ainsi, outre le mémoire qui nous occupe ici, al-Sijzī est l'auteur d'un authentique texte de philosophie mathématique sur *Les méthodes pour déterminer les problèmes géométriques* [8]; lecteur de Proclus, il recopie des fragments de la traduction arabe des *Éléments de Physique*, inventoriée par les bibliographes anciens, et dont nous avons pu, grâce à lui, confirmer l'existence [9].

[8] Cf. plus loin.

[9] En effet, notre connaissance de l'existence d'une version arabe des *Éléments de Physique* de Proclus reposait jusqu'ici sur le seul rappel du titre du livre par le bibliographe du Xème siècle Ibn al-Nadīm (cf. *Al-Fihrist*, éd. par Reḍā-Tajaddud [Téhéran, 1971], 312). On sait depuis peu que certains théorèmes figurent "dans le *Stoicheiōsis Physikī* qui se reflète – ou dont une partie se reflète – dans les textes du Ms Haci Mahmud", c'est-à-dire le manuscrit 5683 de cette collection d'Istanbul (cf. S. Pines, *Studies in Arabic Versions of Greek Texts and in Medieval Science* [Leiden: E.J. Brill, 1986], 287 sqq.) Il s'agit, selon S. Pines, des théorèmes 10, 15, 17, 18, 19 et 21 de la seconde partie du livre de Proclus. Comme on peut le lire dans son Opuscule, le temoignage d'al-Sijzī est venu corroborer l'indication du bibliographe et expliquer la présence des précédents théorèmes: il rappelle en effet le titre mentionné par celui-ci – *Kitāb Ḥudūd awā 'il al-Ṭabī ʿiyāt* – c'est-à-dire *Éléments de Physique*, et laisse de plus entendre la destination de ce livre: démontrer par *la voie philosophique* que toute grandeur est divisible à l'infini. Or, grâce à un texte anonyme (selon G. Endress ce texte serait de Yaḥyā ibn ʿAdī – + 363/974; cf. "Yaḥyā ibn ʿAdī 's Critique of Atomism", in *Zeitschrift für Geschichte der arabisch–islamischen Wissenschaften, 1* [1984], 155-179) qui fait partie de l'un des plus anciens manuscrits de la Bibliothèque Nationale (Paris) – un bon nombre de pages sont en effet du Xème siècle – de la main d'al-Sijzī selon toute vraisemblance et fréquemment consulté depuis le milieu du siècle dernier, il est possible de montrer que le livre de Proclus a été traduit, en partie tout au moins, en arabe. Dans le manuscrit 2457 du fonds arabe se trouve un texte anonyme intitulé: *Tout continu est divisible en des choses qui se divisent toujours à l'infini.* Ce texte reproduit la traduction de plusieurs propositions du texte grec de Proclus, tel qu'il nous est parvenu dans la tradition manuscrite grecque (laquelle n'est pas nécessairement la même que celle dont partait la traduction arabe). Ici, nous donnons à titre de preuve la traduction française des fragments grecs traduits en arabe, pour établir définitivement l'existence de cette version arabe du livre de Proclus. Nous mettons entre parenthèses les phrases dont le traducteur a rendu le sens sans les traduire rigoureusement. Quant à ce qui n'a pas été traduit en arabe, nous l'indiquons entre *.

Proclus, *Éléments de Physique.*
Déf. I: Sont continues les choses dont les extrémités sont une.

Il n'est du reste pas rare qu'au cours de ses rédactions mathématiques il relève la portée philosophique d'un résultat ou d'une démarche [10].

Un tel intérêt pour les questions philosophiques n'est cependant pas l'apanage d'al-Sijzī; il est commun aux grands mathématiciens du temps, les prédécesseurs – Ibrāhīm ibn Sinān – aussi bien que les successeurs – Ibn al-Haytham. Aussi ne suffit-il pas à expliquer qu'al-Sijzī ait voulu reprendre la célèbre proposition d'Apollonius. Deux autres raisons se dégagent et s'imposent au cours de l'examen du texte de l'auteur. Aux yeux d'al-Sijzī, cette proposition recouvre une problématique, qu'il évoque dans le langage quelque peu infléchi de la philosophie aristotélicienne arabe. Al-Sijzī semble en effet admettre, à la

Déf. II: Sont contiguës les choses dont les extrémités sont ensemble.

Déf. III: Sont successives les choses entre lesquelles il n'y a rien de même genre.

§ 1. Deux choses indivisibles ne se toucheront pas. Si en effet c'était possible, que les deux indivisibles AB se touchent. Mais les choses qui se touchent sont celles dont les extrémités sont ensemble. * De deux choses indivisibles il y aura donc des extrémités, donc A et B n'étaient pas indivisibles. *

§ 2. Deux choses indivisibles ne formeront rien de continu. Si en effet c'était possible (soit A et B deux choses indivisibles, et soit à partir des deux une chose continue). Or toutes les choses continues sont d'abord contiguës, ainsi A et B sont contiguës, tout en étant indivisibles; ce qui est impossible.

* Autrement: ... *

§ 3. (Ce qui est au milieu de deux choses indivisibles, dans un continu, est continu.) Soit en effet AB deux choses indivisibles. Je dis que l'intermédiaire entre A et B est continu. * Si en effet il n'en est pas ainsi *, l'indivisible A est contigu à l'indivisible B, * ce qui est impossible *; donc l'intermédiaire entre eux est continu.

§ 4. Deux choses indivisibles ne sont pas successives l'une à l'autre. Soit en effet AB deux choses indivisibles, je dis que A ne sera pas successif à B. Puisqu'en effet il a été montré que l'intermédiaire entre deux choses indivisibles est continu, soit maintenant leur intermédiaire CD et qu'il soit divisé selon E; alors E est indivisible, * étant intermédiaire entre A et B *. Or sont successives des choses entre lesquelles il n'y a rien du même genre; donc A et B ne sont pas successifs.

§ 5. Tout continu est divisible en parties toujours divisibles. Soit en effet AB continu, je dis que AB se divise en parties toujours divisibles. En effet, qu'on le divise en AE et EB. Celles-ci sont maintenant ou bien indivisibles, ou bien toujours divisibles. Si donc d'une part elles sont indivisibles, alors il y aura un continu à partir de choses indivisibles, * ce qui est impossible *; si d'autre part elles sont divisibles, *qu'on les divise de nouveau en parties, et celles-ci à leur tour. Si d'une part elles sont indivisibles, les parties indivisibles seront continues les unes aux autres; si d'autre part elles sont divisibles, qu'on les divise elles aussi, et ceci à l'infini. Donc tout continu est divisible en choses toujours divisibles *.

[10] Voir par exemple son opuscule, *Solution d'un problème du livre de Yūḥanna ibn Yūsuf: la division en deux moitiés d'une droite, et l'explication du livre de Yūḥanna à ce propos*, Ms BN 2417, ff. 52v-53v.

suite des aristotéliciens arabes [11], que le savoir mathématique, comme tout savoir, peut être caractérisé par le couple 'conception-taṣawwur/jugement-taṣdīq'; en mathématiques, ce couple est restreint au couple 'conception/démonstration', le jugement n'étant qu'un syllogisme démonstratif. À la suite des aristotéliciens encore, al-Sijzī ne reconnaît pour 'conception' que celle de l'essence, révélée dans une intuition rationnelle, ou exprimée dans une définition [12]. On peut à son propos, comme pour tous, paraphraser le fameux texte des *Analytiques Seconds*: la conception "montre ce qu'une chose est et la démonstration montre qu'une chose est ou n'est pas attribuée à telle autre" [13]. Suivant cette terminologie, la proposition d'Apollonius soulève le problème des affirmations qui sont démontrables tout en étant inconcevables, ou, tout au moins, difficilement concevables.

D'autre part, nous le savons, pour établir rigoureusement la proposition d'Apollonius, il faut disposer de concepts et de techniques qu'al-Sijzī mathématicien ne possédait pas encore: il s'agit des concepts et des moyens de l'analyse. Mais, dans ce cas, l'élucidation philosophique permet au mathématicien de se frayer un sentier en attendant le tracé des chemins mathématiques futurs. Si donc la difficulté mathématique suscite une thématique philosophique, l'explication philosophique s'offre à son tour comme un moyen à la réflexion du mathématicien. Telles sont les deux tâches, mêlées, qui caractérisent complètement la démarche d'al-Sijzī.

En premier lieu, il est conduit à une comparaison entre conception et démonstration, destinée à l'établissement d'une typologie des propositions mathématiques, qui lui permettra de cerner ainsi le type exact de la proposition d'Apollonius. Il commence par reconnaître, à la suite des aristotéliciens arabes, deux types extrêmes, dont la confrontation manifeste qu'il ne peut y avoir une conception de tout ce dont il y a démonstration: c'est le cas, précisément, de la proposition d'Apollonius. On peut, d'autre part, saisir l'essence de l'objet d'une proposition, le concevoir, sans recourir à une démonstration: les affirmations vraies et premières en sont autant d'exemples. Entre ces deux types extrêmes se

[11] On peut citer notamment le célèbre philosophe al-Fārābī, prédécesseur d'al-Sijzī. Voici ce qu'il écrit dans *De la démonstration*: "Le nom de la science, comme nous l'avons dit précédemment, est donné en général à deux notions, l'une le jugement et l'autre la conception", f. 1v. Al-Fārābī développe cette doctrine dans ce livre. Ce manuscrit nous a été communiqué par M.A. Hasnaoui. On peut également évoquer les philosophes plus tardifs, comme Avicenne; cf. *Al-Shifā'*, *La Logique*, vol. V, éd. par A.E. Affifī (Le Caire, 1952), 51 sqq. Dans sa *Réponse aux logiciens*, Ibn Taymiyya résume d'une manière pertinente cette doctrine des philosophes; cf. *Kitāb al-Radd 'alā al-manṭiqīyyin* (Bombay, 1949), 4 sqq.

[12] Cf. par exemple al-Fārābī, *op. cit.*

[13] *Analytiques Seconds*, II, 3, 91 a.

trouvent les autres, intermédiaires; al-Sijzī dégage alors cette classification des propositions mathématiques:

1 – Les propositions concevables directement à partir des principes philosophiques.

2 – Les propositions concevables avant qu'il ne soit procédé à leur démonstration.

3 – Les propositions concevables lorsque l'on forme l'idée de leur démonstration.

4 – Les propositions concevables seulement une fois démontrées.

5 – Les propositions difficilement concevables, même une fois démontrées.

Pour mieux discerner l'ordre sous-jacent selon lequel se succèdent ces cinq types, et ainsi mieux comprendre le principe qui régit la classification d'al-Sijzī, il nous faut examiner les exemples qu'il expose comme illustration de chacun des cas.

Ainsi, la proposition: "les choses continues se divisent à l'infini" représente le premier type [14]. C'est à l'évidence un emprunt direct, ou par l'intermédiaire de Proclus, à la *Physique* III 207 b 16, lorsqu'Aristote écrit: "διαιρεῖται μὲν γὰρ εἰς ἄπειρα τὸ συνεχές", "car le continu est divisé à l'infini". Al-Sijzī conseille à qui veut saisir ce concept de divisibilité à l'infini de tout continu, d'emprunter la voie philosophique, laquelle peut ainsi s'esquisser: à partir de la définition de la contiguïté et de la continuité, on commence par montrer que deux choses indivisibles ne sont pas contiguës, pour ensuite montrer que deux choses indivisibles ne peuvent former une chose continue, et en déduire enfin la proposition évoquée. C'est à l'argumentation de Proclus que se réfère al-Sijzī [15].

* On peut donc se demander pourquoi al-Sijzī, qui connaissait mieux que quiconque les *Éléments* d'Euclide, et par conséquent la première proposition du dixième livre, préfère, au lieu de s'y référer, opter pour la voie philosophique, alors que pourtant par 'chose' il ne désigne rien d'autre que la notion euclidienne de grandeur. Son choix, pourtant, est délibéré, dicté par le but qu'il poursuit: il s'agit en effet de saisir, à l'aide d'une élucidation philosophique, le concept de divisibilité à l'infini de toute grandeur, et de justifier sa vérité. Cette tâche une fois achevée, l'affirmation devient désormais une vérité première en mathématique, susceptible par conséquent d'engager un raisonnement déductif. Ainsi al-Sijzī déduit-il lui-même immédiatement la divisibilité à l'infini de la ligne, qui est une chose continue. Sa démarche semble donc guidée par l'idée que seule une étude philosophique préalable permet de concevoir et de justifier les affirmations vraies et premières en mathématiques.

[14] Voir le texte d'al-Sijzī, plus loin.

[15] Proclus, *Éléments de Physique*, cit.

Le second type de propositions comprend les propositions mathématiques immédiatement concevables, et ceci avant toute démonstration. Il ne s'agit pourtant plus cette fois des axiomes, mais des affirmations qui en dépendent directement. Cette consécution est d'ailleurs si immédiate qu'elle permet de les considérer comme des axiomes, tout au moins à nous qui les reprenons dans une nouvelle rédaction. Al-Sijzī en donne trois exemples; le premier n'est autre que la proposition III-10 des *Éléments* – deux cercles se coupent en deux points seulement – dont l'affirmation d'évidence est héritée de la tradition. L'intersection de deux cercles est en effet déjà considérée dans I-1 des *Éléments*, où Euclide admet comme évidente l'existence des points d'intersection. Mais les commentateurs n'ont pas manqué de dénoncer la faiblesse de cette perspective, et déjà à la fin du Xème siècle Ibn al-Haytham écrivait que "Euclide a dit que deux cercles se coupent en un point, mais il n'a pas montré qu'ils se coupent; il a admis cette propriété sans la démontrer" [16]. Plus récemment, Thomas Heath fait une observation analogue, lorsqu'il écrit à propos de l'existence de cette intersection que "Euclid seems to assume it as obvious, although it is not so ..." [17], alors qu'elle exige en fait l'introduction d'un axiome de continuité [18].

Tout indique donc qu'al-Sijzī a supposé, à la suite d'Euclide, que l'existence des points d'intersection était évidente, et a alors considéré cette proposition comme quasi-primitive. Et de fait si l'on admettait l'existence des points d'intersection, il ne resterait plus qu'à démontrer, par un raisonnement par l'absurde – à l'exemple d'Euclide – que ces points ne peuvent être plus de deux.

Le second exemple d'al-Sijzī est encore plus criant: il s'agit d'une inégalité triangulaire, énoncée et démontrée par Euclide dans I-20 des *Éléments*: deux côtés d'un triangle quelconque, de quelque manière qu'ils soient considérés, sont plus grands que le côté restant. Il faut dire qu'il s'agit là du théorème que les Epicuriens ont ridiculisé "en disant qu'il est évident même pour un âne, et qu'il n'exige aucune démonstration" [19]. Et les Epicuriens, comme le rappelle Proclus, "prouvent d'ailleurs que ce théorème est tout aussi bien connu par l'âne, parce que, si l'on dispose du fourrage à l'autre extrémité des côtés, l'âne avide de nourriture parcourt un seul côté du triangle, mais non les deux" [20].

[16] Ibn al-Haytham, *De la solution des doutes < à propos > du livre d'Euclide sur les Éléments et l'explication de ses notions, –fī ḥall Shukūk kitāb Uqlīdis fī al-Uṣūl wa sharḥ ma 'ānīh*, Bibliothèque de l'Université d'Istanbul, Ms. 800.

[17] *Euclid's* Elements, translated with introduction and commentary by Sir Thomas L. Heath, vol. I (Dover ed., 1956), 235.

[18] *Op. cit.*, 235-236.

[19] Proclus, *Les Commentaires ... , cit.*, 275.

[20] *Op. cit.*

Proclus lui-même, dans sa défense d'Euclide, n'a pas nié ce caractère d'évidence; il a simplement tenté d'en spécifier la nature, lorsqu'il écrit: "il y a lieu de riposter à cela que ce théorème est évident pour les sens, mais ne l'est pas encore d'après le raisonnement scientifique" [21].

Le dernier exemple du second type est le suivant: si on augmente la base d'un triangle isocèle, on augmente l'angle sous-tendu par la base. Cette proposition peut être considérée comme un corollaire de I-25 des *Éléments*, laquelle est déduite "d'une manière purement logique" [22] de la proposition I-4. Et c'est précisément à propos de cette dernière que B. Russell écrit "indeed Euclid's proof is so bad that he would have done better to assume this proposition as an axiom" [23]; ce que Hilbert n'a pas manqué de faire [24].

Le troisième type de propositions comprend celles qui sont concevables seulement quand on entreprend de les démontrer, c'est-à-dire lorsqu'on en forme l'idée pour engager la réalisation de leur démonstration. Notre connaissance du concept semble donc, d'après al-Sijzī, prendre naissance dans celle de la démonstration. Mais les propositions de ce type, même les plus simples, sont toutefois déjà moins primitives que les précédentes, n'étant pas directement déductibles à partir des axiomes: des constructions géométriques intermédiaires et plusieurs lemmes les en séparent. Comme premier exemple, al-Sijzī prend deux parallélogrammes de même aire, et affirme que si la longueur de l'un excède la longueur de l'autre, alors sa largeur sera plus petite que celle de l'autre; il est clair que cette proposition fait appel au concept d'égalité des figures, de même aire sans être de même forme. Or ce concept ne se trouve pas défini dans les *Éléments* – qui sont la référence d'al-Sijzī – mais devait être déduit. Si d'autre part nous considérons, comme, semble-t-il, al-Sijzī, deux parallélogrammes de même aire et également équiangles, alors sa proposition peut être déduite de la proposition VI-14 des *Éléments*, où Euclide montre que pour deux parallélogrammes ainsi conçus, les côtés qui entourent deux angles égaux sont réciproquement proportionnels. Mais quatre lemmes étaient déjà nécessaires à Euclide pour démontrer la proposition VI-14 elle-même.

Le second exemple n'est qu'une généralisation du précédent, pour deux parallélépipèdes de même volume. Al-Sijzī suggère que ces deux solides soient représentés à l'aide de deux morceaux de cire de même quantité. Mais, même si ce modèle suggère une représentation de la propriété énoncée, il n'en donne pas une vraie conception: il faut au préalable définir le concept de volumes égaux, et

[21] *Op. cit.*
[22] *Euclid's* Elements, *cit.*, 300.
[23] B. Russell, *Principles of Mathematics* (2nd ed., London, 1937), 405.
[24] *Euclid's* Elements, *cit.*, 249.

entreprendre la démonstration à l'aide de XI-34 des *Éléments*, laquelle exige plusieurs lemmes.

Le quatrième type comprend les propositions concevables une fois démontrées seulement. À la différence des propositions du précédent type, celles-ci ne sont pas directement déductibles des axiomes, mais ne doivent plus rien à notre intuition des propriétés représentées par les figures. La figure tracée, non plus que le modèle construit – les deux solides en cire, par exemple – ne font plus fonction de support à notre conception de la propriété énoncée. Bien plus, cette dernière est l'effet d'une autre, plus profonde, et requiert par conséquent que soit achevée l' 'analyse' avant que puisse être saisi le concept de son objet. Al-Sijzī prend pour exemple la proposition I-32 des *Éléments*: dans tout triangle, la somme des trois angles est égale à deux droits. On sait d'une part que cette propriété d'avoir les angles égaux à deux droits participe du concept même du triangle; ou, selon ce qu'on peut lire dans les *Analytiques Seconds*,

> ce qui donc ... est démontré avoir ses angles égaux à deux droits ... c'est ce à quoi, pris comme sujet premier, l'attribut appartient universellement, et la démonstration au sens propre consiste à prouver qu'il appartient universellement à ce sujet. [25]

Commentant ce passage, Proclus note que ce fait "appartient au triangle en particulier et de soi, c'est pourquoi Aristote se rapporte à cet exemple vulgaire lorsqu'il considère ce qui est de soi dans ces traités démonstratifs" [26]. Mais ce même fait trouve une raison plus profonde dans le célèbre cinquième postulat.

Pour les quatre premiers types, les exemples d'al-Sijzī s'ordonnent donc selon le caractère de moins en moins primitif des propositions; et ce caractère ne traduit pas seulement le degré de dépendance logique à l'égard des axiomes; il exprime également un élément apriorique de l'évidence des notions correspondant à notre pouvoir d'intuition des propriétés à partir des figures. Aussi le mathématicien croit-il en la possibilité d'améliorer notre conception, par la déduction d'une propriété difficile à concevoir à partir d'une autre qui l'est moins. Telle sera précisément la démarche d'al-Sijzī à propos du cinquième type.

Comme exemple de ces propositions, celles que l'on peut difficilement concevoir même lorsqu'on les a démontrées, al-Sijzī retrouve naturellement la proposition II-14 des *Coniques*, celle-là même qui a suscité sa propre interrogation et à

[25] *Analytiques Seconds*, I, 4, 74 a.

[26] Proclus, *Les Commentaires ...* , *cit.*, 329; cf. Friedlein, 384.

laquelle le mémoire est en fait consacré. Mais, cette fois, à la différence des cas précédents, le mathématicien ne se satisfait plus d'une simple illustration par un exemple du type considéré; il entend bien élucider le concept opaque d'asymptote, afin de mieux concevoir la propriété énoncée et démontrée par Apollonius; un tel projet revient en fait à rechercher des moyens plus appropriés pour pouvoir parler de l'infini. Mais, plus précisément encore, le mathématicien découvre au cours ce son travail qu'il lui faudra étudier les 'limites' finies de suites infinies, ainsi que recourir à des suites qui tendent vers l'infini. C'est en effet inévitable s'il veut décrire le comportement asymptotique ici considéré: ce comportement est conçu depuis l'antiquité d'une manière un peu différente de la nôtre, dans la mesure où l'asymptote est représentée comme limite qu'on ne peut franchir, mais que la courbe approche aussi près que l'on veut. Qu'al-Sijzī ne parle pas ce langage de limites et de convergence, concepts du reste étrangers à cette mathématique, est un fait connu de tous; mais que ces idées soient enfouies dans le langage géométrique, le texte que nous traduisons ici-même en est plus que le témoin; c'en est la preuve. Dans notre analyse, nous utiliserons donc délibérément ce langage inconnu d'al-Sijzī et ces moyens conceptuels qui ne sont pas les siens, pour mieux dévoiler ses intentions et localiser les difficultés auxquelles il a pu se heurter. Contrairement à ses devanciers et à ses contemporains, al-Sijzī commence par justifier la propriété énoncée dans II-14, en la fondant sur une propriété plus primitive qu'elle. La traduction mathématique d'un tel projet le conduit d'abord à tenter de construire par points l'hyperbole, ou une branche de celle-ci. Mais il ne tarde alors pas à être confronté au problème du passage du discret au continu. Reprenons donc le noyau du mémoire, le lemme et le théorème.

Soient OX et OY deux droites données, H un point – qui varie – du plan, tel que l'aire du parallélogramme OMHN soit égale à une constante a'.
Posons x = ON, y = OM, alors on peut écrire

(1) $$xy = \frac{a'}{\sin\alpha} = a$$

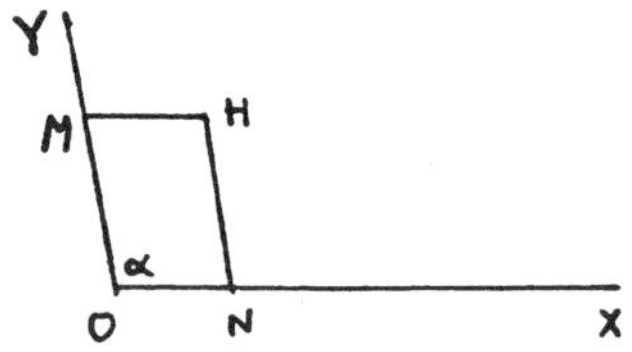

Lemme. Si y [resp. x] *tend vers l'infini, alors* x [resp. y] *tend vers* 0.

Si H varie dans le plan de telle manière que la condition (1) reste vérifiée, alors H décrit une branche de l'hyperbole dont les asymptotes sont les droites OX et OY. Al-Sijzī applique ce lemme à la démonstration du théorème.

Théorème. Lorsque M *s'éloigne indéfiniment sur* OY, *alors* MH *tend vers* 0 *sans que le point* H *atteigne l'asymptote* OY.

L'examen des énoncés précédents, ainsi que des démonstrations d'al-Sijzī, permet de dégager les points suivants:

1. Pour établir le passage du discret au continu, al-Sijzī considère une suite quelconque (H_n) des points H, telle que la suite (y_n) qui lui correspond tende vers l'infini. Ainsi, si on pose $x = \frac{a}{y} = f(y)$, la démarche d'al-Sijzī revient à démontrer que $\lim_{n\to\infty} f(y_n) = 0$.

Tout se passe comme si le mathématicien connaissait intuitivement la propriété exprimée par le théorème:

soit $f: \mathbb{R} \longrightarrow \mathbb{R}$, alors f tend vers l quand y tend vers l'infini, si et seulement si, pour toute suite (y_n) tendant vers l'infini, la suite $f(y_n)$ tend vers l.

2. Cette traduction du problème met en relief les obstacles rencontrés, qui rendent difficilement concevable une propriété cependant bien démontrée. Al-Sijzī sait maintenant que la 'limite' d'une suite, lorsqu'elle existe, n'est pas nécessairement atteinte. Ainsi, lorsqu'il démontre que $\overline{M_nH_n} = x_n$ tend vers 0, il démontre également que H_n n'atteint jamais l'asymptote OY; c'est-à-dire qu'aucun terme x_n de la suite n'est égal à zéro, et donc à la limite de la suite. Or c'est là précisément que réside la première raison qui rend le résultat difficile à concevoir au mathématicien du Xeme siècle.

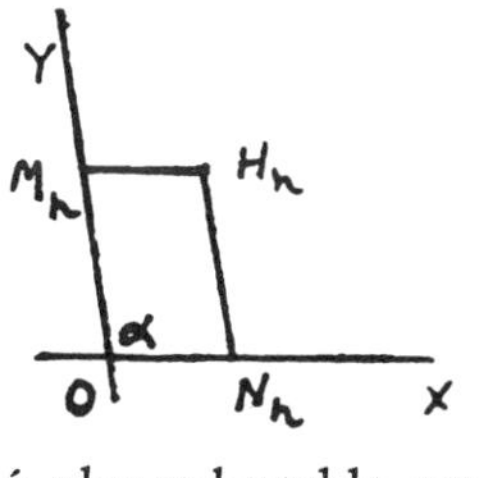

Mais une seconde difficulté, plus redoutable, est liée à ce que nous pouvons appeler la 'discontinuité de l'aire'. Soit en effet l'aire $(OM_nH_nN_n) = \mathscr{A}_n$. Il est évident que $\mathscr{A}_n = a'$. Or $x_n = \overline{M_nH_n}$ tend vers 0 quand n tend vers l'infini; ce qui implique que le parallélogramme en tant que surface tend – en un certain sens – vers l'asymptote OY. Or, d'après al-Sijzī, l'aire d'une droite est nulle. Il affirme également au cours de sa démonstration que l'on ne peut former une surface – d'aire non nulle nécessairement – en utilisant des segments. Rappelons qu'il s'agit pour lui d'un ensemble fini, ou au plus dénombrable, de segments. Il s'ensuit également que

$$\lim_{n\to\infty} \text{aire } (OM_nH_nN_n) = a' \neq 0 = \text{aire } (\lim_{n\to\infty} OM_nH_nN_n);$$

d'où résulte une difficulté qui, pour al-Sijzī, ne saurait être qu'intrinsèque et essentielle: comment concevoir une propriété pourtant correctement démontrée?

Il est clair que les raisons d'une telle difficulté ne tiennent pas, pour al-Sijzī, à la capacité subjective de représenter l'objet mathématique, mais bien à la méthode de sa construction. Le mathématicien doit commencer par mettre en lumière cette méthode cachée, pour pouvoir parler de l'infini, dans les deux sens précédents au moins, ainsi que pour décrire cette catégorie de comportement asymptotique; et la fonction du lemme est précisément de mettre à nu cette méthode de construction. On comprend dès lors pourquoi al-Sijzī, contre toute évidence textuelle ou historique, a jugé qu'Apollonius devait connaître ce lemme avant d'énoncer ce théorème.

Mais al-Sijzī ne s'arrête ni au lemme, ni au théorème; il poursuit sa tâche de mathématicien en considérant un cas plus général: deux courbes asymptotiques. Quelle que soit l'importance des résultats mathématiques, et surtout de la voie qui a mené à leur découverte, ils ne doivent pas nous dissimuler la modification du statut philosophique du théorème d'Apollonius, et de la problématique qu'il a pu susciter. Et de fait à aucun moment al-Sijzī ne reconnaît à ce théorème ce 'caractère paradoxal' que soulignait Geminius, et, après lui, Proclus. Il n'est plus question de scandale ou d'émerveillement, mais d'une simple illustration d'un type de rapport entre le concevable, au sens de l'intelligible, et le démontrable. Al-Sijzī entreprend donc une recherche logique destinée à élaborer la typologie et la classification des propositions précédemment analysées; entre celles-ci, il est vrai, il voit un clivage qui, pour être compris, semble renvoyer à la distinction entre deux facultés de l'âme. Mais le mathématicien est si bref que son exposé ne nous permet pas de décrire en détail la nature de ce rapport; nous devons cependant l'identifier.

Rappelons encore que, pour al-Sijzī, 'concevoir' est un acte discursif qui nous permet d'appréhender le concept: c'est donc un acte de l'entendement. Mais d'autre part, nous l'avons noté, le premier type de propositions ne comprend en fait que les axiomes sur lesquels va s'édifier la connaissance mathématique. Leur conception se fait alors, dit al-Sijzī, "à partir des principes philosophiques", donc à partir des principes eux-mêmes saisis par l'intuition intellectuelle; les principes philosophiques se comportent à l'égard des axiomes mathématiques comme l'intuition intellectuelle à l'égard des principes. En revanche, pour les quatre autres types, la conception est un acte de l'entendement et semble croître en difficulté à mesure que diminue le pouvoir qu'a ce dernier de percevoir intuitivement les propriétés représentées par les figures. Ainsi lorsque nous percevons intuitivement que la somme des angles d'un triangle est égale à deux droits, c'est beaucoup moins à partir de la représentation d'un triangle, que quand nous voyons la somme des longueurs de deux côtés quelconques plus grande que la longueur du troisième. Si la conception, pour le premier type, dépend d'une intuition intellectuelle pure, il apparaît donc que, pour les quatre autres, elle s'opère au moyen d'une intuition intellectuelle, mais à partir des représentations des figures géométriques.

Il eût été surprenant qu'une telle problématique échappât aux contemporains d'al-Sijzī, et à ses successeurs. Nous avons déjà observé que les mathématiciens, quant à eux, n'ont pas relâché leur intérêt pour le théorème d'Apollonius. Nous connaissons moins sûrement l'apport des philosophes, et il nous faut attendre les résultats de recherches futures. Il n'en demeure pas moins que la présence de ce problème, ainsi que du théorème d'Apollonius, sous la plume du philosophe du XIIème siècle Maïmonide, suggère qu'ils faisaient partie du bagage commun des philosophes, ou tout au moins du savoir de ceux qui étaient informés des travaux mathématiques [27].

Mais le témoignage de Maïmonide nous intéresse ici à double titre: d'une part il confirme la survivance de la problématique d'al-Sijzī; il nous permet d'autre part de mesurer les modifications que celle-ci a pu subir une fois reprise par les philosophes. Dans sa critique des théologiens rationalistes, Maïmonide leur attribue une thèse selon laquelle tout ce qui est concevable par l'imagination est admis comme possible par l'intellect. À leur encontre, Maïmonide veut démontrer qu'il peut y avoir des choses impossibles, mais qui pourtant sont nécessaires d'après l'imagination, comme par exemple que "Dieu soit un corps ou une puissance car (tant que) rien n'existe pour l'imagination qui ne soit un corps ou une puissance des corps" [28].

C'est donc à l'occasion de cette critique que Maïmonide reprend la problématique d'al-Sijzī, dans laquelle il introduit une modification capitale lorsqu'il remplace 'conception' par 'imagination'. Voici sa formulation du problème:

> Sache qu'il y a certaines choses que l'homme, lorsqu'il les considère par son imagination, ne peut nullement se figurer, et qu'au contraire il trouve

[27] Cet intérêt pour les mathématiques n'était pas l'apanage des philosophes aristotéliciens d'Orient, comme al-Kindī, al-Fārābī et Avicenne; il était également partagé par ceux d'Occident, qui ont directement influencé Maïmonide, comme Ibn Bājja ou Avempace (mort en 1138-39, trois ans après la naissance de Maïmonide). Ainsi, la lecture des travaux d'Ibn Bājja, et notamment de ses résumés des travaux du mathématicien Ibn Sayyed, prouve sa connaissance des mathématiques de son temps, aussi bien que des *Coniques* d'Apollonius (cf. *Sharaf al-Dīn al-Ṭūsī, Oeuvres mathématiques, cit.*, t. I, notes, p. 129). Maïmonide était lui aussi un lecteur des *Coniques* d'Apollonius, ainsi qu'en témoignent les notes qu'il a rédigées sur certaines propositions de cet ouvrage. Voir *Ḥawāshī ba'd Ashkāl Kitāb al-Makhrūṭāt* (*Gloses sur quelques propositions des* Coniques), Ms. Manisa, Genel 1706/6, ff. 26^{v}-33^{v}.

[28] *Dilālat al-Ḥā'irīn* (*Le Guide des Égarés*), éd. par Hüseyin Atay, publication de l'Université d'Ankara, n° 93 (Ankara, 1974), 215. Voir également la traduction française de S. Munk (Paris, 1856), 407-410, et la traduction anglaise de M. Friedländer, 2ème édition, 1904 (Dover, 1956), 130-131.

> aussi impossibles par l'imagination que le serait la réunion des choses contraires; et cependant, cette chose qu'il est impossible de s'imaginer, on peut établir par la démonstration qu'elle existe et en faire sortir la réalité. [29]

Tout comme al-Sijzī, Maïmonide donne comme exemple le théorème d'Apollonius:

> de même il a été démontré, dans le deuxième livre des *Coniques*, que deux lignes sont prolongées telles qu'elles aient entre elles au commencement de leur prolongement une certaine distance qui diminue à mesure qu'elles s'éloignent, et l'une se rapproche de l'autre sans qu'elles puissent jamais se rencontrer, quand même on les prolongerait à l'infini, quoique cependant elles se rapprochent à mesure qu'elles s'éloignent. Ceci ne peut pas être imaginé, et ne peut tomber en aucune manière dans le filet de l'imagination. Ces deux lignes sont l'une droite, l'autre courbe, ainsi qu'il y est exposé. Il est donc démontré l'existence de ce qu'on ne peut s'imaginer, et qui ne saurait être saisi par l'imagination, mais lui paraît impossible. [30]

Il est donc clair que, à cette substitution près, c'est bel et bien la thèse d'al-Sijzī. Encore faut-il relever que Maïmonide ne reprend pas la classification des propositions mathématiques exposée par son prédécesseur. Pour reprendre cela, revenons, rapidement tout au moins, à ce que Maïmonide entendait par 'imagination', الخيال .

Dans le *Guide des Égarés* [31], le sens de ce terme se révèle dans son opposition à l' 'intellect',العقل . Selon Maïmonide, l' 'imagination' ne distingue pas l'homme des animaux; elle est commune à la plupart des animaux. Bien plus, l'action de l'imagination s'oppose à celle de l'intellect; alors, en effet, que l'intellect "appréhende les composés, distingue leurs parties, les abstrait et les conçoit selon leur réalité et selon leurs causes", qu'il "distingue la notion générale de la notion particulière", rendant ainsi possible la démonstration, et qu'il "distingue l'attribut d'avec l'attribut accidentel"; l'imagination n'est, quant à elle, capable d'assumer aucune de ces fonctions. Elle ne "perçoit que l'individuel composé dans son ensemble, tel que le percevraient les sens, ou bien compose les choses qui sont séparées dans la réalité, et compose les unes avec les autres". L'imagination, poursuit Maïmonide, "ne peut, dans sa perception, se débarrasser en aucune façon de la matière, même quand elle abstrait à l'extrême une forme quelconque ... " [32].

[29] *Op. cit.*, 214.
[30] *Op. cit.*, 215.
[31] *Op. cit.*, 213-214.
[32] *Op. cit.*, 214.

À l'évidence, Maïmonide ne fait que reprendre la doctrine des Aristotéliciens arabes, laquelle trouve son origine directe dans le troisième livre du *Traité de l'âme* (cf. chapitres 10 et 11). Or, le point saillant de cette doctrine, exprimé par Averroès par exemple [33], est précisément l'existence de deux conceptions: une "conception imaginative" تصور خيالي, d'après laquelle "les choses imaginées sont conçues en tant qu'individuelles et matérielles", et une "conception discursive" تصور نطقي, ou "une conception intellectuelle" تصور عقلي, "qui est une abstraction de toute matière de la notion générale".

Il n'est pas nécessaire de s'étendre davantage pour constater que non seulement le problème d'al-Sijzī lui a survécu, mais qu'il s'est trouvé transformé aux mains des philosophes. C'est ainsi en effet que l'opposition entre la conception et la démonstration cède la place au couple imagination–démonstration, lequel, notons-le, est fondé en psychologie; or la primauté délibérée de l'étude psychologique a détourné l'attention de la recherche logique d'al-Sijzī. Maïmonide ne retient, en fait, que le dernier des cinq types, ou simplement les choses qu'on ne peut pas imaginer mais dont l'existence est établie par la démonstration. On ne sera donc pas surpris, à l'examen des exemples choisis, qu'il s'agisse toujours de "choses infinies".

Si donc, remanié par les philosophes, le problème a gagné en épaisseur métaphysique, c'est aux dépens de cette richesse logique qui avait attiré le mathématicien. Mais il survivra aux mathématiciens et aux philosophes de ce temps, comme en témoignent plusieurs travaux en hébreu ou en latin, à partir de la fin du XIVème siècle, sous l'influence souvent combinée de la version latine du texte arabe anonyme et de l'une ou l'autre version (hébraïque ou latine) du *Guide des Égarés* [34]. Il a également survécu à tous ces commentateurs, comme le prouve l'évocation de Montaigne [35] ou de Voltaire [36], par exemple. Bien plus, on sait que, une fois enrichie et affinée, cette problématique constituera un thème privilégié de la philosophie classique.

[33] Averroès, *Kitāb al-nafs* (Livre de l'âme) (Hayderabad, 1947), 55-56.

[34] Sur l'influence de *De duabus lineis* et du *Guide des Égarés*, particulièrement Livre I, ch. 73, voir M. Clagett, *op. cit.*, 335 sqq.

[35] Voici ce qu'il écrit (*Les essais*, Livre II, ch. 12): " ... en la Geometrie (qui pense avoir gagné le haut point de certitude parmy les sciences) il se trouve des démonstrations inévitables subvertissans la vérité de l'expérience: comme Jacques Peletier me disoit chez moy qu'il avait trouvé deux lignes s'acheminant l'une vers l'autre pour se joindre, qu'il vérifiait toutefois ne pouvoir jamais, jusqu'à l'infinité, arriver à se toucher".

[36] Voir *Dialogues philosophiques*, VII, 1: " ... N'êtes-vous pas forcé d'admettre les asymptotes en géométrie, sans comprendre comment ces lignes peuvent s'approcher toujours, et ne se toucher jamais? N'y a-t-il pas des choses aussi incompréhensibles que démontrées dans les propriétés du cercle? Concevez donc qu'on doit admettre l'incompréhensible, quand l'existence de cet incompréhensible est prouvée".

< *Opuscule d'al-Sijzī sur l'asymptote* >

Au Nom de Dieu Clément et Miséricordieux.

Opuscule de Aḥmad b. Muḥammad b. 'Abd al-Jalīl al-Sijzī sur: comment concevoir les deux lignes qui se rapprochent et qui ne se recontrent pas, si on les prolonge toujours à l'infini, qui ont été mentionnées par l'éminent Apollonius dans son deuxième livre de son ouvrage des Coniques. [1]

Aḥmad b. Muḥammad b. 'Abd al-Jalīl al-Sijzī a dit: j'ai médité la question des deux lignes dont l'une est une droite, et l'autre le pourtour de l'hyperbole; qu'ils se rapprochent toujours si on les prolonge à l'infini, sans que l'un rencontre l'autre. Ceci est loin de la conception et de la pensée; et si c'est décrit devant l'un des hommes de science qui pénètrent les subtilités des questions, cela le rend perplexe, et sa raison n'accepterait pas cela, même s'il est philosophe, sans qu'il soit instruit par la preuve géométrique produite par Apollonius. Moi aussi j'étais perplexe au sujet de leur conception, si ce n'est que la vérité de leur démonstration réfute l'erreur et dissipe le trouble de l'âme en la connaissance de cela. Mais, puisque certaines propositions, et leurs principes, sont faciles à concevoir sans qu'on s'arrête à leur démonstration; que pour d'autres propositions la conception ne se forme que si l'on s'arrête à leur démonstration; que d'autres sont difficiles à concevoir même si elles sont démontrées; que pour d'autres la conception ne se forme pas, même si la démonstration les contrôle et les vérifie, comme cette proposition; et que d'autres sont prêtes à être saisies et conçues par la voie des principes philosophiques, comme par exemple: les choses continues se divisent en des choses, toujours à l'infini; nous avons alors besoin de voies philosophiques, comme l'a montré Proclus dans les Définitions des *Éléments de Physique*. S'il en est ainsi, la ligne est en effet parmi les choses continues, et se

[1] Le texte d'al-Sijzī – jamais établi auparavant – nous est parvenu retranscrit dans quatre manuscrits. Ce seul et même texte a été curieusement signalé par un bibliographe contemporain comme trois oeuvres distinctes du mathématicien. Il s'agit des quatre manuscrits suivants

1 – Leiden	Or.	14/6	noté	ل
2 – Columbia University	Or.	45/12	noté	ك
3 – Astan Quds - Meshed		5521/3	noté	م
4 – Reçit - Sulayymanya		1191/7	noté	أ

Nous avons montré (*L'oeuvre algébrique d'al-Khayyām* [Alep, 1981], Introduction arabe, p. 21) que le premier manuscrit n'est qu'une copie du XVIIème siècle du second. Il ne nous restait donc pour l'établissement du texte que trois manuscrits: 2, 3, 4. Chacun de ces manuscrits comporte ses lacunes propres, ce qui suggère qu'ils émanent de trois traditions manuscrites différentes. On comprendra que ce n'est pas ici le lieu de reprendre la description de ces manuscrits.

divise par conséquent en des choses toujours à l'infini. Comme exemple de choses concevables sans démonstration: le cercle coupe le cercle en deux positions seulement; et: < la somme > des deux côtés d'un triangle est plus grande que le côté qui reste; et comme: si on augmente la base du triangle isocèle, on augmente l'angle sous-tendu par la base. Pour les choses dont on ne forme la conception qu'en s'arrêtant à leur démonstration, par exemple: si un parallélogramme est égal à un parallélogramme, et si la longueur de l'un excède la longueur de l'autre, alors la largeur de l'un est moindre que la largeur de l'autre, par la voie de la réciprocité. De même, dans le solide, d'après ce que nous voyons dans la cire, si nous en prenons deux quantités égales, si nous prenons l'une que nous étendons, alors sa largeur sera moindre que la largeur de l'autre, par réciprocité. Quant à la chose dont la conception se forme après sa démonstration, comme l'égalité des trois angles d'un triangle à deux droits, nous avons montré comment le concevoir par la voie de l'analyse dans notre livre sur *L'art de faciliter les chemins pour la détermination des propositions géométriques* [2].

Quant aux choses difficilement concevables, une fois connue la vérité de leur démonstration, ce sont les propriétés des propositions éloignées et difficiles, sans que la nature les rejette ni que la raison les refuse, comme la propriété mentionnée; jusqu'à ce que se fût trouvé un moment où j'ai recherché les propriétés des deux lignes qui se rapprochent et ne se rencontrent pas, si on les prolonge; et que j'eusse pénétré le recherché lui-même, c'est-à-dire: comment concevoir les deux lignes qui se rapprochent et ne se rencontrent pas, si on les prolonge toujours à l'infini.

Donnons d'abord un lemme, que voici.

Lemme: parmi les parallélogrammes appliqués à des droites données, égaux à un parallélogramme donné, dont les angles opposés sont égaux aux deux angles opposés de ces parallélogrammes, ceux dont les longueurs sont les plus courtes ont les largeurs les plus longues, et ceux qui ont les longueurs les plus longues ont les largeurs les plus courtes. Et ainsi de suite selon ce mode, à l'infini.

Soit le parallélogramme ABED; le côté BE est prolongé à l'infini. Séparons de la droite BE, qui n'est pas limitée du côté de E, les droites BH, BK, BM, BS, BC; et appliquons à chacune de ces droites des parallélogrammes sur l'angle B, dont chacun est égal au parallélogramme ABED, à l'aide de la démonstration de la proposition quarante-trois du premier livre de l'ouvrage des *Éléments*, et tels que leurs largeurs soient GH, IK, LM, NS, OC < fig. 1 >.

Je dis que GH est plus courte que DE, IK est plus courte que GH, LM est plus courte que IK, NS est plus courte que LM, et OC est plus courte que NS.

[2] Ce texte a été publié par A.S. Saīdan dans *Rasā'il ibn Sinān* (Kuweit, 1983), 339-372.

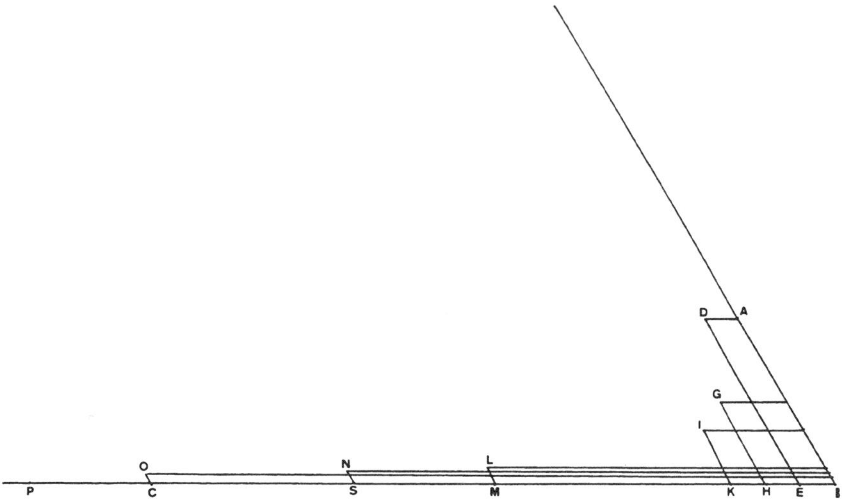

Fig. 1

Démonstration: puisque l'angle B des deux parallélogrammes BD et BG est le même, et que leurs côtés sont inversement proportionnels, alors le rapport de BE, le plus court, à BH, le plus long, est égal au rapport de GH à ED; GH est donc plus courte que ED. C'est pour la même raison que IK est plus courte que GH, que LM est plus courte que IK, que NS est plus courte que LM, et OC plus courte que NS. Donc, le point O, par rapport à la droite BC, est plus proche que le point N; le point N est plus proche que le point L; le point L est plus proche que le point I; le point I est plus proche que le point G; et le point G est plus proche que le point D. Il est clair que la largeur d'un parallélogramme égal au parallélogramme BD ne s'évanouit pas, même si sa longueur, par rapport à la droite BC, est la droite la plus longue que l'on suppose; ceci ne peut pas avoir lieu.

Qu'il en soit ainsi. Que le parallélogramme égal au parallélogramme BD s'identifie à la droite BP; la droite BP a donc la même mesure que le parallélogramme BD; le parallélogramme BD est donc composé des parties de la droite BP; mais on a montré que la surface ne se compose pas de la droite, ni la droite du point. Par conséquent, la largeur d'un parallélogramme égal au parallélogramme BD, même si sa longueur s'étend, ne s'anéantit pas. Ce qu'il fallait démontrer.

Après avoir préparé cela, supposons les deux droites AB et BE, sur l'angle B. Soit le point D sur l'hyperbole qui ne rencontre pas les deux droites BE et BA; alors le pourtour de cette section passe par les points D, G, I, L, N, O. Il se rapproche toujours de la droite BC, à l'infini, en raison de la propriété de ces parallélogrammes, dont les côtés sont inversement proportionnels, sans aboutir à la droite BP; car, s'il rencontre la droite BP, alors la largeur du parallélogramme égal au parallélogramme BD s'identifie à la droite BP. Mais nous avons montré que les largeurs ne s'évanouissent pas. L'hyperbole ne parvient donc pas à la droite BC, et à mesure qu'elles s'allongent, elles se rapprochent, et ainsi à l'infini.

Il est bien vraisemblable qu'Apollonius n'a pas trouvé la propriété de cette proposition, et n'a pas prévu qu'il est possible que deux lignes se rapprochent toujours sans se rencontrer, tant qu'il n'avait pas trouvé cette propriété que nous avons précédemment mentionnée. De même pour une autre propriété de cette proposition, dont la conception mène là où mène la proposition que nous avons mentionnée précédemment.

Que les droites BA et BC qui ne rencontrent pas la section embrassent un angle B < fig. 2 >. La droite EDA a été menée telle que BE soit égale à BA. AE a été divisée en deux moitiés au point D. Menons les droites HN, KM, CL, et posons le produit de NG par GH, de MI par IK, de LS par SC, égal à AD par DE. Il est clair que [3] la droite CS est plus petite que la droite KI, que KI est plus petite que HG, et que HG est plus petite que ED, car SL est plus longue que IM, IM est plus longue que GN, et GN est plus longue que DA; il est clair également que toutes les droites menées au delà [4] des deux points C et L, parallèles à la droite AE, à l'infini, se partagent toujours en deux parties, telles que le produit de chacune d'elles par l'autre soit égal à la droite AD par DE. La droite la plus éloignée du point E est telle que sa partie sur la droite BC soit plus petite que la droite la plus proche. Le pourtour de l'hyperbole que la droite BC

[3] Ici, comme pour la démonstration d'Apollonius, supposons $GN > GH$ et $SL > SC$, on a

$$BL > BN \Rightarrow LC > NH.$$

Mais,

$$GN + GH = HN,\ SL + SC = LC \text{ et } GN \,.\, GH = SL \,.\, SC\,;$$

le plus grand des segments de la seconde somme est supérieur aux segments de la première; soit $LS > GN$; donc

$$BL > BN \Rightarrow LS > GN$$

et

$$LS > GN \Rightarrow SC < GH.$$

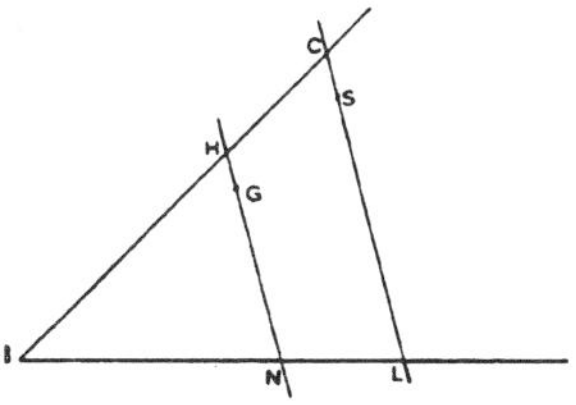

Notons qu'al-Sijzī a, sans le dire, fait ici un choix entre deux points possibles sur chaque segment, avec $GH < GN$, $IK < IM$ ...

[4] Littéralement: sous.

ne rencontre pas, passe par les points D, G, I, S; et à mesure qu'il s'allonge, il s'en rapproche. Et le pourtour de la section ne rencontre pas la droite BC. [5]

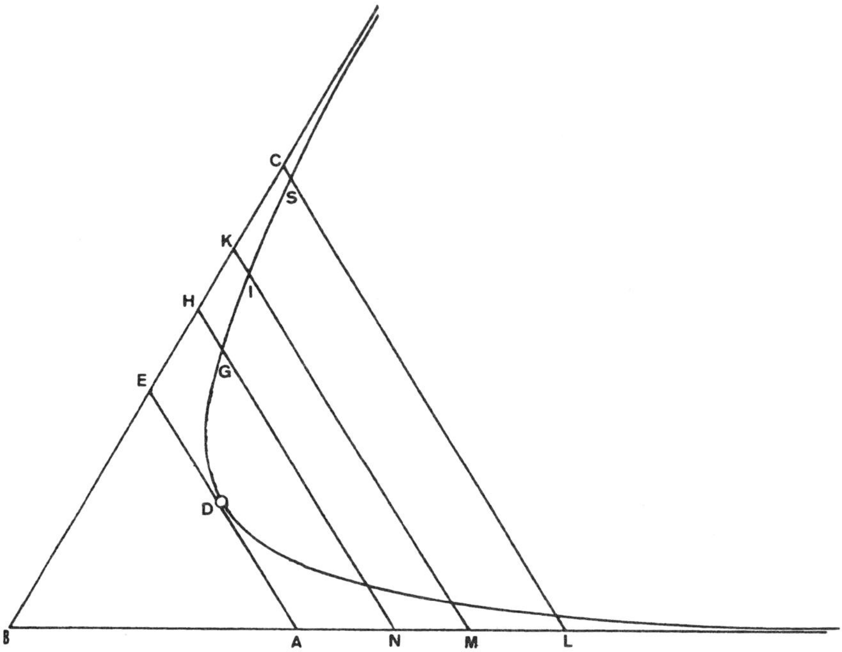

Fig. 2

[5] Deux remarques s'imposent ici.

Remarque 1. Posons l'angle ABC égal à 2α; il vient

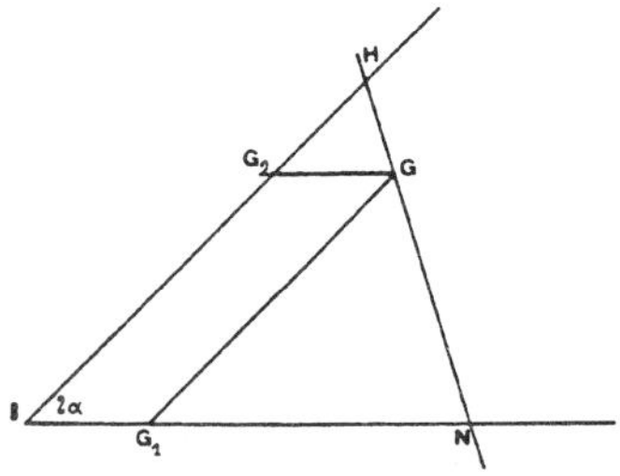

$$GH = 2GG_2 \sin\alpha,$$
$$GN = 2GG_1 \sin\alpha;$$

d'où

$$GH \,.\, GN = 4GG_1 \,.\, GG_2 \sin^2\alpha,$$
$$GH \,.\, GN = \text{cte} \Rightarrow GG_1 \,.\, GG_2 = \text{cte},$$

donc G appartient à l'hyperbole, d'après le lemme.

Remarque 2. Al-Sijzī a choisi $BA = BE$. Mais, si $BA \neq BE$, les points G, I, S, définis comme précédemment sur une parallèle à AE appartiennent à l'hyperbole. La démonstration se fait à l'aide de triangles semblables, pour se ramener au lemme. En effet, on a $\frac{GN}{GG_1}$ et $\frac{GH}{GG_2}$ rapports constants; d'où

$$\frac{GN \,.\, GH}{GG_1 \,.\, GG_2} \quad \text{est constant}.$$

Mais, comme $GN \,.\, GH$ est constant, on a que $GG_1 \,.\, GG_2$ est constant.

Il peut exister deux courbes qui se rapprochent toujours et ne se rencontrent pas. Que les deux droites BC et BD entourent un angle B. Menons la droite BA, et faisons BC, BA et BD égales; joignons AC, AD; partageons chacune d'elles en deux moitiés en E et G; faisons passer par les deux points E et G deux hyperboles qui ne rencontrent pas la droite BA. Soit les deux sections EQ, GU. Je dis qu'elles ne se rencontrent pas. Et si on les prolonge toujours, elles se rapprochent < fig. 3 >.

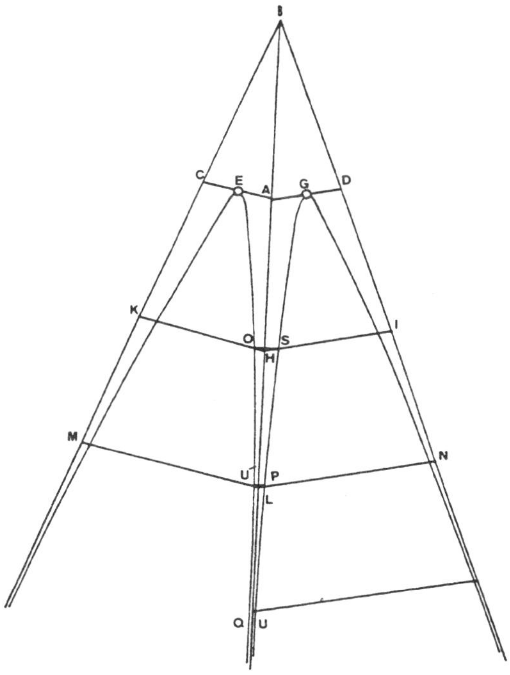

Fig. 3

Démonstration: menons HI, HK, LN et LM parallèles à AC, AD, [6] et qui coupent les deux sections aux points O, U', S et P. Joignons SO, PU'. Puisque les deux angles OHS, U'LP sont égaux, et que les deux droites OH, HS sont plus longues que les deux droites U'L, LP, alors la droite SO sera plus longue que la droite PU'. Et de même pour toutes les droites menées du pourtour des sections, et parallèles à la droite SO: celle qui s'éloigne de SO est plus petite que celle qui s'en rapproche. Mais nous avons montré que les deux pourtours de la

[6] HI et LN parallèles à AD.
HK et LM parallèles à AC.

section ne rencontrent pas la droite BA. [7] Donc ils ne se rencontrent pas. Ce qu'il fallait démontrer.

Il nous est également possible de tracer cette section, si nous posons deux droites quelconques formant [8] un angle quelconque; alors l'hyperbole passe par un point quelconque, en vertu de la construction que nous avons mentionnée précédemment, comme si par exemple nous posons les deux droites AB, BE de la première proposition formant [9] l'angle B; et nous voulons tracer une hyperbole que les deux droites AB, BE ne rencontrent pas, et qui passe par le point D < fig. 1 >.

Complétons le parallélogramme DB, et appliquons aux parties de la droite BP, qui se rapproche, des parallélogrammes égaux au parallélogramme BD. Alors un angle leur sera commun, qui est l'angle B. Appliquons au prolongement de la droite BA des parallélogrammes dont l'un des angles soit égal à l'angle B; et traçons la section sur les angles opposés à l'angle B, dans chacun des parallélogrammes mentionnés. Nous traçons ainsi l'hyperbole qui ne rencontre pas les deux droites AB, BE; ce qu'il fallait démontrer[10].

Il nous est également possible de tracer l'hyperbole par la voie de la deuxième proposition. Que les deux droites BA, BC, entourent l'angle B. On mène AE telle que BA soit égale à BE. Partageons AE en deux moitiés au point D; menons HN, KM, CL, parallèles à AE; traçons sur elles des demi-cercles, et menons GO, IP, SU perpendiculaires aux droites parallèles, chacune d'elles étant égale à la droite AD. Alors les points D, C, I, S sont ceux sur lesquels on trace l'hyperbole < fig. 4 >.

Démonstration: AD par DE est égale à NG par GH, c'est-à-dire au carré de GO, et à MI par IK, et à LS par SU. Ce qu'il fallait démontrer[11].

[7] Puisqu'elles se placent par hypothèse de part et d'autre de l'asymptote BA.

[8] Littéralement: selon.

[9] Littéralement: selon.

[10] Notons qu'il s'agit d'une construction par points de l'hyperbole, conséquence de la proposition 43 du livre I des *Éléments*. Cette conséquence a déjà été donnée dans l'étude du lemme.

[11] D est le milieu de AE, d'où $DA \cdot DE = DA^2$, et, par hypothèse, $GO = IP = SU = DA$. Il s'ensuit que $GO^2 = DA^2$, et la puissance des points G, I, S par rapport aux cercles successifs donne

$$GO^2 = GH \cdot GN, \quad IP^2 = IK \cdot IM, \quad SU^2 = SC \cdot SL,$$

donc

$$GH \cdot GN = IK \cdot IM = SC \cdot SL = DA \cdot DE,$$

d'où, d'après le second lemme, les points G, I, S sont sur l'hyperbole qui passe par D et admet les droites BE et BA comme asymptotes. Notons qu'al-Sijzī utilise pour la construction de ces points l'intersection d'un cercle et d'une droite.

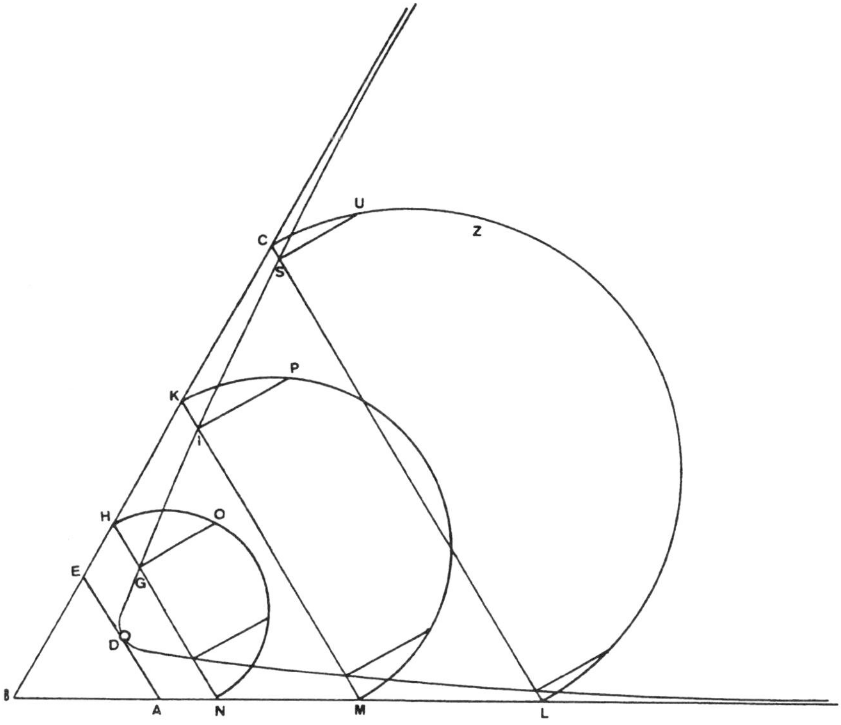

Fig. 4

L'opuscule est achevé.

بسم الله الرحمن الرحيم

ك ٢٣١، مـ - ١١ - و

قول أحمد بن محمد بن عبد الجليل السجزي في كيفية تصور الخطين اللذين يقربان ولا يلتقيان بإخراجهما دائماً إلى ما لا نهاية، اللذين ذكرهما أبلونيوس الفاضل في المقالة الثانية من كتاب المخروطات

١ - ٧٣ - و

قال أحمد بن محمد بن عبد الجليل السجزي: إني كنت متفكراً في أمر الخطين، اللذين أحدهما خط مستقيم والآخر محيط القطع الزائد، بأنهما يقربان دائما بإخراجهما إلى غير النهاية، ولا يمكن أن يلقى/أحدهما الآخر. م - ١١ - ظ وهذا شيء بعيد من التصور والفكر، ولو وُصِفَ بين يدي أحد من أهل العلم والغوْر في دقائق الأمور لتَحيَّر في ذلك، وما قَبِل عقله – وإن كان متفلسفاً – دون ما يستدل بالبرهان الهندسي الذي أتى به أبلونيوس. وأنا أيضاً كنت متحيراً في أمر تصورهما، غير أن صحة البرهان عليهما تَنْفي الغلط واضطراب النفس في معرفة ذلك. ولأن بعض الأشكال ومبادئها سَهْلُ التصور دون الوقوف على البرهان عليه، وبعضَها لا يتهيأ تصوره حتى يُوقف على البرهان عليه، وبعضَها عَسِرٌ تصورّه وإن قام البرهان عليه، وبعضَها لا يتهيأ تصوره وإن كان البرهان يضبطه ويحققه مثل هذا الشكل، وبعضَها يتهيأ دَرْكُه وتصوره بطريق المبادىء الفلسفية، وذلك مثل: الأشياء المتصلة فإنها تنقسم إلى أشياء دائماً بلا نهاية، فنحتاج إلى طرق فلسفية على ما بيّنه برقلس في حدود **أوائل الطبيعيات**. وإذا كان الأمر على هذا، فإن الخط من الأشياء المتصلة، فالخط إذاً ينقسم إلى أشياء دائماً بلا نهاية. وأما الشيء الذي يتهيأ تصوره بلا برهان، فمثل: الدائرة تقطع الدائرة في موضعين فقط، والضلعين من كل مثلث أطول من الضلع الباقي، ومثل المثلث المتساوي الساقين/إذا زيد في قاعدته فيزيد في الزاوية ك - ٢٣٢ التي توترها القاعدة. وأما الأشياء التي لا يتهيأ تصورها إلا مع الوقوف على البرهان عليها، فمثل: السطح المساوي للسطح إذا زاد طول أحدهما على الآخر ينقص عرض أحدهما عن الآخر على طريق التكافؤ، وكذلك في الأجسام على ما نرى في الشمع إذا أخذنا مقدارين منه متساويين، فإن أخذنا أحدهما ومددناه ينقص عرضه عن عرض الآخر بالتكافؤ. وأما الشيء الذي يتهيأ تصوره بعد البرهان عليه، فمثل: مساواة زوايا المثلث الثلاث/لقائمتين، ١ - ٧٣ - ظ على ما بيّنا كيفية تصوره بطريق التحليل في كتابنا في **تسهيل السبل لاستخراج الأشكال الهندسية**.

وأما الأشياء التي يكون عسراً تصورها بعد الوقوف على صحة البرهان عليها، فخواص الأشكال البعيدة الصعبة، غير أنه لا ينفر عنه الطبع ولا ينكر له العقل: مثل هذه الخاصية المذكورة؛ حتى اتفق لي – وقتا من الأوقات – ‹أن› أفحص عن خواص الخطين اللذين يقربان ولا يلتقيان بإخراجهما، فاطلعت على عَيْن المطلوب وهو كيفية تصور الخطين اللذين يقربان ولا يلتقيان / بإخراجهما دائما إلى ما لا نهاية. ولنأت أولاً بمقدمة هي هذه. م – ١٢ – و

مقدمة: السطوح المتوازية الأضلاع المضافة إلى خطوط مستقيمة مفروضة، المساويةُ لسطح ما مفروض متوازي الأضلاع، تكون زواياها المتقابلة مساوية لزاويتي ذلك السطح المتقابلتين، فأقصرها طولاً أطولها عرضاً، وأطولها طولاً أقصرها عرضاً، وكذلك على هذا/النمط إلى غير النهاية. ك – ٢٣٣

فليكن سطح ا ب ه د متوازي الأضلاع، وقد خرج ضلع ب ه إلى غير نهاية، ونفصل من خط ب ه الذي من جهة ه غير محدود خطوط ب ح ب ك ب م ب س ب جـ، ونضيف إلى كل واحد من هذه الخطوط سطوحاً متوازية الأضلاع على زاوية ب مساويا كلُّ واحد منها لسطح ا ب ه د المتوازي الأضلاع ببرهان الشكل الثالث والأربعين من المقالة الأولى من **كتاب الأصول**، وتكون عروضها ز ح ط ك ل م ن س ع جـ.

أقول: إن ز ح أقصر من د ه و ط ك أقصر من ز ح و ل م أقصر من ط ك و ن س أقصر من ل م و ع جـ أقصر من ن س.

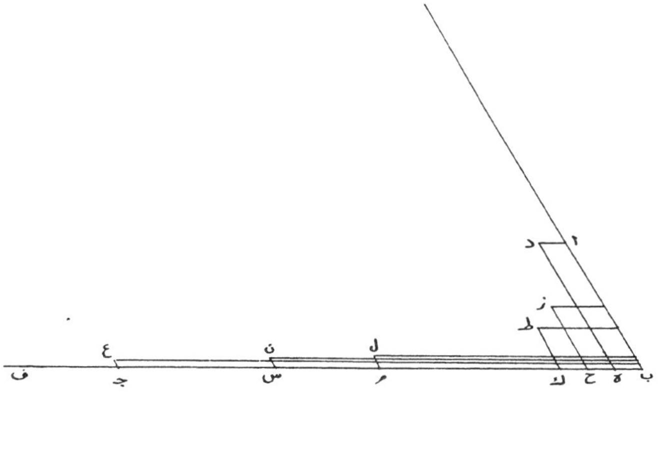

برهان ذلك: لأن زاوية ب من سطحي ب د ب ز المتوازيي الأضلاع واحدة، وأضلاعهما متكافئة، فنسبة ب ه الأقصر إلى ب ح الأطول كنسبة ز ح إلى ه د فـ ز ح أقصر من ه د، ولهذا ط ك أقصر من ز ح و ل م أقصر من ط ك، و ن س أقصر من ل م، و ع جـ أقصر من ن س، فنقطة ع إلى خط ب جـ أقرب من نقطة ن إليه، ونقطة ن أقرب من نقطة ل، ونقطة ل أقرب من نقطة ط، ونقطة ط أقرب من نقطة ز، ونقطة ز أقرب من نقطة د، وبيّنٌ أنه / [و – ٧٤ – ١] لا يتلاشى عرض سطح مساوٍ لسطح ب د، وإن كان طوله من خط ب ج أطول خطٍ فُرض، ولا يمكن ذلك.

فإن أمكن فليقع السطح المساوي لسطح ب د على خط ب ف فخط ب ف في مساحة سطح ب د، فسطح ب د مركب من أقسام خط ب ف، وقد تبين أن السطح لا يتركب من الخط / [ك – ٢٣٤] ولا الخط من النقطة، فليس يُعدم عرض سطح مساوٍ لسطح ب د وإن طال طوله، وذلك ما أردنا أن نبين.

وإذ قد وطّأنا ما وطّأنا، فلنفرض/ [م – ١٢ – ظ] خطي ا ب ب ه على زاوية ب، ولتكن نقطة د على محيط القطع الزائد الذي لا يلقى خطي ب ه ب ا، فيجوز محيط ذلك القطع على نقط د ز ط ل ن ع، فيقرب دائما من خط ب جـ إلى ما لا نهاية لخاصية هذه السطوح المتساوية المتكافئة الأضلاع، ولا ينتهي إلى خط ب ف، لأنه لو لقي خط ب ف لوقع عرض السطح المساوي لسطح ب د على خط ب ف، وقد بينا أنه لا تتلاشى عروضها، فلا ينتهي إذاً محيط القطع الزائد إلى خط ب جـ، وكلما ازدادا طولاً ازدادا قرباً إلى ما لا نهاية.

وأكثر ظني أنه ما وجد أبلونيوس هذه الخاصية في هذا الشكل، ولا سبق ظنه إلى أنه يمكن أن يكون خطان يقربان دائما ولا يلتقيان، حتى وجد هذه الخاصية التي قدمنا ذكرها؛ فلما وجد هذه الخاصية تَيَقَّظ من أمر هذه الخاصية المذكورة / [ك – ٢٣٥] . وأيضاً خاصية أخرى لهذا الشكل يؤدي تصورها ما أدى الشكل الذي قدمنا ذكره.

فليكن الخطان اللذان لا يلقيان القطع ب ا ب جـ يحيطان بزاوية ب، وقد خرج خط ه د ا يكون ب ه مثل ب ا، وقسم ا ه بنصفين على نقطة د؛ ونخرج خطوط ح ن ك م جـ ل ونجعل ضرب كل واحد من ن ز في ز ح و م ط في ط ك ول س في س جـ مساوياً لـ ا د في د ه، فبيّنٌ أن خط

جـ س أصغر من خط ك ط و ك ط أصغر من ح ز، و ح ز أصغر من ه د لأن س ل أطول من ط م، وط م أطول من ز ن و ز ن أطول من د ا، وبيّن أيضاً أن الخطوط المخرجة تحت نقطتي جـ ل الموازية لخط ا ه إلى ما لا نهاية، تنقسم دائما بقسمين يكون ضرب كل واحد من أحد القسمين في الآخر مساوياً لخط ا د في د ه. والأبعد من نقطة ه يكون القسم منه الذي على خط ب جـ أصغر من الأقرب، ومحيط القطع الزائد الذي لا يلقاه خط
ب جـ يجوز على نقط / د ز ط س وكلما ازدادا طولاً ازدادا قرباً، ولا يلقى ا - ٧٤ - ظ
محيط القِطع خط ب جـ.

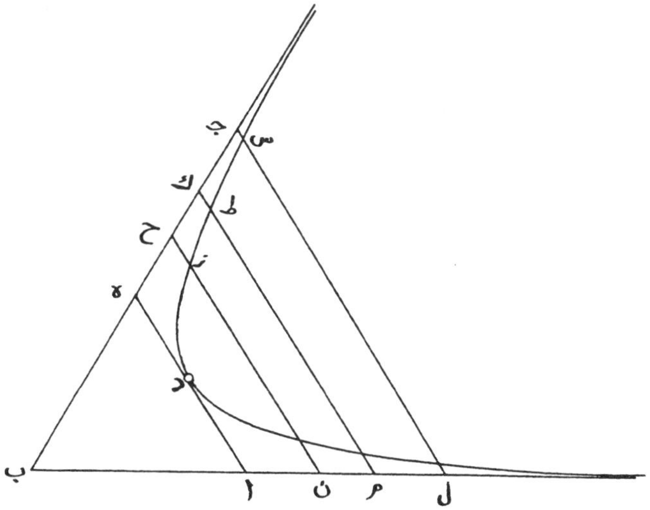

وقد يوجد خطان منحنيان يقربان دائماً ولا يلتقيان.

فليكن خطّا ب جـ ب د يحيطان بزاوية ب،/ونخرج خط ب ا، ك - ٢٣٦
ونجعل ب جـ ب ا ب د متساوية / ونصل ا جـ ا د، ونقسم كل واحد منهما م - ١٣ - و
بنصفين على ه ز، ونجيز على نقطتي ه ز قطعين زائدين لا يلقيان خط ب ا المستقيم، وهما قطعا ه ق ز ص، فأقول إنهما لا يلتقيان، وإن أخرجا إخراجاً دائما يقربان.

برهان ذلك: «أن نخرج ح ط ح ك ل ن ل م موازيين لـ ا جـ ا د» تقطع القطعين على نقط ع ض س ف، ونصل س ع ف ض. فلأن زاويتي ع ح س ض ل ف متساويتان و خطي ع ح ح س أطول من خطي ض ل ل ف، يكون خط س ع أطول من خط ف ض، وكذلك الخطوط المخرجة من محيطي القطعين، الموازية لخط س ع: كلُّ ما بعد منه فهو أصغر مما قرب منه، وقد بيّنا أنهما لا يلقيان خط ب ا، فهما لا يلتقيان. وذلك ما أردنا أن نبيّن.

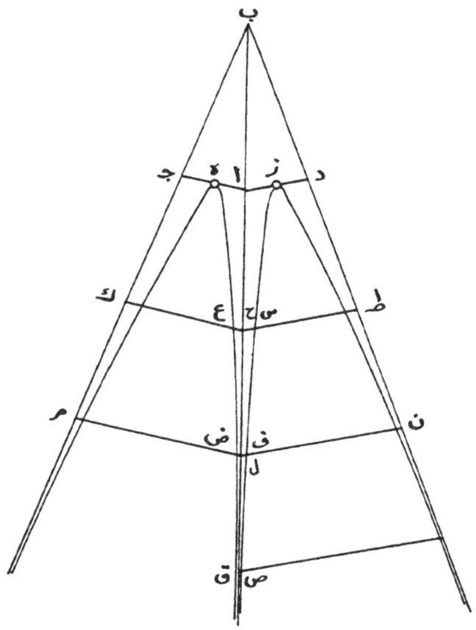

وقد يتهيأ أيضاً أن نرسم هذا القطع، إذا وضعنا أي خطين أردنا على أي زاوية تكون؛ فعلى أي نقطة أردنا، يجوز القطع الزائد من العمل الذي قدمنا ذكره؛ كأن نضع خطي ا ب ب ه من الشكل الأول على زاوية ب و أردنا أن نرسم قطعاً زائداً لا يلقاه خطا ا ب ب ه ويجوز على نقطة د.

فلنتمم متوازي الأضلاع د ب، ونضيف إلى أقسام خط ب ف المتقاربة سطوحاً مساوية لسطح ب د متوازية الأضلاع، فتكون زاوية منها / مشتركة، ك – ٢٣٧

وهي زاوية ب؛ ونضيف إلى استقامة خط ب ا سطوحاً متوازية الأضلاع، مساويةً زاوية منها لزاوية ب، ونرسم القطع على الزوايا المقابلة لزاوية ب من كل واحد من السطوح المذكورة، فنرسم القطع الزائد الذي لا يلقى خطي ا ب ب ه، وذلك ما أردنا أن نبيّن.

وقد يتهيأ أيضاً أن نرسم القطع الزائد من طريق الشكل الثاني: فليكن خطا ب ا ب جـ يحيطان بزاوية ب، وقد خرج ا ه، يكون ب ا مساوياً لـ ب ه، ونقسم ا ه بنصفين على د؛ ونخرج ح ن ك م جـ ل موازية لـ
ا ه ونديرعليها أنصاف الدوائر، ونخرج ز ع ط ف س ص / أعمدة على م - ١٣ - ظ
الخطوط المتوازية، ويكون كل واحد منها مساوياً لخط ا د، فتكون نقط د ز ط س هي التي يجوز عليها رسم القطع الزائد.

برهانه: أن ا د في د ه/مساوٍ لـ ن ز في ز ح، أعني لمربع ز ع، و لـ م ط في ا - ٧٥ - و
ط ك و لـ ل س في س ص، وذلك ما أردنا أن نبيّن.

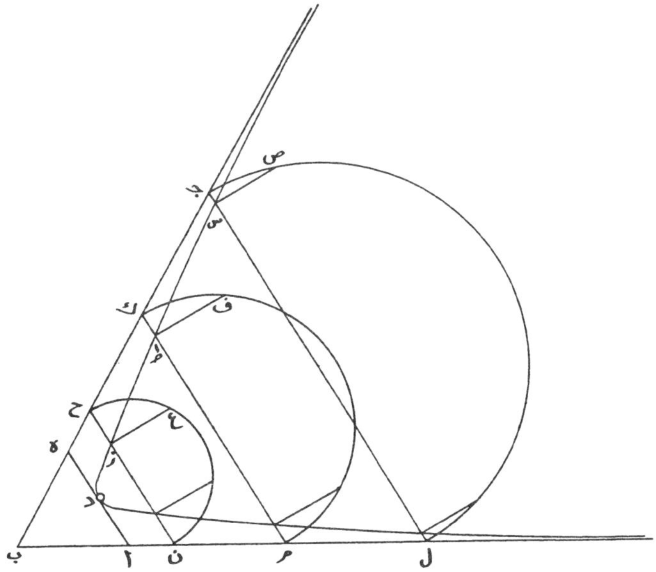

تم القول

البسملة: ناقصة [ا] – 2 بن محمد: ناقصة [ا] / السجزي: ناقصة [ا] –
4,2 قول ... المخروطات: ناقصة [ك] – 3 اللذين ... نهاية: ناقصة [م] –
4 أبلونيوس: ابللونيوس [ا] / من كتاب المخروطات: من كتابه في المخروط
[م] – 5 بن محمد: ناقصة [ا] /السجزي: يعقبه «رحمة الله» [ك] – 6
اللذين: الذين [ك] – 7 النهاية: نهاية [ا]/الآخر : بالآخر [ك] – 10
يستدل: يستند [ك ، م] / أتى: اتا [ا] / أبلونيوس: ابللونيوس [م] – 11
أيضاً: ناقصة [ك] / أمر: أمور [م] / تنفي: ينفي [ا] – 13 تصوره:
تصور [ك]، التصور عليها [ا] – 14 يوقف : توقف [ا] /تصوره:
تصورها [ا] / قام: أقام [ا] – 15 عليه: ناقصة [م] / تصوره: تصورها
[ا]/ ويحققة: وتحققه [ا] – 16 وبعضها: في الهامش [ك] / يتهيأ: يتهيء
[ا] / الفلسفية: المفلسفية [ا] – 17 تنقسم: ينقسم [ا] – 19 فالخط:
والخط [ك، م] – 20 تصوره: تصورها [ا] / فمثل: مثل [م] – 21
تقطع: يقطع [ا] – 22 إذا: اذ [ك] – 23 توترها: يوترها [ا] / التي:
التي بها [ا] / لا: ناقصة [ا ، ك] / إلا: ناقصة [ا ، ك] – 25 ينقص:
منقص [ا] / طريق: كتب ناسخ [ك] في الهامش كلمة «سبيل» ومعها
حرف الخاء مع الإشارة إلى كلمة «طريق»، ومن المحتمل أنه يقصد بهذه
العلامة أن هذا ما وجده في نسخة أخرى.– 26 نرى: ترى [ا] / أخذنا
مقدارين: أخذ مقداران [م] / متساويين: متساويان [م] – 28 تصوره:
تصورها [ا] / عليه: عليها [ا] – 29 لقائمتين: قائمتين [ا] / تصوره:
تصورها [ا ، م] – 31 وأما: فأما [ك،م] / عسراً: عسرة [ا ، ك ، م] –
33 ينكر له: ينكره [م] / الخاصية: الخاصة [ا] – 35 باخراجهما: ناقصة
[ا] – 36,35 فاطلعت ... بإخراجهما: ناقصة [م] – 36 ولنأت: ولنأتى
[ا] – 38 مقدمة: ناقصة [ك، م] – 39 المساوية: مساوية [ا ، ك، م] –
40 المتقابلتين: المتقابلين [ا] – 43 ب ه: ب [ا، ك، م] / خطوط:
وخطوط [ا] – 44 ب ك: ب ل [ا] – 45 مساوياً: مساوية [ا] – 46
الأربعين: الأربعون [م] – 47,46 ببرهان ... الأصول: ببرهان شكل مج
من آ [ك] – 47 وتكون: وقد يكون [ا] /ط ك: ط ل [ا] – 48 ط ك:
ط ل [ا] – 50 سطحي: سطح [م] كتبها «سطح» ثم صححها عليها [ا]
/ ب د ب ز: ناقصة [ك] / المتوازي: المتوازي [ك، م] – 51
وأضلاعهما: فأضلاعهما [ا ، م] /فنسبة: نسبة [ا] – 52 ط ك: ط ل
[ا] – 53 ط ك: ن س [ا]/ و ن س ... ل م: ناقصة [ا] – 54 ونقطة ل:

ناقصة [م] — 57 خط (الأولى): ناقصة [ا] — 58 ب د: د [م] — 59 ترك ناسخ [م] فراغاً للرسم ثم نساه، في [ا ، ك] نجد الرسم التالي، وهو لا يوافق النص علاوة على أنه غير صحيح.

/خط: بخطه [ا] — 60 تبيّن: بيّن [ا] / الخط من النقطة: الخطان النقط [ا] — 61 مساوٍ: مساويا [ا] — 62 اردنا أن نبين: أردناه [ا] — 63 وإذ: فإذ [ا] / وطّأنا: وطينا [ا]، فرضنا [ك] / وطأنا (الثانية): وطينا [ا] — 64 ولتكن: وليكن [ا] — 66 لخاصية: لخاصة [ا] — 67 لوقع: لوقوع [ا] — 68 تتلاشى: يتلاشا [ا] — 69 فلا: ولا [م] / ازدادا : ازداد [ك] / ازدادا (الثانية): ازداد [ك] — 71 أبلونيوس: ابللونيوس [ا]، لابلونيوس [ك] /الخاصية: الخاصة [ا] / ولا: وما [ا] — 72 ولا يلتقيان: فلا يلتقيان [ك] — 73 الخاصية (الأولى و الثانية): الخاصة [ا] / تيقَّظ: بنقط [ا] — 74 الخاصية: الخاصة [ا] — 75 أدى: اذا [ا] — 76 يلقيان: يلتقيان [ا] / القطع : للقطع [ك] — 77 مثل: مثلث [ا] — 78 ح ن: ح ر [ا] / ضرب: ناقصة [ك] / ن ز: ب ز [ا] — 79 ط ك: ط ل [ا] — 80 ح ز (الأولى والثانية): ج ز [ا] — 83 تنقسم: ينقسم [ا] — 84 على: يلى [ا ، م] فوق السطر [ك] — 85 يلقاه: يلتقيه [ا] — 86 يلقى: يلقا [م] — 88 خطان: خطين [ا] / منحنيان: منحنيين [ا] / يلتقيان: يلقيان [ا] — 89

خطّا: خطى [ا ، م] – 90 ونصل ... منهما: ناقصة [ك] – 91 قطعين: قطع، ثم صححها عليها [ا] / يلقيان: يلتقيان [ا ، ك ، م]، وهذا جائز أيضاً – 92 المستقيم: المنقسم [م] / قطعا: قطعي [ا ، ك ، م] / إخراجاً: ناقصة [ا ، ك] – 93 يقربان: فيقربان [ا ، م] «...» المقصود: «أن نخرج ح ط موازياً لـ ا د و ح ك موازياً لـ ا ج، ول ن موازياً لـ ا د، و ل م موازياً لـ ا جـ ». – 94 ح ك : ح ل [ا] / ل ن: ل م [ا] / ل م: ل ن [ا] / ا جـ ا د: لا د ه ا د [ا] – 95 تقطع: يقطع [ا] – 96 متساويتان: متساويين [ا]، متساويتين [ك ، م] – 98 القطعين: القطعي [ا] / كلُّ ما: كلما [ا ، ك ، م]، قد فصلناهما حتى يتضح المعنى – 99 يلقيان: يلتقيان [ا ، م] / فهما: مهما [ك] – 100 نبيّن: بيانه [ا ، م] في [م] ترك الناسخ فراغاً للرسم، وفي [ك] نجد رسماً لا يوافق النص. – 101 يتهيأ: تهيأ [ا] / أيضاً: ناقصة [ك] / نرسم: يرسم [ا] – 102 تكون: يكون [ا]/فعلى: وعلى [ا ، م] ،على [ك] / يجوز: لجواز [ا] – 103 كأن: كأنا [ا ، ك ، م] – 104 يلقاه: يلقيانه [ا ، ك]، يلتقيانه [م] – 107 مساوية: متساوية [م] / فتكون: ويكون [ا] / مشتركة: مشتركا [ك]– 108 زاوية: ناقصة [ك] – 109 لزاوية: للزاوية، أضافها الناسخ في الهامش [ك] – 110 فنرسم: ونرسم [م] / الذي: ناقصة [ك ، م] / خطي: خط [ك] – 111 وذلك ما أردنا أن نبين: وذلك ما أردناه [ا] – 112 يتهيأ: تهيأ [ا] – 113 يكون: فيكون [م] – 114 ,115 لـ ا ه: لها [ا ، م] – 116 ويكون: فيكون [ك ، م] / فتكون: وتكون [م] – 118 ا د:ا ه [ا ، م] / مساوٍ: متساويا [م] / ن ز: ف ز [م] / م ط : ل ط [ك] – 119 ط ك : ط ل [ا] / س ص: س ح [ا]، س ض [ك]، الحرف الثاني غير واضح [م] / ما أردنا أن نبيّن: ما أردناه [ا] ، ما أردنا بيانه [م] / هذا الرسم لا يوجد في الأصل. – 120 نجد مكانها « تمت الرسالة» [ا]، يعقبها في [ك]: «والحمد لله وصلواته على محمد وآله الطاهرين»، وفي [م]: «والحمد لله وحده وصلى الله على سيدنا محمد وآله وصحبه أجمعين وسلم تسليماً».

XIV

L'ANALYSE ET LA SYNTHÈSE SELON IBN AL-HAYTHAM

Parmi les problèmes à la frontière de la philosophie et des mathématiques, *l'analyse et la synthèse* a occupé durant deux millénaires une place centrale. Rares, il est vrai, sont les problèmes de philosophie des mathématiques qui ont aussi longtemps vécu, et qui ont suscité autant d'écrits. Présent en filigrane dans les écrits d'Aristote[1], il est là en personne dans les travaux des commentateurs[2], des philosophes et des

(1) Plusieurs textes d'Aristote attestent cette présence de «l'analyse et de la synthèse». Le plus souvent cité est celui de l'*Ethique à Nicomaque*, 1112 b. Viennent ensuite ceux des *Premiers Analytiques*, 46 b et 51 b, ainsi que de la *Physique*, II, 9, 200a. A cela il faut encore ajouter les *Premiers Analytiques*, 43 b.

Pour les commentateurs de certains de ces passages — cf. B. Einarson [1936, 36-37] le problème reste de savoir quels sont les rapports exacts entre l'analyse au sens syllogistique chez Aristote, et «l'analyse» mathématique comme on la trouve dans le célèbre texte de Pappus. N. Gulley [1958] et G. Granger [1976] par exemple pensent qu'il s'agit du même schéma. Ainsi G. Granger écrit [1976, 313] à propos de la conception par Aristote de la démonstration mathématique : «le schéma fondamental semble bien sûr être pour lui l'*analyse*, décrite exactement comme le fera Pappus six siècles plus tard». N. Gulley avait écrit de son côté : «We have then, in Aristotle, the recognition of a method of analysis in geometry, corresponding to Pappus' description (as an upward movement to prior assumptions from which our initial assumption follows), and illustrated by examples where the relation between 'αρχή and συμπέρασμα is recognised to be irreversible» [1958, 8-9]; ce rapprochement entre Aristote et Pappus part d'une interprétation toute logique du texte de Pappus. Un autre problème, non moins important, soulevé par les historiens, est celui de l'existence chez Platon d'une telle conception de l'«analyse» mathématique, même si le mot est absent, et de son rapport avec l'analyse philosophique. Ch. Mugler, par exemple, a défendu la thèse selon laquelle l'analyse et la synthèse se trouvent déjà en germe dans la *République* [1948, cinquième chapitre, 290 sqq.], thèse ensuite rejetée par H. Cherniss [1951, 415-416].

(2) Sur la position des commentateurs, voir N. Gulley [1958].

logiciens, jusqu'au début du siècle dernier. On imagine sans peine la diversité des sens et la multiplicité des formulations de cette question de l'analyse et de la synthèse, qui a désigné alors un domaine assez vaste pour comprendre à la fois un *ars demonstrandi* et un *ars inveniendi*.

Dans l'histoire des mathématiques, la situation n'est pas tout à fait la même : analyse et synthèse se présentent davantage par les applications qu'en faisaient les mathématiciens, que par les formulations théoriques qu'ils en donnaient. Ainsi le couple «analyse-synthèse» marque, à première vue, chez Archimède[3] deux étapes ordonnées de la démonstration géométrique ; mais rien ne nous assure qu'il fut le premier à introduire un tel usage, et rien ne nous révèle le sens que visait vraiment le mathématicien. Il est de fait que cet usage devint alors systématique, tout au moins dans les écrits des successeurs d'Archimède, comme dans certains livres d'Apollonius[4], pour ensuite ne plus jamais faire défaut chez les géomètres jusqu'à la fin du XVIIIe siècle et au début du siècle suivant. Mais rares sont, en revanche, les textes théoriques consacrés à ce problème par les mathématiciens — deux courts textes d'importance inégale d'ailleurs : une page de Pappus, et quelques lignes d'un pseudo-Euclide, qui tous deux posent un certain nombre de problèmes historiques et philologiques. Ces textes, et notamment celui de Pappus, ne manquèrent pas de susciter un certain nombre d'interrogations, de débats, voire de controverses. L'analyse et la synthèse désignent-elles, chez les anciens géomètres, une méthode de démonstration des propositions et de résolution des problèmes géométriques posés? Selon certains commentateurs, c'est bien de cela, et uniquement, qu'il s'agit, et le problème sous-jacent à l'analyse et la synthèse serait purement logique : les conditions de la réversibilité de l'analyse pour parvenir à la synthèse, et ainsi à la démonstration. Or les règles de cette méthode ne se trouvent pas dans le texte de Pappus, ni du reste dans aucun texte connu d'un mathématicien de l'antiquité. A cette difficulté s'en ajoute une autre : nul ne donnait, à l'époque, à l'analyse et à la synthèse une valeur prescriptive. Si donc ces termes indiquent une méthode, il nous faut d'abord chercher le sens que recouvre ce mot, et la fonction assurée par ce nouveau sens. On a également pu se demander si l'analyse et la synthèse ne désigneraient pas une discipline ; cette thèse a été soutenue par certains historiens, qui voulaient exclure l'idée d'une méthode[5] : pour eux, il s'agit d'un «corpus de techniques» mathématiques. Mais, ce que comprenait en fait ce corpus, personne n'est en

(3) Archimède, *De la Sphère et du Cylindre* II, prop. 4, 5, 6, par exemple.

(4) Bien qu'il cite le terme dans l'introduction du livre IV des *Coniques* [1974, 4, l. 16], c'est surtout dans des livres comme *Sur la section des droites selon des rapports* qu'Apollonius a recours à l'analyse et à la synthèse.

(5) Cf. M. Mahoney [1968].

mesure de le dire ; et, si l'on écarte l'hypothèse d'un ensemble de recettes destinées à résoudre les problèmes géométriques, nous voyons surgir plusieurs questions : quelle serait cette discipline? Serait-ce une discipline mathématique autre que la géométrie, supérieure à celle-ci? Quels seraient enfin ses rapports avec la géométrie, mais aussi avec l'arithmétique, qui use bien, elle aussi, de la terminologie de l'analyse et de la synthèse, comme en témoignent les *Arithmétiques* de Diophante? Tel qu'il se présente, le texte de Pappus n'est d'aucun secours pour éclairer ces questions, mais ajoute, bien au contraire, des problèmes supplémentaires. Pappus, il est vrai, parle du «domaine de l'analyse», 'αναλυόμενος, occupé principalement par trois hommes, Euclide, Apollonius, et Aristée l'ancien, et où l'on procède par analyse et synthèse[6]. Or, nous le savons, l'ordre d'exposition des *Éléments* est synthétique, et il en est de même pour les *Coniques* ; les sept livres qui nous sont parvenus des *Coniques* sont en effet écrits dans un style nettement synthétique, même pour les plus analytiques d'entre eux, au fond, comme le cinquième. Nous devons donc nous adresser aux autres livres de ces auteurs — comme les *Données* et la *Section des droites selon des rapports* — pour reconstituer la matière éventuelle d'une telle discipline. Mais, quelle assurance pouvons-nous avoir contre l'arbitraire?

A cette question, comme à bien d'autres, il nous paraît vain de vouloir répondre en torturant une fois de plus le texte de Pappus. Nous nous proposons de commencer par les écrits des héritiers des mathématiques hellénistiques qui se sont attachés à ce problème de l'analyse et de la synthèse. Or, au cours de l'histoire des mathématiques classiques, deux moments furent essentiels pour la recherche sur ce thème. Le premier n'est guère connu, et n'est pas encore étudié : au xe et au xie siècles, les plus éminents géomètres ont abordé cette question, lui consacrant même, pour certains, de volumineux traités. Le second se situe six siècles plus tard. Je me propose d'examiner ici la plus importante des contributions à ce thème qui s'élaborèrent aux xe-xie siècles, celle du mathématicien et physicien Ibn al-Haytham. Celui-ci est en fait l'auteur de deux traités qui se rapportent directement à ce sujet : l'un a pour titre *L'Analyse et la Synthèse,* et l'autre, annoncé dans l'introduction du précédent, s'intitule *Les Connus* ; à quoi il faut encore ajouter d'autres opuscules qui portent sur le même thème. Mais, avant d'entreprendre l'examen de ces traités, arrêtons-nous à certains traits de la pratique mathématique d'Ibn al-Haytham, qui nous permettront de comprendre sa contribution.

(6) Hultsch [1876], traduction de Ver Eecke [1933, 2 vol. 477-478]. La traduction de ce passage pose quelques sérieux problèmes. Nous n'en discutons pas ici. Cf. Th. Heath [1921], et récemment Hintikka et Remes [1974, 8-10].

Construction et Existence

L'un des caractères les plus marquants des écrits géométriques d'Ibn al-Haytham est le renforcement de la distinction entre la construction d'un objet mathématique, et la démonstration de son existence. Entrevue par les mathématiciens hellénistiques, cette distinction sera de mieux en mieux marquée par leurs successeurs arabes du xe siècle : al-Qūhī, Ibn Sahl, al-Sijzī, parmi bien d'autres — en raison des changements advenus à l'activité mathématique elle-même : le nombre grandissant des problèmes solides, le début de la traduction algébrique de certains d'entre eux, la réactivation de la recherche sur les aires des surfaces courbes, la recherche sur les courbes coniques nécessaire à l'étude des propriétés optiques des miroirs et des lentilles, etc. Avec Ibn al-Haytham, on observe un souci croissant de faire suivre la construction par une preuve d'existence, notamment dans les problèmes non constructibles à la règle et au compas.

Pour mieux comprendre la portée de cette distinction, rappelons que pour les mathématiciens grecs et arabes, l'existence fut en quelque sorte définie par la construction aussi longtemps que l'objet considéré était constructible à la règle et au compas. On ne peut mieux dire que Zeuthen lorsqu'il écrit : «la valeur essentielle de la construction géométrique réside en ce qu'elle doit servir à démontrer que cela même, à la détermination de quoi la construction aboutit, existe réellement»[7]. Aussi peut-il paraître, pour cette classe d'objets — constructibles à la règle et au compas — qu'existence abstraite et existence effective, résultant de ces instruments, se recouvrent dans la mesure où la construction fournit enfin un théorème d'existence. Mais, même dans ce cas, il reste à prouver que la construction détermine bien ce qu'elle entendait déterminer ; et, pour concevoir cette dernière démonstration, le mathématicien se voit obligé d'invoquer des propriétés primordiales concernant les rapports de position des droites et des cercles les uns aux autres, relevant donc d'une géométrie de situation.

Lorsque, en revanche, il s'agit d'objets non constructibles à la règle et au compas, mais seulement à l'aide des coniques ou encore des courbes transcendantes, on doit, explicitement cette fois, transformer la construction en preuve logique d'existence. Ici encore, le mathématicien est amené à invoquer des propriétés primordiales des courbes, qui cette fois relèvent d'une proto-topologie. Il lui faut en tout cas, pour parler de l'existence des objets inexprimables, un langage plus général que celui de la règle et du compas ; et cette tâche n'est pas, à l'évidence, simplement

(7) H. G. Zeuthen [1902, 74]. Cf. également le commentaire de O. Becker [1954, 90 sqq.].

linguistique, mais aussi mathématique et méthodologique, car ces propriétés primordiales doivent être ou bien postulées, ou déduites d'autres propriétés elles-mêmes postulées. Mais, avant de montrer comment le couple analyse-synthèse est lié à ce problème, commençons par illustrer rapidement cette distinction entre construction et existence dans les travaux mathématiques d'Ibn al-Haytham.

Une part importante de la recherche mathématique d'Ibn al-Haytham est précisément consacrée aux problèmes solides : deux traités sur l'heptagone régulier, un court mémoire sur le lemme à la quatrième proposition du second livre *De la Sphère et du Cylindre* d'Archimède[8], et un problème numérique solide qu'il s'est posé. Tout comme ses prédécesseurs, Ibn al-Haytham construisait les points-solutions à l'aide des intersections des coniques. Cette technique — ainsi que l'intersection d'une conique et d'un cercle — sont encore d'un usage fréquent dans un traité où le mathématicien s'efforce de reconstituer le huitième livre, perdu, des *Coniques* d'Apollonius. Mais, dans tous ses écrits, Ibn al-Haytham ne manque pas de démontrer que le point ainsi déterminé existe réellement, ou de préciser les conditions nécessaires et suffisantes à son existence. Ainsi, par exemple, pour résoudre le problème numérique solide qu'il ramène à $X = (a - X)^3$, $0 < X < a$, il traite d'abord le lemme :

trouver quatre nombres a_1, a_2, a_3, a_4 tels que $a_i > 0$ pour $1 \leq i \leq 4$; $a_{i+1} > a_i$ pour $1 \leq i \leq 3$, $a_1/a_2 = a_2/a_3 = a_3/a_4$ et $a_4 - a_3/a_1 = k$ rapport donné. La solution, si elle existe, dépendra d'un paramètre. Pour résoudre ce problème, l'auteur pose $k = b/c$, et dans un repère $(Nx, Ny) = (NC, NU)$, il prend les points $A(c,b)$, $B(c,0)$, $D(2c,0)$, $E(2c,b)$, et considère

$$\mathbf{H} = \{(x,y)\,;\ y(x - c) = bc,\ x > c\}\ (E \in H),$$
$$\mathbf{P} = \{(x,y)\,;\ y = x^2/c,\ x > 0\}.$$

L'auteur montre que **H** et **P** se coupent nécessairement en $G\ (x_0,\ y_0)$. Si en effet $P \in \mathbf{P}$, on a $d(P, AB) \rightarrow +\infty$ quand $x_p \rightarrow +\infty$, et si $M \in \mathbf{H}$, on a $d(M, AB) \rightarrow 0$ quand $x_M \rightarrow c$, car AB est asymptote à **H**.

L'existence de G est prouvée par Ibn al-Haytham dans les termes suivants, où **P** est désignée par NO et **H** par EGH : « la section NO coupe la section EGH, puisque plus on prolonge la section NO dans la direction de O, plus elle s'éloigne de l'axe NU et elle s'éloigne de la droite AB ; et que, plus on prolonge la section EGH dans la direction de E, plus elle s'approche de la droite BA, comme il a été montré dans la proposition 14 du livre 2 des *Coniques*. La section NO coupe donc la section EGH ; qu'elle la coupe au point G ».

(8) Ibn al-Haytham : *Œuvres mathématiques*, à paraître aux Belles Lettres.

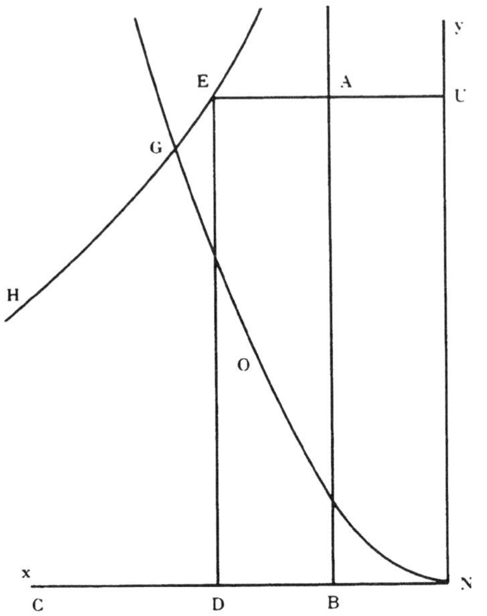

Fig. 1

On voit qu'ici Ibn al-Haytham utilise la continuité des courbes et leur comportement à l'infini. Ainsi, indépendamment du calcul de x_0 et y_0, après avoir prouvé l'existence de $G(x_0, y_0)$, l'auteur donne la solution :

$a_1 = c$, $a_2 = x_0$, $a_3 = y_0 = x_0^2/c$, $a_4 = y_0 + b = x_0^2/c + kc$, solution dépendant du paramètre c. Le nombre x_0 est racine de l'équation du troisième degré[9] $x^3 - cx^2 = kc^3$.

Cet exemple ne présente rien d'exceptionnel. Depuis un demi-siècle, les problèmes solides se sont bien multipliés, et ne se cantonnent plus désormais à ceux qu'on avait hérités de l'antiquité : la trisection de l'angle, les deux moyennes, la duplication du cube, l'heptagone régulier... Quant à ce type de démonstration d'existence, il est présent dans d'autres travaux d'Ibn al-Haytham. Ainsi, dans le traité qu'il a consacré à la reconstitution du huitième livre, perdu, des *Coniques* d'Apollonius[10], Ibn al-Haytham n'applique pas cette technique de

(9) Notons qu'al-Khayyām, tout comme al-Ṭūsī, étudient cette même équation plus tard, à l'aide d'une hyperbole et d'une parabole, mais que le choix des courbes est différent. Cf. Sharaf al-Dīn al-Ṭūsī [1986, vol. 1, CLXVI sqq. et 66 sqq.].

(10) Ibn al-Haytham : *Œuvres mathématiques*, *op. cit.*

démonstration, avec toutes les notions qui s'y rattachent, aux seuls problèmes solides, mais également aux problèmes plans, qui, eux, sont constructibles. La remarque est d'importance ; elle signifie que ce souci de démontrer l'existence se manifeste même si le problème est constructible, et que le recours à l'intersection des courbes devient une technique relativement indépendante de son terrain d'origine : les problèmes solides. Evoquons ici à titre d'exemple le problème 20 qui s'énonce : « si on a une section de cône donnée [parabole ou hyperbole], et si on suppose sur son axe deux points, comment mener de ces deux points deux droites qui se rencontrent sur le pourtour de la section, et telles que leur somme soit égale à une droite donnée » : il se ramène à l'étude de l'intersection d'une parabole — ou d'une hyperbole — et d'une ellipse de même axe. Ici non plus, Ibn al-Haytham n'oublie pas de démontrer l'existence des points d'intersection à l'aide de notions telles que intérieur, extérieur.

Il en est de même pour une autre classe de problèmes de ce livre — de 1 à 17 — où il s'agit de trouver une tangente à une conique ayant une propriété caractérisée par la donnée d'une longueur, ou du rapport de deux longueurs. Ces problèmes sont, chacun, ramenés à la détermination du point de contact de la tangente cherchée, ou d'un point d'où l'on déduira ce point de contact. Or, Ibn al-Haytham n'entreprend pas ici une construction géométrique avec règle et compas, mais montre, à l'aide de l'intersection d'une conique et d'une droite, ou d'une conique et d'un cercle, ou de deux coniques, selon le cas, et en faisant appel aux notions d'intérieur, d'extérieur, de concavité, de comportement asymptotique, que ce point existe, avec ou sans conditions supplémentaires.

On pourrait trouver dans les travaux d'Ibn al-Haytham bien d'autres exemples, qui, tous, confirment que l'étude de l'intersection des courbes constitue bien, dans la géométrie de l'époque, et notamment chez Ibn al-Haytham, un domaine privilégié et avancé de la recherche. Même si derrière l'essor de ces travaux on voit se profiler les intérêts et les sollicitations des algébristes, il reste vrai que les géomètres, et en premier lieu Ibn al-Haytham, ont bel et bien reconnu dans ces études les éléments d'une géométrie des coordonnées, et font appel, tout naturellement pourrait-on dire, aux notions d'intérieur, d'extérieur, de concavité, de comportement asymptotique, pour pouvoir traiter de l'existence des points.

Dans les exemples précédents, comme dans bien d'autres problèmes étudiés par Ibn al-Haytham, on remarque que les propriétés essentielles à l'argumentation ne sont pas explicitement évoquées. Il s'agit des propriétés des courbes nécessaires, en dernière analyse, à l'établissement de l'existence de points d'intersection, et qui reviennent toutes, en quelque sorte, à la notion de convexité. Il aurait suffi, il est vrai, pour fonder solidement les démonstrations d'existence, de postuler explicitement des propriétés telles que : *si une droite a des points de part et d'autre d'un cercle, ou plus généralement d'une courbe fermée, elle coupe celle-ci* ; ou encore : *si une courbe continue a des points de part et d'autre d'une courbe convexe, elle la coupe*. Or ces propriétés, comme bien d'autres qui devaient être des axiomes ou en découler directement, sont fondées sur des notions telles que la continuité. Leur mise en œuvre dans la solution des problèmes, comme en témoignent les travaux d'Ibn al-Haytham et ceux de ses contemporains et de ses successeurs, exige donc que l'on fasse appel aux coordonnées.

Soucieux de la démonstration d'existence, Ibn al-Haytham ne pouvait être indifférent à ce manque ; aussi lui fallait-il assurer ces propriétés et les notions qui les fondent, telle la continuité. La continuité des courbes est-elle, chez Ibn al-Haytham, garantie par un postulat déguisé, ou découle-t-elle d'une propriété pour lui plus primitive ? En bref, qu'est-ce qui assure la continuité des courbes et des surfaces ? A cette question, la réponse d'Ibn al-Haytham est, en partie, traditionnelle : c'est le mouvement qui assure la continuité.

Pour lui, comme pour ses prédécesseurs grecs et arabes, une courbe est obtenue cinématiquement par un mouvement, ou deux mouvements, continus, dont il suffit de concevoir la coordination. Or c'est grâce à l'uniformité des mouvements qu'Ibn al-Haytham parvient à concevoir cette coordination : c'est dire que la continuité se trouve assurée par la coordination des mouvements uniformes. Si, de plus, la courbe est convexe, on ne peut passer de son intérieur à son extérieur sans la couper. De même, une courbe déjà conçue balaiera d'un mouvement uniforme une surface, cette surface pouvant elle-même envelopper un solide. Il n'y a donc de continu, courbe ou surface, que là où il y a mouvement uniforme.

Rien de bien nouveau dans tout cela. Pour les mathématiciens grecs, cône, cylindre, sphère, cissoïde, conchoïde, hélice, spirale, quadratrice etc.[11] sont tous obtenus par mouvement. Même lorsque la

(11) Nous discutons de ces courbes ailleurs [Ibn al-Haytham, *Œuvres mathématiques*, *op. cit.*]. Notons seulement pour l'heure que la quadratrice de Dinostrate est engendrée à l'aide de deux mouvements : un mouvement d'entraînement vertical de vitesse constante, et un mouvement relatif sur l'horizontale mobile. Ainsi, selon la description de Pappus, on trace BOA un quart de cercle ; le rayon OM tourne uniformément de OB jusqu'à OA ; et en même temps une horizontale P qui coupe le rayon en N descend uniformément de telle sorte que son pied P aille de B à O.

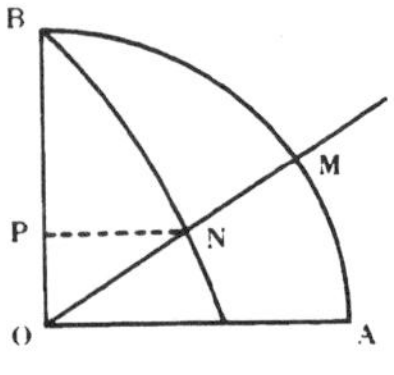

courbe était construite par points — la parabole chez Dioclès par exemple — elle n'avait droit à son nom qu'une fois montré qu'elle vérifie le *symptoma* de la courbe obtenue, elle, par mouvement (ici mouvement et section plane). Seuls font exception, dans les *Éléments,* la droite, le cercle et les polyèdres. Le mouvement, il est vrai, est exclu des livres de géométrie plane du traité d'Euclide, et n'est introduit — bien discrètement d'ailleurs — qu'au livre XI ; sauf si l'on considère que l'usage d'un compas est un mouvement — comme l'a envisagé Thābit ibn Qurra [mort en 901].

Ibn al-Haytham opte donc pour une conception cinématique des courbes, et compose, à l'exemple de ses prédécesseurs, comme Ibn Sahl[12], un traité pour la construction mécanique des courbes. Mais cette conception devait néanmoins affronter deux difficultés : le mouvement est absent du lexique géométrique défini essentiellement par les *Éléments* ; d'autre part, la distinction entre constructibilité et existence dresse un autre obstacle : comment recourir à une continuité assurée mécaniquement lorsque l'on démontre l'existence, éventuellement sans considérer la constructibilité? Pour contourner ces difficultés, la meilleure méthode consiste à introduire le mouvement dans les notions primitives de la géométrie; ce à quoi s'emploie Ibn al-Haytham.

Dans son commentaire des *Éléments* rédigé avant le traité sur l'analyse et la synthèse et le traité sur *Les Connus,* Ibn al-Haytham reprend les principales définitions euclidiennes de la droite, du cercle, de l'angle, ..., pour introduire le mouvement. La droite est ainsi définie comme «la ligne telle que si on fixe deux quelconques de ses points et si on la fait tourner, sa position ne change pas». Le mouvement intervient également dans la discussion des figures, comme dans le cas du cinquième postulat. Ibn al-Haytham sera d'ailleurs critiqué un siècle plus tard par son successeur al-Khayyām pour avoir fait un tel usage de cette notion. Dans son traité sur *Les Connus*, directement lié à l'analyse et à la synthèse, Ibn al-Haytham, comme nous le verrons, fait entrer le mouvement dans la géométrie, tant pour garantir la continuité que pour justifier les transformations géométriques. Notons pour l'heure que l'exigence à laquelle il s'est soumis pour démontrer l'existence de solutions des problèmes solides, a conduit Ibn al-Haytham à l'examen de propriétés appartenant à une géométrie de situation, ou de propriétés topologiques. Le langage un peu plus général que celui de la règle et du compas, nécessaire à l'évocation de l'existence de tels objets, devait pouvoir exprimer, de quelque manière, ces propriétés.

(12) *Géométrie et Dioptrique au xe siècle : Ibn Sahl, al-Qūhī, Ibn al-Haytham* [sous presse, Les Belles Lettres]. Ibn Sahl construit les trois coniques par un procédé mécanique.

Existence de grandeurs transcendantes

Mais ce n'est pas seulement pour des grandeurs algébriques qu'Ibn al-Haytham a considéré ce problème d'existence, mais aussi pour des grandeurs transcendantes. Une partie importante de sa recherche est en effet consacrée aux lunules et à la quadrature du cercle[13]. En examinant très brièvement ce dernier cas, nous verrons comment il conçoit la distinction entre existence et constructibilité.

Ibn al-Haytham commence par rappeler deux résultats sur les lunules, connus d'Hippocrate de Chio. Soit un cercle donné, de diamètre AC, deux demi-cercles de diamètre AB et BC respectivement ; on a

(1) $$L_1 + L_2 = \text{tr}\ (A\ B\ C).$$

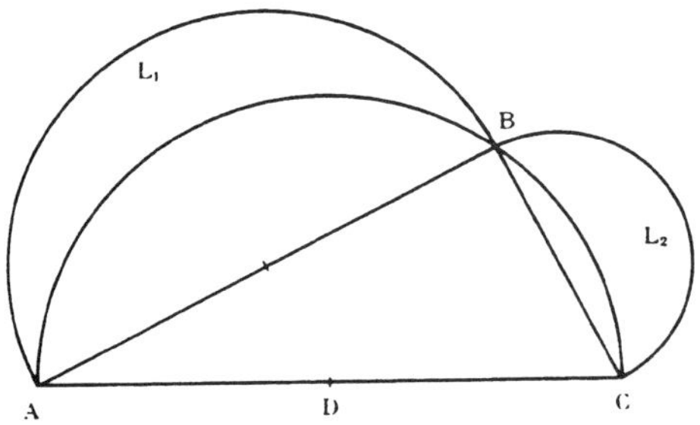

Fig. 2

Considérons maintenant le cas particulier où B est le milieu de l'arc AC, et D le milieu du segment AC, on a

(2) $$L = \text{tr}\ (A\ B\ D).$$

Soit maintenant la médiatrice DK de AB qui coupe les arcs AB des deux cercles en leurs milieux respectifs H et E ; et soit le cercle tangent C(HE) aux deux cercles, on a

$$C(HE) < L$$

et

$$C(HE)/L = k\ [= \pi(\sqrt{2} - 1)^2/2].$$

Soit alors DU tel que $DU/DA = k$, alors $\text{tr}(BDU)/\text{tr}(BDA) = k$, donc

$$\text{tr}(BDU) = C(HE)\ .$$

(13) Ibn al-Haytham : *Œuvres mathématiques*, *op. cit.*

Mais on sait construire un carré SPQO équivalent à tr(BDU), donc

$$C(HE) = \text{carré SPQO}.$$

On construit ensuite un carré de côté QX, tel que QP/QX = EH/AC; on a alors

$$C(AC) = \text{carré TQXY}.$$

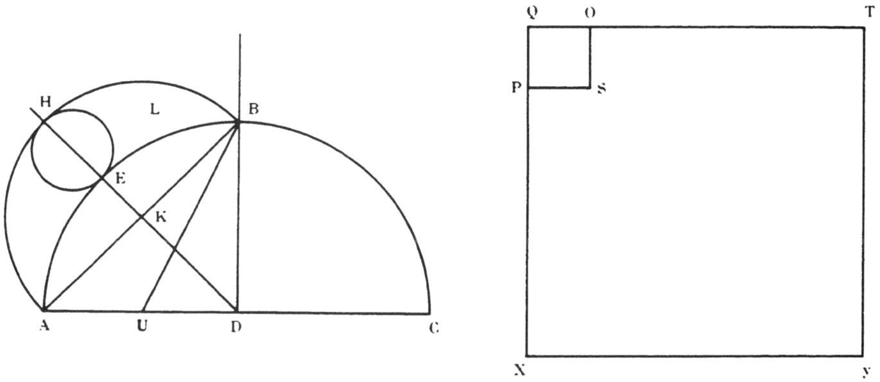

Fig. 3

Il est clair que tout le raisonnement s'appuie sur l'existence de k, rapport de deux surfaces planes. De l'existence de k se déduit celle des segments DU, QP et QX, même si leur construction n'est possible que quand k est connu.

Ibn al-Haytham consacre alors un long passage à l'existence de ce rapport indépendamment de sa constructibilité. Voici ce qu'il écrit : «Ce cercle est par conséquent lui-même une partie de cette lunule. Mais toute grandeur a un rapport à toute autre grandeur dont elle est une partie, même si on ne connaît pas ce rapport, et même si on ne peut pas parvenir à sa construction, car le rapport entre deux grandeurs n'est pas dû à la connaissance qu'en ont les hommes, ni dû à leur pouvoir de les déterminer et de les connaître. Le rapport entre les grandeurs est une notion propre aux grandeurs qui sont d'un même genre. Si donc de deux grandeurs quelconques de même genre, chacune est limitée, finie, invariable, conserve sa grandeur et ne change d'aucune manière, ni par augmentation, ni par diminution, ni par genre, alors l'une a, relativement à l'autre, un seul et même rapport, qui ne change pas, et qui ne modifie sa forme d'aucune manière». Le moyen qu'utilise Ibn al-Haytham pour montrer l'existence de ce rapport est de ramener le problème aux éléments «connus», c'est-à-dire, selon ses propres termes, à ce qui est «fixe dans son état et ne change pas, car le connu chez les mathématiciens est ce qui ne change pas», tel que AC, AB, l'arc AB,

EH, la lunule AEBH, le cercle HE, etc. Démontrer l'existence de ce rapport — pour nous transcendant — a amené Ibn al-Haytham à l'étude des éléments invariants de la figure, grandeurs, formes, positions. On comprend dans ces conditions les raisons qui ont incité Ibn al Haytham à opter pour un réalisme mathématique ici peu nuancé. Quant à la construction de ce rapport, Ibn al-Haytham promet d'en traiter dans un autre mémoire, lequel ne nous est jamais parvenu, si tant est qu'il fut écrit. Mais les «connus» sont précisément ce à quoi doit parvenir l'analyse avant que soit engagée la synthèse.

Une discipline géométrique nouvelle : «Les Connus»

On vient de voir qu'au xe siècle, les recherches portant sur une vaste classe de problèmes, et notamment les problèmes inconstructibles, ont conduit les mathématiciens à dégager ce qui ne faisait qu'affleurer dans les mathématiques hellénistiques tardives, et à poser la question de l'existence d'une manière plus abstraite, indépendamment donc de la construction. Tout au long du siècle, cette nouvelle exigence s'est renforcée, pour tenir, avec Ibn al-Haytham, le rôle d'une norme. C'est là, selon nous, la principale raison de cet intérêt sans précédent pour le problème de l'analyse et de la synthèse.

Mais, pour se conformer autant que faire se peut à cette norme, il a paru nécessaire de faire progresser la connaissance des propriétés générales des figures, c'est-à-dire de ces propriétés qui subsistent alors même que la figure se transforme, et même si on l'exprime d'une autre manière, comme à la suite du changement d'un système de coordonnées : ce sont là des situations de plus en plus fréquentes dans la pratique mathématique. Il était par exemple courant, dans l'étude des problèmes inconstructibles, de ramener à un même système de coordonnées les différentes parties d'une figure décrites dans des systèmes de coordonnées différents ; ou encore, dans l'étude des surfaces et des volumes courbes, de procéder par transformations affines ; ou enfin, dans l'étude de la représentation exacte de la sphère sur un plan, de définir et d'examiner les projections cylindriques et coniques[14]. Toutefois, ces propriétés générales sont d'origines diverses : elles peuvent résulter de la position des éléments de la figure, comme elles peuvent provenir de sa forme.

Or, c'est précisément à l'étude de ces propriétés qu'Ibn al-Haytham consacre un volumineux traité, intitulé *Les Connus*. Ce livre, rédigé après son traité sur *L'Analyse et la Synthèse*[15], est néanmoins déjà annoncé

(14) *Géométrie et Dioptrique au xe siècle*, ..., *op. cit.*
(15) Cf. Appendice.

dans l'introduction de ce dernier comme une propédeutique à l'analyse et la synthèse. Aussi nous faut-il nous arrêter à ce livre sur *Les Connus*.

Selon Ibn al-Haytham, une notion est dite «connue» lorsqu'elle n'admet pas le changement, que cette notion soit ou non pensée par quelqu'un. Les «connus» désignent des propriétés invariables, indépendamment de la connaissance que nous en avons. Or nous pouvons lire dans son traité sur *L'Analyse et la Synthèse* que le but de l'analyste est précisément d'aboutir à ces notions connues, et que c'est seulement lorsqu'il atteint ces notions que sa tâche s'achève et que la synthèse peut être engagée.

Le livre qu'Ibn al-Haytham consacre à ces notions s'ouvre sur une longue et profonde introduction, où se mêlent, dans un langage aristotélo-euclidien des notions bien traditionnelles, à d'autres qui le sont moins. C'est ainsi qu'Ibn al-Haytham commence par rappeler la subdivision aristotélicienne de la quantité. Il expose d'abord les subdivisions de la quantité discrète, mais sans étudier ensuite dans les autres parties du livre aucun problème qui en relève, puisque seuls seront traités les problèmes géométriques. La quantité continue comprend toutes les grandeurs. De même que ses prédécesseurs, Ibn al-Haytham considère comme un ensemble de grandeurs un ensemble d'éléments, totalement ordonné, muni de l'addition, tel que $A + B > A$ et que $A > B$ entraîne l'existence d'un élément C tel que $A = B + C$. Cet ensemble est, de plus, archimédien. Pour Ibn al-Haytham, comme pour tout archimédien, cet ensemble peut être formé par des segments de droite, des aires, des nombres, des angles rectilignes, des arcs de courbes, des aires gauches, des temps, des poids. Ce sont là précisément la plupart des grandeurs considérées dans son livre.

Or, à ce départ traditionnel se superpose une autre perspective, qui l'est moins : un parti pris ensembliste. Quand il traite d'un élément d'une figure, Ibn al-Haytham ne le considère pas seulement comme une grandeur, mais aussi comme une variété de la famille à laquelle il appartient. Ainsi, la connaissance de cet élément portera sur sa grandeur, sa position, sa forme, ainsi que sur les rapports qu'il entretient avec d'autres; en bref, les propriétés de l'espace. Le pas accompli est bien important, et Ibn al-Haytham consacre toute son introduction à l'élucidation de ces notions; prenons, à titre d'exemple, la notion désormais centrale de position.

La position est définie par Ibn al-Haytham à l'aide de trois notions : mouvement, ordre et relation. Ainsi, la position d'un point — considéré comme l'extrémité d'une ligne — est connue lorsque sa distance (ou ses distances) à un autre point (ou à d'autres points) reste invariable. Plusieurs cas sont à considérer : le point P est fixe et les autres points le sont également; le point P se meut d'un mouvement circulaire autour d'un point fixe, mais sans que la distance entre eux change ; le point P et les autres points sont tous animés d'un même mouvement, qui laisse invariées les distances entre P et chacun de ces points.

De même, la position de la ligne est définie par rapport à des points fixes ; dans ce cas, la ligne ne se meut d'aucun mouvement, excepté l'augmentation et la diminution, et les distances entre ses points, et deux points, ou davantage, ne varient pas. Cette ligne sera dite *de position connue absolument*. La position de la ligne pourra également être repérée par rapport à un seul point fixe, et dans ce cas les notions connues seront les distances invariables entre tout point de la ligne et ce point fixe, que la ligne soit elle-même fixe ou mobile. On repère également la position de la ligne par rapport à une autre ligne, que cette dernière soit fixe ou mobile. On repère encore la position de la ligne par rapport à un point mobile ou à un ensemble de points mobiles, et les notions connues seront dans ce cas les distances invariables entre chaque point de la ligne et chacun des points mobiles ; la ligne doit alors être animée du même mouvement, et dans la même direction, que le mouvement des points considérés. On repère enfin la position de la ligne par rapport à une ligne fixe, et la notion connue dans ce cas est celle de l'angle formé par l'intersection de ces deux lignes ou de leurs prolongements, que la ligne dont on cherche à connaître la position soit fixe ou mobile, à condition toutefois que l'angle formé demeure invariable. Si la ligne, ou son prolongement, ne coupe pas la ligne par rapport à laquelle elle sera connue de position, elle le sera en tous les cas si les deux lignes sont coupées par une droite qui formera avec chacune d'elles un angle connu.

Ibn al-Haytham poursuit encore son énumération et repère la position de la ligne par rapport à une ligne mobile, puis par rapport à une surface fixe, et enfin par rapport à une surface mobile. Il reprend une tâche analogue pour définir la position d'une surface et la position d'un solide, et pour examiner les autres notions : de forme connue, de grandeur connue, et de rapport connu.

On voit dès l'abord, à l'examen de cette longue introduction de son livre, qu'Ibn al-Haytham a intégré le mouvement au titre de notion primitive de la géométrie, notion nécessaire à la définition de la position et de la forme de toute grandeur géométrique, et comme en assurant la continuité. Le même examen montre ensuite que cet héritier d'Archimède en même temps que d'Apollonius distingue explicitement les propriétés de position des propriétés métriques. Même si une propriété de position peut se présenter à l'aide de mesures de distances et d'angles, c'est-à-dire sous forme métrique, Ibn al-Haytham tient cependant à décrire ce qui est propre à la position. L'essentiel est à ce stade de repérer la position — disons d'un point — sans l'intervention d'aucun système de coordonnées, mais seulement par rapport à des points ou à des lignes, fixes ou mobiles ; il s'agit donc pour ainsi dire d'une géométrie descriptive au sens propre du terme. L'objectif que se propose Ibn al-Haytham dans *Les Connus* est clair : identifier les relations invariantes qui permettent de décrire la position, la forme, la grandeur, le rapport. Chaque groupe de relations constituera un chapitre d'une géométrie à venir, ou de cette science baptisée «Les Connus».

Mais cette introduction foisonnant d'intuitions puissantes et de visions pénétrantes risque d'égarer le commentateur ; le mieux est donc de revenir, aussi brièvement que possible, aux deux parties du livre d'Ibn al-Haytham. Dans la première, cet éminent mathématicien et physicien revendique une entière originalité ; il commence par une proposition qui établit que l'ensemble des points situés à une distance donnée d'un point A est un cercle de centre A et de rayon la distance fixée. Sa démonstration se fait à l'aide des définitions précédentes. Dans les trois propositions suivantes, il montre que si à tout point de cet ensemble est associé un point ayant une propriété P donnée, ce deuxième point appartient à une figure de position et de grandeur connues, qui se déduit de l'ensemble des points — c'est-à-dire du cercle — par une transformation, qu'Ibn al-Haytham caractérise. Ainsi, dans les propositions 2 et 4, il caractérise une similitude (centre, rapport, angle) ; dans la proposition 3, il caractérise une homothétie (centre, rapport) ; dans la proposition 11, il montre que deux cercles égaux se correspondent dans une translation définie par les deux centres, et il utilise cette propriété dans la proposition 12 ; dans les propositions 13 et 14, il part de trois points fixes non alignés A, B, C, et cherche à déterminer pour $D \in [AB]$ l'ensemble des points $E \in [CD)$ définis dans 13 par

$$DC/DE = DA/DB,$$

et dans 14 par

$$DC . DE = DA . DB.$$

Dans les deux cas, E est l'image de D par une transformation t, et l'ensemble **E** des points E est t[AB]. Chaque fois, il détermine le support de **E** : dans 13, une droite, et, dans 14, un cercle.

Dans les propositions 15, 16, 17, il utilise la puissance d'un point par rapport à un cercle. Dans un autre groupe, formé par les propositions 6, 8, 9, 10, 23, il étudie chaque fois un ensemble de points M définis à partir de deux points A et B, et ayant une propriété P(M). Dans chaque cas, il montre que l'ensemble des points M a pour support une droite ou un cercle connus. P(M) est donnée respectivement par :

$AMB = \alpha$, α un angle donné ;
$MA = MB$;
$MA/MB = k$, $k \neq 1$, rapport donné ;
$\text{aire}(AMB) = S$, S aire donnée ;
$MA^2 + MB^2 = l^2$, somme donnée.

Dans la seconde partie de son livre, Ibn al-Haytham annonce qu'il traitera des propositions du genre de celles que l'on trouve dans les *Données* d'Euclide, mais qui n'ont pas été considérées par ce dernier. Ce sont, pour la plupart, des problèmes de construction. Ainsi, dans un groupe de onze problèmes — de 1 à 5 et de 14 à 20 — il considère une droite passant par un point donné et vérifiant une propriété P relative aux éléments donnés. Il montre que, si une telle droite existe, elle passera par un deuxième point, défini par l'intersection de deux lignes : une droite et un cercle, ou deux cercles, selon le cas. L'une de ces lignes est une donnée du problème, tandis que la seconde est obtenue à partir de la propriété P lorsque l'on applique une des propositions de la première partie du livre. Ibn al-Haytham cherche à montrer à propos de ce genre de problème que, si une telle droite existe, elle est alors de position connue. Dans un autre groupe de cinq propositions — 6, 7, 8, 21, 22 — il s'agit de l'étude de deux droites passant chacune par un point donné, et vérifiant une propriété P. Ces deux droites sont déterminées par leur point d'intersection défini comme précédemment : le point d'intersection de deux lignes. D'une manière générale, la plupart des propositions de cette seconde partie sont ramenées à la détermination d'un point par l'intersection de deux lignes, ou à la détermination de deux points dont le premier est obtenu par l'intersection de deux lignes, et dont le second s'en déduit.

Sans nous attarder davantage, notons que les deux parties de ce livre sont bien complémentaires : dans la première Ibn al-Haytham s'occupe d'ensembles de points et de transformations géométriques ponctuelles ; il cherche dans la seconde les moyens géométriques les plus simples pour déterminer les positions des points, ainsi que les rapports entre eux, à partir des éléments connus.

Même rapide, cet exposé nous dévoile la destinée du livre d'Ibn al-Haytham : il entend obtenir des résultats géométriques qui peuvent effectivement abréger l'analyse, et, bien plus, contribuer à l'élaboration d'une discipline géométrique qui traite des «connus». Or, nous avons montré que les objets de cette discipline sont les propriétés invariables des figures obtenues par mouvement et par sections planes ; on ne s'intéresse pas seulement aux propriétés métriques, mais surtout aux propriétés de position et de forme, qui demeurent inaltérables après les transformations ponctuelles des figures. Même si dans ce livre Ibn al-Haytham emprunte ses exemples à la géométrie plane, il considère, dans l'introduction, ces notions pour elles-mêmes, c'est-à-dire comme notions communes aux différents domaines de la géométrie. La discipline géométrique qui porte sur les «connus» semble donc être destinée à relier les chapitres particuliers de la géométrie, ce qui la rend plus générale et plus substantielle que chacun de ces chapitres.

De l'aveu même d'Ibn al-Haytham, l'art de l'analyse et de la synthèse trouve ses lois et ses principes dans cette discipline géométrique. L'analyste ne s'est acquitté de sa tâche qu'une fois parvenu aux propriétés invariables de la figure géométrique considérée — les notions connues — pour ensuite montrer comment — et sous quelles conditions, déjà remplies ou à ajouter — ces propriétés sont bien les propriétés de cette figure, et d'elle seule. Il s'ensuit donc que, si l'art de l'analyse et de la synthèse désigne une méthode, cette méthode ne prend son sens et son extension qu'à partir de cette discipline. Elle doit en effet y renvoyer ; sa généralité est l'écho de celle des objets de la discipline géométrique, et n'exprime pas une universalité qui la caractériserait comme méthode.

Encore faut-il examiner les étapes qui jalonnent l'application de cette méthode aux différentes espèces de problèmes. C'est à cette tâche qu'Ibn al-Haytham consacre l'autre traité — le premier. Mais notons d'abord que, s'il réunit les écrits d'Ibn al-Haytham où interviennent l'analyse et la synthèse, un lecteur moderne verra se dessiner dans cette discipline géométrique des notions qui, définies bien plus tard, appartiendront à différentes disciplines : géométrie descriptive, géométrie des coordonnées, proto-topologie. Ainsi s'éclairent les termes d'Ibn al-Haytham, lorsqu'il revendique l'originalité en la matière, et décèle les traces de cette discipline dans les *Données* d'Euclide.

*
**

En ce premier sens, selon nous fondamental, analyse et synthèse ne sont donc pour Ibn al-Haytham ni deux étapes d'une méthode universelle, ni même une méthode commune à l'ensemble des mathématiques. Analyse et synthèse sont déterminées par cette discipline géométrique conçue par Ibn al-Haytham afin de répondre aux nouvelles exigences de la pratique mathématique. Si ces concepts décrivent un procédé de découverte et de démonstration, c'est dans la mesure où on les applique à un problème de cette discipline, ou qui en comprend une des notions.

Mais, à cette première détermination du sens de l'analyse et de la synthèse s'en superpose une autre, d'origine différente : ce second sens apparaît lorsqu'Ibn al-Haytham reprend, en la généralisant, une interrogation traditionnelle sur la démarche à suivre pour trouver les concepts géométriques. Thābit ibn Qurra avait déjà composé un mémoire sur ce problème[16], repris ensuite par les autres mathématiciens, comme son petit-fils Ibrāhīm Ibn Sinān[17] et al-Sijzī. Fidèle à son style, Ibn al-Haytham se pose alors la question de la démarche, ou de la

(16) Ms. 4832 Aya Sofya — Süleymaniye, Istanbul, ff. 1^v-4^r.

(17) Ibrāhīm ibn Sinān a composé un traité intitulé *Sur la méthode de l'analyse et de la synthèse et les autres procédés dans les problèmes géométriques*. Ce texte important est actuellement objet d'une recherche en vue d'une thèse de doctorat (H. Bellosta).

méthode, la plus commune aux différentes disciplines mathématiques. Le domaine d'application de l'analyse et de la synthèse s'identifie cette fois à celui de la quantité : discrète aussi bien que continue. Aussi le problème est-il de savoir ce qui fonde cette extension de l'analyse et de la synthèse. Ici encore reparaissent «les connus», ou cette discipline géométrique conçue par Ibn al-Haytham, dans la mesure où seules les analogies avec celle-ci permettaient de fonder la dite extension. Ibn al-Haytham façonne en effet, pour toutes les autres disciplines qui traitent de la quantité, des définitions à l'image de celles qui ont été conçues pour la géométrie. C'est ainsi qu'en arithmétique il parlera «d'un nombre de quantité connue» pour la grandeur, des «propriétés connues» — nombre parfait par exemple — pour la position et la forme. Mais, les soins consacrés à l'introduction de ces définitions contrastent avec leur sort futur : ces notions, l'analogie une fois assurée, ne serviront plus à rien, puisque le livre sur les connus ne contient que des problèmes géométriques. Si cette extension analogique voile quelque peu l'origine géométrique de l'analyse et de la synthèse, elle ne manque pas d'en infléchir le sens méthodologique et formel. Alors se posent pour Ibn al-Haytham les problèmes toujours mis en avant lorsque l'on traite de l'analyse et de la synthèse, c'est-à-dire ceux que celles-ci peuvent soulever, comme art de la découverte et art de la démonstration : les différents types de démonstration, le rôle de l'intuition comme intuition formée, la réversibilité de l'analyse, le rôle des propriétés supplémentaires nécessaires pour rendre l'analyse réversible, la distinction entre propositions et problèmes, les sens de l'analyse et de la synthèse dans chacun des cas, et la distinction entre les problèmes suivant le nombre des solutions, des hypothèses etc. Ibn al-Haytham contribue à l'étude de ces problèmes de manière substantielle, mais ce serait l'objet d'un autre exposé. Notons pour conclure la double détermination de l'analyse et de la synthèse, en rapport avec la pratique mathématique elle-même.

Ouvrages cités

Heiberg, I. L. : *Apollonius Pergaeus edidit I. L. Heiberg*, Teubner, Stuttgart [1974].

Becker, O. : *Grundlagen der Mathematik in geschichtelicher Entwicklung*, Freiburg-Munich [1964].

Cherniss, H. : «Plato as mathematician», in *Revue of metaphysics*, IV [1951, 395-425].

Einarson, B. : «On certain mathematical terms in Aristotle's logic», *American Journal of Philology*, 57 [1936, 33-54 et 151-172].

Granger, G. G. : *La théorie aristotélicienne de la science*, Aubier [1976].

Gulley, N. : «Greek geometrical analysis», in *Phronesis*, III-1 [1958, 1-14].

Heath, T. : *A history of greek mathematics*, Oxford [1921, vol. 2, 400-401].

Hintikka, J. et Remes, U. : *The method of analysis*, Reidel [1974].

MAHONEY, M. : «Another look at geometrical analysis», in *Archive for History of Exact Sciences*, vol. V, nos 3-4 [1968, 318-348].
MUGLER, C. : *Platon et la recherche mathématique de son époque*, Heitz, Strasbourg-Zurich [1948].
PAPPUS D'ALEXANDRIE : *La collection mathématique*, trad. P. Ver Eecke, Paris-Bruges [1933].
HULTSCH, F. : *Pappi Alexandrini Collectionis ... quae supersunt e libris manu scriptis edidit latina interpretatione et commentariis instruxit F. Hultsch*, Berlin [1876-1878].
RASHED, R. : «Ibn al-Haytham et les nombres parfaits», *Historia mathematica*, 16 [1989, 343-352].
RASHED, R. : *Géométrie et Dioptrique au Xe siècle* : Ibn Sahl, al-Qūhī, Ibn al-Haytham, Les Belles Lettres, sous presse.
Sharaf al-Dīn al-Ṭūsī : Œuvres mathématiques. Algèbre et Géométrie au XIIe siècle, édition, traduction et commentaire par R. Rashed, I et II, Les Belles Lettres [1986].
ZEUTHEN, H.G. : *Histoire des mathématiques dans l'Antiquité et le Moyen-Age*, traduit par J. Mascart, Paris [1902].

XV

MATHÉMATIQUES ET PHILOSOPHIE CHEZ AVICENNE*

Dans son œuvre magistrale, *al-Shifā'*, Ibn Sīnā consacre quatre livres aux sciences mathématiques, confirmant ainsi l'orientation que suivait la philosophie hellénistique islamique depuis son commencement. Les opuscules mathématiques d'al-Kindī[1], les ouvrages exclusivement mathématiques d'al-Fārābī[2], ainsi que la partie réservée à cette science dans l'*Encyclopédie* des Frères de la Pureté[3], attestent en effet la permanence de cette tendance chez les prédécesseurs d'Ibn Sīnā ; il n'est donc pas surprenant que celui-ci ait suivi le même chemin. Ibn Sīnā, il est vrai, si l'on en croit le témoignage d'al-Jūzjānī, avait rédigé la partie mathématique d'*al-Shifā'*, en termes résumés, avant d'en composer les autres parties[4]. Cependant, à la différence de ses prédécesseurs, tels al-Kindī et al-Fārābī, Ibn Sīnā ne concevait plus les traités mathématiques comme une rédaction en quelque sorte isolée de l'exposé philosophique, mais comme partie intégrante de la synthèse philosophique[5]. Mais, d'autre part, cette incorporation des mathématiques au corpus philosophique se distingue absolument d'une tentative éclectique comme celle des Frères de la Pureté. Par leur volume, en effet, par la place qu'ils occupent dans *al-Shifā'*, ces traités montrent à l'évidence quelle importance Ibn Sīnā accordait aux mathématiques. Aussi est-il surprenant que ni l'historien de la philosophie, ni l'historien des sciences, n'ait souligné, et encore moins vraiment analysé, un tel fait.

Un historien des sciences qui évaluerait l'importance d'une œuvre scientifique en fonction de la seule nouveauté de ses résultats et de leur capacité à survivre à leur auteur, pourrait, il est vrai, négliger les livres mathématiques d'Ibn Sīnā. Qu'il s'agisse en effet de l'arithmétique ou de la géométrie, on ne rencontre aucun théorème nouveau et d'un importance notable qu'on puisse attribuer en propre à Ibn Sīnā : sa *Géométrie* se présente comme un résumé des *Éléments* d'Euclide, ainsi que des deux livres attribués à Hypsiclès ; son *Arithmétique*, qui, nous le verrons, est une composition originale, s'inspire néanmoins de l'*Introduction arithmétique* de Nicomaque de Gérase ; quant à l'*Astronomie* et à la *Musique*, les mêmes appréciations, à quelques nuances près, demeurent valables. Telles sont sans doute les raisons de l'indifférence d'un historien des sciences qui s'arrêterait aux seuls résultats. On comprend moins bien, en revanche, que l'historien de la philosophie n'ait pas mesuré les implications philosophiques de la présence de ces traités dans la première synthèse philosophique véritable, lesquelles peuvent d'ailleurs être dissimulées par l'emploi d'un langage traditionnel.

Et de fait, si l'on s'en tient aux affirmations théoriques d'Ibn Sīnā concernant le statut des mathématiques, la nature de leurs objets et le nombre des disciplines qui les composent, on peut conclure que celui-ci est l'héritier direct de la tradition : le statut des mathématiques est défini à l'aide de la théorie aristotélicienne de la classification des sciences, elle-même fondée sur la célèbre doctrine de l'Être ; leurs objets sont définis grâce à la théorie de l'abstraction ; quant à leur nombre, c'est celui, bien connu, qu'a transmis l'ancienne tradition grecque. Il s'agit donc de la science intermédiaire العلم الأوسط, des trois disciplines qui constituent la philosophie théorique, dont les objets se répartissent entre la physique, les mathématiques et la métaphysique-ordre que suit la rédaction du *Shifā'*, en fonction de leur matérialité et de leur mobilité. Ainsi les mathématiques s'intéressent-elles à des objets abstraits du sensible, séparés des objets physiques, matériels et mobiles. Quant aux disciplines qui les constituent, ce sont celles du Quadrivium : Arithmétique, Géométrie, Astronomie et Musique. C'est à cette doctrine qu'Ibn Sīnā revient toujours, aussi bien dans l'*Isagogè*, que dans la *Métaphysique* d'*al-Shifā'*, ainsi que dans un opuscule consacré à la classification des sciences, entre autres écrits[6].

Rien de bien nouveau dans cette conception. Si donc on s'arrête à ce parti pris aristotélicien d'Ibn Sīnā, on ne peut saisir le véritable rôle que jouent les mathématiques dans *al-Shifā'*. Peut-être faudrait-il se demander, avant tout, si une telle position de principe correspond à la connaissance mathématique du philosophe, et si la classification théorique reflète une éventuelle classification de fait. Mais pour mesurer et comprendre la distance, si elle existe, entre ces deux classifications, il est nécessaire de se référer au préalable aux études mathématiques d'Ibn Sīnā. Nous n'envisagerons que la seule Arithmétique.

Si l'on se situe, d'abord, au seul plan biographique, on sait qu'Ibn Sīnā, en même temps qu'il recevait son enseignement philosophique, s'instruisait en arithmétique indienne et en algèbre. Ce n'est que plus tard qu'il apprendra la logique, les *Éléments* d'Euclide et l'*Almageste* ; témoignage qui nous est rapporté par les biobibliographes comme al-Bayhaqī, Ibn al-ʿImād, Ibn Khilikān, al-Qifṭī, Ibn Abī Uṣaybiʿa[7]. Or ces disciplines nouvelles - arithmétique indienne et algèbre - inconnues des Alexandrins, ne peuvent trouver leur place dans le cadre de la classification traditionnelle des sciences, sans, au minimun, en modifier le schéma général, sinon en bouleverser les conceptions sous-jacentes. Or, dans la classification d'Ibn Sīnā, elles figurent au seul titre de "parties secondaires de l'arithmétique", الأقسام الفرعية .

Sur cette notion, "parties secondaires de l'arithmétique", Ibn Sīnā ne s'explique point ; il se contente de les énumérer. On sait ainsi seulement que l'arithmétique a pour parties secondaires le calcul indien et l'algèbre[8] ; mais le nombre des disciplines arithmétiques évoquées par Ibn Sīnā ne se borne pas à ces deux dernières, données dans sa classification des sciences. Nous avons en effet rappelé le volume qu'il consacre, dans *al-Shifā'*, à cette science du calcul dite al-Arithmāṭīqī. A quoi il faut encore ajouter deux disciplines : l'une, bien que nommée, n'a jamais vu son statut fixé par Ibn Sīnā - il s'agit d'al-Ḥisāb ; l'autre est seulement présente par ses objets : l'analyse diophantienne entière.

Théorie des nombres, al-arithmāṭīqī, calcul indien, algèbre, al-Ḥisāb et analyse diophantienne entière : six disciplines qui se chevauchent et parfois se superposent pour recouvrir l'étude des nombres. La réalité est donc, de toute évidence, bien plus complexe qu'il ne pouvait paraître du schéma classificatoire des sciences. Mais, pour démêler l'enchevêtrement de ces disciplines et élucider leurs rapports, il faut brièvement rappeler les travaux des mathématiciens de l'époque. Ceux-ci distinguaient, en effet, en les désignant sous deux termes différents, d'une part l'arithmétique de la tradition hellénistique et son développement en arabe : la théorie des nombres, علم العدد, et d'autre part la discipline désignée par la transcription phonétique de *ἡ ἀριθμητική*. Si leur connotation n'était pas absolument sans rapport, chacun de ces deux termes se référait pourtant à une tradition distincte. L'expression "théorie des nombres", علم العدد , renvoyait aux livres arithmétiques des *Éléments* d'Euclide, aussi bien qu'à des travaux postérieurs, comme ceux de Thābit b. Qurra, par exemple ; alors que la transcription phonétique de *ἡ ἀριθμητική* - al-arithmāṭīqī - désignait la tradition arithmétique des néo-pythagoriciens, c'est-à-dire au sens où l'entend Nicomaque de Gérase dans l'*Introduction*, que pourtant d'ailleurs Ibn Qurra avait traduite sous le titre *Introduction à la théorie des nombres*, المدخل إلى علم العدد[9]. Bien que non systématique, cette différence terminologique entre le IXe et le Xe siècle semble mesurer l'écart qui séparait alors les deux disciplines. Pour comprendre comment, plus tard, on concevait un tel écart, lisons ce qu'écrit Ibn al-Haytham :

> "Les propriétés des nombres se montrent de deux manières : la première est l'induction, car si on suit les nombres un à un, et si on les distingue, on trouve en les distinguant et en les considérant toutes leurs propriétés, et trouver le nombre suivant cette manière s'appelle al-arithmāṭīqī. L'autre manière par laquelle se montrent les propriétés des nombres procède par démonstrations et déductions. Toutes les propriétés du nombre saisies par les démonstrations sont contenues dans ces trois livres <d'Euclide> ou dans ce qui s'y ramène"[10].

Pour cet éminent mathématicien, il s'agit donc bien, dans un cas comme dans l'autre, d'une science ; remarque d'autant plus importante qu'Ibn al-Haytham exigeait, partout et sans restriction, des démonstrations rigoureuses. Et de fait, au Xe siècle tout au moins, ces deux traditions ont offert aux mathématiciens la même conception de l'objet de l'arithmétique : une arithmétique d'entiers représentés par des segments de droite. Mais, alors que, dans la théorie des nombres, la norme de la démonstration est contraignante, dans al-arithmāṭīqī, on peut procéder par simple induction. Pour les savants du Xe siècle, la différence entre les deux traditions se réduit donc à une distinction des méthodes et des normes de rationalité.

Or, c'est précisément cette conception du rapport entre les deux disciplines que l'on trouve exprimée chez Ibn Sīnā. Dans *al-Shifā'*, l'arithmétique se présente en effet à deux reprises : la première fois dans la Géométrie d'*al-Shifā'*, il s'agit d'un simple résumé des livres arithmétiques d'Euclide ; la deuxième fois, Ibn Sīnā expose sa propre rédaction du livre *al-arithmāṭīqī* - qui sera lu et enseigné durant des siècles - et dont les véritables fondements, selon l'auteur lui-même, se trouvent principalement dans les *Éléments*. Peut-être est-ce aussi cette vision du rapport entre les deux disciplines qui explique pourquoi, dans son *al-arithmāṭīqī*, Ibn Sīnā ne s'en est pas tenu à un simple résumé de Nicomaque, comme il l'avait fait pour la théorie des nombres, avec les *Éléments* d'Euclide ; ainsi s'éclairerait la distance prise en ce domaine par rapport à la tradition néo-pythagoricienne. Et de fait, d'al-arithmāṭīqī, considérée donc comme science, se trouvent désormais bannies toutes les considérations ontologiques et cosmologiques qui chargeaient la notion de nombre. Seule demeure la visée philosophique commune à toutes les branches de la philosophie - théorique ou pratique - à savoir la perfection de l'âme. Ainsi, c'est contre les néo-pythagoriciens qu'Ibn Sīnā écrit :

> "Il est d'usage, chez ceux qui traitent de l'art arithmétique, de faire appel, en ce lieu et en des lieux analogues, à des développements étrangers à cet art, et plus encore étrangers à l'usage de ceux qui procèdent par démonstration, et plus proches des propos des rhéteurs et des poètes. Il faut y renoncer"[11].

Il peut même renoncer ici en partie au langage traditionnel, et recourir à celui des algébristes, pour exprimer les puissances successives d'un entier. Ainsi, les termes "carré" مال, "cube" كعب, "carré-carré" مال مال, qui désignaient les puissances successives de l'inconnue, ont été employés par les philosophes pour nommer les puissances d'un entier[12].

Dans ces conditions, rien ne s'opposait à ce qu'Ibn Sīnā intégrât à son *al-arithmāṭīqī* des théorèmes et des résultats obtenus ailleurs, sans qu'il dût en rappeler la démonstration, lorsqu'elle existait. C'est ainsi que, sans le démontrer, il reprend le théorème de Thābit b. Qurra[13] sur les nombres amiables, dans le pur style euclidien de celui-ci ; Ibn Sīnā rappelle de même plusieurs problèmes de congruence.

A ces deux traditions, il convient d'en joindre une troisième qu'évoque également Ibn Sīnā : il s'agit de l'analyse diophantienne entière. Dans la partie de la logique d'*al-Shifā'* consacrée à la démonstration, Ibn Sīnā prend en effet l'exemple du premier cas de la conjecture de Fermat, déjà traité par deux mathématiciens, au moins, du Xe siècle, al-Khujandī et al-Khāzin. Ibn Sīnā écrit en effet :

"Lorsqu'on se demande... si la somme de deux nombres cubiques, est un cube, de la même manière que la somme de deux nombres carrés était un carré, l'on se pose alors un problème arithmétique (ḥisāb)"[14].

On aperçoit précisément que le mot "ḥisāb" semble désigner ici une discipline qui englobe des disciplines autres que la théorie euclidienne des nombres et al-arithmāṭīqī. Par "ḥisāb", en effet, Ibn Sīnā semble entendre une science qui englobe toutes celles qui traitent des nombres, rationnels ou irrationnels algébriques ; le dernier paragraphe de son livre *al-arithmāṭīqī* ne laisse aucune ambiguïté à cet égard. On peut lire en effet :

"C'est cela que nous avons voulu dire dans la science de l'arithmāṭīqī. Nous avons laissé certains cas dont nous avons considéré que la mention en ce lieu eût été extérieure à la règle de cet art. Reste dans la science d'al-Ḥisāb, ce qui nous convient dans l'usage et la détermination des nombres. Ce qui reste enfin, dans la pratique, est à l'exemple de l'algèbre et d'al-muqābala, de la science indienne de l'addition et de la séparation. Mais pour ces dernières, il vaut mieux les mentionner parmi les parties secondaires"[15].

Tout indique donc que, dans *al-arithmāṭīqī* comme dans le résumé des livres arithmétiques d'Euclide, Ibn Sīnā, de même que ses prédécesseurs et ses contemporains, limite son étude à celle des entiers naturels. Dès qu'il rencontre des problèmes qui l'engageraient à l'examen des conditions de rationalité, qu'il s'agisse de rechercher une solution rationnelle positive, ou, plus généralement, de considérer une classe de nombres irrationnels, on se trouve alors en dehors de ces deux sciences. C'est donc l'ensemble de ces recherches arithmétiques, qui s'effectuent grâce à des disciplines comme l'algèbre, le calcul indien et leurs analogues, que recouvre le terme d'al-ḥisāb. Ces disciplines revêtent par conséquent un aspect instrumental et, pour ainsi dire, appliqué, qui les oppose à l'ancienne théorie des nombres. Or, c'est précisément par cet aspect instrumental et appliqué qu'Ibn Sīnā, on peut le vérifier, distingue dans sa classification l'ensemble des "parties secondaires", الأقسام الفرعية, les définissant ainsi comme telles[16].

Mais pour comprendre la distance prise par Ibn Sīnā aussi bien par rapport aux classifications traditionnelles, grecque et hellénistique, que par rapport à sa propre classification théorique, il convient de revenir à l'un de ses prédécesseurs, al-Fārābī[17]. Le rapprochement s'impose en effet, car l'examen des "parties secondaires" de l'arithmétique, chez Ibn Sīnā, montre qu'elles ne sont rien d'autre en fait que ces disciplines qu'al-Fārābī regroupe sous le titre : "la science des procédés ingénieux", et qu'il définit comme :

"la science des manières de procéder pour appliquer aux corps physiques tout ce dont on démontre l'existence dans les sciences mathématiques - que nous avons mentionnées auparavant - par le discours et par la démonstration ; et pour faire exister cela, et le mettre en acte dans ces corps"[18].

Selon lui, en effet, la science mathématique a pour objet les lignes, les surfaces, les solides, les nombres, et les considère comme intelligibles par eux-mêmes, et séparés, منتزعة, c'est-à-dire abstraits des objets physiques. Pour découvrir et manifester intentionnellement les notions mathématiques en ces derniers, à l'aide de l'art, il faudrait donc façonner des procédés, inventer des techniques et des méthodes permettant de surmonter les obstacles constitués par la matérialité et la sensibilité de ces objets. En arithmétique, ces procédés ingénieux comprennent, entre autres, écrit al-Fārābī, "la science connue chez nos contemporains comme algèbre et al-muqābala, ainsi que celles qui lui ressemblent"[19]. Il note cependant aussi que "cette science est commune à l'arithmétique et à la géométrie"[20] et un peu plus loin, qu'elle

> "embrasse les procédés pour déterminer les nombres destinés à être utilisés ; ceux, rationnels et irrationnels, dont les fondements ont été donnés par Euclide dans le livre X de son ouvrage les *Éléments* ; et ceux qui n'ont pas été mentionnés dans ce livre. En effet, comme les rapports des rationnels et des irrationnels les uns aux autres sont comme les rapports des nombres aux nombres, tout nombre correspond alors à une grandeur rationnelle ou irrationnelle. Si donc on détermine les nombres qui correspondent aux rapports des grandeurs, on détermine alors aussi, d'une certaine manière, ces grandeurs. Aussi pose-t-on certains de ces nombres rationnels, afin qu'ils correspondent aux grandeurs rationnelles, et certains autres irrationnels, afin qu'ils correspondent aux grandeurs irrationnelles"[21].

Dans ce texte capital, l'algèbre se distingue comme science à deux titres : apodictique comme toute science, elle constitue néanmoins le domaine d'application non point d'une science seulement, mais de deux à la fois, l'arithmétique et la géométrie. Quant à son objet, il comprend aussi bien des grandeurs géométriques que des nombres, lesquels peuvent être rationnels ou irrationnels algébriques. Face à cette nouvelle discipline, dont elles doivent prendre acte, les nouvelles classifications des sciences, à vocation universelle et exhaustive, doivent aussi justifier d'une manière ou d'une autre, l'abandon de certaines thèses aristotéliciennes. Ainsi, des dénominations telles que "science des procédés ingénieux", "parties secondaires",... sont-elles forgées afin d'aménager une zone non-aristotélicienne au sein d'une classification dont le parti-pris demeure aristotélicien.

La portée philosophique d'un tel remaniement est plus vaste, et surtout plus profonde, qu'une simple modification taxinomique. Si en effet l'algèbre est commune à l'arithmétique et à la géométrie, sans pour autant céder quoi que ce soit de son statut de science, c'est dans la mesure où son objet même, "l'inconnue algébrique", c'est-à-dire "la chose", res, الشيء, peut indifféremment désigner un nombre ou une grandeur géométrique. Bien plus : puisqu'un nombre peut aussi bien être un irrationnel, "la chose" désigne alors une quantité que l'on ne connaîtra que par approximation. Aussi l'objet des algébristes, "la chose", doit-il être suffisamment général pour recevoir des contenus divers ; mais il doit en outre exister indépendamment de ses propres déterminations, pour que l'amélioration de l'approximation soit toujours possible. Du statut ontologique d'un tel objet, la théorie aristotélicienne ne peut, à l'évidence, rendre compte. Il faut donc faire intervenir une nouvelle ontologie, qui autorise à parler d'un objet dépourvu des caractères qui, pourtant, auraient seuls permis de discerner de quoi il est l'abstraction ; ontologie qui doit également nous permettre de connaître un objet sans être en mesure de le représenter exactement.

Or, depuis al-Fārābī précisément, on voit se développer dans la philosophie islamique une ontologie suffisamment "formelle", en quelque sorte, pour répondre, entre autres, aux précédentes exigences. Dans cette ontologie, "la chose", الشيء, revêt une connotation plus générale que l'existant. C'est en ce sens qu'al-Fārābī écrit :

> "la chose peut être dite de tout ce qui a une quiddité, qu'il soit à l'extérieur de l'âme, ou qu'il soit <seulement> conçu d'une manière quelconque" tandis que "l'existant est toujours dit de tout ce qui a une quiddité, à l'extérieur de l'âme, et ne peut être dit d'une quiddité seulement conçue".

Ainsi, selon lui, l' "impossible", المستحيل, peut être dit "chose", mais ne peut être dit "existant"[22].

Sur le plan de l'histoire des mathématiques, une telle tendance s'est encore confirmée entre al-Fārābī et Ibn Sīnā : al-Karajī, particulièrement, donne à l'algèbre un statut encore plus général, et accentue l'extension de la notion de nombre. Un contemporain d'Ibn Sīnā, al-Bīrūnī, va encore plus loin et n'hésite pas à écrire :

> "La circonférence du cercle est, avec son diamètre, dans un rapport donné. Le nombre de l'une au nombre de l'autre est également un rapport, même s'il est irrationnel"[23].

Sur le plan philosophique, en métaphysicien conséquent, Ibn Sīnā intègre la conception d'al-Fārābī à une doctrine qu'il voulait plus systématique et qui est exposée dans *al-Shifā'*. Selon cette doctrine, de même que l'existant et le nécessaire, la chose est donnée dans une évidence immédiate ou, dans le langage d'Ibn Sīnā, elle s'inscrit immédiatement dans l'âme, et avec ces deux autres idées, se trouve au principe de toutes les autres. Mais alors que l'existant renvoie au même sens que "affirmé" المثبت et "réalisé" المحصل, la chose est, écrit Ibn Sīnā, ce sur quoi porte l'attribution (l'énoncé). Ainsi, tout existant est une chose, mais la réciproque n'est pas exacte, bien qu'il soit impossible qu'une chose n'existe ni comme sujet concret, ni dans l'esprit[24]. Ce n'est pas ici le lieu de décrire la doctrine d'Ibn Sīnā, mais il suffit de rappeler que, ni platonicienne, ni aristotélicienne, cette nouvelle ontologie a été suscitée, en partie tout au moins, par les nouveaux acquis des sciences mathématiques.

NOTES

* Communication présentée au Colloque commémorant le millénaire d'Ibn Sīnā, New Dehli, novembre 1981.

1 L'examen des listes des livres et opuscules d'al-Kindī transmises par les biobibliographes tels Ibn al-Nadīm, al-Qifṭī, Ibn Abī Uṣaybiʿa, montre que ses travaux mathématiques se présentent indépendamment de ses œuvres philosophiques. Un tel trait se confirme à la lecture de ses opuscules scientifiques qui nous sont parvenus, en optique, en astronomie ou en mathématiques ; ainsi son traité sur "La détermination des nombres pensés", "*Fī istikhāj al-aʿdād al-muḍmara*". Cf. l'article "al-Kindī" in *Dictionary of Scientific Biography.*

2 A côté de ses commentaires en philosophie mathématique, tel que "L'explication de ce qui est abstrus des postulats des Livres I et V d'Euclide" - "*sharḥ al-mustaghlaq min muṣādarāt al-maqāla al-ūlā wa al-khāmisa min Uqlīdis*", al-Fārābī a rédigé des livres exclusivement mathématiques, comme le "*Livre des procédés ingénieux et spirituels et des mystères naturels*" (Ms. Uppsala 324).

3 Voir le premier volume de *Rasā'il Ikhwān al-Ṣafā'*, Beyrouth, 1957.

4 Voici ce qu'écrit al-Jūzjānī : "Quant aux mathématiques il [Ibn Sīnā] les composait autrefois en termes résumés, et il s'est avisé qu'il faut les ajouter à son livre al-Shifā' ". Cf. *Al-Shifā'*, Isagogè, éd. I. Madkour, El-Khodeiri, G. Anawati, F. El-Ahwani ; préface de Taha Hussein, Le Caire, 1952, p. 3.

Ibn Sīnā lui-même écrit : "Quand j'ai entrepris ce livre, j'ai commencé par la *Logique*, et j'ai tenu à me conformer à l'ordre des livres des logiciens ; j'y ai exposé des mystères et des subtilités, qui ne se trouvent pas dans les livres dont nous disposons. J'ai poursuivi par la *Physique*... ; j'ai poursuivi ensuite par la *Géométrie* ; j'ai alors résumé, de manière subtile, le livre des *Éléments* d'Euclide. j'ai analysé ce qui est douteux, et je me suis tenu à cet ouvrage. J'ai fait suivre cela d'un résumé du livre de l'*Almageste*, en Astronomie, et, outre le résumé, d'un éclaircissement et d'une explication. J'y ai joint, après avoir terminé cela, quelques compléments que l'élève doit connaître pour atteindre l'achèvement de l'art, et pour faire coïncider les règles de l'observation et les lois naturelles.

J'ai poursuivi par un résumé subtil de l'*Introduction à l'Arithmétique*. J'ai achevé l'art des mathématiciens par la science de la musique, selon ce que j'ai pu dévoiler, avec une longue recherche et un examen minutieux, en termes résumés. J'ai achevé ce livre par la science consacrée à la métaphysique, selon ses parties et ses modes, tout en indiquant des sections de l'éthique et de la politique, en attendant que je puisse composer un livre qui leur soit consacré et qui les englobe." *Op. cit.*, p. 11.

Il faut noter l'ordre dans lequel, selon l'auteur lui-même, fut rédigé *al-Shifā'* : Logique, Physique, Géométrie, Astronomie, Arithmétique, Musique, et, enfin, Métaphysique.

5 Une telle conception de l'organisation des traités scientifiques apparaît clairement lorsqu'Ibn Sīnā situe les différentes sciences par rapport à la métaphysique, et plus particulièrement à la théorie des intellects des astres, " ʿuqūl al-aflāk ". Ainsi, pour expliquer pourquoi il faut apprendre les mathématiques avant la Métaphysique, il écrit : "Puisque le but ultime de cette science [la métaphysique] est la connaissance de l'ordonnance du Créateur, qu'Il soit exalté, la connaissance des anges spirituels et de leurs classes, la connaissance de l'ordre selon lequel sont disposés les astres ; ce but ne peut être atteint que par l'astronomie ; mais l'astronomie ne peut être atteinte que par l'arithmétique et par la géométrie". *Al-Shifā'* : La Métaphysique (1). Éd. G. Anawati et Saʿid Zāyed, revue et introduite par I. Madkour, vol. I, Le Caire, 1960, p. 19.

On peut multiplier les références à différents textes d'Ibn Sīnā : tous montrent que, cette fois, la connaissance mathématique constitue une partie intégrante de la synthèse, dans la mesure où elle est essentielle à la théorie des intellects.

6 *Al-Shifā'* : l'Isagogè, *op. cit.*, p. 14 : "Les sortes de sciences ou bien s'attachent à considérer les êtres en tant qu'ils sont en mouvement, selon leur conception et leur constitution, et qu'ils concernent des matières et des espèces particulières ; ou bien s'attachent à considérer les êtres

en tant que séparés de ces matières, selon la conception et non la constitution ; ou bien elles s'attachent à considérer les êtres en tant que séparés selon la constitution et la conception.

La première partie de ces sciences est la physique ; la deuxième partie est les mathématiques pures, dont la science des nombres est célèbre. Quant à la connaissance de la nature des nombres en tant que nombres, elle n'appartient pas à cette science. La troisième partie est la métaphysique. Comme les êtres sont par nature selon ces trois parties, les sciences philosophiques théoriques sont celles-là.

La philosophie pratique a trait soit à l'enseignement des opinions dont l'usage permet d'ordonner la participation aux choses humaines communes, et [cette partie] est connue comme l'organisation de la cité ; elle se nomme politique ; soit à ce qui permet d'ordonner la participation aux choses humaines privées, et [cette partie] est connue comme l'organisation de la maison [l'économique] ; soit enfin à ce qui permet d'ordonner l'état d'une seule personne afin d'édifier son âme : cela se nomme l'éthique".

Voir également : *Métaphysique* I, *op. cit.*, p. 3 et 4 ; *Les Fontaines de la Sagesse*, éd. Badawi, Le Caire, 1954, p. 16 ; *Les Parties des Sciences rationnelles*, in *Neuf Épîtres*, Le Caire, 1908, p. 105 ; voir plus loin, ici même, *La Logique des Orientaux*, Le Caire, 1910, p. 6 et 7.

7 Ainsi al-Bayhaqī rapporte : "Quand il eut dix ans, il savait par cœur certains textes fondamentaux de la littérature. Son père étudiait et méditait alors un opuscule des Frères de la Pureté. Lui aussi le méditait, et son père le dirigeait vers un marchand de légumes, qui connaissait le calcul indien et l'algèbre et al-muqābala, nommé Maḥmūd al-Massāḥ". Cf. al-Bayhaqī : *Tārīkh Ḥukamā' al-Islām*, éd. M. Kurd Ali, Damas, 1946, p. 53.

C'est dans les mêmes termes qu'Ibn al-ʿImād rappelle ce fait biographique, et cite Ibn Khilikān. Il écrit : "Quand il eut dix ans, il avait perfectionné la science du Glorieux Coran, de la littérature, et il savait par cœur certain fondements de la religion, le calcul indien et l'algèbre et al-muqābala". Cf. Ibn al-ʿImād : *Shadharāt al-dhahab fī akhbār man dhahab*, v. 3, Beyrouth (sans date), p. 234 ; cf. également Ibn Khilikān : *Wafayāt al-Aʿyān*, v. 2, éd. Iḥsan ʿAbās, Beyrouth, 1969, p. 157-158.

Quant à Ibn Sīnā lui-même, il écrit : "Mon père me dirigeait vers un homme qui vendait des légumes, et qui pratiquait le calcul indien, pour qu'il m'instruise". Cf. al-Qifṭī : *Ta'rīḥ al-Ḥukamā'*, éd. Lippert, leipzig, 1903, p. 413. Cf. également Ibn Abī Uṣaybiʿa : *'Uyūn al-Anbā' fī Ṭabaqāt al-Attibā'*, éd. Beyrouth, 1965, p. 437.

8 Voici ce qu'écrit Ibn Sīnā : "Les parties secondaires des sciences mathématiques - des branches de la <science> des nombres : la science de l'addition et de la séparation du calcul indien ; la science de l'algèbre et d'al-muqābala. Et les branches de la science de la géométrie : la science de la mensuration, la science des procédés ingénieux mobiles ; la science de la traction des graves ; la science des poids et des balances ; la science des instruments particuliers aux arts ; la science des perspectives et des miroirs ; la science de l'hydraulique. Et les branches de l'astronomie : la science des tables astronomiques et des calendriers. Et les branches de la musique : l'utilisation des instruments merveilleux et curieux comme l'orgue et ses semblables". *Parties des sciences rationnelles*, *op. cit.*, p. 112.

9 Cf. Nicomaque de Gérase : *L'Introduction arithmétique*, traduite par Thābit ibn Qurra, éd. W. Kutsch, Beyrouth, 1958.

10 Cf. notre article "Ibn al-Haytham et le théorème de Wilson", in *Archive for History of Exact Science*, vol. 22, n. 4, 1980, p. 305-321.

11 *Al-Shifā'* : al-arithmāṭīqī, éd. Mazhar, révisé et introduit par I. Madkour, Le Caire, 1975, p. 60. Cette édition est parue, sans raison apparente, sous le titre "al-Ḥisāb". Notons que, quelques lignes plus loin, Ibn Sīnā désigne clairement "ceux qui traitent de l'art arithmétique", en les nommant "les pythagoriciens".

12 *Op. cit.*, p. 19.

13 *Op. cit.*, p. 28. Voici la traduction du texte d'Ibn Sīnā, après la correction de quelques erreurs de l'édition du Caire : "Si tu additionnes les nombres pairement pairs et l'unité, si tu obtiens un

nombre premier, à condition que, si on leur ajoute le dernier d'entre eux, et si on retranche celui qui le précède, et si la somme et le reste sont premiers, alors le produit de la somme par le reste, et ensuite le tout par le dernier des nombres additionnés, donne un nombre qui a un ami ; son ami est le nombre obtenu en additionnant la somme et le reste, multipliés par le dernier des nombres additionnés, et en ajoutant le produit au premier nombre qui avait un ami. Ces deux nombres sont amiables".

Ainsi Ibn Sīnā énonce, pour $n > 1$:

si $(2^{n+1} - 1)$ est premier, $p_{n-1} = 3.2^{n-1} -1$, $p_n = 3.2^n -1$ sont premiers, alors

$a = 2^n p_{n-1} p_n$ et $b = 2^n (p_{n-1} + p_n + p_{n-1}p_n) = 2^n . q_n$ sont amiables.

Il est clair qu'Ibn Sīnā ajoute ici une condition superflue : $(2^{n+1} - 1)$ premier, et omet la condition q_n premier ; pour redonner le célèbre théorème d'Ibn Qurra. Cf. notre article "Nombres amiables, parties aliquotes et nombres figurés aux XIIIe et XIVe siècles", in *Archive for History of Exact Science*, note 30a, p.

Ibn Sīnā a rapporté plusieurs de ces problèmes dans son *al-arithmāṭīqī*. Il s'agit de la célèbre preuve par 9, et des recherches qu'il engage sur les propriétés des congruences. Traduisons dans un autre langage les résultats mentionnés par Ibn Sīnā :

$$\left.\begin{aligned} x &\equiv 1 \pmod 9 \\ x &\equiv 8 \pmod 9 \end{aligned}\right\} \Rightarrow x^2 \equiv 1 \pmod 9,$$

$$\left.\begin{aligned} x &\equiv 2 \pmod 9 \\ x &\equiv 7 \pmod 9 \end{aligned}\right\} \Rightarrow x^2 \equiv 4 \pmod 9,$$

$$\left.\begin{aligned} x &\equiv 4 \pmod 9 \\ x &\equiv 5 \pmod 9 \end{aligned}\right\} \Rightarrow x^2 \equiv 7 \pmod 9,$$

$$\left.\begin{aligned} x &\equiv 0 \pmod 9 \\ x &\equiv 3 \pmod 9 \\ x &\equiv 6 \pmod 9 \end{aligned}\right\} \Rightarrow x^2 \equiv 0 \pmod 9,$$

D'autre part

$$\left.\begin{aligned} x &\equiv 1 \pmod 9 \\ x &\equiv 4 \pmod 9 \\ x &\equiv 7 \pmod 9 \end{aligned}\right\} \Rightarrow x^3 \equiv 1 \pmod 9,$$

$$\left.\begin{aligned} x &\equiv 2 \pmod 9 \\ x &\equiv 5 \pmod 9 \\ x &\equiv 8 \pmod 9 \end{aligned}\right\} \Rightarrow x^3 \equiv 8 \pmod 9,$$

$$\left.\begin{aligned} x &\equiv 0 \pmod 9 \\ x &\equiv 3 \pmod 9 \\ x &\equiv 6 \pmod 9 \end{aligned}\right\} \Rightarrow x^3 \equiv 0 \pmod 9.$$

Cf. également F. Woepcke, "Mémoire sur la propagation des chiffres indiens", Paris, 1863, p. 169-171 (Extrait n°1 de l'année 1863 du *Journal Asiatique*).

14 *Al-Shifā'*, vol. V, éd. Afifi, dirigée par I. Madkour, Le Caire, 1956, p. 194-195.

15 *Al-Shifā'* : al-arithmāṭīqī, *op. cit.*, p. 69.

16 Ainsi, les "parties secondaires" de la Physique sont-elles la médecine, l'astrologie, la physiognomonie, l'oniromancie, l'art divinatoire, le talisman, la science de la théurgie, et l'alchimie.

Les parties secondaires de la Métaphysique sont au nombre de deux, la science de la révélation et la science de la résurrection.

17 La question de savoir si l'opuscule d'Ibn Sīnā sur *Les parties des sciences rationnelles* était lié à la classification donnée par al-Fārābī dans son *Énumération des sciences*, a d'abord été posée par Steinschneider, lequel nie tout rapport entre les deux études. Wiedemann confirme cette opinion, et soutient qu'Ibn Sīnā n'énumère que des sciences séparées, alors qu'al-Fārābī les désigne et les caractérise dans leurs dépendances réciproques ; ou, comme il l'écrit "Ibn Sinâ zählt im wesentlichen die einzelnen Wissenschaften auf, während al-Fârâbî sie in zusammenhängender Darstellung charakterisiert". E. Wiedemann : Über al-Fârâbîs Aufzählung

der Wissenschaften (De Scientiis), in *Aufsätze zur arabischen Wissenschafts-Geschichte*, G. Olms, 1970, p. 327.
18 Al-Fārābī : *Iḥṣā' al-'Ulūm*, éd. 'Uthmān Amīn, Le Caire, 1968.
19 *Op. cit.*, p. 109.
20 *Op. cit.*
21 *Op. cit.*
22 Al-Fārābī : *Kitāb al-Ḥurūf*, éd. M. Mahdi, Beyrouth, 1970, p. 128.
23 Al-Bīrūnī : *al-Qānūn al-Mas'ūdī*, éd. Hayderabad, 1954, vol. I, p. 303.
24 Ibn Sīnā : *al-Shifā'*, al-Ilāliyyāt (I), éd. G. Anawati et Sa'id Zāyed, Le Caire, 1960, p. 29 sq. Voir également p. 195 sq.

ERRATA ET ADDENDA

II	277	*l.* 31	-	lire non point
II	294	*l.* 15	-	lire notions précédentes
III	110	n. 1	-	Wiedemann, Zur Optik von Kamāl al-Dīn, 1910-11: lire 1912 1912
III	111	*l.* 12	-	La loi des sinus a été connue par Ibn Sahl au Xe siècle, mais elle n'a été utilisée ni par Ibn al-Haytham ni par al-Fārisī; cf. l'étude VI: "A Pioneer in Anaclastics. Ibn Sahl on Burning Mirrors and Lenses".
III	111	n. *l.* 7	-	Nous avons repris l'examen de ce tableau construit par al-Fārisī et nous avons identifié la méthode d'interpolation qu'il applique pour calculer les valeurs numériques de la réfraction; cf. *Géométrie et dioptrique au Xe siècle: Ibn Sahl, al-Qūhī et Ibn al-Haytham*, Paris, Les Belles Lettres, 1992, p. 153 et suiv.
III	112	n. 2	-	Wiedemann, Zu Ibn al-Haitams Optik, n°3 (1912): lire (1910-11)
III	114	n. 2	-	lire discovery
III	115	*l.* 12	-	lire annoncé
III	118	n. 3	-	lire Istanbul
III	140	*l.* 5	-	lire non point
V	203	*l.* 10	-	ceci donnerait $\frac{dD}{di} > 1$
V	204	n. *l.* 5	-	car $\frac{\text{tg}\,x}{x}$ est croissante sur $[0, \frac{\Pi}{2}[$
VI	486	n.27	-	lire 1909/10 *10*: 201-237
VIII	350	*l.* 28	-	lire al-Yazdī
XI	345	*l.* 30	-	lire des nombres restants qui sont des parties de AB. Mais AB tout entier
		l. 39	-	lire précède immédiatement
XI	346	*l.* 21	-	lire le nombre G
XI	347	*l.* 10	-	lire [A], B, C, D, E.
XI	351	n. 2	-	lire *Muṣādarāt*
XIII	266	*l.* 19, 24, 30	-	lire al-Qummī
XIII	270	*l.* 26	-	Dans la première proposition du livre X des *Éléments*, Euclide redonne la propriété archimédienne pour assurer la continuité. Il reste encore à garantir la convexité, que "la voie philosophique" de Proclus semble donner intuitivement.

INDEX DES NOMS PROPRES

INDEX DES MANUSCRITS